Biman Mazumder

Graphite industriel

Biman Mazumder

Graphite industriel

Une monographie

ScienciaScripts

Imprint

Any brand names and product names mentioned in this book are subject to trademark, brand or patent protection and are trademarks or registered trademarks of their respective holders. The use of brand names, product names, common names, trade names, product descriptions etc. even without a particular marking in this work is in no way to be construed to mean that such names may be regarded as unrestricted in respect of trademark and brand protection legislation and could thus be used by anyone.

Cover image: www.ingimage.com

This book is a translation from the original published under ISBN 978-3-8443-2818-9.

Publisher:
Sciencia Scripts
is a trademark of
International Book Market Service Ltd., member of OmniScriptum Publishing Group
17 Meldrum Street, Beau Bassin 71504, Mauritius
Printed at: see last page
ISBN: 978-620-3-28857-5

Graphite industriel

PRÉFACE

Les innovations dans le domaine des graphites industriels ont fait un grand bond en avant au cours des deux dernières décennies avec l'apparition d'un grand nombre de produits industriels jusqu'alors inconnus dans la technologie du carbone. Ces progrès se poursuivent et sont maintenant entrés dans une nouvelle phase de l'ingénierie moléculaire du carbone. Cependant, les informations unifiées sur ce domaine potentiel sont rares à trouver et sont donc restées éparpillées dans le monde littéraire. Dans cette petite peste, on a tenté d'élucider le large spectre d'utilisation du graphite dans son domaine le plus diversifié. Cependant, étant donné qu'un grand nombre de monographies sont disponibles sur les produits à base de fibres de carbone, aucune tentative n'a été faite pour inclure ce sujet dans cette courte présentation.

Le livre a été rédigé sous une forme facile à comprendre afin qu'une personne ayant une formation scientifique supérieure puisse saisir le sujet dans les plus brefs délais, tout en fournissant une source de référence suffisante pour les chercheurs et les entreprises industrielles qui s'aventurent dans cette technologie. En conséquence, le livre complétera les cours réguliers de technologie industrielle, de chimie du carbone, de génie chimique, de science des matériaux et de technologie du charbon au niveau du troisième cycle.

Dans cette optique, le contenu du livre a été organisé de manière à éclairer l'approche pratique du sujet, ce qui a permis d'éviter de trop nombreuses discussions théoriques. Néanmoins, il fournit suffisamment d'informations et de références pour les étudiants plus sérieux qui cherchent à approfondir leurs connaissances sur le sujet. Outre la pratique actuelle d'utilisation des propriétés mécaniques, réfractaires et électriques brutes dans la fabrication des graphites industriels actuels, le livre aborde les axes de recherche actuels en matière de nanotechnologie du carbone et les perspectives d'avenir sur le sujet. Enfin, les aspects commerciaux du graphite industriel, en particulier l'étude des ressources de l'élément de base, le graphite naturel et artificiel, ont été brièvement abordés en conclusion. L'auteur est grandement redevable aux auteurs, dont la liste partielle est donnée dans la section "Références", dont la généreuse contribution m'a permis d'écrire ce livre. L'auteur est également reconnaissant à l'éditeur pour son travail acharné qui a permis de faire aboutir le projet.

Dr. B. Mazumder
(Auteur)

CONTENU

3

CHAPITRE - I

INTRODUCTION

L'élément - le carbone - occupe le groupe intermédiaire, entre les métaux et les non-métaux, dans le tableau périodique des éléments. Cette position unique du carbone, en tant que tel, l'a doté d'une variété de propriétés étonnantes et éblouissantes que l'on ne trouve ni dans les métaux ni dans les non-métaux. Le carbone, en revanche, sous sa forme cristalline de base, existe sous diverses formes allotropiques, parmi lesquelles le graphite possède une structure lamellaire unique en forme de feuille, où les feuilles sont maintenues ensemble par une faible force de Vander-waals, mais dans le plan par une forte liaison covalente. Cette disposition unique de la structure du graphite a donné naissance à un certain nombre de propriétés extraordinaires du graphite, comme le comportement de lubrification (même à haute température), la réfractarité et les conductivités thermique et électrique (anisotropique) dépendantes de la direction. Au fil des ans, notre quête pour exploiter ces propriétés particulières du graphite dans des produits industriels a abouti à la découverte d'un certain nombre de matériaux en graphite industriel qui sont aujourd'hui essentiels à notre vie quotidienne. C'est à cette fin que nous avons tenté, dans le présent ouvrage, de passer en revue les propriétés, la méthode de préparation et l'utilisation des graphites industriels sous leur forme la plus concise.

Comme nous le savons, au cours des deux dernières décennies, des efforts considérables ont été déployés pour fabriquer et étudier les propriétés de l'un des matériaux merveilleux de l'époque actuelle, les fibres de graphite. Un bon nombre de manuels et de rapports sont déjà parus sur le marché à ce sujet ; par conséquent, cette brève présentation n'a pas pour but de passer en revue les fibres de graphite. Ce livre se consacre principalement aux applications commerciales et aux tendances de la recherche sur les graphites industriels qui ont connu un grand succès dans les applications de masse ces derniers temps. Ces objets en graphite sont généralement préparés par la formulation de mélanges comprenant de la poudre de graphite, un liant et d'autres additifs, la formation de corps verts par pressage pour obtenir les formes souhaitées (cela peut impliquer le moulage par compression ou plus souvent par extrusion avec une pression d'environ 1 tonne/pouce carré), puis la cuisson (900 - 1300°C) des corps verts à une vitesse de chauffage programmée afin de produire une quantité maximale de coke (l'élément de matrice) à partir du brai de liant ou de la résine, tout en évitant simultanément la fissuration lors de la cuisson ultérieure à haute température à 2600°C - 3000°C. Bien que la densité réelle du graphite soit de 2,26 gm/cc et que l'objectif soit d'atteindre une valeur supérieure, la plupart des corps en graphite produits par ce moyen varient de 1 à 1,8 gm/cc (il est difficile d'atteindre une densité supérieure à 1,8 gm/cc en ayant une porosité moindre). Outre la production de graphites industriels par des moyens plus conventionnels, le livre décrit également des procédés de fabrication de graphites industriels plus exotiques comme le fullerène et les nanotubes de graphite qui se sont récemment révélés prometteurs pour former des produits industriels aux propriétés extraordinaires. De même, les composés de graphite intercalés préparés ces derniers temps ont déjà trouvé de nombreuses applications dans le secteur commercial et la poursuite des recherches permet de découvrir chaque jour de nouveaux composés de graphite. Le livre fournit des références liées à ces domaines et publiées au cours des 15 dernières années, en mettant l'accent sur les graphites industriels qui ont connu un plus grand succès dans le secteur commercial.

Outre le graphite naturel, les graphites produits artificiellement ont également trouvé un large usage commercial pour la fabrication de graphite industriel, tandis que les graphites lamellaires naturels restent un matériau indispensable pour certains produits de graphite industriel. Toutefois, la préparation de graphite artificiel à partir de brai de goudron de houille, de gaz d'hydrocarbures et de matières organiques purement synthétiques a élargi le champ d'application de la fabrication de ces produits de graphite industriel à l'échelle commerciale. Néanmoins, il n'a pas encore été possible de produire de grands cristaux (comme le graphite naturel en paillettes) par des moyens artificiels et le coût des graphites naturels est encore compétitif par rapport à celui du graphite artificiel. Là encore, les graphites artificiels ont un meilleur alignement des cristaux et une teneur en cendres inférieure à celle de leur forme naturelle. Toutes ces facettes des graphites industriels ont été mises en évidence dans ce livre par des références lucides. Les lecteurs sérieux peuvent trouver plus de détails dans ces domaines grâce à ces références citées.

La faible valeur inhérente du coefficient de dilatation thermique (CTE) à très haute température du graphite, ainsi que sa capacité à modérer l'énergie du neutron produit par la fission des noyaux d'U235, et possédant également une faible section de capture des neutrons, ont été amplement exploitées dans son application dans les réacteurs de fission et de fusion. Toutefois, le traitement de ces graphites nécessite des étapes de purification approfondies afin de ramener les impuretés à des ppm, ou mieux, au niveau des ppb. Le scénario énergétique actuel semble préconiser l'utilisation d'une plus grande quantité d'énergie de fission et éventuellement de fusion dans un avenir proche, en particulier face à la diminution des réserves de pétrole et à l'augmentation du niveau de pollution atmosphérique provenant d'autres sources d'énergie.

Si le livre aborde tous ces développements à la lumière des graphites industriels, il aborde également les découvertes plus récentes et les applications possibles de matériaux en graphite plus récents et exotiques comme les fullerènes dérivés d'électrodes en graphite et les nanotubes de graphite qui trouvent de nouveaux domaines d'application toujours plus nombreux. Toutefois, sur la base des modes d'utilisation conventionnels relativement bien établis des composés de graphite industriels, l'espace de discussion dans les domaines respectifs a été modifié en conséquence dans les chapitres suivants.

En outre, des chapitres séparés ont été réservés à la discussion sur les futurs domaines possibles d'application des graphites industriels, qui comprennent à la fois les tendances actuelles de la recherche et les promesses futures telles qu'elles sont visibles à ce stade. Des recherches de grande qualité sont actuellement menées dans les laboratoires de R & D japonais dans des domaines connexes, qui ont également été longuement abordés dans cette présentation.

Enfin, le livre aborde les aspects commerciaux des graphites industriels, en mettant l'accent sur la matière première, le graphite naturel, son enrichissement, la tendance des prix et la structure de la demande à l'heure actuelle. Le livre énumère également un bon nombre d'articles de référence qui ont été publiés au cours des 15 dernières années dans des domaines connexes, en vue de consultations ultérieures. En conséquence, le livre servira également de source de référence importante pour les étudiants en recherche ainsi que pour les administrateurs de recherche.

CHAPITRE - II

L'OCCURRENCE ET LES PROPRIÉTÉS DU GRAPHITE

2.1 Présence géologique et qualités du graphite :

Le graphite naturel (aussi appelé parfois "plumbago" ou "plomb noir") est une forme naturelle de graphite tendre, noire et brillante, classée en trois catégories générales : feuilletée, veinée (hautement cristalline) et amorphe. La formation géologique de ces trois variétés est attribuée à la fois à la matière première de base et à la manière dont le graphite a été formé dans la nature. Ces trois groupes diffèrent par leurs propriétés physiques, leur apparence et leur composition chimique.

Le graphite lamellaire est constitué de particules plates, semblables à des plaques, qui se présentent sous une forme disséminée à travers des couches de roches sédimentaires régionales métamorphisées, riches en silice, telles que des schistes de quartz et de mica, du quartzite feldspathique et micacé, des gneiss et des marbres. La taille des particules des flocons varie d'une mine à l'autre et leur valeur commerciale est dictée par la taille des flocons ainsi que par leur teneur en carbone. En règle générale, plus les paillettes sont grosses, plus leur pureté est élevée, plus leur prix est élevé.

Le graphite filonien (variété hautement cristalline) est présent dans les fissures, les fractures ou les cavités des roches transversales, ignées ou métamorphiques. Cette forme est typiquement massive et la taille des particules varie du grain fin aux gros morceaux. Les minéraux souvent présents sous forme d'impuretés comprennent le feldspath, le quartz, le mica, le zircon, le rutile, l'apatite et les sulfures de fer. Les gisements filoniens varient considérablement en largeur, de quelques millimètres à environ 2 mètres. La formation de ces gisements, qui présentent une densité et une ténacité élevées ainsi qu'une cristallinité élevée en ce qui concerne l'espacement, a fait l'objet d'un certain débat. On pense que la matière première de base des graphites filoniens est constituée par les dépôts de pétrole qui se sont transformés en graphite en raison du temps, de la température et de la pression.

Le graphite amorphe, en revanche, est doux, noir et d'aspect terreux, contrairement au graphite cristallin qui a un éclat métallique saisissant. En fait, le terme "amorphe" n'est pas du tout correct, car ce graphite possède des cristallites microscopiques ; le terme plus approprié aurait donc été "graphite microcristallin". Le graphite amorphe est formé par le métamorphisme de filons de charbon ou de dépôts riches en carbone exposés à une pression extrêmement élevée et à une température modérée.

Le prix du graphite dépend de la taille et de la pureté de ses cristaux, et l'une ou l'autre des catégories ci-dessus présente de grandes variations si les qualités sont simultanées. En général, les variétés ceylanaises, chinoises, malgaches et certaines variétés indiennes sont meilleures dans la catégorie des paillettes et sont utilisées principalement dans les industries métallurgiques. Alors que les variétés de qualité bien inférieure, comme le graphite coréen de qualité inférieure, sont souvent utilisées comme combustible industriel en raison de leur teneur élevée en non graphite (cendres). Tableau. 1 & 2 montre les réserves mondiales estimées de graphite sur la base de la variété de graphite et du gisement par pays, tandis que les tableaux 3 & 4 indiquent la production mondiale de graphite par pays en 1985 et 1993. Il est intéressant de noter, d'après les tableaux ci-dessus, que le Japon, qui produit l'une des plus grandes quantités de graphite industriel, ne possède aucune réserve naturelle de graphite. En conséquence, les scientifiques japonais ont concentré leurs efforts pour produire artificiellement du graphite à partir de diverses autres matières premières.

Selon une estimation, les réserves totales de graphite inférées dans le monde entier sont d'environ 100 millions de tonnes de variété floconneuse, et de plusieurs millions de tonnes de variété amorphe. Le plus important gisement de graphite amorphe est situé dans l'État de Sonora (Mexique), qui couvre une zone de 20 miles de long et 10 miles de large. Le plus grand gisement connu de graphite lamellaire se trouve dans la République de Malagassy. En Europe, le principal gisement connu se trouve en Austrie, en Norvège, en Allemagne et en Espagne. Une grande réserve indiquée de variété floconneuse est également signalée au Brésil, au Canada et en Chine. De grandes réserves de graphite amorphe sont également connues en Australie, en Autriche, en Corée, en URSS et au Sri Lanka. En 1985, les plus grands importateurs de graphite au niveau national étaient les États-Unis (48 000 tonnes), le Japon (79 000 tonnes), l'Allemagne (34 000 tonnes) et le Royaume-Uni (1 000 tonnes).

Tableau - 1
Réserve mondiale de graphite (base de la qualité du graphite)

Variété cristalline floconneuse	Economic Reserve +Sous-économie)	Base de réserve totale (Economique+Marginal
ÉTATS-UNIS	400 thousand ton	2000 mille tonnes
Asie	4000 "	15,000 "
Afrique	6000 "	40,000 "
Europe	4000 "	20,000 "
Amérique du Sud	200 "	4,000 "
Type de veine (grosseur cristalline) :		
Asie	400 "	20,000 "
Variété amorphe :		
	4,000 "	10,000 "
U.S.A Europe Asie	6,000 "	20,000 "
	7,000 "	35.000 "

Table -2
Réserve mondiale de graphite (par pays) en 19932

Pays	Réserve (en milliers de tonnes)
Autriche Brésil	45 1000 735 20,000 980 3,000
Inde Corée	50 1,000 352,370
Madagascar	
Mexique Sri	
Lanka États-	
Unis	
Autres pays	
TOTAL MONDIAL	**380,000**

Table-3
Production mondiale de graphite en 19853

Pays	Réserve (en milliers de tonnes)
	13
	1
Allemagne Italie	31
Autriche	35
Tchécoslovaquie	2
Norvège Roumanie	12
U.R.S.S.	82
(anciennement)	15
Madagascar	10
Zimbabwe Mexique	35
Brésil	39
Inde	34
Corée	25
Sri Lanka	71
Thaïlande	7

Table - 4
Production mondiale de graphite en 19932

Pays	Réserve (en milliers de tonnes)
	9
	30
	31
	12
	7
	10
Allemagne Turquie	65
Autriche	9
Tchécoslovaquie	12
Norvège Roumanie	32
U.R.S.S.	43
Madagascar	550
Zimbabwe Mexique	50
Brésil Chine Inde	46
Corée Sri Lanka	3
Canada	22

En Inde, le graphite se trouve principalement dans des roches cristallines et amorphes dans la pegmatite et dans le masseo lenticulaire dans les schistes et les gneiss. C'est un constituant essentiel des roches de Khondalite (schistes de quartz-sillimanite-grenat- graphite), que l'on trouve principalement dans l'Orissa. Ainsi, ces graphites se trouvant dans de telles conditions géologiques sont d'origine ignée. Le graphite formé par la métamorphose des strates carbonées est pratiquement inconnu en Inde, sauf localement dans les lits de Gondowana fortement écrasés de la partie extérieure de l'Himalaya. Il sera intéressant de comparer la qualité du graphite indien avec celle de son pays voisin, le Ceylan. C'est ce que montre le tableau 5 ci-dessous.

Tableau - 5
Comparaison de la qualité du graphite des variétés indiennes et ceylanaises 6

Source	Carbone	Cendres	Volatile
Ceylan	92.78	7.22	0.11
Inde	91.75	8.05	0.20
India 70.46	21.05	8.49	

Tableau - 6
État Production de graphite en Inde en 1986 [1]

État	Production (tonalités)
Andhra Pradesh	
Bihar	283
Gujrat	9.524
Madhya Pradesh	110
Orissa	2
Tamil -Nadu	23,626
TOTAL	4,869

En 1994, les réserves récupérables de graphite en Inde s'élevaient à 3,11 millions de tonnes, dont 539 977 tonnes de réserves prouvées, 832977 tonnes de réserves probables et 1 3739 949 tonnes de réserves inférées5 - La production déclarée de 74 679 tonnes en 1993 en Inde provenait de 46 mines actives et 55 % de cette production provenait en fait de 7 grandes mines produisant chacune plus de 4000 tonnes par an. Toutes ces sept grandes mines sont situées dans l'État d'Orissa et du Bihar. Actuellement, l'Orissa est le premier producteur de graphite avec une part de 77% de la production totale de l'Inde. En 1998-1999, la production de graphite en Inde (qualité ROM) est passée à 131 822 tonnes et devrait atteindre 149 000 tonnes d'ici à l'an 2000-2001.

Il ne sera pas déplacé de mentionner ici certains des résultats de recherches récentes (A. Oberlin & M. Oberlin, CNRS, France) concernant le mécanisme possible de formation du graphite dans la nature et donc son apparition. Les recherches expérimentales et l'extrapolation du diagramme d'Arrhenious pour la carnbonnisation et la graphitisation progressive ultérieure, suggèrent que si la carnbonnisation peut facilement se terminer dans la nature (ayant (delta H = 65 k cal/mole), le processus de graphitisation (delta H = 260 k cal /mol) est thermodynamiquement impossible avec l'énergie de gradient géothermique commune. En conséquence, on suppose un jeu simultané de la contrainte de cisaillement pour compléter le déficit énergétique et pour provoquer la graphitisation. Le métamorphisme ainsi que la pression tectonique fournissent une contrainte supérieure et aident à la formation du graphite dans la nature. Le parent le plus proche du charbon, l'anthracite, est une substance microporeuse dont les pores sont aplatis parallèlement au lit par la pression, ce qui donne une orientation statistique privilégiée à longue distance. La forme lamellaire représente la limite de ce processus d'aplatissement des micropores.

Le graphite naturel mélangé à des matériaux inorganiques peut être enrichi en ce qui concerne sa teneur en carbone, à condition que les contaminants se trouvent en dehors des feuilles de graphite dans la masse. La séparation du graphite des matériaux de la gangue peut être effectuée par voie sèche ou humide. La méthode sèche comprend le jigging, le broyage et le tamisage, la classification à l'air et la séparation électrostatique. La méthode humide adoptée est la flottation par moussage et coloration 7. Le polyéthylène oxyde non ionique a été utilisé comme mousse dans la flottation du graphite pour augmenter l'efficacité de la séparation. Des expériences avec plusieurs types de polyéthylèneoxydes indiquent que l'éther butylique de polyoxypropylène glycol était le moussant le plus efficace pour les particules de minerai de graphite. On a constaté que la buse produisait des films très serrés et moléculairement cohérents à l'interface air/solution, présentant une grande élasticité à de faibles concentrations, ce qui semblait empêcher la coalescence de la matière soluble. Une usine pilote en Suède fonctionne avec succès en utilisant le MIBC 55 convergent à la place de la buse. Durga et al [8] ont récemment décrit un tel procédé pour la valorisation du graphite lamellaire à faible teneur provenant des mines Mavinahalli à Mysore (Inde). Ces graphites ne contiennent que 10,41% de carbone fixe et contiennent de la hornblende, du pysoxène et du graphite comme minéraux essentiels, avec du chlorite et de la magnétite comme minéraux secondaires. Le broyage au maillage BS 72 libère 80 % des éléments étrangers. La flottation de la mousse suivie d'un nettoyage par pulvérisation d'eau donne le meilleur résultat de valorisation avec un indice de sélectivité de 16,29 et une teneur en carbone fixe de 34,5 % pour une récupération de 97,6 %. La flottation de l'huile en vrac améliore la qualité de l'huile à 51,3 % de carbone fixe avec un indice de sélectivité et une récupération plus faibles. Comparée à la flottation par mousse et à la flottation du pétrole en vrac, la flottation par peau a donné de meilleurs résultats dans ce cas avec un taux de carbone fixe de 57,8 % et une récupération de 95,8 % pour un indice de sélectivité de 20,03. On peut s'attendre à ce que le broyage humide du minerai, afin d'éviter que le graphite ne soit recouvert par la gangue, suivi de la flottation par peau améliore la sélectivité de la séparation. Le broyage humide après flottation colorée par pulvérisation d'eau améliore également la sélectivité de la séparation. Une approche quelque peu différente a cependant été utilisée par Kadoto et al7 à l'aciérie de Kawasaki, au Japon, pour récupérer le graphite en paillettes de la poussière de l'aciérie. Ici, la poussière a été broyée avec de l'acide, ce qui permet de récupérer le graphite, puis de le faire flotter pour séparer le graphite en paillettes de la gangue résiduelle. De l'acide chlorhydrique a été utilisé (environ 500 cc pour 100 g de poussière de graphite) pour l'objectif ci-dessus et il a été broyé à 100 tr/min pour obtenir du graphite lamellaire d'une pureté de 99% par rapport à 98% (maximum) pouvant être obtenu par une technique conventionnelle. De plus, pour ce matériau particulier, le temps de purification par la technique ci-dessus était presque un tiers de la méthode de séparation conventionnelle. L'influence du broyage à billes sur la structure a été étudiée par Yang et al [9] (Chine), leur conclusion après 150 heures de broyage à billes était que la structure cristalline du graphite était endommagée, ce qui entraînait des particules de taille nanométrique (matériau cabon) dans le processus dont la formation à son tour dépend de la structure du graphite brut utilisé. Les lecteurs intéressés par le mécanisme de transformation structurelle d'une variété particulière de graphite peuvent consulter la référence ci-dessus pour plus de détails.

2.2 Propriétés du graphite :

Les atomes constitutifs de base du graphite sont le carbone qui, dans sa configuration électronique, contient six électrons dont quatre dans l'enveloppe extérieure, disponibles pour la liaison chimique, et qui forme de fortes liaisons covalentes avec les atomes de carbone adjacents dans le plan. Alors que le quatrième électron forme une liaison moins forte (de type vander waals) entre les plans. Cette énergie de liaison dans le plan s'élève à 114 cal/mol alors que l'énergie de liaison entre les plans n'est que de 4 kcal/mol. C'est cette disposition fondamentale de la structure électronique du carbone dans le graphite qui lui confère des propriétés extraordinaires comme la lubrification à haute température, une conductivité électrique et thermique anisotrope élevée, la réfractarité et la capacité de former des composés interstitiels. La structure lamellaire du graphite est disposée selon le mode ABAB avec un espacement entre les couches de 0,3354 nm et une distance interatomique dans le plan de 0,1415 nm (à comparer avec 0,1397 nm dans le benzène). On trouve aussi parfois une structure rhomboédrique moins fréquente avec un empilement de type ABCABC. Le broyage augmente la structure rhomboédrique dans le graphite bien cristallisé, probablement en raison de l'action de la pression. Le chauffage au-dessus de 2000°C transforme la structure rhomboédrique en structure hexagonale, ce qui suggère que cette dernière est plus stable. L'impact résultant de l'explosion, selon certains rapports, transforme le graphite rhomboédrique en une structure cubique semblable à celle du diamant. Le broyage du graphite à une taille de particules inférieure à 0,1 micron (100 nm) réduit la taille du cristallite à moins de 200 A, niveau auquel l'ordre tridimensionnel est remplacé par un ordre bidimensionnel. L'affaiblissement des forces d'épinglage permet à la couche de s'écarter davantage et d'adopter progressivement des positions aléatoires, bien que parallèles, les unes par rapport aux autres. Cette structure turbostatique est la caractéristique du carbone amorphe. Les couches parallèles sont d'un ordre latéral complètement aléatoire avec un espacement d de 3,44 A. Lorsque la taille des cristaux de graphite diminue et que la probabilité d'un défaut d'empilement entre les couches de graphite augmente61, l'espacement entre les couches augmente, et à un espacement de 0,344 nm, le graphite est appelé "turbostatique" dans la nature 10. Le tableau 7 ci-dessous

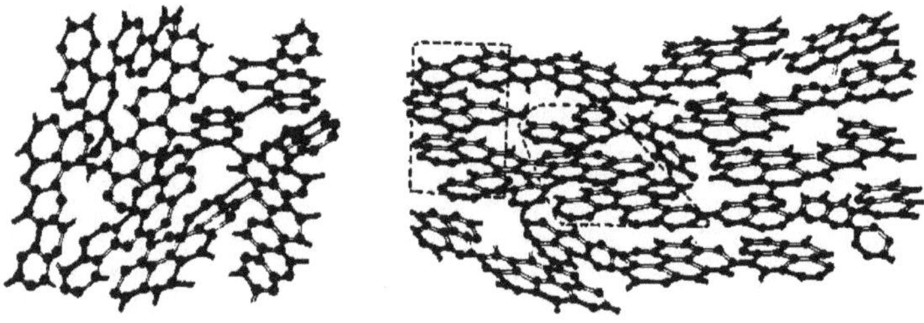

présente d'autres propriétés d'un cristal de graphite parfait.

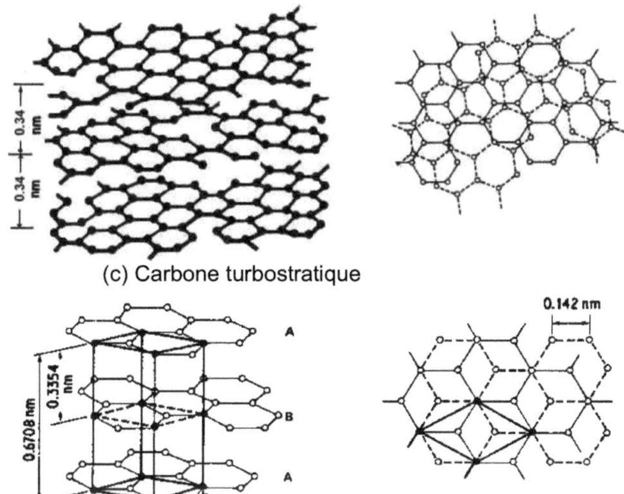

(c) Carbone turbostratique

Figure 1 Diagrammes des structures des carbones (a) isotrope, (b) graphitisable, (c) turbostratique et (d) graphitique.

Tableau 7

Propriétés à température ambiante du cristal de graphite [11]

Propriété	Value in plan basal4 x 10-42000
Résistivité (ohm m)	-0.5 x 10-
Module d'élasticité (T pa)	62.266
Force des tensions (T pa)	**Value across plan basal**
Conductivité thermique (watt/mk)	6000 x 10-4
Dilatation thermique (par °C)	0.034
Densité du cristal (qm/cc)	0.034
	10
	27 x 10-6

l'ordre. Ces forces répulsives sont probablement responsables de l'augmentation de la distance d'empilement, mentionnée plus haut, et responsables de la formation ordonnée du cristal de graphite au carbone turbostatique dans sa formation. D'autre part, la conductance électrique du graphite a été expliquée par la séparation des charges positives et négatives qui se déplacent à travers le cristal par transfert vers les molécules à effet négatif sous l'influence du champ électrique. Avec l'incorporation d'atomes donneurs d'électrons tels que les métaux alcalins, cette conductivité augmente encore de nombreux plis. Les défauts d'empilement semblent contribuer davantage à la conductivité de l'axe c. Les propriétés électroniques dans la direction de l'axe a ont été expliquées par des modèles de bandes. Les propriétés électroniques de l'axe c, difficiles à expliquer, ont été mises en évidence par des études sur les propriétés thermoélectriques. L'anisotropie de la puissance thermoélectrique dépend et est affectée par le défaut du cristal. Cette propriété est de signe opposé dans les deux directions principales du cristal. L'intercalation avec des atomes donneurs d'électrons rend la puissance thermoélectrique négative dans les deux directions du cristal et les accepteurs d'électrons plus positifs. Ceci s'explique par l'interaction avec la vibration du réseau. La concentration des porteurs positifs et négatifs dans le graphite (environ $10^{18/cc}$) n'est que d'un millier de fois celle du métal. Des mesures comparatives de la conductivité électrique dans les anthracites bruts, le thermo-anthracite, le coke et le graphite indiquent que tous les matériaux, à l'exception du graphite, se comportent comme des semi-conducteurs, tandis que le graphite se comporte comme un semi-métal. Gal'pern et al [13] ont examiné ces anomalies en termes de comportement des liaisons pi- dans ces molécules. Ingram et al [14], d'autre part, a montré qu'un grand nombre d'électrons non appariés sont piégés dans divers corps de carbone. Les études ESR montrent que l'absorption due aux "radicaux libres" dans tous les autres carbones (sauf le graphite) a été obtenue dans une plage de température allant jusqu'à 900°C (zone de carbonisation), mais pas plus ; tandis que l'absorption due à "l'électron de conduction" comme dans le graphite) a été observée dans une plage de 1500°C & l'interaction avec le réseau est si importante que tous les niveaux d'énergie des électrons non appariés deviennent très larges et donc leurs lignes d'absorption sont perdues. Cependant, lorsqu'un état plus ordonné est atteint, l'échange d'énergie thermique peut ne pas être aussi facile & des états d'énergie et des lignes d'absorption bien définis et étroits seront à nouveau obtenus. Si tel est le cas, la différence fondamentale entre l'électron non apparié observé dans les carbones à basse température et à haute température peut cesser de s'appliquer et les deux peuvent être dus à différents types d'imperfections dans la structure du carbone. Les corps carbonés contenant plus de 95 % de carbone présentent une décroissance radicale en concentration.

Dans les métaux en fusion, le graphite prend différentes formes, comme une forme floconneuse, sphéroïdale ou compacte, en fonction de divers paramètres comme la vitesse de refroidissement, les éléments d'alliage présents dans le métal en fusion, etc. [15,16].

Deprez et al [17] de l'Université de Withwatersrand (Département de physique) à Johannesburg, Afrique du Sud, ont réalisé des études intéressantes sur le changement des propriétés électriques de la poudre de graphite pendant le compactage. Ils ont mesuré la conductivité électrique de quatre poudres de graphite en fonction de la fraction volumique du graphite (ou de l'air) le long (axial) et à travers (transversal) de la direction de compactage. Ils ont trouvé une conductivité variant entre 2 et 4 ordres de grandeur lors de ces mesures. Les résultats correspondent à une équation qui exprime la conductivité du mélange en fonction de la conductivité du graphite et de deux paramètres morphologiques. Un facteur est la fraction volumique critique à laquelle le mélange graphite-air deviendrait isolant (seuil de percolation) et l'autre un exposant, est une combinaison du coefficient de démagnétisation effectif des grains & de la fraction volumique critique . La micrographie électronique des grains de poudre et la mesure du pourcentage d'orientation du volume des graphites par rayons X semblent expliquer les résultats.

Une autre étude intéressante impliquant l'amélioration des propriétés mécaniques telles que la résistance à l'usure, a récemment été réalisée par Kenny et al [18] impliquant l'implantation d'ions sur des corps en graphite. Ils ont montré que l'implantation d'ions sur du carbone vitreux et d'autres formes graphitiques de carbone conduit à une amélioration significative de la résistance à l'usure et que l'effet est perceptible avec un certain nombre d'espèces ioniques. Les doses d'ions d'azote, par exemple, supérieures à 5×10^{15} ions /cm2 à 5k ev, sont efficaces et l'amélioration de la propriété de résistance à l'usure est directement liée aux dommages produits par les ions incidents. L'énergie et la dose d'ions sont donc importantes pour déterminer l'étendue de la zone endommagée et donc sa propriété de résistance à l'usure modifiée.

Les coefficients de frottement offerts par un film de graphite pur (0,07-0,15 mm d'épaisseur dans des conditions de glissement) ont été donnés par Smith [19] et indiqués dans le tableau 8 ci-dessous. En outre, à pression atmosphérique normale, le frottement et l'usure du carbone amorphe se sont avérés sensiblement plus élevés que ceux du graphite à 20% dans le carbone amorphe ou du carbone graphité à 100%. En fait, sous pression réduite, les matériaux graphitiques ont environ deux fois plus de friction dans l'air et ils s'usent presque

Tableau - 8
Coefficient de friction fourni par le film de graphite [19]

Description du testeur	Coefficient de friction		
	Film graphite	Métal non lubrifié	Huile minérale
Glissière à trois boules	0.09 - 0.12	0.16 - 0.18	0.15 - 0.17
Coulisseau d'avion à	0.15	-	-
Machine Bowden-Leben	0.07 - 0.1	0.4	0.17- 0.22
Instrument Duley modifié	0.12	0.6	0.15
Rouleaux	0.05	-	0.07

1000 fois plus rapide (une situation qui se produit avec les avions en vol à haute altitude). La lubrification du graphite est due au glissement de sa structure lamellaire & aussi à la présence de vapeurs condensables, comme l'humidité, à sa surface 57tétrachlorure . Oxygen also shows lubricating effect similar to water film but at pressure higher by a factor of 100 (water at 3 mm Hg & oxygen at 200-400 mm Hg). Nitrogen & carbon monoxide show no lubrication effect upto 600 mm Hg pressure, and ammonia as well as some organic materials (n-heptane, isopropanol, n-pentane, carbonetc.) montre également que les cristallites de graphite s'orientent au frottement de sorte que les plans de clivage sont dans le plan du frottement. La force de liaison interlamellaire dans le graphite est d'un ordre de grandeur plus élevé dans le vide que dans l'air. Zaidi et al [20, 21] ont rapporté les propriétés anisotropes de divers carbones dues aux liaisons sp2, sp3 et pi, ce qui conduit à des surfaces de carbone variées ayant des propriétés chimiques, mécaniques et tribologiques différentes. Ces différents modes de liaison du carbone, donnent lieu à des comportements de frottement différents dans le diamant comme le carbone, le carbone amorphe correspondant à la structure graphitique et carbonée, le film de carbone amorphe hydrogéné, et le diamant amorphe obtenu par ablation au laser de la structure du diamant. Ainsi, le coefficient de frottement (p) du carbone et des revêtements de carbone peut varier d'un facteur de 50 (p = 0,2 - 1) et le taux d'usure correspondant d'un facteur de [102-104] , selon la nature du film de carbone, l'environnement tribo-contenu et la température. Pour plus d'informations sur le sujet, les lecteurs intéressés peuvent consulter l'article ci-dessus qui donne un résumé des études publiées au cours des 10 dernières années sur le sujet ainsi que des études au MEB, aux rayons X et à la microscopie électronique à dirfraction sur la modification structurelle de la surface de frottement des matériaux carbonés. Des propriétés similaires des carbones sp3 produits à partir d'hydrocarbures à haute pression ont également été signalées en Russie par Voronov et al [22] . Les propriétés de surface du Graphite shows a peak of reflectivity at a wave length of 2600 A, where photographite ont également été étudiées par Fiorito et al [23] et Kobayashi & others58-60 . Graphite shows a peak of reflectivity at a wave length of 2600 A, where photo La largeur de la bande de valence dans le graphite est d'environ 15 eV. Les pi-électrons purs montrent une bande de valence à 5 eV, indiquant dans le graphite une bande de valence comprenant d'un mélange d'états sigma & pi.

Le comportement de diffraction du graphite isotrope sous charge de compression, tel que requis dans les applications nucléaires, a été étudié par émission acoustique continue par Ioka et al [25]. Leur étude montre que l'émission acoustique du graphite augmente progressivement avec l'augmentation de la contrainte dans la phase initiale de la charge, suivie d'un comportement décroissant avec une charge supplémentaire jusqu'au point de rupture. Ceci a été expliqué par la contrainte de dislocation accumulée aux joints des grains. Pour comprendre cet effet de contre-contrainte aux joints de grains, des spécimens oxydés ont été préparés et des études d'émission acoustique avec des spécimens oxydés ont montré qu'ils augmentaient de façon monotone jusqu'au point de rupture.

Les propriétés magnétiques des carbones mésomorphes (c'est-à-dire entre un carbone amorphe et un carbone cristallin, ce que sont la plupart des carbones) présentent de nombreuses analogies avec celles du graphite cristallin. La susceptibilité magnétique représente le rapport entre l'intensité du magnétisme induit dans la substance et celle du champ magnétique inducteur ; la susceptibilité est toutefois généralement déterminée à partir de la mesure de la force exercée sur une substance par un champ magnétique. Avec les matériaux diamagnétiques tels que le graphite et le carbone, le magnétisme induit oct dans la direction opposée à celle du champ magnétique appliqué et la susceptibilité est négative. Les matériaux diamagnétiques subissent donc des forces qui tendent à les faire sortir d'un champ magnétique non homogène. Les matériaux paramagnétiques, en revanche, sont magnétisés dans la même direction que le champ magnétique appliqué, la susceptibilité magnétique est positive et ils ont tendance à se déplacer dans les parties les plus fortes d'un champ non homogène. Avec les deux types de matériaux, le magnétisme induit disparaît avec la disparition du champ magnétique appliqué. En revanche, un magnétisme résiduel plus ou moins intense est laissé dans les matériaux ferromagnétiques généralement connus, comme le fer et l'acier, dans des circonstances similaires. La susceptibilité magnétique est donc une propriété fondamentale et atomique, mais elle peut être modifiée dans les molécules et les cristaux de telle sorte qu'elle devient une propriété du matériau sensible à la structure. Le graphite cristallin présente une grande susceptibilité diamagnétique, qui, conformément à la structure cristalline, est nettement anistrope26 la susceptibilité est, par exemple, environ 44 fois plus grande dans la direction perpendiculaire au plan des couches atomiques du graphite que dans la direction parallèle à la couche, direction dans laquelle elle est petite et similaire à celle du diamant (-0,5 x 10-6CGS unité/gm). La grande composante anisotrope de la susceptibilité est, en outre, nettement sensible à la température et présente une dépendance négative à la température27. Les graphites polycristallins, le noir de carbone et les carbones formés par pyrolyse de divers matériaux organiques, présentent tous un diamagnétisme, dont l'ampleur et la dépendance à la température varient selon l'origine et le traitement thermique du matériau. Certains carbones mésomorphes formés dans la région de 600 ou 700°C, peuvent également être nettement paramagnétiques [28,] ou ils peuvent présenter une absorption de résonance paramagnétique. Les carbones de bézène présentent une dépendance négative à la température analogue à celle du graphite et son ampleur augmente progressivement avec la température de préparation[29]. Le carbone de cellulose et de polymère présente une dépendance thermique positive de la susceptibilité magnétique, ce qui indique une composante paramagnétique. Dans le graphite également, la susceptibilité moyenne des carbones est liée aux diamètres des couches de graphite constitutives plutôt qu'à la température de préparation. Il existe une corrélation fondamentale claire entre le diamètre moyen des couches de graphite et la susceptibilité spécifique. Ganguly et al[26] ont montré que la résonance des pi-électrons, qui sont responsables de l'anisotropie diamagnétique des substances aromatiques et du graphite, peut être traitée quantitativement, dans le cas du graphite, comme un gaz bidimensionnel limité au plan de la couche de graphite. Les équations théoriques dérivées sur cette base concordent bien avec la dépendance de l'anisotropie du graphite par rapport à la température, telle que déterminée expérimentalement. Récemment, Chetab et al[31] ont rapporté les propriétés magnétiques du graphite hexagonal et rhomboédrique. Ces études ont porté sur des mesures ESR sur un mélange variable de graphite hexagonal et rhomboédrique, contenant ensuite jusqu'à 40% du mélange. Variation de la largeur de la ligne ESR et de la paramagnétique [16] La susceptibilité au spin avec la température et la teneur en graphite rhomboédrique est étudiée par rapport au facteur g de Lande. Une corrélation et un parallélisme étroit dans le facteur g, la largeur de la ligne et la susceptibilité diamagnétique ont été trouvés. Cela confirme non seulement un parallèle similaire entre ces trois quantités physiques, mais reflète également l'historique thermique et la concentration de dopant dans le corps en graphite. Les valeurs du facteur g, l'anisotropie de la structure rhomboédrique peuvent également être expliquées à partir de cette étude. La sensibilité au spin paramagnétique montre une tendance accrue au caractère bidimensionnel du graphite avec un contenu rhomboédrique accru, ce qui est en parfait accord avec les prédictions théoriques. Une autre étude récente d'Ikegami et al[32] sur la propriété magnétique à basse température avec He3 adsorbé sur du graphite pré-plaqué de haute densité montre que dans une région de température inférieure au millilitre Kelvin, on observe une augmentation substantielle de l'aimantation avec la baisse de température, ce qui n'est pas attendu d'un liquide de Fermi dégénéré. Cette dépendance de la température a été expliquée à partir du point d'existence d'une petite quantité de ^{3He} solide vitreux piégé sur le substrat donnant naissance à une couche hétérogène de graphite. Il est bien connu que le graphite forme des complexes ou des groupes de surface par réaction de surface ou chimisorption, lorsqu'il est mis en contact avec certains gaz et liquides. La proportion de ces groupes de surface augmente avec l'augmentation du désordre structurel et de la surface. Ainsi, il est pauvre en cristaux de graphite et riche en noir de carbone. La quantité totale de gaz adsorbée par le graphite est d'environ 100-600 m. lit/gm (par exemple, à température ambiante, l'oxygène est chimisorbé) et à des températures plus élevées, il se forme (en particulier en présence d'agents oxydants liquides), des groupes -COOH, OH phénolique et = CO. Le taux de désorption le plus élevé est atteint dans la plage de température de 600 à 800°C. Des résultats intéressants d'études d'adsorption ^{3He} sur le graphite ont également été rapportés par Patel et al[33], qui ont effectué des mesures de capacité thermique pour une situation similaire, et les valeurs de capacité thermique mesurées étaient sensibles à la solidification des couches adsorbées, à l'auto-condensation de la couche fluide ^{4He} bidimensionnelle, et à la séparation des phases bidimensionnelles. La dépendance de la capacité thermique à la température indique que la couverture [3He] sur le graphite était fixe et que la couverture [4He] augmente progressivement et se diffuse vers une deuxième couche. Les propriétés magnétiques des nano-graphites à basse température ont également été mesurées et rapportées par Wakabayshi et al 34. Dans leur article ci-dessus, ils ont examiné la contribution diamagnétique orbitale et paramagnétique de Pauli à la réponse magnétique dans un système de nanographites en forme de ruban avec des bords en zigzag et en bras de chaise. Ces systèmes possèdent des états de bord fortement localisés près des bords en zigzag, ce qui conduit à un pic de densité des états au niveau de Fermi et génère une susceptibilité au spin de Pauli avec une dépendance à la température de type Curie. Dans un système de nanographites, ce signal magnétique orbital paramagnétique de la masse. À haute température, la propriété diamagnétique du système est apparente, tandis qu'à basse température, le comportement paramagnétique domine.

La conductivité thermique du graphite à basse et haute température est également intéressante et remarquable. Comme nous le savons, dans les solides non métalliques, la chaleur est transportée par la vibration du réseau et la conductivité thermique est étroitement liée à la température de Debye qui caractérise la variation de chaleur spécifique. À température normale, la conductivité est déterminée par les interactions entre les ondes du réseau et augmente lorsque la température diminue. À très basse température (par exemple, la température de l'hélium liquide), la conductivité est déterminée par la taille des cristaux. Dans le carbone polycristallin, l'effet de taille peut s'étendre jusqu'à la température ambiante et limite la conductivité d'un conducteur intrinsèquement bon. Malgré cela, certains spécimens sont de meilleurs conducteurs de chaleur que le cuivre, mais ne se comparent pas aux meilleurs diamants qui ont une conductivité plusieurs fois supérieure. À des températures extrêmement basses, l'effet de taille est si marqué que les échantillons de graphite ayant la plus petite taille cristalline ont des conductivités plus faibles que tous les autres solides mesurés. Ce facteur est important pour déterminer la puissance qui peut être dissipée dans les résistances en carbone utilisées comme thermomètres à basse température. À des températures plus élevées, le comportement approximatif du carbone et du graphite en matière de conductivité

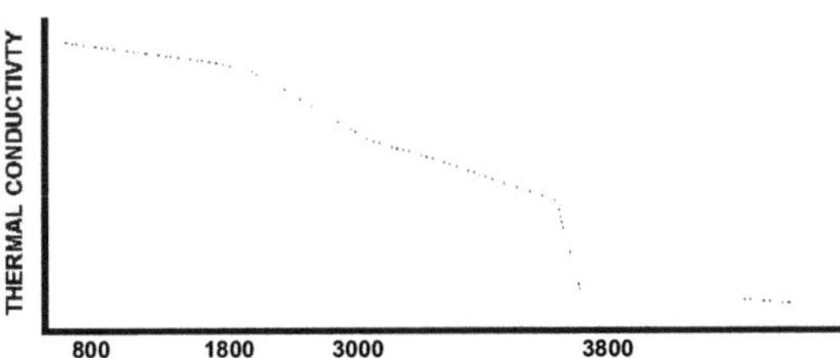

thermique est illustré à la figure 2 ci-dessous.

Fig-2 : Modèle approximatif de conductivité thermique du carbone de 1 à 3800°C.

La composante électronique de la conductivité thermique à 0°C est d'environ 0,5%, alors qu'à 800°C elle est de 5,7%. La conduction thermique relativement plus élevée dans cette région provient donc principalement du composant de réseau. L'initiation de la garphisation à 1500°C, entraîne une conduction thermique positive rapide. On peut noter ici qu'à température ambiante, la conductivité thermique du carbone est de l'ordre du centième de celle du graphite, mais la conductivité électrique n'est que le dixième ou le vingtième de celle du graphite. Par conséquent, dans le carbone, une plus grande proportion de la conduction thermique se fait par les électrons, soit environ 6 % à 0 °C et 22 % à 800 °C. Cette différence est probablement associée à la plus faible conductivité du réseau qui résulte de la plus petite taille des cristaux du matériau amorphe. La conductivité thermique du carbone augmente avec la température alors que celle du graphite diminue fortement jusqu'à ce que la température élevée soit atteinte. En raison de l'anisotropie, la conductivité thermique et électrique du graphite doit être comparée avec une attention particulière à la direction (les valeurs de conductivité thermique diffèrent d'environ 20% dans deux directions perpendiculaires). Les matériaux de petite taille cristalline ont une faible conductivité thermique qui augmente avec la température jusqu'à un large maximum. Plus la taille du cristallin augmente, plus la conductivité thermique augmente et ce maximum se produit à une température plus basse et tend à devenir plus aigu. Outre la taille des cristaux, la liaison entre les cristallites et les défauts influence également dans une large mesure les propriétés thermiques et électriques du graphite. En particulier, la conductivité électrique du graphite polycristallin dépend largement de la diffusion des limites des cristaux ; dans le cas de la conductivité thermique, elle n'est pas aussi sensible à la taille et à la perfection des cristaux.

Le graphite possède également de précieuses propriétés d'inertie chimique et thermique. C'est cette inertie unique qui a rendu possible le développement d'un certain nombre de revêtements de réacteurs pour les industries chimiques et métallurgiques. Le graphite pyrolytique, d'autre part, présente une vitesse de réaction avec les gaz de combustion inférieur d'un facteur d'environ 3 par rapport au carbone et au graphite commerciaux. L'oxydation du graphite de qualité commerciale obéit à l'équation classique de l'énergie d'activation Arrhensious jusqu'à 700°C à faible débit d'air, et au-dessus de 700°C la température ne reste plus le facteur de contrôle & la vitesse de réaction devient si rapide qu'elle devient essentiellement un mécanisme de contrôle de diffusion. Alors que la plupart des impuretés inorganiques catalysent fortement l'oxydation du graphite, les phosphates et les borates inhibent la réaction. Le chauffage du graphite de qualité commerciale non revêtu à environ 2500°C et le refroidissement dans un environnement de gaz inerte, réduit sa réactivité vis-à-vis du dioxyde de carbone d'environ 100 plis à 500°C. En pratique, le four de graphitisation contient une grande quantité de dioxyde de carbone dans son atmosphère et le refroidissement du graphite dans la même atmosphère peut oxyder le graphite produit.

Enfin, il est intéressant de noter la propriété du graphite fondu (carbone liquide) sous haute pression et température en ce qui concerne sa structure et ses propriétés physico-chimiques. De telles études ont récemment été rapportées par Togaya [35] et Grubach et al36 . Alors que Grumbach et al ont étudié le diagramme de phase solide-liquide en utilisant le premier principe de la dynamique moléculaire, Togaya a développé une nouvelle technique de chauffage rapide pour étudier le comportement de fusion du graphite à haute température et à haute pression. Ces études montrent qu'il existe trois caractéristiques distinctes dans le diagramme de phase ci-dessus.

a) la fusion de la structure cristalline de base à 35-40 M bar,

b) changement structurel du liquide dans la gamme de 4 à 10 M bar, et

c) la fusion de la phase BC-8 à une pression similaire à 22 M bar.

À 6 Mbar, l'état liquide a une coordination environ six fois supérieure et, par conséquent, la température de fusion dans cette plage de pression a tendance à diminuer avec l'augmentation de la pression. Musella et al, d'autre part, ont étudié les propriétés du graphite à l'état fondu en utilisant une technique de chauffage par laser de type "subseconde". Dans ces conditions, le graphite a fondu à l'état isobare contrôlé. Pendant l'application d'impulsions, une quantité relativement importante de graphite a été fondue puis solidifiée dans de bonnes conditions de stabilité de la masse liquide. Le point triple solide-liquide a été déterminé dans les conditions suivantes

Les enquêtes ci-dessus ont également établi l'expansion caractéristique de la fusion du graphite par analyse métallographique. Les calculs expérimentaux et théoriques indiquent une nature non métallique du graphite liquide dans la plage de pression de 110 à 2500 bars. L'analyse de la ligne de fusion Tm(p) basée sur l'équation d'état empirique de Simon a permis d'établir une cohérence dans le comportement du graphite liquide. Nous n'aborderons pas ici l'aspect plus théorique du sujet, mais les lecteurs intéressés peuvent consulter les références ci-dessus pour obtenir plus de détails sur le sujet.

2.2 Graphite artificiel ou synthétique :

Après avoir discuté en détail de la nature et des propriétés du graphite naturel dans la section précédente, nous aborderons ici les propriétés et la technique de synthèse du graphite artificiel ou synthétique. Cependant, il n'a pas été possible jusqu'à présent d'obtenir de grands flocons comme le graphite naturel par la voie de la synthèse artificielle, et il est intéressant de noter que dans la nature, des cristaux de carbone encore plus grands comme le diamant, bien qu'abondants, n'ont pas encore été découverts.

Synthetic graphite can be produced from solid (coke), liquid (pitch or synthetic organic precursors), or gaseous (hydrocarbon) sources. In solid precursors like coal, coke ,or petroleum coke, the aromatic ring clusters occur in 12 or more in numbers together, while in pitch these clusters composes 3-8 rings, and in gaseous hydrocarbons it is just one or two or nil. The treatment of solid and liquid precursors for aligning & fusing aromatic clusters to arrive at desired graphitic structure are thus similar, while for gaseous hydrocarbons are somewhat different but the later produces more perfect crystals than the formers. Walker et al first showed in this regard that graphitisability of cokes exhibiting flow pattern within their particles generated during carbonization was high & that plate like aromatic molucules are align parallel to the flow as a result of shear stress produced as volatiles evolve during carbonization. Calcined coke exhibiting an extensive flow pattern, has superior crystallite alignment, and this alignment was preserved during graphitisation process. In subsequent graphitization of these materials at high temperature (1500 to 3000°C) the aromatic platecomme les amas, perdent encore plus leur hydrogène en formant des radicaux libres qui fusionnent ensemble pour générer de plus gros cristallites et finalement le processus conduit à la formation de graphite. Goma et al280 ont fait une étude approfondie de la graphitisation des films de carbone amorphe, et ont découvert que la première étape de cette transformation est l'établissement d'un ordre bipériodique parfait (par l'étape de prégraphisation). Jusqu'à 2000°C, plus de 80% du matériau est encore turbostatique et au-delà de cette température, l'ordre tripériodique conduit au graphite (état de graphitisation). La division de l'échelle de température à 2000°C, le coefficient de Hall est positif et augmente rapidement. Au-delà de 2000°C, il diminue soudainement et devient négatif. Cela indique la disparition des porteurs positifs (trous) en raison de la suppression soudaine des limites de défauts qui provoque le raclage des couches de carbone conduisant à une structure en zigzag imparfaite. De la même manière, la conductivité électrique augmente lentement en dessous de 2000°C alors qu'elle augmente beaucoup plus rapidement au-dessus de 2000°C. Dans cette plage de température, les couches deviennent très plates et les électrons du réseau bipériodique parfait acquièrent ainsi un caractère semi-métallique. Après une augmentation rapide, la susceptibilité diamagnétique devient également stable et égale à celle du graphite au-dessus de 2000°C. Cela confirme qu'au dessus de 2000°C, les couches de carbone ont atteint une structure qui est similaire en perfection à celle du graphite. De même, à environ 2000-2100°C, la fonction de travail de la fine couche de carbone se rapproche de celle du graphite. Cela implique que la surface du film est essentiellement identique à celle du graphite. Toutes ces propriétés sont liées à la nature, la concentration et la mobilité des porteurs, qui dépendent de la présence ou de l'absence de défauts dans les couches de carbone.

La même information a ensuite été utilisée pour graphitiser des précurseurs liquides comme le brai, qui a d'abord été converti en un certain degré d'alignement cristallin (en feuille), appelé "brai en mésophase", extrudé pour un alignement de cisaillement supplémentaire dans la direction de l'écoulement, puis graphitisé. Brook & Tylor[39] ont d'abord montré que lorsque le brai est chauffé, il fond d'abord pour former un liquide isotrope & avec l'augmentation de la température et du temps, des sphères présentant une anisotropie optique apparaissent en milieu isotrope. Elles continuent à croître en taille et en nombre jusqu'à un point particulier en fonction de la composition du brai, au détriment de la phase isotrope. Dans une section ultérieure, nous verrons comment, en modifiant / supprimant certains de ses composants de la composition du brai, le brai entier pourrait être transformé en matériau à phase anisotrope unique. La coalescence finale de ces sphères en mosaïque, appelée "MESOPHASE", et la perte des volatils dégradés donnent naissance à un coke à basse température adapté à la fabrication du graphite. Alors que la densité réelle de la masse carbonée passe de 2,05 gm/cc à 2,22 gm/cc (la résistance électrique passe de 0,006 à 0,001 ohm cm) dans cette plage de graphitisation de 800 à 3000°C, le volume présente un changement correspondant de haut en bas (d'abord en augmentant de 1300°C puis en diminuant de 1300°C à 1700°C, en augmentant de nouveau de 1700°C à 2300°C et enfin en diminuant de 2300°C à 3000°C). L'étendue de la réticulation dans le composé de départ est également une mesure de la graphitisabilité de la substance. Par exemple, la réticulation dans l'anthracite est plus importante que dans le coke de pétrole. Par conséquent, ce dernier est plus facilement graphitisable que le premier et, dans la plupart des corps en graphite industriels, le coke de pétrole constitue la matrice de base pour la formation des corps en graphite. L'effet du traitement thermique de l'anthracite sur les propriétés de la composition de la poix-antrhracite pour la fabrication de corps en graphite a été récemment signalé par Tretyaknva et al[40]. Ils ont découvert que l'anthracite de charge chauffé à 1300°C affecte la formation d'une couche intermédiaire de liant enrichie de composants aromatiques. Alors que l'anthracite graphitisé n'affecte que légèrement la formation d'une couche intermédiaire de liant qui absorbe sélectivement les composés aliphatiques. De plus, une augmentation de la température et du temps de mélange est nécessaire lorsque l'anthracite graphitisé est utilisé comme charge. Le graphite et la charge de noir de carbone ont en revanche un effet prononcé sur la réticulation et la vitesse de dégradation thermique avec d'autres liants polymères organiques tels que le méthylphényl-siloxane[41]. Ces charges ont entraîné une augmentation de la température de dégradation thermique initiale et une diminution du rendement des produits de dégradation. Ceci est dû à une diminution de la mobilité des chaînes du polymère chargé en raison de l'orientation de la chaîne sur la surface de la charge, de l'inhibition de la diffusion du produit de dégradation primaire et de l'inactivation possible du groupe SiOH du polymère sur la surface de la charge[62].

Tomita et al[43]900°C manufactured highly oriented graphite flakes by using intercalation comounds. The process involved intercalating polymerizable monomers into a laminar compound such as montmorillonite polymerized and precarbonized by heating at 500. Les composés laminaires sont ensuite éliminés par traitement acide et le matériau carboné restant est graphitisé à plus de 2500°C pour obtenir des paillettes de graphite hautement orientées. Les monomères peuvent être de l'acrylonitrile, de l'acétate de vinyle, du chlorure de vinyle, etc. et l'acide peut être HF, HCl, HNO_3 et H_2SO_4. Ce graphite est réputé pour avoir une meilleure réflexion des rayonnements et peut être utilisé comme matériau réfléchissant pour les réacteurs de fusion nucléaire, la radiothérapie à basse énergie et les appareils à rayons neutroniques et à rayons X. Takahashi et al[44] ont décrit une méthode de conversion de graphite en paillettes en poudre de graphite fine. Le broyage à cette fin était effectué dans un broyeur à billes revêtu de caoutchouc en utilisant des billes d'acier revêtues de nylon en atmosphère d'azote.

Les réactions de formation du coke (à environ 500°C) sont endothermiques et favorisent la formation de carbones amorphes réticulés. Les chaînes naphténiques et aliphatiques sont simultanément détruites, comme le montre l'augmentation du rapport C/H. La cokéfaction entraîne également la condensation et la polymérisation des molécules aromatiques, ce qui permet d'obtenir un coke cristallin avec moins de réticulation. Ces molécules se développent sous forme d'aiguilles et sont donc appelées AIGUILLES DE COKE. Avec sa structure déjà alignée, le coke en aiguille fournit l'un des meilleurs éléments de matrice pour la préparation industrielle du graphite. Au contraire, les carbones à base de cellulose sont non graphitisants et restent turbostatiques jusqu'à 3000°C.

Les carbones pyrolytiques hautement orientés provenant des gaz d'hydrocarbures ont une morphologie entièrement différente de celle des artefacts de graphite conventionnels sur lesquels ils sont habituellement déposés. Le mécanisme général impliqué dans la préparation du graphite pyrolytique est le suivant : d'abord, la chimisorption des hydrocarbures gazeux sur la surface chauffée du substrat, puis la perte de leur hydrogène, ce qui donne des atomes de carbone à haute mobilité qui diffusent vers des positions à faible énergie potentielle sur la surface (c'est-à-dire le plan basal du cristal de graphite) et forment des cristallites de graphite. Un chauffage supplémentaire de ces cristallites à 3200°C entraîne une nouvelle croissance des cristaux, un meilleur alignement des cristallites (c'est-à-dire l'élimination des défauts des cristaux) et une modification simultanée des propriétés pour produire des cristaux se rapprochant étroitement du monocristal de graphite45-47 . Cependant, le caractère du graphite pyrolytique pourrait passer d'un caractère hautement anisotrope à un caractère isotrope (par exemple, par le craquage du méthane) en changeant les conditions telles que la température, la pression et la surface du lit du substrat. Bokres48 a en outre montré que la densité du graphite pyrolytique et son anisotropie ne doivent pas nécessairement diminuer avec l'augmentation de la concentration de méthane. Hoffman49, d'autre part, a montré que le taux de craquage des hydrocarbures gazeux (par exemple le propylène) dépend également de la concentration des sites actifs. Comme mentionné précédemment, les sites actifs sont essentiellement situés à la limite du plan basal et aux points de défaut dans le plan basal (mais les sites actifs naissants produits dans le corps de carbone pendant la gazéification sont des sites de radicaux libres). Murphy et al50 ont montré que la décomposition du benzène, du toluène et du méthane pendant la production de graphite pyrolytique suit une réaction homogène de premier ordre et que l'étape déterminant la vitesse dans la pyrolyse du benzène était apparemment le clivage du cycle, dans le toluène, la scission des groupes méthyle par les liaisons C-H, et dans le méthane, la scission des liaisons C-H. Le carbone déposé à partir du tétrachlorure de carbone à 1100°C s'est également avéré très orienté, comme en témoigne sa faible résistance aux chocs thermiques. Des carbones en plaque ont également été produits par la décomposition de l'anthracène à 1100°C51 . Il a également été constaté que la densité du carbone pyrolytique dépend de la température utilisée pour le craquage (par exemple, à 1700°C, la densité était de 1,14 gm/cc alors qu'à 2100°C elle était de 2,22 gm/cc), ce qui suggère que la densité du carbone pyrolytique dépend de la mobilité superficielle des atomes de carbone immédiatement après le dépôt. Les films de carbone pyrolytique sont commercialement importants pour la fabrication de résistances et le revêtement métallique pour l'épitaxie par faisceau moléculaire [53]. Récemment, Banares Munoz en Espagne a étudié54 des textures sur du graphite pyrolytique de qualité commerciale par l'adsorption physique des gaz (les isothermes d'adsorption dans l'azote et l'argon à 77 et 90°K ont été étudiées). Toutes les isothermes se sont avérées appartenir au type II de la classification de l'UICPA, et à 77 et 90°K, ni l'isotherme de l'azote ni celui de l'argon ne présentaient de point de croisement. Dans ces cas, la surface spécifique a été calculée et comparée à celle des autres graphites. En utilisant l'isotherme de désorption de l'azote à 77°K, ni l'isotherme de l'azote ni celui de l'argon n'ont présenté de point de croisement. La surface spécifique dans ces cas a été calculée et comparée à celle des autres graphites. En utilisant l'isotherme de désorption de l'azote à 77°K, la prosité a été étudiée en utilisant un porosimètre à mercure. Les lecteurs intéressés par le sujet peuvent consulter la référence ci-dessus pour plus de détails.

Enfin, avant de terminer cette section, il convient de noter que le processus de graphitisation a été facilité par certains catalyseurs dans tous les cas susmentionnés. Il existe deux théories quant au mécanisme de la graphitisation catalytique. La première est basée sur la dissolution du carbone dans la particule de catalyseur suivie d'une précipitation sous forme de graphite (cette réaction peut se dérouler de manière isotherme en raison du changement d'énergie libre négative dans le carbone désordonné en cours de formation d'une structure de graphite ordonnée). Le second mécanisme implique la formation et la décomposition des intermédiaires de carbure (effet G). Dans ce dernier processus, des gouttelettes de carbure de fer (par exemple) sont formées à la surface du catalyseur et s'écoulent sous forme de domaines élémentaires détachés. Lors de la décomposition du carbure, il se forme une enveloppe de carbone qui peut être graphitisée car les lamelles de carbone sont parallèles à la surface externe de l'enveloppe creuse sphérique (effet XRD TS-). Le traitement thermique entraîne la graphitisation du carbone non graphitisable sans catalyseur, car les contraintes internes localisées mises en place par la dilatation thermique anisotrope à l'intérieur des cristallites de carbone, qui est libérée par la rupture des réticulations (effet XRD Tncomponent), facilitent l'alignement des cristaux. Les éléments du groupe IV B du tableau périodique (Ti, Zr et Hf), les éléments du groupe V B (V, No et Ta), les éléments du groupe VIB (Cr, Mo et W), les éléments VIIB (Mn, Re et Tc) et les éléments du groupe VIII (Fe, Co, Ni, Ru, Rh, Pd) ont 2 à 5 électrons dans leur coquille externe d, qui forme une liaison chimique forte avec le carbone formant des carbures et sont donc des catalyseurs de graphitisation. La majorité des catalyseurs de graphitisation ont un numéro atomique inférieur à 40 et un premier potentiel d'ionisation de 6 à 8 eV. Des composés tels que $CaCO_3$, Fe_2O_3 CuO, $CaCl_2$ et certains alliages servent également de catalyseurs de graphitisation. Le Dr Harry Marsh, du laboratoire de recherche sur le carbone du Nord, à l'université de New Castle Upon Tyne (Royaume-Uni), et le professeur A. Oya, du département de chimie de l'université de Gunma (Japon), ont effectué des travaux de pionnier dans le domaine des catalyseurs de graphitisation. [274-277] Les lecteurs intéressés par le sujet peuvent consulter les publications des deux auteurs ci-dessus dans ce domaine. Le soufre joue également un rôle de catalyseur dans le processus de graphitisation et nous reviendrons sur l'action de cet élément (phénomène de bouffée dans la poix) dans la prochaine section. [278-279]

□

CHAPITRE - III

CONSTITUANTS DE BASE DU CORPS DES GRAPHITES INDUSTRIELS

3.1 L'élément de matrice :

Le corps des graphites industriels est principalement constitué de deux éléments de base : la matrice ou élément de remplissage, et le liant. En fonction de la structure de départ de ces éléments de base, un programme détaillé temps-température est élaboré pour la cuisson finale des corps en graphite industriel. Les impuretés métalliques présentes dans ces éléments de matrice sont éliminées lors de l'étape de graphitisation à haute température. Cette élimination est basée sur la vaporisation des métaux qui réduit la teneur en métaux alcalins de 2500 ppm à 9 ppm. D'autres métaux, comme le silicium, passent également de 500 ppm à environ 90 ppm, l'aluminium de 250 ppm à 10 ppm, le fer de 230 ppm à 30 ppm, le nickel de 125 ppm à 10 ppm, le calcium d'environ 100 ppm à 80 ppm, et les cendres globales de 11 000 ppm à 500 ppm.

L'élément de matrice (solide) pour la formation de corps en graphite commercial est généralement choisi parmi le coke de brai coaltar, le coke de pétrole calciné, la poudre de graphite, l'anthracite ou le graphite exfolié. La dernière variété est un graphite traité chimiquement, dont nous parlerons en détail dans la section suivante. Le noir de carbone est également utilisé en partie comme matrice solide, mais en quantité bien moindre en raison de sa faible graphitisabilité. Le carbone fixe et les matières volatiles de l'anthracite sont respectivement d'environ 88% et 11%. La teneur en cendres de l'anthracite est généralement supérieure à celle des cokes d'origine pétrolière et trouve donc une utilisation limitée dans les corps de graphite industriels. La réticulation dans l'anthracite est également plus importante que dans le coke de pétrole. Lorsque le RPC est calciné pour fabriquer du CPC (coke de pétrole calciné) à 1300°C, la teneur en carbone fixe augmente à 97-98% tandis que la résistance électrique passe de quelques milliers d'ohm dans le RPC à 0,05 Ohm dans le CPC. Le tableau 9 ci-dessous montre la comparaison des propriétés du CPC et du RPC fournie par Hindusthan Electrographite, Bhopal (Inde)

Tableau - 9

Propriétés de RPC & CPC fournies par Hindusthan Electrographite Ltd, Bhopal, Inde.

Propriété	RPC	Coke de pétrole calciné	
		Al-grade (coke éponge)	Qualité du graphite
Cendres, % en poids	0.45	0.45	0.30
Matières	12	0.50	0.30
Carbone fixe	85	95	97
Soufre	1.25-2.5	0.7	0.7
Humidité%%.	2	0.1	0.1
Hydrogène	3-4.5	0.1	0.1
Densité réelle	2.1	1.92	2.06

Pour la production de coke à partir de charbon, seuls des charbons sélectionnés à faible teneur en cendres et en phosphore sont utilisés, bien que leur graphitisabilité soit mauvaise et que leur teneur en cendres soit beaucoup plus élevée que celle des cokes à base de pétrole. Le brai de goudron de houille, en revanche, contient très peu de cendres et peut être transformé en graphite de bonne qualité. Des tentatives ont également été faites (réf. : M.Jorro & W. Ladner au Coal Research Establishment, Cheltenham,

Angleterre) pour produire du coke adapté à la fabrication de graphite à partir d'extraits de charbon sélectionnés. Ces charbons ont un taux de carbone fixe compris entre 82 et 91 %,
23

et ont été digérés avec une huile solvant à haut point d'ébullition (également un sous-produit de la carbonisation du charbon) à 400°C sous pression, puis filtrés. Le filtrat a ensuite été distillé pour éliminer le solvant (et réutilisé), laissant un fin extrait solvant de charbon. Une partie du solvant de l'extrait est délibérément retenue afin d'obtenir une température de ramollissement comprise entre 200 et 250°C, adaptée à la graphitisation de la souche lors du traitement ultérieur à 2700°C. Les charbons du nord-est de l'Inde contiennent beaucoup de soufre (tous sont sous forme de thiophène organique). Des expériences menées par l'auteur actuel [62 ont] indiqué qu'environ 60% du soufre est retenu dans la matrice du coke pendant la carbonisation à basse température. Ces sulfures, comme l'ont rapporté de nombreux chercheurs, catalysent la graphitisation.

La capacité ou la facilité de graphitisation de ces divers types d'éléments de matrice sont différentes et sont indiquées avec leurs autres propriétés dans le tableau 10 ci-dessous. Lors de la production de corps en graphite à partir de ces cokes, ils sont d'abord alimentés avant de fabriquer des corps en graphite vert afin de contrôler la porosité ainsi que la densité dans le corps cuit final.

Tableau 10

Propriétés physiques et chimiques de divers carbones utilisés comme phase de matrice solide des corps en graphite commercial79.

Matériel	Densité (gm/cc)	Ash (%)	Résistance (ohm.mm2/m)	Taille des particules (nm)	Capacité de graphisme
CPC (1300 °C)	2.02-2.12	0.3-0.8	550-650	0,3 nm	Bon
Coke à la braise	2.02-2.08	0.2-0.4	500-600	0,1 nm	Satisfaisant
Naturellement ~~flocconeuw~~ graphite	2.2-2.25	2.15-0.5	150-300	20p90%	Satisfaisant
Cristallin naturel graphite	2.1-2.2	5-7	500-600	20p80%	Satisfaisant
Noir de carbone	1.7-2.8	0.05-0.1	1000-1200	jusqu'à 1p	Pauvre
Anthracite (n°n-calciné)	1.55-1.7	1.5-9	------	--------	Bon
Anthracite (calciné)	1.9-2.0	2-10	550-690	0,3 nm	Bon

L'expérience a montré que les particules de coke (charbon) en poudre produites par les broyeurs à couteaux ont toujours besoin de moins de liant (ce qui a une incidence importante sur la porosité du corps de chauffe) que celles produites par les broyeurs à boulets, même si les granulométries sont identiques. Cela s'explique par le fait que les fractions grossières provenant du broyeur de bord donnent une angularité nettement plus faible (une mesure de la taille des particules). D'autre part, il existe une corrélation directe entre l'angularité de la matière première et la porosité du corps en graphite final. Cependant, l'effet de l'angularité peut être contrebalancé par la combinaison de divers éléments de la matrice dans des fractions de taille différente. La plupart des particules de coke de pétrole broyées ont une forme oblongue. Cela est dû au fait que pendant la cokéfaction, les molécules aromatiques ont tendance à s'orienter avec les plans des anneaux benzéniques parallèles aux parois cellulaires du coke. Lorsque le coke est ensuite extrudé avec un liant pour lui donner une forme allongée, les particules de coke ont tendance à s'aligner avec leur plus grande dimension perpendiculaire à la force de moulage. Simultanément, pendant l'extrusion, les grains sont parallèles à la direction de l'extrusion. La fraction granulométrique du coke est un paramètre important pour déterminer le degré d'anisotropie du produit final en graphite.

Le retrait du coke utilisé dans la matrice du corps en graphite est un paramètre important pour s'inquiéter. La précalcination du coke est nécessaire pour éviter la fissuration de l'électrode de graphite dans de nombreux cas. Dans les cokes dérivés du charbon, on a constaté que le retrait varie directement en fonction de sa densité 64 (par exemple, pour une variation de densité de 1,81 à 1,97 gm/cc, le % de retrait direct passe de 3,34 à 0,10 % respectivement). Ces caractéristiques de rétrécissement sont directement liées à la porosité des particules de coke. Pour éviter que les agrégats secs de coke ne se rétractent lors de la cuisson, la densité minimale observée est de 1,97 gm/cc, notamment dans la fabrication des anodes de type soderberg utilisées pour la production d'aluminium.

Un coke plus raffiné et plus cristallin est obtenu à partir de brai de goudron de houille par cokéfaction retardée, appelé NEEDLE COKE. Ce matériau se prête très bien à la graphitisation et entraîne un rétrécissement minimal du corps en graphite (puisqu'il se développe en forme d'aiguille pendant la cokéfaction retardée, il est appelé "coke en aiguille"). Le coke en aiguille est très structuré, relativement plus anisotrope que les autres cokes, à faible teneur en métal et en soufre, de qualité supérieure, avec de grands pores unidirectionnels elliptiques et minces reliés entre eux au niveau du diamètre principal. En raison de son coefficient de dilatation thermique extrêmement faible, il trouve son utilisation principale dans les industries de fabrication d'électrodes en graphite de grand diamètre. Le tableau 11 ci-dessous compare les propriétés du coke en aiguilles d'origine pétrolière calciné avec celles du coke de brai.

Table-11
Comparaison des propriétés du coke en aiguilles et du coke de brai.

Property	Needle coke	Coke à la braise
% Matières volatiles	0.3	0.3
Teneur en cendres (%)	0.2	0.3
Densité réelle (gm/cc)	2.14	2.0
% de soufre	0.3-0.4	0.35

Actuellement, les besoins en coke d'aiguille en Inde sont d'environ 6000 tonnes par an et la demande est principalement satisfaite par l'importation uniquement. IIP, Dehradun (Inde) a entrepris un projet ambitieux de production de coke d'aiguille vert à partir de bruts indiens avec une entreprise commune de l'EIL, de la COI et de la NRDC (Inde). Il a également été observé que lors de la production de noir d'acétylène à partir d'acétylène, on obtient un dépôt de carbone en forme d'aiguille qui est étudié par les industries indiennes comme source possible de matière première pour la production de coke d'aiguille. Les autres matières premières utilisées pour la production de coke en aiguilles comprennent les matières premières dérivées des processus de craquage (catalytique et thermique, par exemple la décantation FCC/les huiles clarifiées, la pyrolyse du goudron traité, etc.), les matières premières dérivées des distillats de lubrifiants bruts (unité d'extraction par solvant) et les matières premières dérivées de la cokéfaction du charbon (par exemple le brai de goudron). La plupart des installations commerciales en exploitation aujourd'hui utilisent le premier type de matriaux bruts, car il est plus aromatique (60 à 80 %), à faible teneur en soufre et à faible teneur en API, avec un facteur de caractérisation d'environ 11,4 ou moins. Alors que des pays comme la Pologne (Zabreze), qui sont déficitaires en gisements de pétrole mais possèdent une offre de charbon abondante, dépendent davantage du brai de goudron de houille pour la production de coke d'aiguille. Un mélange de pétrole en suspension à base de goudron d'éthylène (pyrolyse du mazout) à faible teneur en soufre est utilisé par la Great Lakes Research Corpn. (Elizabthtown, TN USA65).

Singh à l'IIP, Dehradun (Inde)[66] [a] signalé que le coke provenant de résidus sous vide, contient davantage de composants asphaltiques et se carbonise rapidement avec une orientation cristalline négligeable. D'autre part, le coke provenant de stocks plus aromatiques et réfractaires, comme le premier type de matière première mentionné ci-dessus, prend plus de temps à carboniser et il y a un degré élevé d'orientation cristalline car la formation du coke se fait par la condensation de composés polyaromatiques, qui, lors de la calcination, donne une structure aciculaire. Outre la Pologne, la seule autre usine commerciale produisant du coke en aiguilles à partir de brai de goudron de houille est la Berbauforschung GmbH, en Allemagne, dans son usine d'Essen. Il est intéressant de noter que la cokéfaction du brai de goudron de houille dans un four à chambre horizontale donne 25 le brai isotrope alors que le coke anisotrope est produit par le coke retardé à chambre verticale discontinue. La première étape suivie dans le traitement de ce brai pour la fabrication de coke en aiguille, consiste à éliminer autant que possible les insolubles de la quinoléine (QI) (moins de 0,5 % en poids). Dans l'usine allemande mentionnée ci-dessus, des bougies filtrantes sous pression sont utilisées à cette fin et il s'avère qu'elles peuvent réduire l'AQ à moins de 0,1 % tout en conservant intactes les précieuses résines bêta. Le brai filtré est ensuite mélangé avec du méthylnaphtalène et envoyé dans une unité de cokéfaction retardée par l'intermédiaire d'un préchauffeur. Le coke est ensuite claqué dans un four rotatif horizontal incliné. Il s'agit d'un fonctionnement continu et le résidu liquide du coke est recyclé vers le dispositif d'alimentation. Le préchauffeur fonctionne à 400°C tandis que le cokeur fonctionne à une température comprise entre 400 et 450°C. La mésophase ainsi formée se dépose au fond de l'unité de cokéfaction retardée qui est déchargée dans le four de calcination par un alimentateur à vis. Le four de calcination fonctionne au-dessus de 1300°C où la masse se comporte comme du plastique en condition de travail. La masse de sortie est extrudée dans la forme souhaitée, puis chauffée à 2600-3000°C pour la production d'électrodes en graphite. Le procédé ci-dessus produit du coke en aiguilles avec une teneur en soufre de 0,31 à 0,43 % en poids, une perte à l'allumage de 1 à 5 % en poids et une densité de 2,143 à 2,153 mètres par gm/cc. The graphitized coke had specific electric resistance less by about 0.5 microrapport au coke de pétrole.

Ces derniers temps, le processus de fabrication du coke d'aiguille a été affiné, ce dont il sera question brièvement dans les pages suivantes. Fujimoto ct al68 de Nippon Steel & Nippon Steel Chemical Co, Japon, ont présenté une méthode de production de coke en aiguilles à partir de brai qui implique -

a)   en dissolvant la charge de brai dans un solvant organique (par exemple l'huile de créosote) puis avec un acide inorganique (par exemple l'acide chlorhydrique 0,01-1 N) pour former une couche sédimentaire de brai,

b)   la séparation de la couche de brai sédimenté et la lixiviation avec une solution alcaline pour obtenir un brai doux, et enfin

c)   distillation sous vide du brai doux pour éliminer les restes de solvant et d'eau. Le brai ainsi obtenu s'est révélé particulièrement utile pour la fabrication de coke en aiguilles à faible gonflement et à haute densité.

Sunago et al69 de la même société susmentionnée ont révélé une approche légèrement différente pour la production de coke en aiguilles à partir de brai lourd, qui consistait à - mélanger un brai lourd (point de ramollissement 82°C, insolubles dans le phényléthyle 11%, et insolubles dans la quinoléine 0%) avec de l'isopropanol et chauffé dans une atmosphère d'azote à 320°C et 80 kg/cm2 de pression pendant 2 heures et ensuite coke à retardement à 1400°C pour obtenir une électrode avec un coefficient de dilatation thermique extrêmement faible (1,5 x 10-6 /°C à 500 °C). Le même auteur a ensuite révélé une autre méthode innovante de préparation du coke en aiguille qui consistait à mélanger la matière première du brai avec >1% en poids de phénol, en chauffant le mélange à >250 °C à pression élevée pour obtenir un brai en mésophase. Ainsi, un mélange de 1,1 % en poids de brai de goudron de houille (point de ramollissement 82 °C, insoluble dans le benzène 11 % et QI = 0 %) et de phénol a été chauffé à 375 °C et à une pression de 20 kg/cm2 en présence d'azote pour obtenir un brai en mésophase, qui a ensuite été coke à retardement à 1400 °C pour produire du coke en aiguilles. Le coke en aiguilles a ensuite été pulvérisé, mélangé à un brai liant, palettisé puis graphitisé à 2600°C pour produire des électrodes en graphite avec un coefficient de dilatation thermique de 1,26 x 10-6/°C généralement obtenu avec des électrodes préparées de manière conventionnelle.

Hayashi et al71 , également de la même société, ont fait état d'une méthode de production de coke en aiguilles à partir de brai de goudron de houille, qui consistait à : a) distiller le brai de goudron de houille et éliminer la partie QI pour obtenir un goudron d'une densité de 1,16 - 1,19 à 15C (phénylméthyle insoluble = 4,2 % en poids et) b) cokéfier à retardement à 450-550°C et à une pression de 1-10 kg/cm2. Le coke en aiguilles ainsi produit a été pulvérisé, mélangé avec du brai de liant, extrudé et graphitisé à 2600°C pour produire une électrode avec une valeur CTE (coefficient de dilatation thermique) de l'ordre de 1,05 x 10-6 contre 1,28 x 10 $^{-6}$ pour les électrodes fabriquées par des moyens conventionnels.

Plus tard, Keji et al72 , également de la société susmentionnée, ont produit du coke en aiguilles à partir de brai de goudron de houille, ce qui impliquait : a) l'hydrogénation catalytique (par exemple avec un cataliseur Ni. Mo/Al2O3) du brai de goudron de houille à 300-500 C, 50-300 kg/cm de pression d'hydrogène dans un rapport 2:1 de $_{H2 : brai,}$ b) le retardement de la cokéfaction du brai hydrogéné à 450-550°C et à une pression de 5 kg kg/cm2, et enfin c) l'élimination des fractions légères et le recyclage d'une partie du coke pour obtenir un coke en aiguilles de haute qualité. Ce coke en aiguille, une fois pulvérisé, mélangé avec du brai de liant, palettisé et graphité à 2600°C, a produit une électrode de graphite avec une valeur de CTE de 1,13 x 10'6 contre 1,16 x 10'6 obtenue avec du coke en aiguille sans recyclage.

La purification du brai d'une manière beaucoup plus simple, par simple filtration pour la production de coke en aiguille, a été signalée en Tchécoslovaquie par Medek et al73 , ce qui est similaire à la méthode de Romey mentionnée ci-dessus. Le brai ayant un point de ramollissement de 65 à 80°C est fondu à 180°C, filtré à travers un filtre céramique ou métallique dont les pores ont un diamètre de 160 à 200 microns, et extrudé à 380°C. L'extrusion est ensuite chauffée à 460°C pendant 1 heure pour produire du coke de brai à structure lamellaire dirigée qui produit par graphitisation de grands flocons à structure uniforme.

En Chine, Dai et al74 ont signalé la production de coke en aiguilles à partir de matières premières à base de charbon (par exemple, huile de goudron de houille, brai doux dérivé du charbon et brai doux modifié). Le procédé consistait à chauffer la matière première dans un autoclave, en l'absence de tout solvant, à 350-480°C et à une pression de 0-20 kg/cm2 pendant 3-20 heures ; puis à faire clignoter sous vide le brai résultant à 0-710 torr pour obtenir une fraction d'huile purifiée et un coproduit de brai (par exemple un brai dur modifié), à chauffer la fraction d'huile purifiée pour obtenir un brai en mésophase et à le coke à retardement pour obtenir finalement un coke en aiguilles. En contrôlant les conditions de fonctionnement du chauffage et de l'évaporation dans le processus ci-dessus, on peut obtenir des coproduits de brai différents répondant aux spécifications souhaitées.

Sechse et al75 ont décrit une méthode d'hydrogénation catalytique d'huile résiduelle pour la production de coke en aiguilles qui comprend les étapes suivantes :

a) hydrotraitement catalytique du gazole sous vide à 380-490°C avec une pression partielle d'hydrogène de 10-30 MPa et une vitesse spatiale de chargement du catalyseur (Ni. Mo / Al2 SiO3) de 0,5-3 lit/hr.

b) Séparation du résidu de distillation (B.P. supérieur à 320°C à la pression atmosphérique),

c) pyrolyse flash du résidu à 800-900°C pendant 0,1-0,75 sec,

d) la séparation d'une huile résiduelle (B.P supérieur à 240°C à la pression atmosphérique, aromaticité supérieure à 0,8) du mélange réactionnel résultant

e) le cokéfaction différée de l'huile résiduelle seule ou en mélange avec d'autres huiles de pyrolyse et/ou des condensats lourds issus du processus de cokéfaction. Les cokes à aiguilles ainsi produits conviennent à la fabrication d'électrodes utilisées dans les fours électriques de sidérurgie.

Un procédé de fabrication de coke en aiguilles aciculaires a été décrit par Dumitrescu et al[76] de Roumanie par filtration de brai de goudron de houille à 120-170°C et 3-6 bar de pression. La technique de filtration spéciale a permis de réduire la fraction alpha (insoluble dans le benzène) et l'huile d'anthracène de 9,79 à 8,45 et de 6,63 à 5,36 % en poids, respectivement. Le goudron filtré a ensuite été carbonisé dans une cornue à 750 & 900°C pendant 1 heure. On a constaté que le coke résultant avait une structure aciculaire adaptée à une résistance élevée, une conductivité électrique élevée et un faible coefficient de dilatation thermique convenant à la fabrication d'électrodes en graphite, particulièrement adaptées aux fours à arc métallurgiques.

Mizuno et al[77] de la Nippon Steel Chemical Co. au Japon ont ensuite décrit un procédé de fabrication de coke en aiguilles à partir de brai de goudron de houille qui comportait des étapes comme

a) le refroidissement des effluents des circuits de séchage et d'aspiration du four à coke à > 80°C en goudron de condensation (méthylphényle insolubles 2,10 % en poids, QI 0,80 % en poids et acides de goudron 3,5 % en poids)

b) extrait pour éliminer la fraction QI et distillé pour obtenir un résidu de brai doux qui a ensuite été

c) cokéfiés à 500-1350°C pour produire le coke d'aiguille avec une valeur CTE de 1,1 x 10^{-6}/°C contre 1,3 x 10^{-6}/°C produit par des moyens conventionnels.

Presque en même temps et de la même entreprise. Katahıra et al [78] décrivent un procédé de fabrication de coke en aiguille à partir de pétrole lourd (brai de goudron de houille ou brai de goudron hydrogéné). L'huile était cokéfiée à retardement dans un tambour de cokéfaction dont la température de sortie était contrôlée avec une différence de > 50°C par rapport à la température d'entrée de l'huile d'alimentation. Dans la plupart des cas, la température de la vapeur de sortie du tambour de cokéfaction était maintenue à >300°C. La température d'entrée de l'huile d'alimentation était contrôlée autour de 490°C et la ration H/C de l'alimentation était d'environ 0,89:1. Le coke brut ainsi généré était ensuite cokéfié dans un four électrique à 1400°C pendant 1 heure pour obtenir du coke en aiguilles ayant une très faible valeur CTE et adapté à la production d'électrodes en graphite.

Le coke d'aiguille préparé par ces moyens et transformé en électrode de graphite présente souvent un comportement de gonflement et un certain nombre d'inhibiteurs ont été utilisés pour contrecarrer cet effet deletrious . L'inhibition du gonflement par des matériaux courants comme le FeSO4 et le H3BO3 a récemment été étudiée par Kawano et al. Ces deux composés généralement imprégnés de coke en aiguille à partir de leur solution aqueuse, le séchage, suivi d'un traitement thermique à 950°C, montrent une capacité similaire à inhiber le comportement de gonflement du coke en aiguille. L'ajout de Fe2O3 au stade du pétrissage au coke en aiguille imprégné de FeSO4 s'est avéré très efficace pour supprimer le gonflement, indépendamment de l'imprégnation et de la cuisson répétées On a également constaté que la densité apparente du corps graphitisé augmentait avec les deux inhibiteurs. Un chauffage rapide à l'état graphité a de toute façon augmenté le gonflement du corps ; cependant, cet inhibiteur supprime toujours le gonflement, Contrairement au Fe2O3, l'addition de H3BO3 et de FeSO4 n'a pas été efficace pour fournir une inhibition supplémentaire, ce qui suggère leur rôle similaire dans l'inhibition des bouffées. Le FeSO4 imprégné dans les pores du coke d'aiguille est converti en Fe2O3 au cours du traitement thermique, ce qui bouche les pores, empêchant qu'ils ne soient entièrement remplis par le liant et le brai d'imprégnation au cours des imprégnations et des cuissons répétées. Le Fe2O3 a été réduit en fer (Fe) à un stade précoce de la graphitisation, qui fond, migre dans le carbone et réagit avec le carbone pour former du Fe3C, qui se décompose finalement en fer élémentaire et en graphite ; plus tard, le fer s'évapore du grain de coke. Cette conversion du FeSO4 favorise la libération des gaz contenant du soufre et de l'azote de la matrice de coke sans action de soufflage. L'ajout de Fe2O3 au stade du pétrissage peut réduire le soufflage en raison du dépôt de carbone provenant de l'imprégnation du brai dans les pores. Le comportement de carbonisation catalytique et de graphitisation montré par les inhibiteurs ci-dessus fonctionne à l'avantage du processus82.

3.2 Graphite étendu :

Le graphite naturel et l'anthracite sont tous deux utilisés directement comme élément de matrice solide pour les corps en graphite industriel, mais toujours en combinaison avec des cokes. Si seul le graphite est utilisé, nous pouvons garantir une conductance électrique élevée, une grande stabilité thermique et une résistance chimique, mais la résistance mécanique du corps en graphite sera faible. Au contraire, si nous utilisons uniquement du coke, la résistance mécanique sera élevée, mais les autres propriétés seront médiocres. À cet égard, l'anthracite possède à la fois les propriétés du coke métallurgique et du carbone hautement graphité. Cela explique pourquoi, dans certains cas, on utilise du coke de pétrole semi-graphié (température de 2400°C) et dans d'autres, on n'utilise que de l'anthracite calcinée. En conséquence, la combinaison idéale pour la production de nombreux graphites industriels (par exemple, les blocs cathodiques pour la production d'aluminium) est le coke, le graphite et l'anthracite.

Le graphite naturel en paillettes, lorsqu'il est secoué et compacté à température ambiante, sa densité apparente augmente jusqu'à environ 1,74 gm/cc. Si on le compacte davantage par compression (disons 6000 kg/cm2), elle passe à environ 1,9 gm/cc. L'examen microscopique de ces graphites compactés montre que, bien que les plaques de graphite soient restées en position parallèle, un grand nombre de structures de type "nid d'oiseau" existent toujours en tant que régions verrouillées à l'intérieur du compact. Ainsi, le compactage physique ne peut à lui seul faire ressortir une position parallèle parfaite des plaques, comme il est souhaitable pour la préparation de nombreux corps en graphite industriel. Ce problème a été résolu avec succès dans l'industrie en convertissant d'abord le graphite en oxyde ou en composé intercalé, puis en le chauffant rapidement à environ 900°C, ce qui permet de séparer toutes les lamelles de graphite comme les pages d'un livre, et de le compacter de la manière souhaitée. Ce processus convertit le graphite en ce que l'on appelle du graphite "exfolié" ou "expansé"83-87.

Le graphite, bien que réfractaire par nature, peut être oxydé par un certain nombre de composés tels que le permanganate de potassium, l'acide nitrique, l'acide sulfurique, l'acide perchlorique, etc. L'acide hexabasique tire son nom de la présence du sel d'aluminium (Al2C12O12, 18 H2O) sous la forme du minéral "Mellite" (pierre de miel) que l'on trouve dans le lignite. L'acide mellitique a un point de fusion de 2880C (en tube scellé) et l'ester d'hexaméthyle a un point de fusion de 188°C. L'acide mellitique en tube scellé donne un trianhydride stable qui se sublime lorsqu'il est chauffé à 2000C à une pression de 3-4 mm. Les constantes de dissociation acide de l'acide méllitique sont - pK1 =1,40, pK2 = 2,10, pK3 = 3,3, pK4 = 4,8, PK5 = 5,89, et PK6 = 6,96. L'oxydation directe du charbon produit de l'acide humique plutôt que de l'acide méllitique. L'acide méllitique peut être séparé de la solution sous forme de sels d'ammonium ou de sels alcalins. Les feuilles de graphite expansé sont beaucoup plus parfaites que les lamelles de graphite mères, car les défauts de la structure des cristaux (points de contrainte) sont éliminés au cours de l'évolution des gaz tout en chauffant rapidement le composé de graphite. Alors que le graphite lui-même est hydrophobe, l'oxyde de graphite est hydrophile.

Le phénomène d'exfoliation est également observé avec ses composés d'intercalation. (par exemple, graphite-bisulfate, graphite-nitrate, etc.). Il a également été observé que le graphite naturel polycristallin est mal exfolié alors que la grande variété floconneuse donne le meilleur résultat. La taille minimale des particules requise pour l'exfoliation est d'environ 75 micromètres [88]. L'exfoliation est également négligeable lorsque la hauteur de la pile de l'axe c (Lc) est inférieure à 75 nm. [89]. Le composé d'intercalation le plus courant formé pour la production à grande échelle de graphite exfolié en usage industriel est la formation de bisulfate de graphite car il donne une très forte expansion. L'acide sulfurique et l'acide nitrique dans le rapport 4:1 [88] ou 3:1 [89] sont utilisés à cette fin, ce qui donne une expansion pouvant atteindre 300. Cependant, un autre composé $C24K(THF)_2$ (un composé ternaire de K & THF) a également été trouvé pour produire une expansion de 300. Le graphite exfolié présente une microstructure en nid d'abeille à cause des bulles de gaz. La tendance à l'exfoliation dépend de l'importance de l'ordre d'empilement du plan basal du graphite [91 monochlorure]. Small size crystalline particles are unable to hold the intercalate & hence show poor exfoliation. Exfoliation in graphite can be caused by bromine, sulfur, and iodineégalement. Anderson et al [92 ont] bromé du graphite pyrolytique en trempant le graphite dans du brome liquide ou dans une solution de tétrachlorure de brome-carbone à 15 % en moles. On a constaté que l'ampleur de l'exfoliation dépendait des conditions d'intercalation, à savoir la concentration de brome dans la solution de Br2-CCl4 et la température, de sorte que l'expansion augmentait avec le nombre de stades initiaux et avec l'augmentation de la température. On a constaté qu'une seule exfoliation consiste en de multiples poussées d'expansion, qui se produisent à environ 150 et 240 °C pour la première exfoliation, et à environ 100 et 240 °C pour les cycles suivants. Tucker et al [93 sulfure] found that sulphur in coke at about 0.5% makes the coke non-puffer, at 0.8% low to moderate puffer and 1.15% high puffer, and at sulfur = 1.25% it was very high puffer. These puffings are effected by evolution of hydrogengazeux qui augmente soudainement la microporosité dans la matrice de coke. Le soufflage induit par le soufre a été observé non seulement dans les cokes aciculaires mais aussi dans les brais. On a constaté que les cokes fabriqués à partir de brais contenant du soufre présentent un comportement d'exfoliation à la chauffe, alors que lorsque le même brai est utilisé comme brai d'imprégnation, ils ne contribuent pas au soufflage du corps en graphite.

La vitesse de chauffage est également un paramètre important qui régit l'étendue de l'exfoliation dans les composés de graphite. En général, le gonflement augmente au fur et à mesure que la vitesse de chauffage augmente. Alors qu'une vitesse de chauffage très élevée (quelques centaines de degrés/seconde) indique une expansion irréversible et élevée, une vitesse de chauffage lente indique une expansion réversible et fractionnée.

Une vitesse de chauffage lente permet au gaz évaporé de se résorber dans les plans du graphène. L'expansion irréversible est surtout utilisée dans les préparations industrielles de graphite. La dilatation fractionnée augmente fortement avec le degré d'orientation du cristallite[96] et l'augmentation de la taille des grains a beaucoup moins d'influence sur la dilatation fractionnée[97]. L'expansion fractionnaire dépend également du nombre de cycles répétés. La température d'exfoliation augmente également de façon linéaire avec l'augmentation de la charge. La dilatation irréversible nécessite toujours une température supérieure à celle nécessaire pour une exfoliation réversible. Le graphite exfolié de manière irréversible est aussi généralement plus dilaté que le graphite exfolié de manière réversible. Le coke graphitisé à 28000 C et intercalé avec du THF et du K, lorsqu'il est chauffé à 800°C, présente une exfoliation de 20 fois[98] , alors que les acides oxydants n'exfolient pas du tout le coke. Le chauffage pour l'exfoliation peut être effectué à l'extérieur par une flamme, un four de chauffage électrique, etc. et également par résistance, induction, infrarouge, micro-ondes et laser [99]. Dans la référence ci-dessus, Hirschvogel et al. ont effectué une exfoliation en faisant passer une couche de 1 mm d'épaisseur de composé d'intercalation de graphite sur une bande de cédex à travers une zone de chauffage infrarouge à une vitesse de 0,5 mètre/se, une densité de flux de 800 kW/mètre2 et un temps de séjour de 0,4 seconde. L'exfoliation peut également être réalisée par chauffage interne, par exemple en faisant passer un courant électrique à travers le graphite [100] intercalé (par exemple, du graphite intercalé avec du iodinemonoclorure).

D'autre part, l'effet négatif de l'exfoliation dans les produits finis peut être contrôlé en utilisant des matières premières bien cristallisées à faible teneur en soufre, comme le coke d'aiguille, et en utilisant des inhibiteurs de gonflement comme les composés de fer, de calcium et de chrome. Ces matières réagissent apparemment avec le soufre pour former des sulfures thermiquement stables qui inhibent l'évolution du $_{H2S}$ entre 1400 et 2200 °C où se produit le gonflement primaire[101]. La libération de soufre par décomposition thermique des sulfures à des températures supérieures à 22000°FC is generally less rapid and structural dislocation does not occur or is greatly minimized. Chromium oxide reduces primary puffing more effectively than iron. En revanche, les charbons hautement purifiés tels que le coke d'aiguille, qui ne contiennent pas de soufre, présentent également des bouffées dans une moindre mesure, qui ne sont affectées par aucun des inhibiteurs ci-dessus. Le gonflement du coke en aiguilles commence à peu près dans la même plage de température que celui du coke de pétrole. Les auteurs ci-dessus ont suggéré que l'évolution de l'azote est le principal facteur contribuant à ce gonflement dans les cokes en aiguille. La plupart des composés azotés du coke de pétrole ont une structure complexe, non basique et naphténique, tandis que la plupart de l'azote du goudron de houille est hautement aromatique. homologues basiques de la pyridine et de la quinoléine. De subtiles différences de structure cristalline dans les deux cokes ci-dessus contribueraient également à la différence de comportement de gonflement dans les deux cokes ci-dessus.

Furadin[102] a étudié le mécanisme d'exfoliation des graphites de diverses origines géologiques. Les graphites de Madagascar et du Sri Lanka ont généralement une microstructure polycristalline, tandis que ceux d'Afrique, du Brésil, de Chine, du Canada, d'Inde et d'une certaine variété de Madagascar sont généralement de nature quasi cristalline. Comme mentionné précédemment, les graphites polycristallins naturels sont peu exfoliés alors que les variétés quasi-cristallines comme celle d'origine chinoise produisent un graphite exfolié dont la surface est environ deux fois plus grande que celle d'une variété similaire d'Inde ou de Madagascar. Ici, le rapport diamètre/épaisseur semble être le facteur déterminant pour expliquer les différences ci-dessus entre deux variétés quasi-cristallines.

Alors que la surface spécifique de ces graphites naturels est inférieure à 1 mètre2 par g, celle du graphite exfolié dépasse fréquemment 30 mètres2/g. La pureté chimique du graphite exfolié est également un critère important pour certaines applications. Ces impuretés se présentent sous forme de gangue étrangère héritée ou introduite par l'utilisation de produits chimiques utilisés pour le prétraitement. Les impuretés inhérentes sont généralement du fer, du silicium, du magnésium et de l'aluminium qui entrent dans le processus si les matériaux de la gangue ne sont pas correctement éliminés. Les impuretés provenant des produits chimiques ajoutés sont généralement du soufre formé à partir de sulfate. Ces contaminants peuvent provoquer la corrosion des pièces métalliques qui sont en contact avec ces produits en graphite. De même, les halogénures peuvent rester emprisonnés dans les couches de graphène lorsque des acides halogénés sont utilisés. La combinaison d'un volume égal d'acide nitrique concentré et d'acide perchlorique à 70 % présente l'avantage de pouvoir exfolier tous les graphites de taille inférieure et de faible qualité, y compris le brai et le coke de pétrole et l'anthracite.

La séparation des lammelles individuelles dans le graphite exfolié (par exemple celles utilisées pour la fabrication de feuilles de graphite) est effectuée en les mettant en suspension dans un liquide et en les agitant avec l'effet combiné d'un son ultrasonique et d'un agitateur à turbine103. Ces broyages conduisent à la production de particules d'un diamètre moyen de 10 micromètres et d'une épaisseur inférieure à 0,1 micro-mètre. Cette taille et cette géométrie permettent d'obtenir une orientation horizontale plane des particules lorsqu'elles sont décantées. Les particules ainsi obtenues étant monocristallines, elles servent de conducteur électrique dans les résines durcies thermiquement (1 à 2 % en volume) pour la production de composites conducteurs. La transformation structurelle pendant la préparation des formes fines de graphite exfolié a également été étudiée par Semenstov et al104 . Il a étudié la transformation structurelle du composé résiduel de graphite-bisulfate dans le graphite exfolié à grain fin avec à la fois une expansion libre et une expansion restreinte dans un volume fermé. La transformation en différentes phases s'est avérée dépendre de la température, de la pression et de la méthode d'expansion. Ainsi, il est possible d'obtenir un matériau spécifique avec les propriétés souhaitées en modifiant l'état structurel du graphite exfolié à grain fin.

En utilisant la microstructure unique du graphite intercalé SbCl5 dérivé du benzène, Jimenz-Gonzalez et al [105, ont] obtenu un graphite exfolié avec une expansion environ 150 fois supérieure. La capacité redox électrochimique du graphite exfolié thermiquement a également été mesurée récemment par Fackowiak et al106 et les échelles de couverture du film de ^{3}He adsorbé sur le graphite exfolié mesurées par Carvalho et al107. Matsui et al108 ont montré que l'intercalation et la métallisation (GIC) des particules dans la poudre de graphite conduisent à leur renforcement et leur plastification. Les particules modifiées supportent mieux l'expansion thermique et contrôlent le degré d'expansion ainsi que la composition des phases de la surface. Ainsi, à son tour, la température d'exfoliation dépend du type d'intercalant utilisé et de son stade de formation. Elle augmente avec la taille des particules de graphite ainsi qu'avec le nombre d'étapes impliquées109. Behm110, d'autre part, a découvert que l'acide sulfurique concentré joue également un rôle important dans la préparation du graphite expansible à température ambiante. Par exemple, l'acide sulfurique influence la teneur en soufre du produit final et le degré d'expansion. Le mécanisme de base de la formation du graphite exfolié a été longuement étudié par Deng et al111. Un article de synthèse sur ce sujet a récemment été publié par Serita [112] et les lecteurs plus intéressés par le sujet peuvent consulter la référence ci-dessus pour plus de détails.

La résistivité électrique, la conductivité thermique et l'énergie thermoélectrique des graphites exfoliés sont très différentes de celles de son précurseur, le graphite dont il est fait113. La résistivité électrique sur l'axe a du bisulfate de graphite pyrolytique exfolié de manière irréversible à 3OOOK est de 2 x 10-4 ohm cm lorsque l'expansion fractionnaire est de 2,8, par rapport à la valeur de 5 x 10-5 ohm cm avant l'exfoliation114. Ainsi, l'exfoliation augmente la résistivité sur l'axe a en raison de la flexion des couches de graphite.

L'exfoliation diminue également la résistivité électrique de l'axe c en raison du chemin de conduction de l'axe c rendu possible par la flexion des couches de graphite ; mais la résistivité électrique de l'axe c diminue avec l'augmentation de la température avant et après l'exfoliation, tandis que la résistivité de l'axe a augmente avec l'augmentation de la température. La puissance thermoélectrique sur l'axe a du graphite exfolié de manière irréversible à 3250C est de -8 micro volts / ok lorsque l'expansion fractionnelle est de 2,8 par rapport à -7 micro volts/ oK avant l'exfoliation114. La puissance thermoélectrique sur l'axe c de ce même graphite à 3150K est de -5 micro volts / 0K avec une expansion fractionnaire de 2,7 par rapport à la valeur de + 2 micro volts / OK avant l'exfoliation. La puissance thermoélectrique de l'axe c augmente très légèrement avec l'augmentation de la température de 425 à 700 oK ; mais avant l'exfoliation, elle augmente considérablement avec l'augmentation de la température de 320 à 665 oK. La conductivité thermique du graphite exfolié sur l'axe a, d'autre part, à 3000 K est de 4 watt/cm/oK avec une expansion fractionnaire de 3, par rapport à la valeur de 0,65 watt/cm oK avant l'exfoliation. Comme l'exfoliation diminue la conductivité thermique dans les axes a et c, le graphite exfolié est un précieux isolant thermique.

Un certain nombre de nouvelles méthodes de préparation du graphite exfolié ont été mises au jour ces derniers temps, et j'en parlerai brièvement ci-dessous avant de conclure cette section. Piasecka et al115 ont révélé un procédé de préparation du graphite expansé pour la production de feuilles et de plaques de graphite, qui implique l'oxydation du graphite naturel pendant 48 heures avec un mélange contenant 1 à 10 % en poids de (NH4)$_{2}$S$_{2}$O$_{8}$ et le reste d'acide sulfurique concentré à 96-98 % à <1500C, le rinçage, le séchage et l'expansion dans un four à <15000C, après quoi il est classé par un tamis vibrant fonctionnant à 80-200 vibrations/minute. Le degré d'expansion de ce graphite serait de l'ordre de 200-250, contre environ 180 obtenu par oxydation classique à l'acide nitrique. Ainsi, par cette méthode, le graphite naturel a été oxydé pendant environ 30 minutes dans un mélange contenant 8% de (NH4)$_{2}$S$_{2}$O$_{8}$140°C, and balance concentrated sulfuric acid at 130rincé, séché et expansé par chargement rapide dans un four préchauffé à 10000C. Le graphite exfolié ainsi produit avait un degré d'expansion de 205 et une teneur en cendres de 0,40 %. Le graphite expansé était classé par un tamis vibrant (120 vibrations par minute) avec une taille de maille de 0,05 mm. La teneur en cendres du graphite retenu par le tamis était de *0,05 %*.

De Mitsubishi Chemical Industried Ltd, Japon, Kobayashi et al116 ont révélé un procédé de fabrication de graphite expansé adapté à la fabrication de films et de feuilles, à partir de coke de pétrole et de brai, de charbon en mésophase ou de charbon actif. Ainsi, 70 g de coke de pétrole (maille de -150) ont été mélangés à 30 g d'acide borique dans 30 ml d'eau, évaporés à sec, et graphitisés à 2800°C. Le graphite a ensuite été mélangé à 200 ml de mélange acide sulfurique - acide nitrique, chauffé 1 heure à 100 °C pour s'oxyder, lavé par filtration, séché et chauffé 5 min à 8000C sous atmosphère d'azote pour produire du graphite expansé ayant une densité de tassement de *0,363* gm/cc et un taux d'expansion apparent de 2,28.

De Toyo Carbon Ltd, Japon, Matsuo et al117 ont rapporté la préparation de graphite expansé à partir de copeaux de graphite pour la fabrication de feuilles de graphite adaptées à la fabrication de joints de moteur ou de matériaux d'emballage. Dans ce procédé, 200 parties en poids de copeaux de graphite naturel ont été immergées dans une solution de H2S04:HNO3 dans un rapport de 100:6, lavées à l'eau, séchées puis chauffées à 8000C pendant 30 secondes pour former du graphite expansé d'une densité apparente de 0,003 gm/cc. Le graphite exfolié a ensuite été mélangé à 80 parties en poids de silicate de sodium, extrudé et formé à la presse à une pression de surface de 150 kg/cm2 pour produire des feuilles de graphite d'une résistance à la traction de 62 kg/cm2.

En Tchécoslovaquie, Velechovsky et al118 ont également décrit une méthode d'oxydation acide nitrique - acide sulfurique pour la production de graphite exfolié, dans laquelle la matière première à base de carbone de faible qualité est prétraitée par lixiviation oxydative à chaud et les fines sont éliminées. Ainsi, le graphite récupéré par flottation a été agité pendant 30 minutes à 90 °C dans un mélange 9:1 de H_2SO_4:HN03, lavé à l'eau en trois cycles répétés, séché sous vide à 50 % de teneur en eau et chauffé pendant 20 secondes à

1100OC dans une couche de 2 mm d'épaisseur. Le produit présentait un poids spécifique de 0,024 gm/cc et un volume en vrac 20 fois supérieur à celui du matériau de départ.

Kawayoshi119 de Sumitomo Metal Industries Ltd, Japon, a décrit un procédé par lequel le graphite Kish, enrichi par flottation à 25-80% de carbone fixe (densité 1,03 gm/cc), fer 10,7%, Si02 0,9%, CaO 17,6%, Al 0,06%, S 1,3%, était traité avec un acide pour éliminer le fer et former un graphite intercalé, puis soumis à une chaleur induite électromagnétiquement pour former du graphite expansé. Il a une densité de 0,007 gm/cc & : facteur d'expansion 150 contre une densité de 0,011 gm/cc & expansion de 60 obtenue par la méthode conventionnelle à partir de graphite Kish à 98,5% de carbone fixe. Le modèle cinétique de cette expansion du graphite a été proposé par Lyubchik S.B, Kucherenko V.A et Yaroshenko A.D. [120]

Inagaki et al121 ont préparé du graphite exfolié à température ambiante par la réaction du composé d'intercalation MoCl5-graphite avec du monohydrate d'hydrazine. Les produits de la réaction étaient du NH4Cl & MoO3 ou de l'hydroxyde à l'état amorphe, le premier étant cristallisé à 200oC et le second (MoO2 & MoO3) au-dessus de 5000C. L'empilement parallèle des couches de graphite a été si gravement perturbé par l'exfoliation à température ambiante qu'aucune ligne 002 de graphite n'a été détectée par XRD. Le recuit de la structure s'est produit au-dessus de 500°C, mais une grande quantité de désordre d'empilement est restée dans le graphite exfolié même après un recuit à 800°C.

Kovalenko et al122 de Russie ont décrit un procédé continu de fabrication de graphite exfolié dans un four tubulaire spécialement conçu à partir de graphite oxydé. Il s'agissait de doser la poudre de graphite oxydé, de former un flux de poudre à deux phases dans un gaz, d'alimenter le flux par la suite dans une zone de choc thermique du four tubulaire à 950-1400 °C et de refroidir le graphite expansé après décharge. Le four tubulaire est disposé verticalement & les particules de graphite sont alimentées pneumatiquement par le bas du tube et le graphite expansé est retiré en continu du réchauffeur par un tube horizontal incliné. Le débit volumétrique pneumatique de la poudre de graphite et du gaz est compris entre 1:750 et 1:1400. Le temps de séjour maximum des particules à l'intérieur du réchauffeur tubulaire varie en conséquence de 0,1 à 0,4 seconde.

De Chine, Wang à l'al123 a décrit un nouveau procédé de préparation de graphite expansible à faible teneur en soufre par macération en phase semi-solide. Ici, les oxydants KMnO4 et H2SO4 concentré sont mélangés avec l'intercalant FeCl3 au rapport de masse optimisé du graphite à l'acide sulfurique, KMnO4 et FeC13 = 1:3,0:8:0.2 à la température de réaction de 50oC et pendant une heure. Le graphite expansé ainsi fabriqué avait un volume expansé de 230 ml/g et une teneur en soufre de 0,48%. En traitant le produit avec une solution de saccharose-borate et en chauffant les plaques de graphite souple obtenues avec une résistance à la traction de 7,5 M Pa et une perte par oxydation de 11 %.

Miyamoto et al124,[125] de Sumikin Chemical Co, Japon, ont décrit deux méthodes dans lesquelles le graphite était traité avec de l'acide sulfurique concentré et un acide/agent fortement oxydant, en lavant à l'eau puis en traitant au phosphore (acides polyphosphoriques), et en séchant le produit. Ce procédé permet d'obtenir un graphite thermodurcissable à faible teneur en soufre résiduel.

La préparation de graphite expansible à faible teneur en soufre a également été décrite par Wang et al [126] & Wu et al127 tous deux originaires de Chine. Le procédé de Wang implique la préparation d'une demi macération en phase solide où le $KMnO_4$ et l'acide sulfurique concentré agissent comme un oxyde mélangé et le $FeCl_3$ comme intercantant avec le graphite : H_2SO_4 : $KMnO_4$: $FeCl_3$ rapport de 1:3:0.8:0.2, la température de réaction étant de 500C et le temps de réaction d'une heure. Le facteur d'expansion était de 230 ml/g et la teneur en soufre de 0,48% (seulement 11-15% de celle obtenue par la méthode conventionnelle). La méthode de Wu, en revanche, consiste à faire tremper du graphite naturel en paillettes dans une solution de HNO_3 & P_2O_5 avec des rapports optimaux graphite : soln de trempage = 1:1 (gm:cc) & HNO_3(cc) : P_2O_5(gm) - 1:1, la température de réaction étant de 75-1000C et le temps de réaction de 40-60 minutes. La teneur en soufre du graphite obtenu était de 140 micro gm/g de graphite.

Un autre chercheur, Liu128 , également originaire de Chine, a décrit une autre méthode de production de graphite exfolié à l'aide d'acide sulfurique, d'acide acétique, de molybdate d'ammonium (intercalant) et de $KMnO_4$ (agent oxydant). Le taux d'expansion du graphite exfolié ainsi obtenu a été amélioré et son oxydation à haute température réduite après immersion dans une solution d'acide phosphorique.

Zaleski et al129 de Superior Graphite Co, USA, ont décrit une méthode unique de production d'une forme lamellaire expansée de graphite à partir de graphite en paillettes qui consiste à intercaler d'abord le graphite en paillettes avec un agent expansible, puis à l'expanser à la chaleur, et enfin à broyer à l'air les paillettes exfoliées pour les laminer davantage.

Bouvelle et al265 ont décrit un procédé unique, l'exfoliation électrochimique du graphite en milieu acide trifluoroacétique. Il a montré que l'anodisation électrochimique du graphite en milieu acide trifluoroacétique, lorsqu'elle est réalisée avec une densité de courant suffisamment élevée, conduit à l'exfoliation du graphite. Il a également proposé un mécanisme de ce processus basé sur une réaction de Kolbe se produisant dans les espacements entre les couches. L'expansion du graphite par ce processus est bien comparable à celle qui se produit dans les brûleurs à gaz par chauffage thermique du graphite oxydé266.

Tous les procédés ci-dessus décrivent diverses méthodes de production de graphite exfolié ou expansible qui trouvent de nombreux usages dans la fabrication de graphite industriel. Parmi ces utilisations, on peut citer les joints, les garnitures et les garnitures d'étanchéité, les matériaux d'extinction d'incendie, les isolants thermiques, les résines conductrices composites, les électrodes de qualité spéciale, les revêtements pour creusets en carbone, les peintures, les supports de lubrifiants, les absorbants pour les marées noires en mer, les obscurcissants de champ de bataille, les produits en graphite moulé, les réactifs chimiques, etc. Tous ces matériaux, leur préparation et leur utilisation seront abordés en détail dans le prochain chapitre.

3.3 Les classeurs :

Toutes les charges solides ou les éléments de matrice pour les corps en graphite industriel qui viennent d'être décrits nécessitent un liant pour obtenir la résistance requise à l'étape verte ainsi que dans les corps cuits finaux. Les liants couramment utilisés à cette fin constituent trois groupes : les liants à base d'argile, les liants à base de résine et les liants à base de brai. Les liants sont sélectionnés en tenant compte des propriétés physiques et chimiques requises pour le produit final.

Les liants à base d'argile sont les moins chers des trois groupes de liants ci-dessus et sont principalement utilisés pour la fabrication de creusets et de briques en graphite pour les industries métallurgiques. Les argiles plastiques telles que l'argile en boule, la porcelaine, etc. sont utilisées pour fabriquer une pâte serrée avec des graphites en flocons avant de donner une forme appropriée au corps en graphite. L'alumine et la silice sont les principaux constituants de ces argiles, avec les matières organiques. Lors de la cuisson, elles forment un lien vitreux fort, conférant ainsi une résistance au corps de graphite. Le tétrachlorure de silicium, qui est un sous-produit de la production de silicium de haute pureté, forme du silicate d'éthyle lorsqu'il réagit avec l'éthanol ; le silicate d'éthyle forme un gel lors de l'hydrolyse et peut être utilisé comme liant pour les réfractaires à base de graphite. Lors de la cuisson, ce composé forme également une forte liaison vitreuse avec le graphite et les matériaux réfractaires. Les argiles perdent une partie organique lors de la cuisson et se contractent donc, ce qui entraîne la formation de fissures dans le corps formé jusqu'à ce qu'elles soient compensées de manière adéquate par des matériaux thermiquement expansibles qui s'opposent au retrait. L'un de ces ingrédients est le quartz qui entre dans la composition des liants de l'argile. Les argiles correctement formulées par ce moyen produisent des corps de graphite ayant une résistance à l'écrasement à froid d'environ 300 kg/cm2 [130]. Des expériences menées par l'auteur ont montré que la dilution de la composition des corps en graphite de plus de 50% par l'argile entraîne une détérioration rapide de la résistance. Ces réfractaires en graphite sont parfois recouverts de poix ou d'argile d'imprégnation pour empêcher l'oxydation à haute température pendant leur utilisation. Il est également nécessaire que la concentration d'alumine dans les corps en graphite soit maintenue entre 45 et 65 % afin de leur conférer une résistance élevée à l'abrasion et de prévenir l'attaque des scories lorsqu'ils sont utilisés comme briques dans la région du bosch des hauts fourneaux. Ces réfractaires en graphite ont généralement une porosité comprise entre 10 et 16 % et présentent une conductivité thermique élevée, condition préalable à de telles applications. Le taux d'oxydation de ces briques (également appelées Plumbago) est bien inférieur à celui d'autres corps en graphite fabriqués à partir de brai ou de liants résineux. La conductivité thermique de ces briques est d'environ 32 k cal/m/hr/OC à 200°C et de 24 k cal/m/hr/OC à 8000C. La solubilité du fer dans ces briques est d'environ 28 mg/gm/h. Elles ont une densité apparente d'environ 1,78 gm/ cc et une teneur en cendres d'environ 8 %. En outre, au Japon, les briques d'argile graphite sont préparées en y ajoutant du carbure de silicium (19-22%), ce qui améliore considérablement leur résistance à l'abrasion et aux chocs thermiques, et augmente dans une large mesure la conductivité thermique ainsi que la résistance mécanique. Ces briques ont également un module de rupture très élevé à [1500C] (sa température de service) et ont une porosité apparente comprise entre 7 et 21% (densité apparente d'environ 1,8 gm/cc). Si la teneur en carbure de silicium est portée à 40-5O% (graphite 30%), le CTE s'élève à environ 2,75 - 3,5 x 10-6 /OC, la conductivité thermique à 0,03-0,04 cal.cm/cm2 sec °C, la résistance à la rupture transversale à 140 kg/cm2 et la porosité à 25-35% [131]. Ces réfractaires en graphite-argile ont également été utilisés avec succès dans la fabrication de têtes de bouchon pour les répartiteurs de coulée continue. Ces bouchons sont dotés d'une buse relativement plus souple pour assurer une fermeture propre. Les buses immergées dans les machines de coulée continue sont également fabriquées à partir de compositions d'argile à base de graphite avec une teneur en alumine de 38 à 80 %. En raison de leur conductivité thermique élevée, de leur capacité à conserver une bonne résistance à haute température et également de leurs propriétés de combustion lente, les corps en argile-graphite sont largement utilisés dans les industries de fabrication de creusets et de manchons. Les creusets sont fabriqués principalement à partir de graphite lamellaire de taille -20 à +80 mesh BS (carbone fixe 85%). Les fonderies préfèrent le graphite avec au moins 50 % de carbone fixe, tandis que les industries réfractaires exigent un graphite lamellaire avec un carbone fixe supérieur à 85 %. Le graphite amorphe micronisé a une demande maximale dans les industries du crayon. Plus la taille des paillettes est grande, meilleure sera la qualité des creusets en graphite qui en sont faits. En Inde, les industries des creusets sont principalement situées dans les États de l'Andhra Pradesh et du Bihar. Les accessoires de fonderie, tels que les supports de creusets, les blocs de trous de scories de coupole, etc. sont également fabriqués à partir de compositions d'argile graphiteuse. Outre la région de

Bosch, les briques réfractaires argilo-graphite sont également utilisées avec autant de succès pour le revêtement des foyers et des cheminées des hauts fourneaux. Comme la conductivité électrique du corps en argilo-graphite est faible, elles ne peuvent pas être utilisées pour des applications électriques. Cependant, la forte liaison graphite-argile leur permet d'être utilisées à très haute température (par exemple 15000C), ce que le graphite lié par résine ne peut pas faire.

Le groupe suivant de liants sont les résines (synthétiques ou naturelles) qui permettent d'utiliser le corps en graphite jusqu'à 2800C maximum. Certaines de ces résines sont - des dérivés phénoliques (par exemple, la résine PF), des dérivés phénoliques modifiés, des résines de furane, de l'huile de lin, de la cire de paraffine, etc. La résine PF utilisée pour la fabrication de petits creusets, produit du carbone vitreux ou vitreux. La résine PF utilisée pour la fabrication de petits creusets produit du carbone vitreux ou vitreux. Dans l'application chimique, il faut tenir compte de la résistance spécifique au produit chimique particulier (par exemple, dans son utilisation comme matériau de revêtement dans les cuves et les réacteurs chimiques). Ainsi, les dérivés phénoliques peuvent résister à des acides, des solvants organiques et des alcalis jusqu'à une concentration de 20 % et ont une température de service allant jusqu'à 280 °C, tandis que les dérivés phénoliques modifiés fonctionnent jusqu'à 240 °C et sont stables au contact des acides et des alcalis jusqu'à 40 %, mais instables dans les solvants organiques. Les résines de furane peuvent être utilisées jusqu'à 1700C et sont stables au contact d'alcalis jusqu'à 90%, de solvants organiques. et d'acides non oxydants mais instables au contact d'acides oxydants. L'huile de lin ne peut être utilisée que jusqu'à 80°C et est stable au contact du procédé caustique/chlore, des réactions avec les halogènes et les cyanures, tandis que les cires de paraffine peuvent être utilisées jusqu'à leur température de ramollissement et servir d'alternative à l'huile de lin. Le graphite lié au furane, dans une application à la température de traitement de 70-100oC, a donné une durée de vie de 3 mois avec une perte de poids inférieure à 1 %, avec de l'acide chromique 3 %, de l'acide acétique glacial et de la liqueur ammoniacale concentrée, de l'acide chlorhydrique concentré et de la potasse caustique 36 %, du dichlorure d'éthylène et de l'acide fluorhydrique 4 %, et de l'acide sulfurique avec une perte de poids de 50 %. Ces derniers temps, les monomères et oligomères à terminaison maléimide sont considérés comme des candidats probables pour les résines de matrice dans les composites en graphite, et sont de plus en plus acceptés comme matériau d'ingénierie pour les applications structurelles à hautes performances. Les monomères sont durcis par une réaction d'addition induite thermiquement pour donner des polymères à réseau sans vide, hautement réticulés, ayant de bonnes propriétés physiques, une stabilité thermique, une meilleure résistance au feu et une absorption d'eau plus faible que les résines époxy actuellement utilisées. Toutefois, l'un des principaux problèmes des résines d'ides de bismelam est leur faible résistance aux chocs ; cela est dû à la forte densité de réticulation des résines durcies. Pour tenter de réduire la fragilité de ces résines, la réaction d'extension de chaîne avec des diamines aromatiques (Michaels Addition Reaction) a été utilisée avec succès par plusieurs travailleurs. Cette réaction peut être réalisée en une étape distincte en faisant refluer des quantités appropriées de résine d'ide-bismelam et de diamine dans des solvants à bas point d'ébullition tels que l'acétone, puis en isolant le produit qui est utilisé pour la fabrication de composites en le dissolvant dans du DMF et la solution résultante peut être utilisée pour le prépegging et la fabrication de stratifiés. Dans cette approche, on suppose que l'extension de la chaîne in situ a lieu sur la surface de la fibre de graphite dans le composite. L'extension de chaîne de 3,3'-bis(maléimide-phényl)sulfone (BS) a été réalisée dans de l'acétone en utilisant 1 mole de BS et 0,3 mole de 4,4'-diaminodiphénylméthane (M) / oxyde phosphorique de tris-(m-aminophényle) (TAP)132. Alternativement, la résine BS et les amines aromatiques M ou TAP (rapport molaire de 1:0,3) ont été dissoutes dans le DMF et cette solution (40-45%) a été utilisée pour le revêtement de tissu de graphite/tissu de verre. Chaudhury et al133 ont également étudié la stabilité thermique de diverses résines dérivées du bismélamide, préparées à partir de mélanges de 4,4'-bis mélamide-diphénylméthane & 2,4-tolylène-diamine (rapport molaire de 1:0,3) et de monomère de type bis(allyl phényle) dont la concentration dans les mélanges variait de 5 à 2 Phr sur la base de la teneur du mélange ci-dessus. Une augmentation de l'isotherme de pointe a été enregistrée dans l'étude DSC avec une concentration croissante avec le produit ultérieur. La stabilité thermique des résines partiellement durcies et non durcies dans l'air a été déterminée par thermogravimétrie. Les résultats indiquent une légère diminution de la stabilité thermique avec l'augmentation du mélange ci-dessus, ainsi que l'augmentation de la résistance au cisaillement interlaminaire et de la résistance à l'impact. Traditionnellement, afin d'obtenir une plus grande stabilité thermique, une meilleure résistance à l'humidité, une ténacité supérieure (résistance aux dommages dus aux chocs) et des propriétés de déformation à la rupture plus élevées, les résines utilisées dans les composites avancés sont des résines époxy multifonctionnelles, des résines époxy spécialement durcies, un système de bismaléimide, des thermoplastiques comme le PES (polyéthersulfones) et le PEEK (polyétheréthercétone)[134]. Ainsi, par exemple, l'aérospatiale et les systèmes d'armement modernes nécessitent des préformes en graphite qui peuvent résister à des températures élevées et conserver leur résistance. La plupart de ces structures sont des composites renforcés de fibres de graphite qui nécessitent un système de résine résistant aux températures élevées. Ces résines sont des structures très complexes de type échelle/semi-échelle qui peuvent résister à des températures élevées. La résistance aux températures élevées est également liée au rendement élevé de ces systèmes de matrice dans des conditions opérationnelles dans lesquelles la température augmente de quelques milliers de degrés, bien que ce soit de façon temporaire. Des études récentes135 indiquent que les composés polynucléaires modifiés à base d'époxy et les polyimides contenant du phosphore ou du fluor comme substituts sont capables de supporter ces températures élevées tout en donnant des performances satisfaisantes dans les conditions ambiantes. Ainsi, Ford et al136 de Georgia Pacific Resin Inc & Ucar Carbon Copporation, USA, ont récemment décrit une composition aqueuse contenant un liant durcissable constitué d'une résine mélamine-formaldéhyde et d'un composé phosphoré acide (par exemple un composé phosphoré contenant de l'azote, fabriqué à partir d'acide phosphorique et de flocons de graphite expansibles) qui est durcissable en une composition intumescente. En outre, un certain nombre de polymères thermoplastiques de faible poids moléculaire dérivés de distillats de pétrole craqués, de fractions de térébenthine, de goudron de houille et de divers monomères purs, dont les principales catégories comprennent les résines coumarone-indène, les résines de pétrole, les résines terpéniques et les résines de monomères purs, ont été utilisés commercialement dans des corps en graphite industriel. Une excellente étude sur ce sujet a été récemment publiée par Vreedenberg et al138 de Hercules Inc, USA, et les lecteurs intéressés peuvent consulter l'article ci-dessus pour plus de détails sur le sujet. Les liants en résine synthétique, bien que fonctionnellement compétitifs, sont beaucoup plus coûteux que les liants à base de brai.

L'autre type de liant, le brai, a la double fonction de plastifier la poudre de coke/graphite pour conférer aux corps verts la résistance nécessaire pour leur donner la forme souhaitée ainsi que la rigidité nécessaire à leur manipulation, et de carboniser simultanément avec un bon rendement en carbone afin de fournir un corps solide et dense sans nuire à aucune propriété souhaitable induite par le choix de la charge. La nécessité d'un rendement élevé en carbone fait que l'on choisit le goudron HTC (carbonisation à haute température) (comme dans les cokeries des aciéries) plutôt que le goudron LTC (carbonisation à basse température). Toutefois, dans ce cas, un rendement élevé en carbone ne doit pas être obtenu principalement par la présence (ou l'ajout) de "carbone libre", car celui-ci ne mouille pas les particules de graphite/coke et ne contribue pas non plus aux propriétés de liaison. Le brai utilisé à cette fin doit être aussi dense que possible et produire un retrait minimum à la cuisson afin de conférer au produit une densité et une résistance maximales. Ces caractéristiques sont en corrélation avec l'arôme (rapport C:H) du brai et exigent donc une température de carbonisation élevée dans la production du goudron, ce qui favorise encore une fois le goudron HTC par rapport au goudron LTC. L'ajout au brai de composés tels que le soufre ou les composés nitro aromatiques augmente le rendement en carbone lors de la cuisson dans certains cas, mais au détriment du degré de graphitisation. Le soufflage d'air à travers le brai à 220-3600C augmente sa teneur en résine liante (insoluble dans le benzène, mais soluble dans la quinoléine, c'est-à-dire le brai ionique). Les meilleurs brais pour électrode contiennent une forte proportion de résine liante fusible produite par soufflage d'air. Outre la condensation et la déshydrogénation, l'air élimine également l'huile qui doit être recyclée pour compenser l'augmentation du point de ramollissement du brai. Mais bien que le soufflage d'air soit utile pour augmenter la teneur en résine liante du brai, il n'a que peu d'effet sur les teneurs en quinoléine insoluble. Dans les cas où une insolubilité accrue de la quinoléine est nécessaire, un traitement thermique du brai peut être employé. Ici, le goudron est chauffé dans un four tubulaire de 45 à 525°C à une pression de 3 atmosphères pendant quelques heures. Une évaporation rapide a lieu lorsque la pression est relâchée, ce qui entraîne la production de brai dur. L'ajout de résine époxy (mentionné ci-dessus), d'autre part, transforme le brai de goudron de houille thermoplastique en un matériau thermodurcissable, tenace, ne s'affaissant pas et ne coulant pas. Ici, l'amine (un produit à base de goudron de houille) réagit avec la résine pour former un copolymère. . La résine époxy peut être dérivée du bisphénol A et de l'épichlorhydrine ($CH_2.O._{CH2.CH2}.Cl$). L'autre moitié du système de résine époxy est l'agent de durcissement (parfois appelé "durcisseur" ou "catalyseur de durcissement") qui convertit la résine de faible poids moléculaire en une molécule réticulée beaucoup plus importante. Ces produits chimiques, en général, ont un atome d'hydrogène actif qui fonctionne comme un agent de réticulation, généralement par l'intermédiaire de groupes époxy terminaux. Les autres agents sans hydrogène actif qui réagissent également avec les groupes hydroxyles de la résine sont les anhydrides aromatiques, tels que les anhydrides phtaliques et maléiques, ainsi que les amines tertiaires. De nombreux matériaux à base d'azote présents dans le goudron de houille ont la structure pyridine ou acridine des amines aromatiques tertiaires qui peuvent agir de manière catalytique avec les résines époxy. L'élimination des bases phénoliques et du goudron (en dessous de 250 °C) pendant la fabrication du brai, ralentit la réaction entre le brai et les résines époxy. Dans les systèmes plastiques goudron-époxy, on utilise des résines époxy de faible poids moléculaire (de qualité liquide), et ici les agents de durcissement sont des amines et des anhydrides aromatiques à action plus lente.

Le pas indique que la température de transition vitreuse (c'est-à-dire la température à laquelle se produit la discontinuité du graphique du coefficient de dilatation thermique, de la capacité thermique, etc. par rapport à la température) se situe autour de 65 °C. Des études des propriétés rhéologiques du brai par Rand138 ont montré que la fusion du brai est une réaction du premier ordre dépendant de la température et que le changement d'entropie molaire et de volume molaire avec la température est si brusque qu'il y a une perte d'ordre de position et un gain de mouvement moléculaire et conformationnel. Toutefois, à la température de transition vitreuse, il n'y a pas de discontinuité dans ces qualités, mais les dérivés secondaires (c'est-à-dire la capacité calorifique Cp, le coefficient de dilatation thermique et la compressibilité isotherme) présentent une discontinuité dans la variation thermique. Dans la région de transition vitreuse, il n'y a qu'un gain de mobilité et dans le cas des molécules rigides en brai, les effets de conformation sont minimes, étant confinés à la chaîne latérale alkyle. Par conséquent, le changement d'entropie à ce stade ne reflète que ce changement progressif de la mobilité moléculaire et est faible en quantité. L'importance des hydrocarbures aromatiques polycycliques par rapport à leur nature physique a été examinée par Zander et al139 ; les lecteurs intéressés par de plus amples informations sur le sujet peuvent consulter l'étude ci-dessus.

Selon la méthode de préparation, les poix des carboniseurs à cornue verticale produisent un goudron peu aromatique, tandis que les cornues horizontales produisent un goudron très aromatique. De même, les goudrons provenant des cokeries de plantes de stee1 sont relativement plus gros (0,5 à 1 micron) et sont peu fréquents dans les cornues horizontales, tandis que les goudrons des cornues verticales présentent de petites particules némérantes. Cependant, les particules des goudrons de cornue et de cokerie horizontaux semblent être des groupes de petites particules plutôt que des particules individuelles, d'un aspect similaire aux petites particules dispersées des goudrons de cornue verticaux. Tous ces goudrons sont distillés à 3500C pour obtenir des poix sous forme de résidus, qui sont ensuite traités pour en faire des poix liantes, imprégnantes ou à haute performance. La TGA du distillat de goudron de houille indique que la perte de poids de l'échantillon de goudron est la plus rapide et la plus élevée à 350°C, ce qui a permis de réduire la température de distillation du brai à 3500°C. L'étude de la distribution du poids moléculaire par chromatographie par perméation de gel (partie soluble dans la quinoléine) indique que 70 % des composants du brai ont un poids moléculaire allant de 500 à 750140.[141] En raison . de leur complexité, les brais se comportent comme un mélange eutectique et

exposer des propriétés semblables au verre. Il a une température de transition vitreuse (Tg) d'environ 65°C et se ramollit sur une large gamme de températures pour devenir un liquide de viscosité relativement faible. La conversion du brai en coke anisotrope implique généralement un état cristallin liquide intermédiaire appelé "mésophase" et présente une structure distincte semblable à celle de l'oignon. La formation de la mésophase est contrôlée à la fois par la taille moléculaire moyenne et la distribution du poids moléculaire des composants du brai. La présence de particules alpha (particules de carbone libre) entrave également la formation de la mésophase. Ces particules de carbone libre ont tendance à flotter sur les petites sphères de la mésophase formées initialement dans la poix à 3800C et empêchent ces petites sphères de fusionner avec des sphères plus grandes et donc la croissance de la mésophase.

Le composant du brai (particule alpha) que nous venons de mentionner n'est qu'un des constituants caractéristiques du brai qui détermine en fin de compte la qualité du brai pour les diverses applications de liaison mentionnées ci-dessus. D'autres composants distinctifs du brai sont définis ci-dessous, ainsi que leur effet sur le brai.

Insoluble dans le toluène :

C'est la mesure du carbone libre, c'est-à-dire le constituant carboné du brai, qui est insoluble dans le toluène. Pour assurer un mouillage adéquat et des propriétés de liaison dans le brai, la teneur en carbone libre du brai doit être à sa valeur optimale. Le comportement non newtonien du brai augmente avec l'augmentation des insolubles dans le toluène et les brais à point de ramollissement élevé ont généralement des insolubles dans le toluène plus élevés.

Insolubles dans la quinoléine (résines alpha) :

En bref, le QI est une indication *du* niveau de fissuration du goudron pendant la cokéfaction. La partie QI est riche en carbone fixe et indique l'aromaticité (rapport C/H). Un QI élevé avec une aromaticité élevée donne de meilleures densités et propriétés mécaniques du produit fini. Cependant, la graphitisabilité de la partie QI est faible. Cette résine alpha se trouve en grande quantité dans les brais de préformage qui ont également un point de ramollissement élevé, et les brais de liant conventionnels ont un point de ramollissement plus faible. L'augmentation du point de ramollissement des brai de performance est principalement due à l'augmentation de la résine alpha secondaire résultant du développement de la mésophase.

Résines bêta :

Elle est déterminée par la différence entre les chiffres insolubles dans le toluène et ceux insolubles dans la quinoléine. La bêta-résine indique donc les composants solubles dans le brai ou dans la quinoléine mais qui sont précipités par le toluène. Les bêta-résines sont des hydrocarbures à chaîne droite et confèrent une grande force de liaison lors de la solidification, et favorisent l'adhésion des particules de coke lors du mélange et de la mise en forme. Les bêta-résines sont solubles dans le benzène, mais pas dans le n-hexane. Les bêta-résines jouent un rôle important dans la modification des propriétés des poix de liant, car sous contrainte, elles sont capables de former l'orientation préférentielle des unités aromatiques (association bord à bord) de la structure du cycle aromatique.

Benzène Insolubles :

La fraction soluble dans le benzène (carbone libre) contribue à la "propriété non mouillante" du brai. Pour garantir un mouillage et une liaison adéquats, il est généralement spécifié que la valeur de cokéfaction (%) moins la teneur en carbone (%) ne doit pas être inférieure à 20. Le facteur de caractérisation (F) de Charette & Bischofberger, utilisé pour classer la qualité du brai liant, spécifie que le (% de matière insoluble dans le benzène) x (le rapport C/H de la fraction soluble dans le benzène) qui produit la valeur F, a une relation linéaire avec la résistance à la compression des électrodes fabriquées à partir de ce brai. La valeur F calculée théoriquement, prédit que les brais de goudron de cornue verticale ont une résistance à la compression plus élevée que celle des brais de cornue horizontale. Cependant, d'autres travailleurs s'y sont opposés et il semble donc qu'il n'y ait pas d'unanimité pour définir le brai idéal du liant. Mochalov et al143 ,d'autre part, ont montré que l'indice Roga et le rendement en coke du brai sont de meilleures mesures de la propriété de liaison du brai. Ces quantités sont en étroite corrélation avec d'autres propriétés du brai ainsi qu'avec le point de ramollissement, la teneur en substances volatiles, les compositions fractionnaires et la teneur en méthyl-phényle insoluble. Hatano et al144 ,d'autre part, ont étudié d'autres facteurs influençant le rendement en coke et le point de ramollissement des brais. Il a été constaté que le rendement en coke des brais de différentes sources de goudron peut être exprimé comme une fonction linéaire de la teneur en benzène-insolubles (BI). Le rendement en coke des brais augmente avec l'augmentation de la teneur en BI qui, à son tour, peut être contrôlé par le reflux et le traitement thermique. Le point de ramollissement du brai augmente également avec l'augmentation de la teneur en azote et de la teneur en matières insolubles dans le benzène. Par conséquent, en augmentant la teneur en BI et en diminuant la teneur en azote, le rendement en coke peut être augmenté sans modifier le point de ramollissement des brais.

Pyridine Insolubles :

L'augmentation progressive de la teneur en pyridine insoluble donne aux brais des propriétés appropriées pour la fabrication de composites carbone-carbone. Lorsque le point de ramollissement augmente de 180 à 2800 °C, la teneur en pyridine insoluble passe de 7 % à 53 %.

Alpha-particules :

La présence de particules alpha, comme mentionné précédemment, entrave la formation de la mésophase dans la tonalité à 3800C. Ces formations de mésophase sont de nature endothermique et entraînent un ordre à longue distance (turbostatique) dans la matrice pitoh. Pendant la carbonisation, le craquage thermique à haute température des vapeurs d'hydrocarbures produit des particules de noir de carbone et du goudron. Les particules individuelles de noir de carbone ont un diamètre d'environ 1 micron. Près de 85% du goudron de houille a des particules d'AQ inférieures à 15 microns. Plus récemment, Dell145 a comparé l'aromaticité d'un certain nombre de goudrons de houille avec des facteurs de caractérisation plus familiers tels que l'indice de cokéfaction et le fractionnement par solvant. Il a conclu de ses études qu'en fin de compte, la qualité du brai de liant dans la fabrication des anodes dépend de son aromaticité. Les tests ci-dessus pour les brais comme QI, BI etc. ne sont pas en corrélation avec l'aromaticité. La caractérisation plus utile de l'aromaticité comprend la détermination du rapport *C/H de la* fraction de sulfure de carbone, de l'indice de sulfonation et de l'indice infrarouge du brai entier ainsi que des fractions distillées. Le pitc de goudron de cokerie (HTC) s'est classé en tête de tous les brais testés pour ce qui est de l'aromaticité. Contrairement au goudron LT, la composition du goudron HT varie également peu, quel que soit le type de poix carbonisé. Ainsi, les brais de goudron de houille sont mieux classés en fonction de leur teneur en huiles de poids moléculaire faible ou moyen et de leur teneur en résine de poids moléculaire faible, moyen ou élevé146. Les lecteurs intéressés peuvent également consulter les références citées pour obtenir plus d'informations sur le sujet.

Aux fins du fractionnement du brai par les solvants, la solubilité du brai dans différents solvants est prise en compte. Le tableau 12 indique la solubilité du brai dans différents solvants. Pour faciliter la compréhension du tableau, l'indice de polarité des solvants est également indiqué dans le tableau 13 ci-dessous.

Tableau-12 Solubilité des poix dans les solvants courants149 % Solubilité avec point de ramollissement

Solvants	92oC	100oC	108°C	127°C	180°C	Moyenne
Quinoléine	71	93	90	82	71	81
Nitrobenzène	66	88	84	67	57	72
Pyridine	61	88	82	67	59	71
Chloroforme	52	68	68	55	46	58
Toluène	53	70	68	53	44	58
Benzène	50	67	66	56	40	56
Tétrachlorure de	45	58	54	38	27	44
Acétone	44	56	50	31	28	42
L'alcool butylique	33	40	39	27	19	32
n-Heptane	25	25	22	15	7	19
Isopropanol	20	27	22	19	7	17
n-Hexane	19	t7	15	9	6	13
Alcool méthylique	16	19	15	7	4	12
Éther de pétrole	10	8	8	9	4	8

Tableau 13
Indice de polarité de divers solvants

Solvant	Indice de
Pentane	0.0
Trichlorotrifluoroéthane	0.0
Cyclopentane	0.1
Heptane	0.1
n-Hexane	0.1
Éther de pétrole	0.1
Triméthyl pentane	0.1
Cyclohexane	0.2
Tétrachlorure de carbone	1.6
Toluène	2.4
Benzène	2.7
Éther éthylique	2.8
Propanol-2	3.9
Tétrahydrofuranne	4.0
Chloroforme	4.1
Méthanol	5.1
Pyridine	5.3
DMF (diméthyl-formamide)	6.4
DMSO (diméthyl-sulfoxyde)	7.2

Dans la pratique, les industries du brai déterminent la qualité de leurs brais par d'autres méthodes plus simples telles que la détermination du point de ramollissement, de l'indice de qualité, de l'indice de transition, du carbone fixe, de la densité, des cendres, etc. Le tableau 14 ci-dessous montre ces propriétés distinctives des brais liants, tandis que le tableau 15 indique celles des brais d'imprégnation. Le tableau 14 ci-dessous montre ces propriétés distinctives du brai liant, tandis que le tableau 15 indique celles du brai imprégnant. Le charbon du nord-est de l'Inde (comme le charbon d'Assam) présente en revanche une autre caractéristique supplémentaire, comme une teneur élevée en soufre organique, et les brais de cette région sont présentés dans le tableau 16 ci-dessous :

Tableau 14

Caractéristiques	Qualité de l'aluminium	Qualité du graphite
Point de ramollissement (K&S)oC	90 - 100	88 - 94
Point de ramollissement (R&B)OC	53 minimum	101 - 106
% Carbone fixe	30 au minimum	55 minimum
% Insolubles dans le toluène	10 maximum	28 minimum
% Insolubles dans la quinoléine	20 au minimum	12-15 range
% Résine bêta		18 minimum
% Cendres		0.3 maximum
Densité réelle (gm/cc)		1.32 minimum

Caractéristiques des pas de liant

Tableau 15
Propriétés générales du brai d'imprégnation

Caractéristiques	Valeurs typiques
Point de ramollissement (K&S) °C Point de ramollissement (R&B) °C % Carbone fixe %	70 -74
Insoluble dans le toluène % Insoluble dans la quinoléine % Cendres	80 -85
Viscosité	42 - 45
	18 -20
	3 - 4
	0.1- 0.2
	8 - 15 CP

Tableau 16 Propriétés du terrain indien (Assam)

	Solvant	Adoucissement	Rendeme
Tout le terrain	---------	70 °C	100
	Hexane	26	30
	Toluène	74	31
	Pyridine	165	25
	Diméthylformamide	Se décompose	6
Perte	--------	---------	8
Densité (25°C)	--------	-------	1. 30 gm/ cc
Soufre	30 à 40 % du soufre oroginal dans le charbon (2 à 7 %)		

La composition chimique des terrains a été étudiée par Zander [150] à Rutgerwerke, en Allemagne. On pense que les brais sont composés des classes de composés suivantes

a) Hydrocarbures aromatiques polycycliques (HAP).

b) HAP alkylés.

c) HAP avec des fractions cyclopentènes (acénaphtalènes).

d) HAP partiellement hydrogéné.

e) Oligoaryls (oligo aryl méthanes).

f) HAP substitués par des hétérogènes

g) Dérivés carbonylés des HAP.

h) Composés hétéroaromatiques polycycliques (benzologues du pyrol, du furanne, du thiophène, de la pyridine).

Parmi tous les groupes ci-dessus, les HAP ou les hydrocarbures aromatiques polycycliques constituent là encore la classe dominante de composés dans les brais. Les HAP partiellement hydrogénés sont présents dans les gros amonuts des poix de pétrole et beaucoup moins dans les poix de goudron de houille. Les autres groupes ci-dessus sont beaucoup moins présents dans les brais de goudron de houille.

Les éléments constitutifs des HAP, en revanche, constituent les groupes suivants :

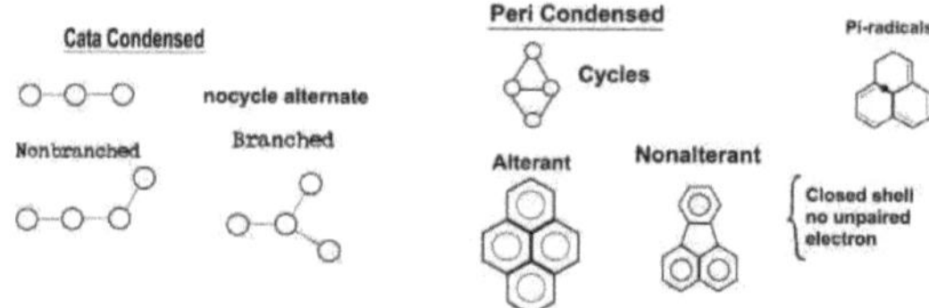

Figure 3 : Éléments constitutifs des hydrocarbures aromatiques polycycliques

Outre le brai de goudron de houille, les brais d'origine pétrolière sont également utilisés pour lier les corps de graphite industriel. Cependant, les pays (comme l'Inde, la Pologne, etc.) où les réserves de pétrole sont insuffisantes doivent dépendre davantage des brais de goudron de houille pour la production de graphite industriel. Les poix étant également disponibles auprès de diverses sources, certains termes techniques sont utilisés de manière synonyme, ce qui entraîne une certaine confusion. Par exemple, les termes "asphalte" et "bitume" sont utilisés de manière interchangeable dans divers pays, ce qui entraîne une représentation erronée du matériel technique. Aux États-Unis, le résidu de distillation du pétrole est appelé "bitume", tandis qu'au Royaume-Uni, le résidu de distillation du goudron de houille est appelé "bitume" et le résidu de distillation du pétrole "asphalte". Le Congrès mondial du pétrole a proposé le terme "naphthabitumen" pour couvrir tous les produits bitumineux natifs (pétrole, cires minérales, asphalte et aspha1tene) afin de couvrir toutes les matières solubles dans le carbondisulfure (CS_2). L'American Petroleum Institute (API) a proposé la définition suivante pour l'asphalte : matériau cimentaire solide ou semi-solide noir à brun qui se liquéfie progressivement lorsqu'il est chauffé et dont les composants sont principalement bitumineux. Ceux-ci se présentent sous forme solide ou semi-solide dans la nature et sont également obtenus par le raffinage du pétrole. Les asphaltes sont des composés naturels similaires aux asphaltes, mais ils contiennent un pourcentage élevé de n-pentane, une matière insoluble (asphaltène) et donc une température de fusion élevée (115-$3300C$, méthode R&B). Les "glucides" représentent la partie du bitume asphaltique qui est insoluble dans le CS_2. Les carbènes sont solubles dans le CS_2 mais insolubles en très petites quantités et sont donc d'importance mineure. Les asphaltènes sont obtenus après avoir libéré le bitume asphaltique des carbènes et des carboïdes par précipitation avec du naphta de pétrole léger (fraction 86 - $88°C$). Après séchage, ils se présentent sous forme de poudre brun foncé à noire et sont solubles dans le benzène, le tétrachlorure de carbone et le carbondisulfure, mais sont insolubles dans les hydrocarbures paraffiniques. Ils sont très aromatiques et contiennent de multiples cycles condensés.

Une méthode générale de pulvérisation des poix qui a gagné en popularité au Royaume-Uni utilise la pyridine, le benzène et le n-hexane comme solvants. Les fractions obtenues sont a) des composés c_1 insolubles dans la pyridine, un matériau semblable au carbone qui est en suspension dans les goudrons, b) des composés c_2 solubles dans la pyridine mais insoluble dans le benzène, c) résine -b, soluble dans le benzène mais pas dans l'hexane, et d) matière soluble dans le n-hexane qui peut être divisée par distillation sous vide en résine -a et en huile.

Ces brais de pétrole sont caractérisés et traités pour les catégories de liants mentionnées ci-dessus pour les brais de goudron de houille. Récemment, Vergazova et al151 ont décrit un procédé de préparation de la suspension de brai d'asphalte. La préparation consistait à traiter le brai avec du benzène, à le séparer en une fraction insoluble et en un brai d'asphaltène résineux soluble de ce dernier. Cette séparation accélérée du brai d'asphaltène par coagulation est effectuée par une solution de LiCl à 2-4% dans de l'isobutanol à un rapport volumique de $(0,5$-$1)$:1 entre la solution de LiCl et la solution de benzène de la fraction résineuse du brai d'asphaltène. Hasegawa et al152 de la Kawasaki Steel Corporation, Japon, ont récemment décrit une méthode de reformage du brai pour la fabrication d'électrodes en graphite haute densité, qui impliquait une purification par broyage du brai contenant moins de $0,2$ % en poids de quinoléines insolubles, puis par pressage à travers un électrofiltre sous pression (5-20 kg/cm2) pour éliminer les impuretés en poudre. Ainsi, un brai de pétrole contenant $0,01$ % en poids de QI a été broyé puis passé à travers un électrofiltre à 210 °C et 5 kg/cm2 de pression d'azote pour obtenir un brai fin (taille de grain 8-9 mesh BS) pour l'usage ci-dessus. Scupel et al153 de VEB Otto Grotewohl, en Allemagne de l'Est, ont produit de l'asphaltène à partir de brai de goudron de lignite par extraction avec un solvant aliphatique à chaîne courte. Les asphaltènes ont ensuite été passés sur un adsorbant solide (en particulier une zéolite, un gel de silice ou de l'alumine) qui absorbe sélectivement les asphaltènes polaires. Les asphaltènes restants sont ensuite cokéfiés pour donner un coke d'électrode hautement anisotrope. Les asphaltènes adsorbés (hautement ioniques ou polaires) peuvent être récupérés et cokéfiés pour former un brai isotrope. Ainsi, 200 g de brai de lignite ont été extraits à 3OoC avec 1 litre de n-pentane pour donner 75 g de résidu de haut poids moléculaire qui a été dissous dans 1 litre de benzène et a passé à travers un gel de silice coloré. Les asphaltènes non adsorbés ont ensuite été cokéfiés pour obtenir un coke contenant 0,1% de cendres, 0,2% de soufre, 3,6% de substances volatiles et une densité de 2,11 gm/cc de coke. 50 % de ce matériau avait une structure fibreuse.

Seth et al154 ont montré qu'il existe une uniformité du point de ramollissement (85-95 oC) pour les poix d'imprégnation, comme le révèle la variation de sa viscosité dans la plage de température de 180-350 °C. La décomposition du brai, qui décide en fin de compte de la durée de vie du brai, en assistant à plusieurs cycles d'imprégnation, est fonction de ses constituants résineux et peut être prédite à partir de ses études rhéologiques. Agarwal et al [155] (également du même laboratoire de R&D - NPL, New Delhi) ont découvert, grâce à des études sur la distillation, la condensation et la polymérisation ainsi que sur les paramètres de traitement tels que la température et la durée du traitement thermique, que les brais de bonne qualité ont un ensemble de propriétés fixes qui sont indiquées dans le tableau 17 ci-dessous.

Tableau 17

Propriétés physiques des poix de préformage

Property	Vaues
Point de ramollissement (R&B) °C	165 - 175
Insolubles dans la quinoléine (%)	12 - 15
Insolubles dans le benzène (%)	50 - 55
Bêta-résine (%)	35 - 40
Valeur cokéfiante (%)	65 - 70
Rapport atomique C/H	1.95 - 2.05
Densité (gm/cc)	1.8

Seth et al156 ont également montré par des études I.R. qu'il se produit certaines modifications des groupes fonctionnels des poix d'imprégnation lorsqu'elles sont soumises à un traitement thermique dans l'azote et dans l'air à 100-350 °C, ce qui détermine en fin de compte la stabilité thermique de l'imprégnation 43 s'intéresse à son utilisation réelle. L'effet thermique sur les propriétés des brais a également été signalé par Lapine et al157 de Russie, qui ont montré que pendant la carbonisation du brai de charbon, à mesure que la teneur en AQ (fraction -) du brai augmente, la perte de poids pendant le chauffage dans la région de 200-400 °C diminue, alors qu'elle augmente à 450-500 °C. Les propriétés cokéfiantes du brai augmentent jusqu'à un maximum lorsque sa teneur en fraction a augmente ; pour les brais industriels et les brais polymérisés thermiquement (à 300 OC), ces maximums sont respectivement de 6 et 8 % en poids. La densité et la résistance structurelle du coke qui en résulte augmentent et sa réactivité diminue à mesure que la teneur en fraction a du brai de base augmente. Le taux de décomposition thermique du brai, d'autre part, a été exprimé par l'expression suivante de Demisenko et al158 ,également de Russie, $dm/dT = (ko/x) \exp(-E/RT)(mo/Mo)n-^{1}(1 - m)n$ où, m = perte de poids dans le temps t, $_{MO}$ = perte de poids totale à la température TOC, is a prefacteur koexponentiel, is a preE est l'énergie d'activation du processus, R = constante universelle des gaz, M = poids du brai, n est l'ordre de la réaction et x est le taux d'augmentation de la température avec le temps. Lorsque n est pris comme 1,5, le E global des brais soviétiques dans l'argon à 200-480 °C, s'avère être de 163-379 kJ/mol. Il existe également deux plages de température distinctes avec des valeurs de is a preko différentes, pour la décomposition des argons. Le changement de résistivité électrique du brai lorsqu'il est chauffé de la température ambiante à 450 °C a été mesuré par Sharp159 de Tar Industries Services, Chesterfield, Royaume-Uni. Le changement de résistivité avec une température inférieure à 2000 °C s'est avéré cohérent avec la diffusion contrôlée de la viscosité des porteurs de courant. Dans l'étude isotherme à 450°C, le début de la formation de la mésophase ,s'est accompagné d'une augmentation rapide de la résistivité du brai, qui s'est ensuite stabilisée et est restée presque constante jusqu'au début de la coalescence de la mésophase et de l'inversion de phase. La résistivité du brai en mésophase résultant était moins sensible à la température que celle du brai parent. Il a également été observé que pendant cette formation de mésophase, une quantité considérable d'IQ secondaire est également formée160, cette fraction, comme mentionné précédemment, a un effet significatif. Jaeger et al161 de SIGRI GmbH, Mehingen, Allemagne, ont par ailleurs étudié la relation entre la conductance électrique et la viscosité pour les brais de goudron de houille et les brais de pétrole. Les résultats sont utiles pour contrôler la qualité pendant la production. La caractérisation physico-chimique des poix par calorimétrie différentielle à balayage (DSC) a été rapportée par Lahaye et al162 de France. La caractérisation de la température de transition vitreuse (Tg) de divers poix par la méthode ci-dessus indique que les poix ont une énergie d'activation apparente pour l'effet de relaxation des molécules qui les composent nettement différente, et la dispersion des molécules dépend de la largeur de la température de transition vitreuse. Ainsi, la *DSC* fournit un moyen important de suivre le dynamisme moléculaire dans le brai pendant le traitement thermique. D'autre part, des volatiles dans le brai dans des extraits de matières particulaires collectées dans l'atmosphère d'une usine en fonctionnement par spectroscopie UV ont été signalés par Harrison et al163 . Après étalonnage par rapport à des extraits de concentrations connues, le système fournit des résultats avec une précision de ± 2,6 micro gm/m lit d'extrait et dans une fraction de temps de celle requise par la méthode gravimétrique. Bhatia et al164 ont développé une corrélation pour évaluer la valeur de cokéfaction du brai de goudron de houille à partir de la connaissance de leur point de ramollissement, des insolubles dans le benzène et des contenus insolubles dans la quiniline. Le coefficient de corrélation entre la valeur expérimentale et la valeur théoriquement calculée par cette méthode était de 0,98 et 0,96 pour deux lots de 44 brai, ce qui indique une bonne validité de la relation proposée. Fitzer et al165 ont signalé la viscosité et sa relation avec la structure dans les brais de goudron de houille. Le comportement rhéologique non newtonien des brai isotropiques et mésophases à 5000c a été expliqué par les variations des contraintes de cisaillement offertes par les composants microstructuraux et d'autres caractéristiques des échantillons solidifiés. La microstructure et la solubilité de diverses fractions de goudron (distillées en dessous de <3600C) dans des solvants organiques ont été rapportées par Tesalovskaya et al166 Les auteurs ci-dessus ont constaté que la fraction QI ou alpha1 est constituée de particules sphériques de 1 à 2 micromètres de diamètre, et que sa densité ainsi que le degré de carbonisation du brai varient de manière synchrone. La fraction alpha, d'autre part, est constituée de particules QI agrégées liées par une fraction intermédiaire. Ici, la solubilité du brai a été déterminée en utilisant une dispersion par ultrasons pour accélérer la dissolution. Kuo et al167 ont étudié l'influence de l'AQ primaire et des particules sur le processus de carbonisation du brai. Il a été constaté que l'influence des textures optiques de la structure du coke était plus prononcée pour le noir de carbone aggloméré qui piègeait les vides interparticulaires du brai, créant un carbone isotrope lorsqu'il est présent même en faible concentration. Les particules de silice hydrphobe non agglomérées dans le brai réduisent progressivement la taille du brai anisotrope à mesure que sa concentration augmente. La silice hydrophile, quant à elle, provoque un effet intermédiaire. La réactivité du coke obtenu à partir du brai ne montre aucun changement de sa réactivité vis-à-vis du dioxyde de carbone, mais il a été constaté que la microstructure du coke dépendait fortement de la taille de l'agglomération de la concentration de noir de carbone. La partie QI du brai s'est avérée plus aromatique et moins graphitisable que la partie QS (soluble dans la quinoléine). [168] - Le chauffage et le refroidissement de la formation de mésophases à partir de différents brais ont été étudiés par l'ESR169 in situ. Le facteur de saturation ESR (I/Pmax) s'est avéré diminuer avec l'augmentation de la température de traitement thermique du brai en raison de la diminution de la viscosité du brai. Cependant, on a constaté que le facteur ci-dessus dépend de la texture optique du brai (isotrope, écoulement ou mosaïque) pendant le refroidissement. Lorsque les brais sont chauffés à 500 °C pendant 2 heures, la réaction de carbonisation accompagne le réarrangement des molécules, qui change de manière irréversible au-dessus du facteur de saturation. Les études TEM de fines sections de goudron brut et de ses fractions insolubles montrent que les goudrons bruts sont en fait composés de gouttelettes de tailles et de formes diverses, propres ou mélangées à d'autres phases comme le noir de carbone (ce qui est la majorité des cas) ; ces gouttelettes sont de forme sphérique avec des textures radiales ou alternées (concentriques comme radiales). Les gouttelettes propres sont des résines gamma (insolubles dans le Ph. Me) ; les gouttelettes contaminées, en revanche, sont des résines gamma sur la surface de la peau et de la bêta-résine (insoluble dans le Ph. Me mais soluble dans la quinoléine) dans les zones de contact avec le noir de carbone. Aucune mésophase de Brook et Taylor n'a été observée dans les sections brutes du brai de goudron. Les sections fines des insolubies d'huile d'anthracène contiennent également les mêmes phases avec la même densité (population) ; cependant, elles étaient dépourvues de toute gouttelette environnante. Ces sphères sont des plastiques viscoélastiques de nature. Des études ultérieures des mêmes auteurs171résine on influence of progressive distillation of pitch by TEM studies, a process which results in increasing softening point of pitches indicated the followings. The initial unfiltered tar contained alpha-resin (which are both anthracene & quinoline insoluble), beta(Ti mais QS) et gamma1-résine (TS). La résine gamma2 (TS) se transforme en noyaux en mésophase, puis en mésophase de Brook & Taylor des grandes sphères. Les résines alpha et bêta évoluent simultanément en unités aromatiques liées bord à bord (une configuration orientée flux). Les tangages ont également été caractérisés par la radiographie172, la Mcroscopie à balayage par tunnel173, les ultrasons174 et la technique d'analyse extrographique/thermique175. Toutes ces méthodes sont des outils très prometteurs pour nous donner un aperçu des changements qui se produisent à l'intérieur du terrain pendant son traitement thermique ainsi que des constituants du terrain. L'hydrogénation du brai réduit encore sa viscosité[176] et le rend semblable au goudron LT. Des tentatives ont également été faites pour produire du brai de liant à partir de goudrons légers de four à coke et les résultats indiquent qu'ils peuvent également être adaptés à l'application de liant dans la préparation de corps en graphite. Les volatiles dans le brai (composants à faible poids moléculaire) jouent également un rôle important dans le développement de la mésophase178. Mais une fois formée, elle n'a aucun effet sur la texture optique ultérieure du coke qui en est issu. Les propriétés rhéologiques du brai de goudron de houille ont également été étudiées par Li et al(179), qui ont démontré que pendant la carbonisation du brai de goudron de houille, la viscosité du brai diminue dans la plage de température de 200-360°C et atteint un minimum entre 360-400°C ; ensuite, elle augmente dans la plage de 400-460°C. La diminution de la viscosité du brai après sa fusion peut être attribuée à la solubilisation des insolubles dans le benzène (résines bêta et QI) par la solvatation des solubles dans le benzène en insolubles dans le benzène, en plus de l'augmentation du mouvement thermique du brai avec l'augmentation de la température. L'augmentation de la viscosité au-dessus de 400°C peut être expliquée par la croissance d'une formation de mésophase de haut poids moléculaire. L'ajout *de* résine bêta supplémentaire au brai entraîne la formation de domaines anisotropes plus petits que ceux obtenus par carbonisation du brai seul. La bêta-résine semble devenir des noyaux pour la condensation thermique, conduisant à la solidification rapide de la mésophase. Cela entrave la croissance de la mésophase en un grand domaine anisotrope. Le stockage et la carbonisation ultérieure de divers échantillons de brai de goudron de houille ont été étudiés par Turner180. Les résultats montrent qu'à température élevée, le temps a un effet majeur sur les propriétés et les performances du brai résultant. La distillation sous vide du brai permet d'abaisser la température de traitement et de former une plus grande quantité de QI. Le mouillage complet du coke par le brai a eu lieu à des températures plus basses avec des brais distillés sous vide. Les brais traités thermiquement augmentent plus rapidement leur point de ramollissement et perdent plus de masse lorsqu'ils sont trempés thermiquement. La distillation sous vide entraîne une modification significative des caractéristiques de carbonisation du brai. Une excellente revue sur la caractérisation du brai a été publiée par Zander181 et les rédacteurs intéressés peuvent consulter l'article ci-dessus pour de plus amples informations sur le sujet. La mouillabilité du brai est un autre paramètre important à prendre en compte pour une application réussie comme liant dans les corps de graphite industriels.

Le comportement de mouillabilité des poix vis-à-vis du graphite/carbone (c'est-à-dire la modification de la température de mouillage) peut être expliqué par la teneur en diverses substances résineuses de celui-ci182,[183]. L'adsorption étudie la fraction [184] with various pitch fractions on petroleum coke (particle size 315-400 micro-meter, 0-90 micron, and 1-1.6 mm) indicates that adsorption is dependent on surface area with finest coke and depends on pore structure for medium and large size coke particles. Among various pitch fractions, adsorption capacity of gamma-fraction is higher than betapour les cokes non traités, mais l'inverse est vrai pour les cokes calcinés. Ces résultats sont pertinents pour la préparation du mélange coke-poix utilisé pour la fabrication des corps en graphite. À haute température (1900-3100 ^{oK}) et à une pression de 8 GPa, la mouillabilité du graphite avec des métaux fondus comme le zinc185, montre la formation d'une phase de diamant stable à la surface de contact. Ainsi, la mouillabilité avec les métaux fondus dépend en outre du nouveau composé formé à l'interface et de l'angle de contact généré par ce dernier avec le composite brai/graphite. L'étude de la mouillabilité du graphite par des métaux multicomposants de cette nature (par exemple avec du Ni-V-Cu ou du Ni-Ti-Cu) est importante du point de vue du développement d'alliages de brasage spéciaux186. Au cours d'un stockage et d'un transport de longue durée, on a observé que les sédiments de brai et la vitesse de sédimentation dans le réservoir de stockage ou la canalisation augmentent avec l'augmentation de la température. Il existe une relation linéaire entre le poids des sédiments et le temps (dans une période de 80 heures). Ainsi, la vitesse de sédimentation diminue et les sédiments deviennent plus compacts en raison de la perte de la fraction organique du brai. Larsen et al188, d'autre part, ont montré que la plupart des matériaux sédimentés dans ce processus provenaient de dépôts thermiques sous la forme d'agglomérats en mésophase et en AQ primaire, et qu'ils se déposent ou glissent de la masse de brai en raison de la séparation par gravité. La formation de la mésophase et l'augmentation du point de ramollissement se produisent en fonction de la teneur en carbone et en hydrogène aliphatiques du brai. Il a également été observé que le taux de sédimentation des particules solides dans le goudron de houille est le plus élevé au cours des 10 à 15 premières heures, et qu'il augmente lorsque la température passe de 80 à 120°C. À 80 °C, la teneur en cendres du brai de goudron diminue donc de 20 % au cours de la première période de 10 à 15 heures.

Ces dernières années, un certain nombre de nouvelles méthodes de traitement du brai ont été signalées, dont nous parlerons brièvement dans les pages qui suivent. La plupart de ces nouveaux procédés visent à augmenter la teneur en mésophase du brai et à équilibrer les teneurs en résine afin de fournir la meilleure qualité possible à l'électrode de graphite qui en est issue.

Kawatetsu Chemical Industries, au Japon, a fait état190 d'un procédé de raffinage du brai qui impliquait un traitement thermique du brai (51 % en poids de carbone fixe) à 350-450 °C afin d'obtenir 1 % de mésophase, puis son point de ramollissement ajusté de manière à maximiser le carbone fixe. Ainsi, un goudron de houille contenant 2 % en poids de carbone libre a été centrifugé pour réduire le QI à 0,4 % en poids, autoclavé pendant 5 heures à 380 °C, et son point de ramollissement a été ajusté à 80 °C. Le brai final contient 16,4 % de benzène insoluble, 0,7 % de QI et 50,6 % de carbone fixe en poids.

Nittetsu Chemical Industries, Japon, a révélé191 un procédé par lequel du brai de houille riche en phase bêta (insolubles dans le benzène et la quinoléine) était produit par une méthode comprenant - a) la pyrolyse de brai de houille contenant 0,5 % en poids de QI, b) le réglage pour éliminer la phase insoluble, c) le chauffage dans une atmosphère non oxydante à 340-500 °C, et d) l'élimination de la mésophase du produit chauffé pour produire du brai de ricH en phase bêta. Ainsi, un brai de goudron de houille a été traité et le brai sans phase insoluble contenant 0,07 % en poids d'IQ de l'étape (b) comme ci-dessus a été chauffé pendant 4 heures dans une atmosphère d'azote à 430 °C. On a ensuite laissé le produit chauffé se déposer afin d'éliminer la mésophase lourde (Sp.gr 1.4) et de produire un brai avec Sp. gr. 1.2 qui a ensuite été distillé à 380°C (température maximale) et à une pression de 20 mm, pour donner un brai final contenant 62,5 % en poids de phase bêta.

Palm et al192 ont décrit une méthode de production de coke faiblement volatil et hautement anisotrope à partir de brai de goudron de houille bitumineux par extraction du brai avec du chloroforme, traitement de la solution avec de l'iode à température ambiante, séparation du produit solide, lavage de la boue de chloroforme du produit solide avec de l'ammoniac (avec séparation de la phase aqueuse) et distillation du chloroforme pour obtenir un brai réactif, qui peut être cokéfié dans des conditions plus douces (par exemple 425°C, 3 bars de pression pendant 80 minutes). Ce procédé permet d'obtenir, à partir d'environ 1 kg de brai de goudron de houille, environ 190 g de brai supérieur au brai raffiné, contre 98 g récupérables par le procédé classique dans lequel le phénylméthyle et l'iode sont utilisés dans la première étape de traitement.

La température en fonction de la viscosité du goudron huileux indique les caractéristiques de transition de phase du système colloïdal régulier193. Ainsi, le brai mésogène qui ne contient pas de particule anisotrope ou qui est faible en QI, peut être transformé en brai mésophase par un traitement thermique continu au-dessus de 475°C. Par une méthode ultérieure, le brai en mésophase est formé à partir d'aromatiques de haut poids moléculaire dans le brai mésogène qui n'ont pas encore été agrégés en particules détectables par microscopie optique. Les molécules polyaromatiques sont solubles dans la quinoléine et la pyridine, mais insolubles dans le cycloheaxane. Le rendement de la pyrolyse des goudrons de produits de liquéfaction du charbon augmente avec l'augmentation de l'aromaticité et de la teneur en oxygène, et dans ce cas, la microstructure en mésophase est déterminée principalement par la teneur en oxygène du brai précurseur194. La mésophase, lors de l'extrusion, la déformation de l'écoulement fait que les molécules s'alignent dans la direction de l'extrusion195 y compris les molécules de mésophase latente.

À Ruetgerswerke A.G., en Allemagne, un brai de goudron de houille hautement réactif contenant moins de 0,25 % d'IQ a été préparé196 en extrayant la matière première du brai avec de l'éther diéthylique. Le résidu d'extrait insoluble dans l'éther avait, après élimination du solvant, un point de ramollissement de 305 °C contre 75°C et 28°C pour la matière première d'origine et la fraction soluble dans l'éther, respectivement.

Les cendres et le QI contenus dans la poix peuvent être filtrés à l'aide d'adjuvants de filtration tels que le gel de silice, la perlite et d'autres composés organiques synthétiques. La vitesse de filtration (500 kg/mètre2.h) et l'efficacité de la filtration (95% pour le QI et 98% pour les cendres) sont toutes deux élevées avec ce type de dispositif de filtration197- La perte de matière est également faible (environ 5%). Le gâteau de filtration ainsi obtenu peut être transformé en une forme stockable et transportable en le mélangeant avec du coke et en le briquetant.

Dickakian198, de l'entreprise du-Pont de-Nemours E.I & Co, aux États-Unis, a décrit une méthode de préparation de brai hautement anisotrope à partir de brai de pétrole en faisant passer de l'azote à travers le brai à 350 450 °C dans des conditions de trempage thermique (2,5-3,5 cft N2/hr par livre de brai alimenté) et en agitant le brai à une vitesse de 500-600 tr/min. Le pas résultant était optiquement anisotrope à 100 %, contre 90 % pour le pas obtenu en faisant passer de l'azote dans le pas de 2 cft/h.lb.

Matsumoto et al199 chez Nippon Steel, au Japon, ont également décrit un procédé de préparation de brai hautement anisopropre à partir de goudron de houille, qui comporte deux étapes distinctes de traitement thermique. Tout d'abord, un mélange brai-crésol (rapport de 100:5 en poids) est chauffé à 320 °C pendant *20* minutes, puis chauffé à 470 °C pendant 5 minutes à une pression de 4 torr. Ce brai anisotrope après graphitisation produit un module de Young pouvant atteindre *40* tonnes/mm2.

Inagaki et al200 ont étudié la formation de la mésophase sous pression. À une pression de 480-500 °C et 30 MPa, la fraction de brai à poids moléculaire élevé a produit un petit nombre de sphères de grande taille par coalescence, tandis que la fraction de brai à faible poids moléculaire dans des conditions identiques a produit une forte concentration de petites sphères.

Gapotchenko et al201 de Russie ont décrit une méthode de production de brai d'imprégnation à faible TI & QI (fractions alpha & alpha1, respectivement) pour une utilisation dans des électrodes en graphite à usage intensif fonctionnant à une densité de courant de 35 amp/cm2, par traitement avec un solvant à base d'anthracène à point d'ébullition élevé dans une centrifugeuse à 80-90 °C, filtration du mélange goudron-solvant à une pression de 0,2 M Pa et distillation en une étape du filtrat à 375-420 OC. Ce procédé permet de réduire les fractions alpha et alpha1 de 12,4 et 6,7 %, respectivement, à 6,7 et 0,7 %, respectivement.

Hirao et al202 de Shown Denko Ltd, Japon, ont décrit une technique de filtration pour séparer le brai anisotrope du brai isotrope de leur mélange. Ainsi, un brai de goudron de houille (point de ramollissement de 280°C, avec un rapport brai anisotrope/bronze isotrope *de* 60:40) a été passé à travers un filtre métallique à lit de poudre (porosité supérieure à 40 %) sous couverture d'azote à 3800°C, et le résidu a été séparé du filtrat et recyclé sous azote à 345°C pour produire un brai en mésophase 100% anisotrope avec un point de ramollissement de 288°C.

Takahashi et al203 de la Kawasaki Steel Corpn, au Japon, ont décrit un procédé de production de brai de liant de haute qualité pour les électrodes en graphite, par extraction par solvant (solvant hydrocarboné) d'un brai avec un QI de 0,04 % en poids, puis mélange avec de ld poudre de Fe2O3 d'une taille de particules de 0,1 à 10 micromètres et centrifugation de celle-ci pour éliminer les particules solides. L'étape d'extraction au solvant permet d'éliminer les substances résineuses lourdes. La filtrabilité *du* brai obtenu (à une pression *de* filtration de 5 kg/cm2) a été multipliée par 3,2 par rapport à un brai sans traitement au Fe2O3.

Nagayama et al204 de la même industrie ci-dessus, ont décrit un procédé de préparation de brai en rnésiphase anisotrope par - a) extraction du brai *de* goudron (exempt de particules alpha) avec un gaz inerte (azote) sous pression réduite, b) chauffage rapide du brai au-dessus de 400°C en moins de 5 minutes à une vitesse de chauffage supérieure à 300C/min, et enfin c) trempe du brai chaud à une vitesse de refroidissement supérieure à 30°C/minute. Ce traitement *du brai* produit plus de 31 % en volume de particules en mésophase anisotrope d'un diamètre d'environ 10 microns dans le brai résultant.

Un autre procédé d'amélioration de la mésophase dans le brai décrit par Ota205 chez Idemitsu Kosan Co Ltd, Japon, consiste à distiller sous vide un résidu de pétrole (huile résiduelle de craquage) pour éliminer l'huile légère et obtenir une fraction lourde (Sp.gr 1,8 & B.P. au-dessus de 430°C) puis à chauffer le brai en deux étapes - d'abord à 460°C & 1 atm de pression pendant 15 minutes pour obtenir une couche de brai inférieure contenant 23% en poids de Me. Ph insolubles & ensuite à 4800C & 1 mm Hg de pression cette partie sédimentée inférieure pendant 3 minutes afin d'obtenir un brai en mésophase 100% anisotrope.

Izumi et al206 de Toa Nenryo Kogyo Co Ltd, Japon, ont décrit un procédé de fabrication de mésophase anisotrope à partir de brai par hydrocraquage et condensation du brai thermiquement craqué pour séparer la mésophase. Le catalyseur Ni-Mo a été utilisé pour l'hydrocraquage à 3700C pendant 2 heures à 150 kg/cm2 d'atmosphère d'hydrogène. L'huile légère a été décantée du condensat et le goudron a été chauffé à 4300C pendant 2 heures dans de l'azote et à 3800C pour séparer la mésophase inférieure sédimentée générée par ce traitement thermique. La couche inférieure (environ 40 % en poids) était à 100 % en mésophase.

Osugi et al207 de Kawasaki Steel Corpn, Japon, ont décrit un procédé de préparation de brai en mésophase pour la production de fibres de graphite en extrayant le brai avec un solvant à base d'hydrocarbures pour éliminer les insolubles QI et pyridine, en chauffant le brai résultant sous atmosphère inerte à pression réduite à une vitesse de chauffage d'au moins 7°C/minute à 350-4800C pour obtenir une mésophase avec un point de ramollissement de 2180C, BI 53,2% & des traces de QI.

Fujimoto et al208 chez Nippon Steel Chemical Corpn, Japon, ont décrit un procédé de fabrication de brai liant à partir de brai sans AQ en dissolvant le brai dans de l'huile de créosote et en le mélangeant avec de l'acide chlorhydrique 0,01-1 N pour former une couche sédimentée, en séparant la couche de brai au fond, en lixiviant avec une solution alcaline pour éliminer l'acide et en séchant ensuite pour produire un brai mou qui est mélangé en partie avec le brai de goudron de houille et en chauffant sous azote en dessous de 4000C pour ^{produire} un brai liant ayant un point de ramollissement de 90-100°C.

Un procédé similaire de production de mésophase a été décrit par Hasegawa et al209 de Mitsubishi Chemical Industries Ltd, Japon, qui comprend - a) le chauffage d'un brai exempt de QI (Ph.Me insolubles 7%) à 380-450°C pendant 1/2 à 10 heures pour sédimenter une couche épaisse de brai qui, b) mélangé avec un solvant hydrocarboné (par exempletétrahydroxy-nonène) et hydrogéné à 400 °C pour obtenir un brai hydrogéné de viscosité 0,4 Poise à 2900C, et c) mélange du brai hydrogéné avec un agent réducteur de viscosité à 370-4100C et sous pression réduite (5 torr) pendant 10 minutes pour obtenir un brai en mésophase contenant 70% de microbilles anisotropes avec des particules de 50-200 microns de diamètre.

Yumutate et al210de Nitto Boseiki & Kawasaki Steel Ltd, Japon, décrivent une méthode de préparation de la mésophase du brai en dissolvant le brai dans de l'huile de goudron pour séparer les carbones libres et nettoyer le brai. Le brai purifié est ensuite traité thermiquement pour former du brai en mésophase. 10 30% de ce brai purifié ont été ajoutés à la mésophase et le mélange est maintenu à une température où le mélange présente une viscosité inférieure à 0,1 Poise, pour précipiter un brai précurseur adapté à la production de fibres de carbone.

Arimitsu et al211 ont décrit un procédé de fabrication de brai qui convient à la fois comme liant et comme imprégnation, en chauffant un brai de goudron de houille (point de ramollissement 66°C) à 350 ^{oC} pendant 30 minutes et en distillant à une pression de 100 mm Hg pour produire un brai ayant un point de ramollissement de 158 ^{oC,} qui a ensuite été mélangé avec 13% d'huile de goudron (B.P 230-2800C) pour produire un brai ayant un point de ramollissement de 97,10C, un carbone fixe de 64,6 %, des insolubles Ph.Me de 38 % et un QI de 9,3 %, contre respectivement 97,6°C, 58,7 %, 33,2 % et 10,4 % de propriétés supérieures, obtenu avec un brai préparé sans huile de goudron.

Il est intéressant de noter qu'Umrilova et al212 de Russie ont également fait état d'une méthode de fabrication de poix d'imprégnation qui est soluble dans l'eau. Le brai soluble dans l'eau à haut rendement en résidus de coke& à forte teneur en soufre (2 à 10%) sous forme de groupe S03H a été préparé par sulfonation (oléum ou acide sulfurique fumant) qui peut être utilisé comme pores d'imprégnation des corps en graphite & améliore ainsi leurs propriétés physico-mécaniques & s'avère supérieur au brai conventionnel à moyenne température.

Kamiya et al213 de Mitsubishi Chemical Industries ont révélé un procédé de fabrication de brai en mésophase qui consiste à : a) chauffer du brai de goudron de houille à 350 à 500°C pour obtenir une couche de brai en mésophase sédimentée, b) broyer cette couche de brai inférieure après séparation et mélanger la poudre avec un solvant aromatique (par exemple quinoléine ou huile d'anthracène pour dissoudre le brai de la matrice et précipiter les perles en mésophase, c) filtrer le mélange pour séparer les perles en mésophase et introduire le filtrat dans une cuve de précipitation pour condenser les composants insolubles du brai, et d) laver les perles en mésophase séparées avec une solution d'acétone et les sécher pour obtenir un produit contenant des microbilles de mésocarbone. Cette méthode permet d'augmenter considérablement le rendement des microbilles mésocarbonées dont les particules ont un diamètre de 5 à 30 microns.

Kobayashi et al214 de Nippon Steel, Japon, ont fait état d'un procédé de fabrication de brai de liant par mélange de brai libre QI avec 0,05-1,5% de poudre de coke (taille des particules 0,2 à 50 microns) pour améliorer ses propriétés d'imprégnation (plus de 3 heures plus rapide que le brai classique) dans la production de corps en graphite de haute densité (densité apparente supérieure à 1,7 gm/cc). Outre la poudre de coke, on peut également ajouter au procédé du noir de carbone, des fibres de carbone ou de la pâte d'alumine.

Récupération du goudron lourd pour application dans le corps en graphite de la batterie de fours à coke directement, décrite par Mizumo et al215 de la même société ci-dessus. Le goudron a été aspiré par une conduite d'aspiration et condensé dans un système de refroidissement à plusieurs étages à une température supérieure à 80°C et à une pression supérieure à 740 mm Hg pour piéger le goudron. Ce système de refroidissement à plusieurs étages comprend un échangeur de chaleur indirect, un échangeur de chaleur direct, un dispositif de captage du brouillard de type cyclone et un drain principal. Le goudron condensé dans l'aspiration et le drain principal a été mélangé et distillé pour obtenir un goudron supérieur au goudron lourd avec une qualité améliorée. Le brai ainsi obtenu peut être utilisé directement dans des corps en graphite (en vert).

Grint et al216 ont décrit un procédé de production de matériau carboné sans liant à partir de brai en mésophase partiellement oxydé. Le matériau est censé améliorer la résistance et est préparé en broyant du brai en mésophase en particules de moins de 10 micromètres de diamètre, en l'oxydant, en le façonnant, en le carbonisant et éventuellement en le graphitisant. Ainsi, un brai avec un rapport H/C de 0,44 et une teneur en mésophase supérieure à 75% (préparé à partir de brai de pétrole) a été broyé par voie humide avec de l'heptane jusqu'à ce que pratiquement toutes les particules aient une taille inférieure à 10 micromètres. L'heptane a été éliminé et la poudre a été oxydée dans de l'air en circulation à 2200C jusqu'à ce qu'elle ait atteint une teneur en oxygène correspondant à R (défini) = 0,21. La poudre a ensuite été compactée isostatiquement à 345 M Pa à température ambiante et carbonisée par chauffage à 9300C à 15°C/heure sous atmosphère d'azote, puis maintenue à cette température pendant 4 heures et enfin refroidie à 30O C/heure. La masse solide résultante avait une densité de 1,48 gm/cc et une résistance à la flexion de 80 M Pa, contre respectivement 1,47 gm/cc et 40 M Pa pour un corps préparé sans broyage du brai à une taille de particule donnée.

Un processus de raffinage du brai combinant un traitement thermique et une hydrogénation a été décrit par Murakami et al217. Les étapes du traitement comprennent : a) la filtration du brai pour éliminer les boues, b) le craquage du brai filtré à une température supérieure à 3000°C pour y décomposer les composés chlorés, c) la distillation pour éliminer les gaz chlorés ainsi que les fractions à bas point d'ébullition et obtenir un brai doux, d) l'hydrogénation catalytique du brai doux à 360-4200°C, à une vitesse de 50-180 kg/cm2 hydrogen pressure i.e (100-20,000): 1 hydrogen to feed oil ratio & 0.1-2 /hour liquid space   ,
e) la distillation du brai hydrogéné (point de ramollissement supérieur à 1300C), et f) le chauffage du brai résultant à 400-480 °C et à une pression de 1-700 mm Hg pendant plus de 30 minutes pour obtenir le brai en mésophase. Le catalyseur d'hydrogénation utilisé dans ce but contenait 10 à 30 % en poids de MoO3 et 1 à 6 % en poids de NiO, et avait un diamètre moyen des pores de 90 à 160 angströms et un volume total des pores de 0,4 à 1 cm3/g, une surface spécifique de plus de 100 mètres2/g. La teneur en chlorure de la poix douce a été réduite par la méthode ci-dessus à moins de 5 ppm avant l'hydrogénation.

Un traitement thermique similaire, mais légèrement modifié, de l'hydrogénation et de la cuisson du brai pour obtenir la mésophase a également été rapporté par Sato et al218, que je ne vais pas détailler mais que les lecteurs intéressés peuvent consulter pour plus d'informations. Ici, le point de ramollissement du brai traité est de 90,20C.

Le même auteur219 a également reproduit un reformage thermique non hydrogénant et classique du brai en présence de composés aromatiques ayant 2 à 4 cycles (substitués par des groupes halo, alcoxy, nitroso, phosphine ou sulfonyle) pour obtenir un brai de goudron de houille raffiné pour la production d'électrodes en graphite. Le produit signalé était un brai de faible viscosité (point de ramollissement 90,4 °C, Me.Ph insoluble 29 %, QI 9,6 % et carbone fixe 60 % en poids) adapté à l'usage susmentionné.

Maeda et at220 d'Osaka Gas Co, Japon, a présenté un procédé et un équipement de production de brai en mésophase à haute teneur en résine bêta par traitement thermique d'un brai de goudron de houille hydrogéné sous pression réduite dans un réacteur horizontal équipé d'une roue à axe simple ou double et d'une installation permettant de souffler un gaz inerte dans le réacteur pour éliminer les composants à bas point d'ébullition du brai en mésophase. Ainsi, un brai de goudron de houille hydrogéné (point de ramollissement 95,2OC), BI 19,9 % en poids et QI 0,01 % en poids, a été chauffé à 250 °C dans un réacteur horizontal et simultanément, de l'azote a été soufflé à travers celui-ci, pour obtenir un brai en mésophase à 95 % en poids avec un point de ramollissement 3100C, BI [95 % en poids et] QI 20 % en poids, et une résine bêta jusqu'à 67 % en poids, qui s'est avérée adaptée à la fabrication de fibres de graphite à haute résistance.

Arai et al221 de Fuji Oil Co, Japon, ont également décrit un procédé de fabrication de brai en mésophase adapté à la production de fibres de graphite, impliquant une filtration sous pression constante suivant un processus en deux étapes. Dans la première étape, la filtration initiale se fait selon la loi de Ruth sur la filtration du gâteau, puis dans la filtration finale selon la loi de Hermans-Bredee-Grace sur la filtration bloquante. Cette dernière étape de la filtration bloquante consiste à bloquer, à l'état de traces, les matières infusibles contenues dans le brai isotrope fondu.

Polaczek et at222, en revanche, de Pologne, a décrit une technique intéressante de coagulation du goudron pour purifier le brai de houille. Le goudron de houille est purifié en dissolvant le goudron dans du benzol brut (20:2000 % en poids) à une température de -20 à 100oC, et en coagulant la solution avec du sel d'aluminium ou de sodium, puis en la laissant se déposer pendant 2-48 heures à O-lOOoC. Ainsi, un goudron de houille (750 g) contenant 2 % en poids de BI, a été mélangé à 750 g de benzol brut à 30oC. La solution a été agitée pendant 30 minutes, puis décantée pendant 24 heures. Les cendres et le BI de la solution ont été séparés par filtration pour produire 110 g de coke filtré et 1 390 g de solution de goudron et de benzol. L'alun, le sulfate d'aluminium, le carbonate de sodium, le sulfate de sodium et le sulfite de sodium ont été utilisés avant l'étape de décantation dans le processus ci-dessus.

Matsui et al223 ont décrit un procédé de purification du brai de goudron de houille par l'alcool ,adapté à la production de graphite d'électrode. Le procédé consistait à mélanger le brai d'alimentation avec plus de 10 % en poids d'alcool, à faire tremper la solution à chaud dans un autoclave à plus de 250 °C et à distiller le produit de la réaction pour obtenir un brai en mésophase à faible point de ramollissement. Le trempage à chaud a été effectué de préférence à 330 -450 °C pendant 1-10 heures. Environ 100 parties en poids de brai ont été traitées avec 45 parties d'isopropanol dans le procédé décrit ci-dessus et après autoclavage, elles ont été chauffées dans l'air puis dans l'atmosphère d'azote à 360 °C et 150 kg/cm2 de pression pendant 5 heures pour obtenir le brai en mésophase avec un point de ramollissement de 89,60 C contre [91],2 °C généralement obtenu par le traitement thermique ci-dessus sans extraction d'alcool.

Kim et al224 de Corée du Sud, ont étudié la texture et les propriétés de différentes mésophases formées à partir de brai de goudron de houille à 400 et 430 °C avec différents temps de traitement thermique et en mélangeant des fractions d'asphaltènes et de préasphalétènes à l'aide d'un microscope et de lumière polarisée. Ils ont constaté que la teneur en mésophase et le rapport C/H augmentaient avec la durée du traitement thermique et que le préasphaltène avait un effet dominant sur la texture finale de la mésophase par rapport à celle de l'asphaltène. Une température plus élevée favorise la formation d'une mésophase en mosaïque grossière.

Demidova et al225 de Russie ont décrit un procédé de production de brai de liant de haute qualité qui consiste à mélanger un additif organique avec le brai comme le dibutyladipate (1-10 % en poids) et ensuite à traiter thermiquement le mélange résultant pour obtenir un brai avec un indice de frittabilité accru. Dans le même temps, un autre travailleur, Karpin et al226, également de Russie, a décrit un autre processus de production de brai pour électrode en graphite, qui impliquait l'élimination de la partie AQ en dissolvant le brai dans de l'huile d'anthracène (4-20 %), la filtration et la cristallisation du naphtalène ou la distillation suivie d'une centrifugation.

Iwahashi et al227nitrate from Sumitomo Metal Industries, Japan, described a process for producing binder pitch which involved, mixing ammonium-salt to pitch (e.g.ammonium) et le chauffage à une température supérieure à la température de décomposition du sel afin de polymériser le charbon et de produire un brai adapté à la production de produits en carbone à haute résistance. De même, chez Nippon Steel, Japan Shimojo et al228 ont décrit un autre procédé de fabrication de brai liant, qui consiste à polymériser thermiquement du brai mou (teneur en cendres de 0,01 à 0,25 %) et à le mélanger avec des cendres contenant du brai liant, puis à le polymériser à nouveau thermiquement.

Les informations ci-dessus donneront au lecteur une bonne idée des méthodes contemporaines de purification de la poix pour son utilisation dans la fabrication de corps en graphite. Bien que les procédés varient considérablement avec un grand nombre d'additifs et divers programmes de traitement thermique, il existe une unité sous-jacente de nettoyage du brai de certains matériaux résineux et de conservation ou même d'amélioration de certains composants du brai brut pour générer un brai purifié à haute teneur en résine. La mésophase anisotrope fournit une telle solution de manière unanime et la plupart des tentatives sont orientées vers la production de cette phase de préférence à toutes les autres. Le test de la qualité du brai, tel que mentionné par l'évaluation de sa solubilité dans divers solvants organiques, constitue le critère de base pour évaluer la qualité finale du brai purifié dans la pratique229.

3.4 Préparation des corps en graphite :

D'un point de vue commercial, les produits carbone/graphite sont consommés au maximum par les usines d'extraction d'aluminium (sous forme d'électrodes), puis par les industries sidérurgiques (revêtement des hauts fourneaux et fabrication d'acier électrique), les fabricants de carbure de calcium et enfin les industries électriques, mécaniques et chimiques. Par conséquent, dans cette section, nous aborderons d'abord la préparation des électrodes en graphite dans l'ordre de préférence ci-dessus.

La procédure générale de fabrication des électrodes en graphite consiste à broyer et à cribler l'élément de matrice solide pour obtenir une distribution de taille appropriée, afin d'obtenir une densité maximale et une conductivité électrique élevée, à mélanger à chaud les particules solides de l'élément de matrice avec du brai dans un mélangeur à ruban, à presser le mélange pour obtenir la forme, la taille et la compacité appropriées à environ 1600°C (densité du corps vert d'environ 1,6 gm/cc et pression appliquée de 2500 kg/in2), à cuire l'électrode verte à environ 6000°C et à la graphiter ensuite à 26000°C dans une atmosphère inerte. Le temps est un paramètre important dans toutes les étapes ci-dessus. Pour la production d'électrodes sous forme de pâte (par exemple l'anode Soderberg), l'anode cuite (à 1000-1200°C pendant 5-8 jours) est en outre munie d'une tige (c'est-à-dire une tige ou une broche en acier qui est coulée ou enfoncée dans l'anode pour permettre le contact électrique et le support physique) et d'un assemblage de suspension (tige métallique qui supporte l'anode précuite et conduit le courant entre le bloc de carbone et la bague de la barre omnibus de l'anode) placé dans le bloc de carbone avec du fer fondu ou de la pâte verte. Dans la phase opérationnelle de la cellule électrolytique (extraction de l'aluminium), lorsque l'anode est consommée en continu et que la partie terminale est laissée dans le support, elle est jetée et une nouvelle électrode est placée. Cette extrémité d'anode jetée est appelée "anode-butt". Ces culs d'anode sont ensuite broyés et mélangés à un matériau de remplissage frais pour reconstruire de nouvelles anodes.

De même, les blocs cathodiques en fin de vie sont mis au rebut et de nouveaux blocs de revêtement cathodique sont placés. La quantité de ces blocs cathodiques rejetés, même pour une usine de taille moyenne comme NALCO à Angul (Orissa), en Inde, s'élève à 400 tonnes par mois. Ces rejets sont fortement contaminés par des alcalis, des fluorures et des cyanures. Leur stockage et leur élimination finale présentent un risque environnemental (contamination de l'eau potable souterraine par infiltration d'eau de pluie) pour les habitations humaines voisines. Récemment, l'auteur [230][231] a fait des expériences pour éliminer ces éléments toxiques des rejets et récupérer simultanément leur valeur en carbone pour une éventuelle préparation industrielle du matériau en graphite. Le processus consiste à oxyder chimiquement le bloc cathodique contaminé après l'avoir brisé à une taille d'environ 3 mm, à réabsorber les gaz toxiques dans un alcali dilué et à laver le produit traité avec de l'eau et à le soumettre à un choc thermique à 900°C pour générer une fine poudre de carbone qui s'écoule librement. L'analyse granulométrique de Malvern indique que la taille moyenne des particules de ces cristallites de graphite est de 20 microns, et qu'elles ont une teneur en cendres d'environ 10-40% (variant d'un fabricant de blocs de carbone à l'autre). La figure & montre l'analyse granulométrique et l'analyse XRD du produit. Ces matériaux ont été testés avec succès pour la fabrication d'un certain nombre de produits industriels en graphite tels que les briques de carbone et les revêtements de moules pour la coulée de métaux ferreux et non ferreux, etc. Nous examinerons ces produits plus en détail dans le prochain chapitre (chapitre IV) sous les rubriques appropriées. Dans la production d'électrodes en graphite à partir d'un mélange de coke de pétrole et de brai en poudre, il est important que les coefficients de dilatation thermique du coke et du brai correspondent afin d'éviter des fissures ultérieures lors de la cuisson. Les meilleurs résultats sont obtenus avec des brais ayant une teneur en matières volatiles et en matières solubles dans le phosphore relativement faible, comme les brais de pétrole provenant du même lot de résidus de raffinage que le coke de pétrole lui-même. Itoi et al233 de Idemitsu Kosan Co Ltd, Japon, ont décrit un procédé de préparation d'un brai de qualité spéciale pour la fabrication de produits à base de carbone. Il consiste à préparer le brai en éliminant la fraction d'huile légère du brai de pétrole (B.P. supérieur à 430 °C) à 420 °C et à une pression de 10 torr pendant une demi-heure, puis à 4600 °C et à une pression de 1 torr pendant 20 minutes pour obtenir un brai ayant un point de ramollissement de 345 °C, un poids moléculaire moyen de 1130 et des insolubles dans la pyridine de 63,3 % (en poids).

Fukuda et al234 de Kawasaki Steel Corpn, Japon, ont décrit un procédé de préparation d'un matériau de carbone isotrope ayant une densité apparente de 1,4-2,05 gm/cc, une résistance à la flexion de 200-1300 kg/cm2, une résistivité électrique de 800-5000 ohm.cm et une dureté shore de 40-95. Ces résidus ont été obtenus à partir de brai de goudron de houille par chauffage, extraction par solvant et filtration. Ainsi, un brai de goudron de houille (insoluble dans le benzène 20 % en poids, et QI 3,6 % en poids) a été chauffé pendant 10 minutes à 445 °C, le solvant (huile intermédiaire de goudron avec B.P 140-2700C) extrait deux fois à 120 °C avec un rapport solvant / brai de 6:1, respectivement. Le résidu ainsi obtenu a été calciné à 3500C pour produire une masse ayant des insolubles dans le benzène à 98,5 %, des QI à 94,5 % et des volatils à 8,5 % en poids. Le produit a été classé selon un rapport 85:15 % en poids de tailles fines/grossières, moulé à une pression de 0,4 -0,8 tonne/cm2, cuit à 1000oC et graphitisé à 27000C. Le produit avait une densité apparente de 1,73-1,94 gm/cc, une résistance à la flexion de 620-1050 kg/cm2, une résistivité électrique de 1400-2450 micro ohm cm et une dureté shore de 67-86.

Divers additifs ont également été mélangés à la recette de graphite pour améliorer les performances des électrodes en graphite qui en résultent. Par exemple, en Russie, Chuparova et al235 ont étudié l'effet des additifs de résine PF et de copolymère naphtalène-benzène sur les propriétés des électrodes en graphite obtenues à partir de noir de carbone et de brai de goudron de houille. Les meilleurs résultats ont été obtenus par l'ajout de copolymère naphtalène-benzène comme électrode en graphite fabriquée à partir de ce copolymère, qui avait une dureté supérieure et une résistance électrique inférieure à celles fabriquées avec de la résine PF. De même, Linet al236 a signalé une amélioration de la formation de la mésophase dans un corps en graphite à base de brai de pétrole par l'ajout d'hydrocarbures polyaromatiques. L'effet de l'ajout de noir de carbone sur la carbonisation du corps de graphite a été étudié par Kanno et al237 chez Mitsubishi Gas & Chemical Co, Japon. Ils ont constaté que le noir de carbone était un agent efficace pour supprimer l'expansion du brai en mésophase et que les noirs de carbone à surface élevée et à forte capacité d'adsorption d'huile étaient les plus efficaces à cet égard. Leur distribution uniforme dans le mélange entraîne une extension de la structure de la chaîne, brisant la tendance au relâchement moléculaire en unités optiques plus petites (motif en mosaïque fine) et entrave la graphitisation à la fois au stade de la calcination et de la graphitisation finale du brai en mésophase. Ces particules bien dispersées contribuent également à la libération des gaz émis par la mésophase fondue. De plus, la bouillie de brai en mésophase avec du noir de carbone maintient la viscosité suffisamment basse pour que l'imprégnation se fasse en douceur avant la graphitisation, bien que ce type de mélange augmente certainement la viscosité du brai.

Ishikawa et al238 de Hitachi Chemical Co, Japon, ont décrit un procédé de fabrication de corps en graphite isotrope à haute résistance et haute densité, qui consiste à mélanger du coke de brai calciné (dia moyen 12 microns) 75 % en poids, avec de la poudre de graphite (dia 13 microns) 5 % en poids, du noir de carbone (dia moyen inférieur à 0.4 fois celui du coke calciné) et du brai de goudron 20 % en poids, en les malaxant à ^{2000C} pendant 4 heures, en les broyant pour obtenir une poudre de particules de 10 microns de diamètre, en les pressant isostatiquement pour former un corps moulé, en le frittant à 10000C et enfin en le graphitisant à 27000C pour produire un corps en graphite isotrope à haute résistance ayant une densité apparente de 1,83 gm/cc, une résistance à la flexion de *690* kg/cm2 et un rapport anisotrope de 1,04. Fujimoto et al239 de la Nippon Steel Chemical Co, Japon, ont également fait état de la préparation d'une quantité élevée de 53 de carbone isotrope de densité élevée à partir de brai en mélangeant du brai libre QI *(*100 parties en poids) et du noir de carbone (25 parties en poids) à 4800C et à une pression de 2 mm Hg afin d'éliminer les composants à bas point d'ébullition, puis en refroidissant à l'air et en chauffant à nouveau un 10000C jusqu'à ce que son poids diminue de 5 à 25 %. Ce procédé ne nécessite aucun liant et le coût de production est donc également très bas. Le même groupe a décrit une autre méthode de production de corps de carbone isotrope où le brai de goudron de houille est mélangé à 10 à 40 % en poids de noir de carbone dont l'absorption d'huile (dibutylphtalate) est supérieure à 90 ml/l00 g. Le mélange est pétri à ^{1000C} pendant 30 minutes et carbonisé à ^{6000C} pendant 2 heures dans une atmosphère de gaz inerte pour former un coke qui est broyé et mélangé avec un brai liant, moulé sous presse et fritté dans de l'azote gazeux à plus de $^{6000C\ pour}$ produire un corps en graphite ayant une résistance à la flexion de 700 kg/cm2, une densité apparente de 1,88 gm/ cc et une résistance électrique de 2700 micro ohm cm.

Shibatani et al241 de Mitsubishi Petrochemical Co Ltd, Japon, ont décrit un procédé unique de formation de corps en graphite impliquant la mise en suspension de poudre de graphite en paillettes dans un distillat de goudron contenant un précurseur de brai en mésophase. La suspension est ensuite traitée thermiquement à 350-5000C dans un bain de sel fondu sous flux de gaz argon ou sous pression réduite, pour obtenir un précurseur carboné en formant un brai en mésophase avec des particules de graphite qui est broyé et moulé par compactage (1.5 tonnes/cm2 de pression), chauffé à 4200C et maintenu à cette température pendant 5 minutes, refroidi à 2500C et relâché sous pression, puis encore refroidi à température ambiante pour produire un corps vert, qui a été à nouveau traité thermiquement à 10000C pendant 30 minutes sous flux de gaz argon, puis refroidi pour produire un corps en graphite à haute résistance (400 kg/cm2), bonne conductivité électrique (résistance spécifique 0,8 micro ohm cm) et stabilité dimensionnelle exceptionnelle. Le produit a montré un rétrécissement de 0,7 % en volume et une perte de poids de 1,25 % par rapport au corps vert.

Sagawa et al242 de Tokai Carbon Co Ltd, Japon, ont révélé une technique innovante permettant de réduire le taux de fissuration du corps carboné pendant la graphitisation de 33% à zéro. Le procédé consiste à incorporer de la poudre de graphite dans le corps carboné cuit, puis à le placer dans le four de graphitisation en le recouvrant entièrement de poudre de coke et en le chauffant à 28000C pendant 80 heures de préférence. Pendant la graphitisation, l'orientation préférentielle dans la métaphase du brai étendu ne change pas de manière significative si le diamètre du corps extrudé est supérieur à 200 pm. Mais avec des filaments plus minces, le degré d'orientation préférentielle augmente nettement lorsque le diamètre est réduit243. De même, lors de la préparation du corps en graphite, on a constaté que le broyage du mélange brai de goudron de houille - coke (comme mentionné dans de nombreux procédés ci-dessus)244 entraîne une diminution de la teneur en hydrogène et une augmentation de la teneur en oxygène dans la masse en poudre, la formation de groupes phénoliques OH,=CO et -OOH, et une augmentation de la structure aromatique condensée. L'ampleur de ces changements augmente également avec le temps de broyage. Ces changements affectent évidemment à un degré différent les propriétés du produit final. Un procédé a également été mis au point245 pour la production de brai d'imprégnation à partir de goudron LT (qui n'est pas un matériau conventionnel comme décrit précédemment) contenant moins de 3 % de QI. L'effet de la teneur en charge et en liant sur les propriétés du produit final en graphite a été étudié par Surkov et al246. Ils ont montré que la porosité du corps en graphite obtenu par imprégnation et traitement thermique répétés, dépend de la nature du coke produit à partir du brai de liant et du brai d'imprégnation. Le graphite aux propriétés optimales a donc été obtenu à partir de coke de schiste uniquement. Toutefois, comme le soulignent Freiman et al247, pour augmenter le rendement du corps en graphite au lieu de la cuisson classique en deux étapes à 400-600oC et 2500-2600oC, il sera préférable que le corps vert soit cuit à 700-8OOoC et 1200-1300oC à une vitesse de chauffage de 150-200oC/heure. Il est intéressant de noter que tous les faits utiles ci-dessus concernant la fabrication de corps en graphite n'ont été rapportés que par la Russie.

Revenant maintenant sur la formation du corps en graphite à partir de la mésophase du brai, Weinberg et al248 ont décrit des méthodes d'optimisation de la formation de la mésophase dans le corps en graphite et les précurseurs du coke, en déterminant certaines valeurs d'importance critique telles que la teneur en oxygène, l'aromaticité, et la fonctionnalité du terrain et le contrôle de celui-ci dans une limite spécifiée. Le contrôle de ces paramètres implique - le contrôle de la teneur en oxygène par des réactions d'oxydoréduction, de l'aromaticité par un traitement thermique approprié et de la fonctionnalité par dérivation. Ainsi, un asphaltène de charbon liquide ayant une teneur en oxygène de 4,59% a été oxydé à l'air à 200°C pendant 24 heures pour porter la valeur à 6,66%. L'asphaltène brut et l'asphaltène oxydé ont été pyrolysés et examinés au microscope optique, où les deux espèces peuvent être distinguées par des microstructures différentes.

Nagayama et al249 ont décrit un procédé de fabrication de corps en graphite de haute densité et de haute résistance, en ajoutant de la poudre de graphite à du brai do goudron, en chauffant à 300-600 °C sous agitation, en extrayant avec un solvant, en calcinant le raffinat (résidu) à 200-450 °C, en le moulant et en le cuisant. Ainsi, 9500 g de brai et 500 g de coke de charbon/graphite ont été chauffés à 450 °C pendant 1 heure sous agitation, extraits avec de l'huile de goudron, filtrés, puis le résidu a été chauffé à 350 °C pendant 5 heures ; broyés, moulés, cuits à 1000 °C et graphitisés à 2500 °C pour produire un bloc de graphite ayant une densité apparente de 1,9 gm/cc, une dureté shore de 80, une résistivité de 2000 micro ohm cm et une résistance à la flexion de 1020 kg/cm2.

Yamada et al250 de Koa Oil Co, Japon, ont décrit un procédé de fabrication d'articles légers en graphite ayant une excellente élasticité (densité de tassement inférieure à 0,5 gm/c.c, récupération supérieure à 50% à une compressibilité de 10,9%), en traitant le graphite avec de l'acide nitrique ou un mélange d'acide nitrique et d'acide sulfurique, puis en traitant thermiquement le produit oxydé à une température supérieure à 2400°C. Il s'agit donc bien d'une formation du produit par la formation de graphite expansé. De la même société, Yasuhiro et al251 ont décrit une voie similaire de formation de graphite expansé pour produire du graphite léger et très élastique, en utilisant le même mélange d'acide et le même programme de chauffage.

Je terminerai cette section par un autre exemple de préparation de corps en graphite par un four de graphitisation innovant de conception nouvelle décrit par Suzuki et al252 à Ishikawajima- Harima Heavy Industries Ltd, Japon. L'appareil décrit est essentiellement un four à résistance électrique destiné à fonctionner sous atmosphère inerte et doté d'une installation intégrée pour le refroidissement à la vitesse prescrite et d'un contrôle électronique de la qualité du produit ainsi que d'une installation de contrôle de la vitesse d'alimentation et de décharge.

Schlicbever et al253 de Linde A.G, Allemagne, ont répertorié un certain nombre de liants de résidus bon marché ainsi que des liants de brai pour la fabrication de diverses électrodes destinées à être utilisées dans des arcs électriques, des batteries primaires, des fours électriques fabriquant du CaC2, du SiC, de l'acier et pour l'électrolyse de la saumure ainsi que la récupération de l'aluminium. Anikin et al [254] ont décrit un adhésif à base de polymère de formaldéhyde- slloxane pour lier le graphite à un corps de carbone vitreux. Les propriétés tribologiques de ces composites thermoplastiques fabriqués à partir des résines synthétiques ci-dessus ont été étudiées par Theberg et al255 qui montrent une augmentation de la capacité de charge, une diminution du coefficient de friction, une amélioration de la durée de vie à l'usure, une plus grande résistance mécanique, une amélioration des propriétés thermiques (plus grande endurance à la fatigue et résistance au fluage) dans les corps en graphite. Elles ont également une excellente stabilité dimensionnelle et sont donc utilisées pour la fabrication de balais. D'autre part, Lapina et al256 ont démontré que même les propriétés de liaison du brai de goudron de houille peuvent être améliorées par l'incorporation de moins de 10% de styrène ou de moins de 10% de résines époxy. Bhatia et al257 ont produit des sphérules en mésophase dans des brais de goudron de houille à faible teneur en G pour la fabrication de corps de carbone monolithiques258. Cependant, dans tous les corps en graphite liés au brai, la partie AQ joue un rôle crucial dans259 [260] la détermination de la qualité finale du corps en graphite.

Itskov et al261 et Demisenko et al262 ont montré que pour la fabrication de pâte d'anode pour les industries de l'aluminium, le brai à point de ramollissement 100 +3 °C est supérieur dans ses performances à celui produit par le brai conventionnel à température moyenne.

Les volatiles émis par les mélangeurs, les convoyeurs et les équipements de formage en préparation du brai peuvent être contrôlés par un filtre à manches intégré, pré-revêtu de coke traité. Les poussières de coke extraites sont ensuite collectées et recyclées dans l'usine elle-même, ce qui permet de réduire de 55 entraînant une bonne économie de coût de production. Cette technique permet également de réduire de 90 % les émissions atmosphériques de particules d'hydrocarbures aromatiques polynucléaires provenant du traitement du brai de goudron de houille. En particulier, l'élimination du benzo(a)pyrène a été réalisée à hauteur de 95%.

La préparation de corps en graphite orienté avec du graphite exfolié a été décrite par Wong et al264. Cela implique le pressage uniaxial à chaud (pression de 47 K Pa) d'un mélange de paillettes de graphite intercalées et de résine polyimide à 200°C, de sorte que l'exfoliation et le durcissement se produisent dans la même étape. Le composite ainsi réalisé présentait des propriétés de flexion supérieures en raison de l'orientation privilégiée de l'axe de la vis sans fin perpendiculaire à la plaque du composite. Les composites carbone-carbone de graphite exfolié ont des applications commerciales intéressantes.

Les corps en graphite contenant des carbones pyrolytiques sont fabriqués267 en déposant du carbone pyrolytique sur la surface d'un substrat en graphite, ce qui permet de le recouvrir d'un mince film de carbone pyrolytique. Cette méthode permet d'obtenir une surface facile et sans fissure du produit en carbone pyrolytique (par exemple pour la fabrication de creusets, de bateaux et d'autres récipients de traitement thermique à partir d'un substrat en graphite). Les auteurs ont produit dix substrats en graphite synthétique de ce type (diamètre extérieur 30 m.m x hauteur 30 mm) en les chauffant à 1800 °C puis en les recouvrant d'une couche de 20 microns d'épaisseur de carbone pyrolytique provenant de vapeur de C_3H_8, en les refroidissant puis en les réchauffant à 2200 °C et en y déposant à nouveau une couche de carbone pyrolytique de 0,5 mm d'épaisseur. Ce procédé a permis de produire les dix corps en graphite sans fissures.

Yumitate et al268 de Kawasaki Steel Corporation & Nitto Boseki Co Ltd, Japon. ont préparé du brai en mésophase pour la fabrication de graphite en hydrogénant le brai dans de la tétraline, en filtrant pour éliminer tous les carbones libres et en distillant ensuite le solvant, puis en chauffant le brai dans un gaz inerte à une pression de 0,1-10 torr et à une température de 500 °C pour former un brai en mésophase avec un BI de 92,3 %, QI de 35,8 %, et qui, lors de la graphitisation, a produit un corps avec une résistance à la traction de 250 kg/mm2.

Inamori et al269 d'Osaka Gas Co, Japon, ont préparé un corps en graphite activé à partir de brai en oxydant d'abord, puis en carbonisant, et enfin en activant sa surface. L'oxydation a été réalisée à 350°C pendant 1 heure après avoir chauffé le brai à 3°C/min, puis carbonisé à 1200°C pendant 5 minutes, puis poinçonné à l'aiguille et étuvé à 820°C pendant 30 minutes pour produire du charbon actif.

Akagami et al270 de Hitachi Chemical Co, Japon, ont produit des articles en graphite de haute densité à partir d'un mélange d'agrégats de coke et de brai de liant, en les broyant et en les chauffant à 30-300 °C, en moulant le produit par pressage hydrostatique puis en le graphitant. Ainsi, un mélange de 100 parties en poids de coke de brai (diamètre moyen de 20 microns) et de 70 parties en poids de brai de goudron a été chauffé à 200 °C pendant 3 heures, refroidi et broyé à moins de 200 mesh, puis chauffé à 100 °C et moulé par une presse hydrostatique, cuit à 800 °C et enfin graphitisé à 2600 °C pour produire un corps en graphite d'une densité de 1,8 gm/cc et d'une porosité de 13,7 % en volume.

Kakegawa et al270 de Ibiden Co Ltd, Japon, ont décrit une méthode de production de graphite à très faible coefficient de dilatation thermique (CTE) en mélangeant des agrégats de carbone, des composés aromatiques, des catalyseurs et des agents de réticulation dans un solvant afin de produire une dispersion uniforme, qui est chauffée pour la polymérisation par greffage ; le produit est refroidi, séché, façonné et cuit pour produire un corps en carbone-graphite ayant une grande résistance aux chocs thermiques et une très faible valeur de CTE.

Deux excellentes critiques sur le sujet susmentionné272 [273] ont été publiées récemment et les lecteurs intéressés par de plus amples informations sur le sujet peuvent consulter les références ci-dessus.

3.5 Composé d'intercalation du graphite (GIC) :

Graphite intercalation compound, in short called GIC, are relatively newer class of compounds, properties of which are extraordinary in many respect & thus put them in foreà l'avant-garde de la technologie matérielle à l'époque actuelle. Bien que les matériaux industriels de cette catégorie aient été traités individuellement en fonction de leurs caractéristiques distinctes dans les différentes rubriques du chapitre IV, nous allons ici discuter en général de leurs propriétés détaillées, de leur structure et de leur technique de préparation. Ces connaissances théoriques nous aideront à mieux comprendre les précieuses propriétés qu'ils offrent et leur utilisation conséquente comme produits industriels en graphite dans de nombreuses applications spéciales.

Comme mentionné dans les premiers chapitres de ce livre, les couches de graphène (réseau hexagonal de carbone en deux dimensions) dans le graphite sont liées entre elles par de faibles forces de Van-der-Waals avec un espacement entre les couches suffisant pour permettre aux atomes étrangers invités d'être logés dans ces espaces intercouches même dans des conditions plus douces. Ainsi, la pénétration de ces matériaux (classés comme type accepteur et donneur), fait gonfler le cristal de graphite le long de l'axe c et la période d'identité, I (en nanomètre), change en fonction de l'équation :

I (stade n) = d + (n-I)0,3354

où, 0,3354 nm est l'espacement normal entre les couches de graphite, et n est le numéro d'étape. L'intercalation, quant à elle, convertit la structure rhomboédrique métastable du graphite en une structure hexagonale stable. Ces GIC peuvent se former en plusieurs étapes, chaque étape donnant lieu à un composé chimique relativement stable et défini. L'étape du nième ordre à cet égard est celle où chaque couche intercalée est séparée exactement par n couches de graphène de la suivante. La séquence ou l'ordre des différentes étapes sont les suivants

Deuxième étape : AB/BC/CA/ AB/

Troisième étape : ABA/ACA/ABA/

Quatrième étape : ABAB/BCBC/CACA/ABAB/-

Il est également possible qu'un numéro d'étape fractionnaire se produise, par exemple l'étape-3/2 qui signifie que sur trois plans d'intercalation, deux sont remplis.

La préparation de composés d'intercalation de métaux alcalins (par exemple K) consiste simplement à chauffer le métal avec du graphite finement divisé par une technique à deux températures, sous vide dans un tube scellé où l'intercalant et le graphite sont maintenus à deux températures à deux extrémités. Mais en pratique, la poudre de métal graphite est préparée en ajoutant un halogénure de métal anhydre (MX) à une suspension de C8K, le GIC dans du tétrahydrofuranne anhydre (de préférence sous atmosphère d'argon) et en le faisant chauffer à reflux pendant 30 minutes.

C8K + MX = MC + KX

Outre le C8K qui est très réactif et sujet à une oxydation rapide, d'autres GIC de potassium sont également formés par la technique des températures supérieures à deux (par exemple C14K, C24K et C60K). La préparation des GIC des métaux de transition implique la réduction des sels métalliques intercalés. Une large gamme de ces "intercalaires métalliques" est disponible dans le commerce auprès de Xentron Corporation, États-Unis, sous le nom commun de "Graphimets". Ces composés sont préparés par la réduction d'un composé intercalé graphite/chlorure de métal avec du lithium-biphényle à -50°C sous atmosphère d'hélium. Après lavage avec du tétrahydrofuranne, de l'acétone et de l'eau, les graphimests sont séchés sous vide à 140°C. Ils ont de nombreuses applications catalytiques. Ils possèdent une activité catalytique exceptionnelle (par exemple, les graphimétiques Pt-, Ni-graphimétiques, Co-graphimétiques, Fe-graphimétiques). La combinaison Ti-graphite est un réactif de McMurray très réactif et universellement applicable, qui couple efficacement les composés aryle et alkylcarbonyle et dicarbonyle aux alcènes et cycloalcènes, respectivement. Ces combinaisons de Ti-graphite sont préparées soit à partir de TiCl3 et de C8K lamellaire, soit à partir de TiCl4 et de C8K283.

Au fur et à mesure que la formation des composés d'intercalation du graphite passe par différentes étapes, le nombre d'électrons dans la bande de conduction change en conséquence, réduisant la résistivité électrique. De plus, s'il y a possibilité de formation d'une liaison sp3, ce qui entraîne une stabilisation supplémentaire, comme dans le cas du CFx (fluor-GIC), le produit est un GIC très stable. Dans ce cas, les couches de carbone, au lieu de rester plates, sont ondulées. La formation de GIC avec certains éléments peut également entraîner un transfert de charge entre l'intercalaire et le graphite, qui à son tour, affecte la densité et la mobilité des porteurs. Des études dans ce sens ont abouti au développement de diverses batteries impliquant des réactions électrochimiques avec divers métaux invités (intercalants). Les GIC de ce type ont une conductivité électrique aussi bonne que les métaux et une diffusion facile des espèces électrochimiquement actives entre les couches de graphite. Ces espèces actives appartiennent essentiellement à cinq catégories différentes : pentafluorures, chlorures métalliques, fluor, métaux alcalins avec bismuth et halogènes résiduels. Cela indique que les CIG cationiques et anioniques sont des candidats potentiels pour le matériau d'électrode dans les piles. En outre, les GIC ont été utilisés avec succès comme séparateurs de piles à combustible en raison de leur capacité de séparation du champ de charge.

La formation des GIC a été suivie de manière gravimétrique, tandis que sa structure a été suivie par XRD & EXAFS. Alors que les rayons X et les rayons XRD balayent des zones de quelques dizaines de nanomètres, l'EXAF (Extended X-ray Absorption Fine Structure) permet d'étudier l'environnement à proximité d'un atome ciblé et de déterminer simultanément la distance du premier et du second voisin. Ainsi, EXAF permet d'examiner l'environnement local à une distance de quelques anges, que l'atome soit ordonné ou non. De plus, comme il donne une détermination moyenne sur l'ensemble de l'échantillon, son champ d'application est plus large que celui du microscope électronique. En principe, il mesure la variation du coefficient d'absorption en fonction de l'énergie des photons des rayons X incidents.

D'autres études physico-chimiques, telles que la conductivité électrique, ont également mis en évidence une excellente conduction dans les GIC, ce qui, dans la pratique, a permis de développer des conducteurs légers. Même la supraconductivité est suspectée dans de tels composés. La haute conductivité électrique des GIC est attribuée à l'intercalation accompagnée d'un transfert de charge vers ou à partir du plan du graphite, selon que l'intercalant est de type donneur ou accepteur. Un autre domaine de curiosité intense en matière de recherche sur les GIC est la possibilité d'utilisation comme stockage d'énergie électrochimique. Ceci résulte du fait que le transfert de charge entre l'intercalant et le graphite, entraîne la réduction ou l'oxydation du graphite hôte. Ce processus entraîne un changement de potentiel électrochimique dans le système, et la différence de potentiel diminue ou se complète selon que l'intercalant est de type donneur ou accepteur. Cependant, pour cela, la paire redox doit avoir une bonne conductivité électronique, doit être un domaine non stoechiométrique suffisamment grand et doit conduire à une bonne intercalation des ions. Le lithium- GIC, le fluorure ou l'oxyde de graphite, les chlorures de graphite, sont intéressants à cet effet. Les matériaux de ce type qui ont montré une viabilité commerciale sont du type Li/CF, en particulier pour la fabrication de piles miniaturisées dans les dispositifs microélectroniques.

Outre ces applications, les GIC ont également été utilisés avec succès comme catalyseur dans la synthèse F-T, l'oxydation/réduction de composés organiques, les réactions d'halogénation, l'initiation de la polymérisation et l'hydrodésulfuration. Le SbF5 et le SBCl5 ont particulièrement attiré l'attention en raison de leur faible résistivité à température ambiante (de l'ordre de 3 x 10-5 ohm. mètre) en tant que conducteurs électriques légers.

Les CPG à base de métal alcalin ont la capacité de stocker l'hydrogène moléculaire entre les espaces des atomes de métal alcalin. Cela permet une capacité de stockage de l'ordre de 13,7 litres d'hydrogène / 100 gm de GIC. Les composés sont très stables et présentent une remarquable intégrité structurelle ainsi qu'une efficacité reproductible pour un grand nombre de cycles d'absorption/désorption. En général, la facilité de formation d'un tel composé intercalé de graphite alcalin diminue à mesure que la taille de l'atome de métal alcalin augmente. Le métal alcalin peut être éliminé à environ 350°C et sous pression réduite. La capacité du graphite intercalé de potassium à séparer les isotopes de l'hydrogène a également été signalée289- Cette efficacité de séparation de l'isotope de l'hydrogène est beaucoup plus élevée pour les GIC avec du coke de pétrole (type KC12) que pour la feuille de graphite (KC22). De même, la capacité de stockage de l'hydrogène avec les GIC (KC24) au coke de pétrole traité à haute température (2300°C) est presque la même à cet égard que celle des feuilles de graphite (KC22). L'activité catalytique des GIC est basée sur la fonctionnalité de l'intercalaire qui améliore l'efficacité et la sélectivité *du* matériau hôte574. Les atomes d'intercalaires qui participent à cette réaction catalytique dans la synthèse organique comprennent le lithium, le potassium, l'amalgame de potassium, le chlorure ferrique de potassium, le SbF5, le brome, l'acide sulfurique, l'acide nitrique, etc. Lelancette et al575 ont publié une excellente revue *sur* cet aspect de l'application de la CIG en synthèse organique.

La GIC pour l'exfoliation *du* graphite a été discutée en détail dans la section 3.3 ci-dessus, qui a un énorme potentiel pour la production d'un certain nombre de produits commerciaux comme les joints, les feuilles, les joints d'étanchéité, etc. Cependant, l'exfoliation du graphite par l'acide sulfurique et l'acide nitrique laisse des intercalaires, même après l'exfoliation, qui peuvent finalement provoquer de la corrosion pendant son utilisation et en contact avec le métal dans lequel ils se trouvent. En conséquence, d'autres composés intercalés ont été essayés pour la production de graphite exfolié ou expansé.

Certains GIC (par exemple les sels de lithium) présentent un changement de couleur réversible (du bleu au noir par exemple) au cours des étapes d'intercalation et de désintercalation, un phénomène qui a été utilisé pour développer des dispositifs électrochromiques576. Les délais d'écriture et d'effacement avec ce type de matériel, qui seraient de l'ordre de 0,2 seconde, sont de l'ordre de 0,2 seconde. Ce phénomène électrochromique a également été expérimenté avec un film de graphite préparé à partir de polymères577.

La résistance électrique (R), la magnétorésistance (Rm) et le coefficient Hall-Coeff(H) pour le SbCl5coefficient (-GIC (graphite intercalated compound) in the temperature range 77-300°K shows that intercalation decreases R value by about 15 times in above temperature range, while sign of R changes from negative to positive and Rm remains essentially unaffected by intercalation. HallH) restent constants (comme ceux du graphite pur à 160°K) par intercalation289. Les études sur la structure ainsi que sur sa conductivité électrique indiquent en revanche (par TEM & Diffraction Electronique) que290 SbCl5 s'intercalent dans l'espace entre la couche c-atomique sous forme de phases épitaxiales alpha, bêta et gamma avec alpha = a =15,15 a ET ar = 17,22 a. LA direction de ar correspond à celle de ac avec ax et une rotation autour de ac. La conductance électrique maxinwm trouvée était de 4,4 x 106 (ohm.cm)$^{-1}$. L'intercalation simultanée du graphite avec le SbCl et le SbCl donne lieu au produit (SbCl F) en SbCl et SbCl F 32
graphite intercalé ; le Sb est ici en état +5291. L'analyse par spectroscopie de masse du SbCl5- graphite intercalé (composés des étapes 1 et 2) ionisé par bombardement

électronique (énergie de 70 eV), montre que292 les deux composés contiennent du SbCl et que le Sb Cl est le dimère SbCl -SbCl 3
présent uniquement dans le composé de l'étape 1, & il contient également du SbCl5 et du SbCl6 en quantité appréciable. L'étape 2 contient en outre du SbCl4.

En général, la microscopie électronique du graphite intercalé montre de grandes régions de super-réseau intercalant monophasé sans défaut avec des dimensions d'au moins un ordre de grandeur plus importantes que prévu (sur la base de travaux antérieurs)[293] · Les résultats récents des études sur la conduction thermique des GIC indiquent qu'à des températures plus basses, la conduction dans le plan est principalement électronique, plus élevée que celle du graphite vierge294 . Autour de la température ambiante, malgré une conduction électronique accrue, on observe une diminution de la conduction thermique totale, par rapport au graphite pur. La contribution dominante dans de tels cas est due à la diminution du réseau, ce qui entraîne une augmentation de la diffusion des phonons par défaut du réseau. La conduction de l'axe c est entièrement attribuée aux phonons et le rapport d'anisotropie est d'environ [102puissances] in the liquid helium range, and increases to several hundred fold at around room temperature. Temperature variation of in-plane and c-axis thermopour les composés donneurs et accepteurs, ce qui peut s'expliquer par les considérations ci-dessus.

Zabrodskii et al295 ont effectué des calculs théoriques de l'ECS pour l'ordre possible à long terme des CPG. Il a présenté un diagramme d'ordre basé sur le rapport des composantes dans l'intercalaire. Des calculs non empiriques et auto-cohérents de la structure de bande des GICs de stade supérieur296,297 jusqu'au 6ème stade, en utilisant la formation fonctionnelle locale, montrent une distribution de charge le long de l'axe c-extrêmement inhomogène, et la contribution orbitale à la susceptibilité magnétique, qui est paramagnétique, atteint un maximum à environ 6ème stade dans le cas de f=1. Les chercheurs ci-dessus ont également signalé une variation de l'énergie totale des GIC en fonction du stade.

La mesure sans contact de la résistivité du plan basal du graphite intercalé SbCl5 et FeCl3 à haute pression montre que la résistivité augmente avec l'augmentation de la pression pour les deux composés intercalés dans le graphite. Une transition de phase a été observée avec le graphite intercalé SbCl5 à 1,2 GPa. C'est la première transformation de phase induite par la pression observée dans un composé d'intercalation d'accepteur. Des transformations de phase induites par la pression ont également été observées avec d'autres GICs299.

Dans le système FeC3-Cl2-graphite, des valeurs seuils existent à la fois pour la pression de vapeur de l'halogénure et pour la pression du chlore gazeux. Si les pressions sont inférieures à celles requises selon les lois de l'action de masse du produit : $pFe2Cle$. $pC2$ = 37, la réaction d'intercalation est bloquée. L'équilibre ci-dessus est attribué au processus de nucléation avec un noyau ayant la composition CnFeCl4. L'inhibition de la réaction peut être surmontée par l'ajout de quantités infimes de FeCl2. Dans ce dernier cas, cependant, un mécanisme différent est supposé pour la nucléation dans lequel l'adsorption du complexe gazeux Fe3Cl8 est l'étape de nucléation. Il a également été observé que le graphite FeCl3 intercalé présente une conductivité électrique élevée (2 x [105] S.cm-1) s'il est préparé par graphitisation d'un film de p-phénylène-vinylène déposé en solution, plutôt que ceux préparés par la technique classique de croissance en phase vapeur. Ce matériau présente également un comportement métallique de conductivité électrique dépendant de la température.

La préparation du graphite intercalaire HNO3 se fait en 5 étapes distinctes (avec une concentration variable de HNO3) et la mesure de leur dilatation thermique dans la gamme de 2,5 à 196°C, indique une certaine largeur d'expansion anormale de Ic due à la transition de phase dans les 3-5 étapes à 0,02,5, 0,031 et 0,045 A, respectivement. La transition de phase dans l'étape 1 était d'environ -10°C, mais la même chose pour les autres étapes (échantillons légèrement décomposés) était de -13 à - 28°C302 . En outre, une transition de phase à environ 5°C a été observée à partir d'une expansion anormale du graphite thermique et également à partir de la différence entre le coefficient d'expansion thermique au-dessus et en dessous de 5°C. Le coefficient de dilatation thermique pour 2 à 5 phases à température ambiante était de 49,9 x 10-5/°K (pour la 2e phase), 43 x 10-6/°K (pour la 3e phase), 41,9 x 10-6/°K (pour la 4e phase) et 37 x 10-6/°K (pour la 5e phase).

Dans la formation des GIC avec des composés accepteurs (par exemple le sulfate d'hydrogène de graphite), le stade de formation dépend du potentiel redox de la solution oxydante, c'est-à-dire de la concentration de H2SO4. L'étape de sur-oxydation du graphite-hydrogène-sulfate donne lieu à la formation d'une liaison de type ion-covalent. Les études ESR des deux premières étapes du graphite intercalé H2SO4 (formule chimique C24nHS04.2H2S04, ici n = 1 ou 2) par oxydation de graphite pyrolytique hautement orienté avec S03(H2S04) et HN03, respectivement, montrent (à partir du changement du potentiel seuil de conduction des électrons contre une puissance de champ UHF variable) que la température critique pour la transformation ci-dessus dans les composés ci-dessus304.

Les spectres vibratoires du graphite HNO3 intercalé entre 200 et 2000 cm-1 à des températures de 4,5, 180 et 230°K montrent305 un fort effet anisotrope indiquant le plan moléculaire du HNO3 à un angle de 25o avec l'axe c à 4,5°K. Le mode d'étirement du NO-H de la molécule HNO3 est fortement atténué lorsqu'on franchit la transition proportionnelle-incorporelle à 210°K.

Des propriétés thermodynamiques fondamentales comme le potentiel chimique des GIC à l'état liquide et gazeux ont été appliquées pour trouver des régions d'équilibre et d'état métastable dans le diagramme P-T de l'intercalant, afin de calculer théoriquement des propriétés comme la stabilité thermique des GIC306-310.

L'étude par rayons X de l'intercalation du lithium dans le graphite aux 1er et 2ème stades par des moyens électrochimiques indique que311 l'espacement des couches correspondant à la structure du 1er stade est plus petit que celui du graphite. En effet, la structure du premier stade du carbone graphitisé est une structure mixte de cristallites de graphite lithié et de couche turbostatique désordonnée lithiée. Le lithium est principalement intercalé dans la couche turbostatique désordonnée au-dessus de 0,1 volt par rapport à Li/ Li/Sup+. D'autres études sur la structure du Li-GIC312 indiquent que la plupart des graphites sont des mélanges de phases hexagonales et rhomboédriques. La phase rhomboédrique peut dépasser la marque des 30 % dans certains graphites, et la teneur en rhomboédrique augmente à mesure que la taille des particules diminue dans le graphite naturel et synthétique. Dans le Li-GIC, la capacité totale réversible du Li est liée à la fois au contenu de la phase hexagonale et rhomboédrique. Les mécanismes d'intercalation du Li dans les deux structures de graphite sont similaires. L'intercalation du composé du Li (par exemple LiBC) dans le graphite dans une ampoule scellée à 770°K, forme des plaques hexagonales avec un lustre doré313. Des études ont révélé que B et C forment des couches planes d'hétéro graphite de structure isoélectronique de type hexagonal de nitrure de bore. L'espace entre les couches est entièrement rempli par le Li et la liaison B-C a un pi-caractère314.

Le graphite intercalé de bore (BC3), en revanche, présente315 une conductance électrique supérieure de 10% à celle du graphite lui-même. Cela s'explique par le fait que dans la monocouche BC3, le niveau de Fermi se trouve au sommet des bandes sigma, et que dans le comportement semi-métallique qui apparaît lors de l'empilement de la monocouche semi-conductrice, résulte de la présence simultanée de liaisons sigma & pi au niveau de Fermi.

La méthode de diffusion inélastique des neutrons avec les spectres de vibration des atomes de métaux alcalins dans les composés MCx, où M = K, Rb, Cs et X = 8, 24 ou 36, et la détermination correspondante des densités de phonons316 ainsi que l'origine des forces M-M ont été tracées au facteur de Debye-Waller pour les atomes intercalés. Ces études ont montré qu'une transformation de phase d'ordre et de désordre se produit à 123, 162 et 745°K pour KC24, RbC24 (stade 2) et RbC8 (stade 1). La théorie et les preuves expérimentales concordent317 avec la transition de phase induite par la pression dans la CIG-K et indiquent une composition comme KC8, KC24 et KC36. Le diagramme de phase du graphite Rb-intercalé, d'autre part, montre318 une région étroite d'empilement de phases solides alpha-bêta à haute température avec une structure dans le plan entre le solide alpha-bêta-gamma-delta et le liquide à haute température en équilibre. À haute température, les atomes Rb se comportent comme un liquide quasi bidimensionnel avec une corrélation dans le plan et, lorsque la température approche du point de fusion du composé, ils développent une forte corrélation dans le plan et hors phase avec la même symétrie qu'un solide alpha-bêta. L'effet de croisement entre les deux dimensions et les trois dimensions est observé à ce stade. Tous les paramètres critiques de l'étude par rayons X ne montrent aucune hystérésis appréciable au point de fusion ; un comportement plutôt continu se manifeste en termes de longueur de corrélation restant finie au point de fusion, ce qui suggère la présence d'un écart de premier ordre, petit mais fini.

Des études de magnétorésistance et d'oscillation de Shubnikov-de-Haas dans un composé de graphite intercalé au NaH montrent que319 une faible concentration de porteurs d'électrons pi du graphite et l'absence de porteurs intercalaires, qui est liée à la faible énergie de Fermi, environ o,6 ev, ont été provoquées par la forte ionicité de l'intercalaire de NaH, ce qui contraste avec le cas des KH-GIC isostructuraux qui ont une couche d'hydrogène métallique dans les intercalaires KH avec une forte concentration de porteurs pi du graphite. Dans le système K-GIC avec une pression d'hydrogène allant jusqu'à 2000 atmosphères dans la gamme 78-700 °K, la teneur maximale en hydrogène dans l'échantillon a été atteinte à 75°K sous une pression supérieure à 500 atmosphères, ce qui correspond à la composition approximative de KC8H3.$_{5-4}$. Dans cette situation, le taux d'intercalation de l'hydrogène est très élevé et il n'y a pas d'hystérésis même à une température inférieure de l'azote liquide. La forme de l'isotherme (absorption-désorption) à température ambiante et à 361oK peut être considérée comme de nature parabolique presque idéale, correspondant sur P $^{-1/2}$. Cependant, un changement considérable de la forme isotherme et une forte augmentation de la capacité de l'hydrogène à 78oK se produisent par rapport à des conditions de température plus élevées. Après libération de la pression d'hydrogène, les échantillons montrent toujours une composition stable de KC8H05, malgré des traitements antérieurs variables. Les données XRD des échantillons dans les conditions ambiantes (étape 2) indiquent la formule KC8H066-08. Dans le système K-GIC préparé à partir de microbilles de mésocarbone, on a constaté que la physiosorption de l'hydrogène320 dépend largement de l'historique du traitement à haute température du mésocarbone qui a été soumis précédemment. Le traitement à 1500°C a montré une anomalie dans la composition, faisant varier le pourcentage de carbone dans le KCx de moins de 8 à moins de 12 [321-322]. Ces GIC possèdent une structure de stade 1 contrairement aux GIC traités à 2600 °C qui possèdent une structure de stade 1 et 2. Ainsi, il semble que la structure diluée de l'étape 1 puisse accueillir une grande quantité d'hydrogène et soit donc adaptée à la séparation des isotopes. Dans l'étude des CIG Na-THF, il a été constaté que l'hôte (carbone) à haute cristallinité donne une structure de stade 1 bien définie et que sa formation était également très lente323. Les hôtes à faible cristallinité, en revanche, forment rapidement une structure de stade indéfinissable.

Des études sur l'épaisseur de sandwich accordable dans les GIC de K et NH4324 par XRD à haute résolution indiquent que l'épaisseur de sandwich d = 8a dépend de la composition aux étapes 1 & 2 (n = 1,2) et que K(ou NH3)xCz4 ont un oxygène inférieur à

4,48.

La détermination de la résistivité électrique (parallèle au plan d'orientation préféré) du graphite AsF5 intercalé sous forme de paillettes325 et de feuilles orientées et compactées (étape 1 & 2) montre que les compacts préparés à partir de paillettes de Madagascar (1-2 mm de diamètre) avaient une résistivité inférieure à celle des feuilles intercalées correspondantes. Les résistivités observées étaient sensiblement inférieures à celles du graphite intercalé analogue SbF5, car la formation de défauts par liaison covalente C-F est beaucoup moins grave avec l'AsF5 qu'avec le SbF5. L'aimantation oscillatoire des composés des étapes 1 et 2 de l'AsF5-GIC, mesurée par la méthode du couple de-Haas-Van-Alphen dans des champs inférieurs à 22T, révèle que326 [la] surface de Fermi est un cylindre idéal. Les niveaux de Loudan sont bien séparés et cet élargissement est dû à des imperfections. Malgré ce fait, la forme d'onde de l'oscillation est parfaitement sinusoïdale, ce qui va à l'encontre de la théorie dominante de la structure GIC.

Le coke en tant que tel n'a pas de pouvoir lubrifiant, mais lorsqu'il est fluoré, il présente un bon comportement lubrifiant327. Cependant, le graphite fluoré et le carbone graphitique fluoré présentent un meilleur pouvoir lubrifiant que ceux obtenus à partir de coke fluoré. Aucun avantage tribologique n'a été observé en utilisant des particules de coke plus petites plutôt que plus grosses à cet égard. Les fluorures de graphite ont la formule générale $(CF)_n$ et $(C_2F)_{n,\ et}$ sont un matériau prometteur comme lubrifiant ainsi que pour la fabrication d'électrodes pour les batteries329,[330]. La réactivité particulière du fluor avec le graphite peut être liée à certains paramètres caractéristiques de l'élément. La concurrence entre la forte liaison C-F dans le graphite-fluorure covalent et la faible liaison semi-ionique dans les GIC est remarquable331. Le transfert de charge qui accompagne l'insertion d'espèces fluorées entre les couches de graphène peut être évalué par spectroscopie de réflectance optique. Le graphite hautement fluoré a également été synthétisé en utilisant du fluor sous pression et des fluorures complexes à haut degré d'oxydation comme le K2NiF6 ou le KAgF4 dans le HF332 anhydre. Leur décharge électrochimique en tant que cathode d'une pile au lithium primaire a été étudiée dans une solution d'électrolyte organique. Le produit obtenu par une telle synthèse a été caractérisé comme C16F (composé de l'étape 1) comme phase primaire et les étapes 2 et 3 comme constituants mineurs. La liaison C-F dans ce composé s'est avérée semi-ionique. Les composés (CxF) présentent un potentiel de décharge élevé et plat de 3,2 volts par rapport à l'ion Li/Li+ et des capacités de décharge d'environ 500 m amph/gm à un potentiel de coupure de 1,5 volt. Les spectres de diffusion Raman, d'autre part, du composé d'intercalation graphite-fluor de l'étape 2 montrent quatre lignes étroites à 1392, 1444, 1590, et 1614 cm- [1] [333]. L'analyse des résultats indique que le fluor interagit assez fortement avec les couches c, ce qui entraîne un doublement de la zone de Brillouin et éventuellement une scission du mode E2g2. La ligne à 1392 et 1444 cm-1 provient du pliage de la zone de Brillouin, tandis que les lignes à 1590 et 114 cm-1 pourraient être le résultat soit du pliage du point M vers le centre de la zone, soit d'une scission du mode E2gz. La ligne à 1358 cm-1 dans les composés dilués est interprétée comme induite de façon désordonnée. Les caractéristiques de décharge de deux types de fluorures - $(C_2F)_n$ et $(CF)_n$, préparés par refluoration de copounds d'intercalation de graphite ionique thermiquement décomposés de flourine, montrent que la tension en circuit ouvert de $(C_2F)_n$ est supérieure de 0,3 volt à celle du graphite intercalé de flourine classique334 Cependant, la surtension était la même à la densité de courant constant de 0,5 m amp/cm2. En revanche, la même tension à circuit ouvert et une surtension inférieure de 0,3 volt ont été observées par $(CF)_n$. Le traitement thermique de ces échantillons dans une atmosphère de fluor à une température plus élevée a augmenté la capacité de décharge et a fourni un potentiel de décharge plus plat. L'intercalation de BrF3 avec le composé fluor-graphite intercalé s'est avérée être principalement de type Vander- Waals dans la nature335. Ainsi, les composés d'intercalation de BrF3 avec du graphite fluoré ne sont commandés qu'à la limite de remplissage de l'espace intercalaire de l'intercalant (1er stade). Avec la réduction de la teneur en BrF3, seules des structures désordonnées sont formées.

Diffusion de rayons X haute résolution de la phase faiblement incommensurable de la phase élevée Bn.- graphite intercalé336 de revealed that transitional order in these compounds are twonature dimensionnelle, qui sont conformes aux théories récentes de transition bidimensionnelle uniaxiale proportionnelle-incommensurable basées sur une image murale de la phase incommensurable à domaine entropiquement errant. Dans ce système, les parois de domaine ont une largeur bien inférieure à leur séparation, de sorte que des déplacements moléculaires importants à partir des sites proportionnels se produisent au sein d'une cellule unitaire. Près de ces transitions, on a également observé une hystérésis. Les mesures de la susceptibilité magnétique du graphite à intercalation de Br de stade 2337 montrent des pics négatifs importants des signaux 4-pi x ,l'existence d'un écart entre le niveau de Laudan au-dessus d'un champ magnétique critique. Ceci s'explique en termes de gaz de trou bidimensionnel induit par le champ (effet Shubnikov-de-Haas). On a constaté que la contrainte thermique du graphite à base de Br-intercalé338 passe de 0 à 100°C à environ 1,3 M Pa à 200°C. L'effet est réversible avec hystérésis. L'augmentation de la contrainte thermique dépend fortement de la température en raison de son association avec la transition de phase d'exfoliation. Les spectres Raman du graphite à haute pression (0-4 G Pa) avec intercalation de Br de l'étape 2 montrent un changement spectral remarquable à une copmpression de 1,2 G Pa339. Ce changement est dû à la transition de phase du premier ordre de l'assemblage moléculaire quasi bidimensionnel du brome dans l'espace inter-couche.

Parmi les GIC chlorés, les mesures de susceptibilité magnétique (x) et de magnétisation statique (M) des GIC MnCl2 de stade 1&2 à 50 mK & 5 K montrent que340 x la dépendance de la température et du champ magnétique due à la frustration Mn+2 tourne à partir des lacunes de Mn+2 dans ^{la} couche intercalaire et/ou des interactions d'échange mineures entre les couches de MnCl2 dans les $_{GIC}$. La décomposition thermique des GIC produits à la fois à partir de graphite synthétique et naturel avec du MnCl2 et d'autres chlorures comme CuCl2, CoCl2, FeCl3, et MoCl5 a montré que la plage de température de stabilité des GIC dépassait leur température de synthèse de 300-450°C. Ceux basés sur le coke de pétrole graphitisé avaient la stabilité thermique maximale. La décomposition complète des CIG ci-dessus s'est produite au-dessus de 850°C avec l'émergence des chlorures de l'espace d'intercalation et leur dissociation partielle. La microstructure du CuCl2-GIC (synthétisé à partir de graphite expansé) indique que342 les atomes c des GIC dans le plan sont placés dans l'ordre du réseau hexagonal du graphite. Des études sur le croisement dimensionnel et la magnétorésistance angulaire dépendante des graphites magnétiques, MCl2-GIC où M = Cu ou Co, indiquent que la conduction de l'axe c343 est régie par des rognures incohérentes entre les couches. Ces changements de conduction à différents stades et cette dépendance matérielle sont attribués à la différence de couplage entre les couches et suggèrent une différence dimensionnelle dans le couplage entre les couches et suggèrent un croisement dimensionnel d'un système tridimensionnel hautement anisotrope à un système bidimensionnel presque pur. La résistance de l'axe c des étages 1 et 2, 2 CoCl2-GIC, reflète également les états magnétiques des co-spins. Ce phénomène est expliqué en termes de modèle basé sur l'effet tunnel dépendant du spin. L'analyse de la structure d'un autre chlorure de TaCl6 et de TaOCl3 intercalé dans le graphite montre qu'un ordonnancement bidimensionnel des octaèdres de TaCl6 dans l'espace intercouche du réseau de graphite. Dans le GIC TaOCl3, les fragments de la structure de la chaîne TaOCl3 sont disposés dans l'espace intercouche, ce qui donne l'espacement basal du composé de deuxième stade comme une tempête de 13,39 angs. L'étude de

L'état électronique d'un autre chlorure, HgCl-GIC, à 1,4-4,2 °K avec un champ magnétique

(3-5 Tesla) indiquent que la charge fractionnaire de 345 sur les couches internes de graphite est de 0,25, ce qui est défectueux par rapport aux couches adjacentes à l'intercalant. L'existence d'une oscillation à basse fréquence en plus des fréquences principales, indique qu'il se produit peut-être un super-réseau incommensurable qui forme une orbite d'interféromètre magnétique. La bande d'émission K avec d'autres chlorures comme AlCL, InCL, BiCL, SbCL, SbF et K- GICs346 par rapport aux liaisons pi & sigma de CK, 8

et AlCl3-GIC avec les résultats de l'UPS, il est possible de déterminer le signe et la quantité de décalage du niveau de Fermi par rapport au graphite pur. De même, l'AlCl3-GIC montre la compressibilité de l'axe c et la dynamique du réseau de dilatation thermique347. Br lorsqu'il réagit avec le graphite forme un GIC dont la composition (1er stade) est $C_{40}AuBr3Br5._2$ avec une distance interplanaire de 707 pm348. Lors du chauffage, le 1er étage passe au 2ème étage à 110°C, ce qui donne une distance interplanaire de 1036 pm. Le traitement du graphite $NiCl_2$ (étape 2, d= 1264 pm) avec $AuBr_3$ produit un composé à double intercalation avec une séquence de couches de graphite-$NiCl_2$.$AuBr_x$.graphite, ayant une composition globale de $C_8OAuBr75(NiCl2)_{7\,75}$ et d = 1634 pm. ·

L'anomalie de la capacité thermique et de la transition de phase du graphite-ICl, GICs, telle qu'observée par calorimétrie AC et études XRD, montre une anomalie de type gamma à $30^\wedge+1$, $31^\wedge+1$, et $315+1$ °K. Une expansion brusque de l'axe c se produit également près de 305, 311 et 315°K lors de la transition du 1er au 2e, du 2e au 3e et du 3e au 4e ou 5e stade. Chaque résultat anormal semble représenter la transition bidimensionnelle de désordre de la couche ICl ayant lieu avant le changement de stade. Pour tenir compte de la répétition349 de la transition ordre-désordre à différentes températures, on pense que la désintercalation et la restabilisation des couches ICl se produisent probablement alternativement pendant les changements lents vers l'avant. Il s'agit d'une transformation de stade de la CIG par un état métastable ou un état partiellement ordonné. Un mécanisme spécifique impliquant la nucléation de sandwichs de défauts à différents stades a également été proposé350. Ainsi, les troubles des stades vraisemblablement associés à l'hystérésis & ne devraient se produire qu'à basse température.

La mesure de la conductance électrique des composés ternaires d'intercalation du graphite par la technique sans contact352 révèle que par intercalation avec des molécules organiques telles que le THF, le benzène, le dioxanne et le furanne, dans le composé binaire, la conductivité diminue ; plus la teneur en molécule organique est grande, plus la conductivité est faible. Piraux et al353 ont mesuré la résistivité réelle (sans contribution résiduelle) de la -benzene derived graphite compound between 4 and 300 °K. It was found that contrary to what is observed in threestructure métallique dimensionnelle $CuCl_2$ de l'étape 2. Le -benzene derived graphite compound between 4 and 300 °K. It was found that contrary to what is observed in threetaux d'augmentation de la résistivité idéale par rapport à la température était plus élevé à haute température qu'à basse température. Des études du caractère aromatique des GIC par méthode semi-topologique354 indiquent que l'aromaticité des feuilles de graphite diminue au fur et à mesure qu'elles accumulent des charges positives et négatives. Feuilles de graphite chargées en Li is thus predicted to be essentially non-aromatic in nature. However, most GICs are charged to a lesser extent resulting in more or less aromatic nature. There are no antiCIG aromatique c_6.

La résistivité électrique (axe c) du K-GIC à différents stades de sa formation montre355 que la résistivité passe par un maximum vers le 10ème stade, puis diminue jusqu'à la valeur du 1er stade. Le comportement de 4,2-290°K du produit faiblement dopé était similaire à celui du graphite pur. Les échantillons du premier stade montrent des transitions à des températures supérieures à la température ambiante, dont certaines peuvent être liées à l'ordonnancement de la structure.

Les micro-analyses par sonde électronique du graphite intercalé de CrO3 montrent que les Cr03 ne sont intercalés qu'au bord des paillettes. Le même profil de concentration de Cr est observé356,[357] dans le graphite Br2 après déplacement de Br par CrO3. La désintercalation thermique contrôlée par TGA et l'analyse spectrale de masse montrent un effet d'étanchéité de l'intercalation de CrO3 en bordure sur le dégazage de Br de l'intérieur des paillettes.

La conductivité supermétallique et l'effet Shubkikov-de-Haas dans les composés d'intercalation du graphite (C_{10}.$_{CuCl2}$ $0_{,6ICl}$) de la première étape où le graphite et le chlore intercalé alternent successivement, ont également été déterminés et les résultats montrent que[358] une augmentation de ^{deux} à trois fois de la concentration de trous ainsi que de la conductance électrique se produit dans les couches de graphite par rapport aux composés d'intercalation à base de CuCl2 $_{et\ de}$ chlore intercalé. On a constaté que l'effet Shubnikov-de-Haas entraînait deux fréquences (au lieu d'une) pour le GIC dans sa première étape de formation. La spectroscopie d'absorption des rayons X, d'autre part, au-dessus du graphite intercalé ICl, montre que[359] NEXAFS (structure fine d'absorption des rayons X à proximité du bord) et EXAFS des seuils CI-K et I-L révèlent une augmentation de la longueur de la liaison intramoléculaire I-Cl. Ceci est attribué à une modification des orbitales sigma et pi de la molécule ICl en partie par interaction avec le système pi du graphite. En utilisant une distance intermoléculaire I-Cl supplémentaire observée, un modèle amélioré de la structure intercalaire a été proposé par les chercheurs ci-dessus. L'étude des propriétés de transport d'électrons dans le plan des étapes 1 et 2 du composé de graphite intercalé ICl entre la température ambiante et la température de l'hélium liquide, indique[360] que les term appearing in the temperature dependence or resistivity, originates from the discal equi-energy surface of out-of-plane surface, while the carrier scattering by inphonons en mode longitudinal du plan T2 term appearing in the temperature dependence or resistivity, originates from the discal equi-energy surface of out-of-plane surface, while the carrier scattering by inprésentant un diagramme de dispersion à forte pente est négligeable. Ainsi, ces composés peuvent être rapprochés d'un modèle bidimensionnel simple de métal en trou dans la description de la plupart des effets de transport. Cependant, une magnétorésistance appréciable est observée même pour le composé de niveau 1 qui ne possède qu'une seule structure de bande ; cela implique indirectement que la surface de Fermi est déformée trigonalement de manière à fournir un seul porteur anisotrope dans le plan basal. Ce dernier type de propriété électromagnétique dans le GIC a été confirmé par Zimmerman et al[361] . L'image qui ressort de cette dernière investigation est qu'il existe réellement un système magnétique bidimensionnel dans ces GIC. La faible dimensionnalité est due au blindage des couches intercalaires par les couches de graphite intermédiaires. Le blindage dépend également du transfert de charge entre l'intercalant et le graphite. Dans le graphite, il existe une bande proche de K-O mentionnée plus haut, environ à moitié remplie d'électrons [10]. L'intercalation par un composé accepteur va attirer les électrons qui ont un trou de conduction électrique. Ainsi, les GIC de faible niveau présentent un coefficient de Hall positif. Le blindage est analogue à l'effet de peau, où la profondeur de la peau est fonction de la conductance électrique qui, à son tour, est fonction du nombre de porteurs de charge. La formation des stades 1 à 5, qui vident presque la bande d'électrons et donc les couches de graphite ont une conduction maximale, comme observé ci-dessus. Au cours de l'étape 5, la quantité d'accepteurs n'est pas suffisante pour absorber tous les électrons qui peuvent être donnés par le graphite et la conduction des couches de graphite diminue. De plus, la conduction, selon la mesure de Hall, est due à des porteurs positifs et négatifs.

L'étude de la structure du NiCl2 et du graphite intercalé de Ni par EXAFS (méthode

I.B. Borovskii, 1986) révèle que362 la coordination du Ni et du NiCl2 est maintenue dans l'intercalaire mais que les longueurs moyennes des liaisons Ni-Cl sont diminuées dans l'intercalaire de Ni-. Le Ni forme un dimère tassé dans un arrangement HCP entre les couches. La longueur de la liaison Ni-Ni est de 2,47A. La liaison Ni-C est de 3,10A.

Seul le graphite hautement ordonné ou les matériaux graphitisables produisent un composé d'intercalation homogène, et la pression à laquelle l'intercalation commence dépend de la polarité et du désordre structurel du graphite hôte ; l'arrangement atomique au sein des couches de carbone est préservé. Les composés donneurs d'électrons (métaux alcalins, métaux alcalino-terreux, lanthanides, métaux contenant de l'hydrogène ou des molécules polaires et composés aromatiques) et les accepteurs d'électrons (halogènes, halogénures, oxyhalogénures et acides) se répartissent régulièrement entre les couches de carbone ; la plupart des GIC ainsi formés peuvent être reconvertis en graphite. L'intercalation provoque un gonflement dans la direction c- des cristaux de graphite de l'hôte.

En outre, un certain nombre de nouveaux CPG ont été synthétisés ces derniers temps, et nous en parlerons brièvement dans les pages qui suivent. Par exemple, une méthode générale de fabrication de GIC sous forme de film a été décrite par Mulsuaki et al356 de Matsushita Electric Industries Ltd, Japon, qui consiste à intercaler entre les couches de graphite obtenues par traitement thermique du poly(phénylène-oxadiazole) un intercalant de type accepteur, donneur ou covalent. Le film GIC ainsi produit a une stabilité extrêmement améliorée par rapport aux autres GIC connus.

Yaddadin et al363 ont synthétisé un certain nombre de GIC avec du graphite de Madagascar et de l'acide fluorosulfurique (HSO3F) contenant du SO3 et du FSO3 comme impuretés. Ainsi, il est possible d'intercaler du fluor dans diverses proportions et de modifier le transfert de charge et la fréquence du mode vibratoire E3g du réseau de graphite, en faisant varier la teneur en SO3 et FSO3. L'intercalation oxydative de graphite à base de brai ainsi que de fibres synthétiques par le peroxyde de bis(fluorosulfuryle), S2O6F2, permet d'améliorer (environ 17 fois) la conductivité du matériau364,[365]. La composition du GIC fluoré formé s'est avérée être C75SO3F et le matériau présente un comportement métallique jusqu'à 300°K. Le graphite intercalé de fluorure de titane, d'autre part, montre . The stage-2 compound is formed in predominance by reaction of titanium- une augmentation rapide de la conductivité électrique dans le plan jusqu'à un maximum de 2,4 x [105S].cm-1 pour le fluorure . The stage-2 compound is formed in predominance by reaction of titaniumet le graphite de l'étape 3 (C27TiF5) du composé366 . The stage-2 compound is formed in predominance by reaction of titaniumen atmosphère fluorée, et il a une distance de répétition de 11,28-11,59 A(C1115TiF456,). Le composé d'intercalation ternaire du graphite avec un métal alcalin - fluorure et fiuorure'(· cxF(MF)y où M = métal alcalin) est produit en faisant réagir du graphite avec du fluorure alcalin dans une atmosphère de fluor à 0-250°C pendant une période indiquant une augmentation du poids du graphite367. Le composé ternaire qui en résulte a non seulement une excellente stabilité à l'humidité ou à la vapeur d'eau, mais il possède également une conductivité électrique élevée. Le composé peut également être utilisé comme catalyseur dans des réactions organiques362.

Les composés d'intercalation de chlorure métallique et de noir de carbone, en revanche, sont préparés en chauffant du noir de carbone mélangé à du chlorure métallique dans un gaz inerte à l'atmosphère ou à une pression réduite368,[369]- Le noir de carbone est d'abord graphitisé à 2800 °C avant de subir une réaction de chlorure métallique supérieure. Le composé obtenu est stable et a une surface spécifique de 40-100 mètres2/g, une résistance spécifique inférieure à 0,2 ohm cm et une densité apparente de 0,5 gm/cc. La fluoration du noir d'acétylène, en revanche, produit du fluorure de graphite ultrafin à température élevée370. Ainsi, le chauffage de 10 gm de noir d'acétylène à 50C/min à 380°C dans un mélange gazeux contenant 20% de fluor et 80% d'argon à un débit de 100 cc/min, pendant 30 heures, donne 99% de $(CF)_n$ avec une taille de particules de 380 nm contre 2950 nm de $(CF)_n$ obtenu à partir du noir de four. Ces fluorures de graphite sont commercialement importants pour une utilisation comme lubrifiant375, hydrofuge et oléofuge, et comme charbon actif pour électrode. Le graphite-fluorure a également été préparé avec du graphite expansé par réaction du graphite avec du fluor en présence de brome (0-600C) rapport Br:C de (0,06 à 2,5) : 1 [375]. Le fluorure ternaire, cromium-fluorure-graphite, a également été synthétisé de manière similaire, ainsi que des composés d'acide graphite-trifluoroacétique par des moyens électrochimiques. Le noir graphité peut également être fluoré avec un composé produisant du CIF3 comme le C2FCl0·07 avec un espacement entre les couches de 6,2 A378. L'AsF5-GIC a été synthétisé379, ayant la formule C14AsF6 à partir de l'AsF5, (ASF5+F2), et O2ASF6 avec du graphite.

Du graphite intercalé de chlorure métallique a également été préparé [380] [381] par réaction de sel de chlorure métallique fondu avec du graphite dans une atmosphère inerte. Ainsi, un mélange molaire de (graphite:CuCl:KCl) dans les proportions 1:0,82:0,67, chauffé à 400 °C pendant 7 jours, a produit du graphite intercalé de CuCl2. Ces composés sont utiles comme charges conductrices. Les composés stratifiés de chlorure de métal/graphite sont préparés en mélangeant d'abord et en traitant ensuite thermiquement sous rayonnement électromagnétique (fréquence 2400-2500 MHz) pendant 3-20 minutes384. Des chlorures de Sb, Fe, Mo et W ont été utilisés dans les expériences ci-dessus. De même, des CIG avec AgCl (étapes 2 et 3) ont été préparés en chauffant à 550 °C et pendant 10 jours385 et ceux avec CaCl2 également à 550 °C chauffage pendant 10 jours [386,387]. Le CuCl2 a également été déposé sur un film de polyimide pyrolysé (au-dessus de 1600 °C) à partir de la phase de solution par traitement thermique, tout comme les composés AlCl-FeCl-GIC [389, 390]. Le PtCl2-GIC sur réduction d'hydrogène produit des nanoplaques de platine de 2 à 3 mm d'épaisseur contenant des trous hexagonaux entre les couches de graphite391. BiCl3 intercalé. Le graphite a été préparé en faisant réagir le graphite avec de la vapeur de BiCl3 et les composés de l'étape 2, 3 et 4 sont facilement obtenus à haute pression (600 m de bar), mais le composé de l'étape 1 n'est pas formé par cette méthode.

Avec la diminution de la pression de vapeur du chlorure, la teneur en intercalaires des composés a diminué jusqu'à ce qu'à la pression seuil du chlorure (20 m bar), aucune autre intercalation ne soit possible. Dans ces composés, le rapport Bi:Cl était de 1:3. [2393-]L'intercalation de fibres de graphite avec du CdCl2 dans une atmosphère de chlore indique que394 ces fibres GIC peuvent supporter jusqu'à 54 000 amp/cm2. Leur coefficient de résistivité thermique est de 0,0016/°C, soit environ 41 % de celui du cuivre et de l'aluminium. Les GIC accepteurs, comme les graphites intercalaires BaCl2, ont été préparés en faisant réagir du graphite intercalaire CuCl2 (étape 2) avec du BaCl2 à 550°C pendant 10 jours, ce qui produit une GIC supérieure avec une teneur en BaCl2 de 0,07 gm/g de graphite395, et ayant une structure mixte d'étape 2&3. L'intercalation directe avec BaCl2 ne se produit pas si le matériau de départ est du graphite pur. Le graphite intercalé MoCl5 a été synthétisé396 en présence de MoCl3 ou de (stage1 compound formed) which was found to have a super-structure (instructure MoO3plane (stage1 compound formed) which was found to have a super-structure (in) avec de grands domaines intercalés d'une surface de plus de 150 micromètros2, ayant une symétrie hexagonale dont les axes ont subi une rotation d'environ 30° par rapport aux axes du graphite et ayant une périodicité de 1,9 nm. Ces GIC ont une grande stabilité dans différents liquides, qui peuvent tous dissoudre le MoCl5 lui-même. Même dans l'eau bouillante, ces composés (fabriqués à partir de gros flocons de graphite, 400 micromètres), ne présentaient qu'une décomposition à l'état de traces, mais ceux provenant de flocons de taille aussi petite que 10 micromètres étaient facilement décomposés. Le double chlorure GIC NdCl3-FeCl3 a été préparé397-398 par la méthode d'échange de sels fondus. Le produit est un mélange de composés des stades 2, 3 et 4. L'espacement entre les étapes 3 a été déterminé à 1,6536 nm.

Une CIG mixte halogénée, telle que le CBrXIy (1<y/x<10) a été préparée399 en exposant le graphite soit à du brome pur, soit à un mélange I2/Br2/HBr pour amorcer la réaction, puis à de la vapeur d'iode contenant une petite quantité de Br2/IBr/Hbr pour compléter le processus d'intercalation. Le mouillage du graphite par le mélange I2/Br2/HBr est nécessaire pour amorcer la réaction, et une petite quantité de Br2/HBr/IBr est nécessaire pour achever le transfert de charge entre l'iode et le carbone. Les espacements interplanaires du graphite doivent être compris entre 3,35 et 3,41 A. L'analyse XRD du graphite pyrolytique halogéné indique que la distance entre deux couches de carbone contenant l'intercalaire est de 7,25 A. La résistivité électrique du produit est de 3 à 6,5 fois la valeur vierge. La présence d'une petite quantité de caoutchouc isoprène dans la réaction augmente considérablement le rapport iode-brome dans le produit. Dans cette réaction, le caoutchouc est connu pour générer du HBr et éliminer lentement le brome de la vapeur. Ce processus d'halogénation a entraîné une augmentation de 22 à 35 % en poids. Les halogènes ont été trouvés uniformément répartis à l'intérieur du produit. Cependant, bien que la surface contienne très peu d'iode, elle présente une forte concentration de brome et d'oxygène. On pense que cette forte concentration de brome et d'oxygène à la surface, fait que la fibre déshalogénée est plus résistante aux dommages structurels lors de la fluoration ultérieure pour fabriquer la fibre de fluorure de graphite.

Lors de la préparation du graphite intercalé CrO3 en milieu acide ($_{H2SO4}$), il a été observé que400 la quantité d'oxydes inférieurs et l'état d'oxydation du chrome dépendent à la fois de la taille des paillettes de graphite et du temps d'intercalation. La concentration de l'intercalant dans le Cr03- GIC diminue avec la prolongation du processus d'intercalation en raison de l'augmentation de la quantité d'oxydes inférieurs et de la diminution de l'état d'oxydation du chrome. L'oxydation galvanostatique du graphite avec $_{H2SO4}$ et $_{H2SeO4}$ a également été signalée401. Dans une autre réaction avec $_{H2SO4}$ pour former un composé d'intercalation pour la préparation de produits en graphite souple tels que les joints et les garnitures, une suspension de graphite en paillettes de 100 g dans 800 g de $_{H2SO4}$ contenant 0,3 g de 8 67 hydroxyquinoléine, a été traitée avec 50 ml de peroxyde d'hydrogène à 15 % en poids à 5 °C sous agitation pendant environ 60 minutes ; elle a été filtrée, lavée et séchée pour produire un graphite intercalé supérieur à celui souhaité402. Bondarenko et al, d'autre part403, ont provoqué l'oxydation du graphite avec $_{H2SO4,\ ce\ qui\ a}$ conduit à la formation de C24HSO4-2H2SO4 en seulement 1 à 2 minutes de temps de réaction en utilisant le mélange (K2Cr207+H2S04). L'oxydation anodique du graphite pyrolytique dans l'acide nitrique (concentrations de 50 à 98 %), en revanche, produit des GIC des étapes 3, 2 et 1 dans des étapes successives404 '405- Le composé de l'étape 1 n'a pu être formé qu'avec une concentration de 75 à 98 % de HNO3 ; 60 à 70 % de HNO3 a donné lieu à l'étape 1+2, et dans 50 % de HNO3, aucun composé d'intercalation n'a été formé. Dans le HNO3 dilué, qui contient une quantité importante d'eau, l'oxydation électrochimique conduit à la formation d'oxyde de graphite. La synthèse et le transport électrique de l'acide perchlorique (HClO4) GIC ont également été signalés par Petitjean et al406 .

Les CPG à transfert de charge métallique de type M+R ont été préparés par la Su407 en sélectionnant M+ parmi les cations de métaux alcalins (par exemple K), CuCl ou CuCl2, et R- un radical anioïque comme 7,7,8,8- tétracyanoquinométhane, tétracyanoéthylène, tétrachloroéthylène, 1,2,4,5- tétracyanobenzène, diphénylacétylène, 1,2-dicyanobenzène ou 1,4-dicyanobenzène. Ces GIC sont particulièrement utiles en tant que conducteurs électriques légers et leur mode général de synthèse comporte généralement deux étapes de réaction successives. Un composé de co-intercalation bleu foncé de sodium et son halogénure ont été synthétisés408 en chauffant du graphite avec du sodium liquide en présence d'un halogénure à l'état solide. Il a été constaté que le sodium s'intercalait avec son chlorure pour donner des composés des étapes 4 et 3, et avec son bromure pour donner un composé de l'étape 3. La co-intercalation du sodium et de l'iode conduit à un produit de stade 2 impliquant souvent un mélange de phases.

Les graphites intercalés au lithium ont été préparés par des moyens électrochimiques en utilisant du graphite pyrolytique orienté et un électrolyte liquide à base d'éthylène-carbonate409. Parmi les différentes étapes d'intercalation pure, le composé le plus riche, de couleur dorée, est formé de manière similaire à l'étape 1 du LiC6 [410]. Avec le K, la surface du C8K se trouve très active même dans des conditions de vide très poussé et ainsi la surface fraîchement clivée du C8K, lorsqu'elle est exposée à l'hydrogène, à l'eau ou à l'oxygène, se transforme rapidement en K2O ou en composés apparentés411. Cependant, la surface de C8K à 140°K est beaucoup moins active lorsqu'elle est exposée aux gaz ci-dessus. Les Cs-O/CIG ont également été synthétisés en Russie par Mordikovich et al [412 et] la distance interplanaire de ces composés s'est avérée être de 9,48 A. L'interaction du benzène avec les CIG ternaires comme le M.Hg.C8 (où M = K, Rb) a également été étudiée413 et un nouveau composé quarternaire comme le M.Hg.C8(O6H6)$_2$ a été obtenu. Ici, la molécule de benzène s'est intercalée dans les espaces vides de l'amalgame - GIC. Une autre molécule organique pure, la poly-aniline, a également été intercalée avec succès dans un nanocomposite d'oxyde de graphite dans une solution de chlorure ferrique - éther. Un espacement entre les couches de 15,28A a été trouvé dans la synthèse directe ci-dessus à partir d'oxyde de graphite vierge qui présente un espacement de 7,82A. La conductivité électrique des pastilles pressées de ces GIC s'est avérée être de 3,65x10-3 S/cm, ce qui est quatre ordres de grandeur plus élevé que l'oxyde de graphite vierge lui-même et la réduction par l'hydrate d'hydrazine a augmenté la conductivité à 0,52 S/cm.

K2S intercalé. Le graphite a été synthétisé en chauffant les réactifs à 400°C pendant 3 jours, dans un réacteur en acier inoxydable sous atmosphère d'argon lorsque l'échantillon de graphite pyrolytique a été immergé dans du potassium liquide préalablement mélangé à une très petite quantité de soufre415. Il a une formule chimique KSO25C3 avec une distance de répétition de 875 pm en trois couches d'ordre d'empilement K-S-K. Les deux plans K sont hexagonaux dans leur structure supérieure et disposés de manière épitaxiale par rapport aux plans de graphène adjacents, mais ils sont superposés selon la séquence AB. Les atomes de soufre occupent en particulier (50%) les sites octaédriques qui apparaissent dans le plan central de la feuille intercalée. L'intercalaire K2S lui-même présente des similitudes avec la structure cubique tridimensionnelle de la fluorine. Un K-Te/GIC de formule KTeO28C31 a été préparé411 en chauffant du graphite pyrolytique avec du potassium liquide contenant 0,65 at% Te à 605°C pendant 5 jours dans un réacteur en acier inoxydable. L'alliage Na-K a également été intercalé avec succès dans du graphite417 à température ambiante sous atmosphère d'argon, puis recuit sous vide à 200°C pendant 2 jours, ce qui a conduit à la formation d'un composé pur de stade I de formule NaK2C12 dont la couleur et la structure sont proches de celles du KC8. La phase est instable et se décompose lentement en un mélange de KC8 et d'alliage libre. Cependant, cet alliage libre qui est liquide à température ambiante reste sous forme d'inclusion entre les couches de graphène et le composé, reste sous forme de poudre qui peut être utile à certaines fins, par exemple lorsque de grandes quantités de métal alcalin solide à température ambiante sont nécessaires (par exemple pour la purification des gaz ; il réagit avec l'oxygène et avec l'humidité, et produit une chaleur aussi intense qu'il brûle dans l'air alors que le carbone participe également au processus d'oxydation), et peut être utilisé comme catalyseur de polymérisation ionique. Outre les métaux alcalins, le bore a également été intercalé avec succès dans le graphite. Du graphite mixte B4C- avec une concentration de bore de 3 à 32 % en masse a été préparé418 par frittage sans pression. La réaction a été réalisée entre des microbilles de mésocarbone et des poudres de carbure de bore et la température finale du traitement thermique était de 2000°C. La masse volumique apparente du produit ainsi obtenu est comprise entre 1,78 et 1,85 gm/cc et la résistance à la flexion est de 44 à 87 MPa. Ces matériaux possèdent une bonne usinabilité avec une dureté courte (inférieure à 71). Sa perte d'oxydation dans l'air (avec une concentration totale de bore supérieure à 10 % en masse) semble presque totalement supprimée à des températures inférieures à 800°C, où l'on observe un léger gain de poids dû à la formation d'oxyde de bore. Une oxydation appréciable, cependant, a été observée à 900-1300°C et le taux a diminué à mesure que la concentration de bore augmentait.

En Chine, Chen et al4[14 ont] décrit un simple processus de délamination du graphite par une technique électrochimique, utilisant des bâtonnets de graphite comme électrode dans un électrolyseur et une électrolyse pendant environ 24 heures. Le résultat est une poudre de nano-graphite dispersée de manière homogène dans un milieu aqueux et se présente sous la forme d'une lamelle de 200 nm de long et de 2 10 nm d'épaisseur. Les études FTIR ont révélé que le nano graphite a été partiellement oxydé alors qu'il était encore conducteur.

Un certain nombre d'excellents articles de synthèse420-425 sur les have appeared in literature on various other methods of preparing GICs; readers interested in more information on the subject, may consult above references. Above short description of GICs, their properties and preperation, demonstrate that since the start of this past decade (1990's), intercalation of graphite has been an important tool for modifying structure and properties of the host material; these studies and consequent discoveries was possible due to both the significant advances in preperative techniques and effecient monitoring of the process & identification of the exotic compounds produced by above means. More recently, intercalation of fullerene by alkali- metals have been demonstrated in three-dimensional configuration and observation of relatively high (Tc) superconductivity temperature, has attracted attention of both scientists and engineers for possibility of fabricating material with room temperature superconductivity from graphite. Even more recent discoveries are the introduction of guest species into onenanotubes de carbone dimensionnels. have appeared in literature on various other methods of preparing GICs; readers interested in more information on the subject, may consult above references. Above short description of GICs, their properties and preperation, demonstrate that since the start of this past decade (1990's), intercalation of graphite has been an important tool for modifying structure and properties of the host material; these studies and consequent discoveries was possible due to both the significant advances in preperative techniques and effecient monitoring of the process & identification of the exotic compounds produced by above means. More recently, intercalation of fullerene by alkali- metals have been demonstrated in three-dimensional configuration and observation of relatively high (Tc) superconductivity temperature, has attracted attention of both scientists and engineers for possibility of fabricating material with room temperature superconductivity from graphite. Even more recent discoveries are the introduction of guest species into one L'intercalation a également été utilisée pour mieux comprendre les propriétés de la Tc élevée pour les cuprates. Ainsi, l'étude des composés d'intercalation du graphite, dans un passé récent, nous a attiré dans un nouveau domaine inconnu et toujours passionnant qui a la possibilité de fournir de nouveaux matériaux avec des propriétés extraordinaires qui n'étaient pas disponibles jusqu'à présent avec les métaux inorganiques, organiques ou purs.

CHAPITRE - IV

PRODUITS EN GRAPHITE INDUSTRIEL

4.1 Électrode de graphite pour la fusion et le raffinage de l'aluminium :

Comme mentionné précédemment, l'une des plus grandes applications des graphites industriels est l'extraction de l'aluminium métallique par électrolyse de sels fondus. Le bain fondu utilisé à cette fin constitue de la cryolithe (Na_3AlF_6situ) having molten stage density of 2.1 gm/cc, while the extracted metal itself possess a density of 2.4 gm/cc. Because of this fact, the liberated material being heavier, they settle at the bottom of the electrolyzing tank. The inner lining of the bath container is made of baked carbon or electrographite which works as a cathode and protects the underlying refractory brick as well as the outside steel tank. The other electrode, anode, is usually a Soderberg type electrode which are essentially a prebaked carbon or baked inpar la chaleur de l'électrolyte pendant le fonctionnement. Les anodes ne sont pas attaquées par l'électrolyte fondu ou le métal extrait, mais sont consommées (par la formation de CO_2) à un rythme considérable par l'oxygène contenu dans l'électrolyte. L'efficacité globale du courant de la cellule est élevée (environ 95%), mais environ 65% de l'énergie fournie à la cellule se dissipe sous forme de chaleur joule pour maintenir la température de la cellule. En raison de la grande consommation volumétrique de l'anode par ce moyen, les anodes de carbone bon marché sont tout à fait satisfaisantes et il n'y a donc aucune raison d'opter pour des électrodes de graphite beaucoup plus coûteuses avec leur conductivité plus élevée. Dans l'anode Soderberg, la matière première de carbone granulaire est liée en un composite solide par pyrolyse du brai, tout en utilisant la chaleur de la cellule (environ 975°C). Pour des raisons environnementales, la plupart des fonderies préfèrent cependant utiliser des anodes précuites. Les anodes précuites contiennent des particules de coke liées dans une masse de carbone solide avec des liants de brai dans un four de cuisson séparé avant d'être introduites dans la cellule. Les anodes précuites présentent l'avantage de permettre un meilleur compactage et un meilleur contrôle de la qualité, ce qui entraîne une diminution de la consommation de carbone et facilite le contrôle des fumées produites lors de la cuisson des anodes. Les propriétés physiques des anodes Soderberg et des anodes précuites diffèrent en ce qui concerne des variables telles que le point de ramollissement, la valeur de cokéfaction et les caractéristiques de viscosité. La teneur en poix de la pâte Soderberg est comprise entre 25 et 35 % (en poids) lorsqu'elle est précuite. Les anodes sont fabriquées avec une poix de 14 à 17 % en poids. La fourchette dépend de la taille de l'agrégat sec et de sa morphologie. Le coke de pétrole utilisé comme charge ou élément de matrice solide pour la préparation des anodes, a une structure variable, selon le mécanisme de sa formation. Normalement, il est formé comme sous-produit dans le processus de raffinage du pétrole. Lorsque l'anode précuite est consommée et qu'il reste à la fin une petite quantité d'électrode dans le porte-électrode, on l'appelle "cul de l'anode", elle est jetée et une nouvelle électrode est installée. Ces rejets, les culs d'anode, sont généralement broyés, tamisés et réutilisés avec les mélanges bruts pour fabriquer de nouvelles électrodes. Les tamis des matières premières utilisées pour la fabrication des anodes sont de 20 à 25 % de gros grains (+4 mesh), 30 à 40 % de grains intermédiaires (+100 mesh) et 30 à 40 % de grains fins (-100 mesh). La plupart de ces fractions grossières proviennent de mégots recyclés. Comme la composition de ces anodes contient du coke et non du graphite anisotrope, leur taux d'oxydation est beaucoup plus rapide ; même l'anode située au-dessus de la surface de l'électrolyte est oxydée par l'air (10 à 30 % en poids gaspillés par ce moyen malgré le revêtement de l'anode par pulvérisation). Un tel revêtement d'anode récemment révélé par Reven429 de NALCO Chemical Co, USA, implique la préparation d'une composition aqueuse contenant du $ZnCl_2$ 15-50%, de la poudre Al_2O_3 5-25%, un hydroxyde ou carbonate de métal alcalin (agent de contrôle d'alkyle) 1-10%, un agent de suspension 0,05-5% consistant en amidon comme polymère soluble dans l'eau et de la gomme de xanthane, un agent tensioactif (ester dioctylique de l'acide sulfosuccinique) et de l'eau pour le reste. L'enrobage des anodes de carbone avec cette composition à 950°F par traitement thermique pendant 5 heures, a montré une perte de poids de seulement 1-3% contre 27-30%, perte qui se produit habituellement avec une électrode non enrobée dans des conditions identiques. Un revêtement d'anode similaire, mais avec de l'acétate de vinyle comme liant et de la méthylcellulose comme épaississant, a également été décrit par E.S. Industrial Co, Japon430.

Une différence fondamentale du coke avec le graphite est sa porosité et sa densité.

Le volume des pores dans le coke est d'environ 1/3 de son volume total et la moitié de ces pores sont complètement fermés. Parmi les pores ouverts disponibles, une partie importante est constituée de micropores qui contribuent à une résistivité spécifique élevée à la surface.

Plus la température de cuisson de ces électrodes (supérieure à 1300°C) est élevée, plus la vitesse de combustion de l'air mentionnée ci-dessus est élevée. À cet égard, on utilise occasionnellement des brais de pétrole qui, contrairement aux brais de goudron de houille, n'ont pratiquement pas d'indice de qualité et ont donc une structure aromatique moins condensée. Lors de la pyrolyse, ils subissent un retrait plus important mais sont convertis en coke relativement bien ordonné. La fraction granulométrique des cokes est choisie de manière à ce que l'anode ait une densité maximale. La quantité de brai de liant est déterminée de manière à avoir une densité optimale à l'état vert et une densité maximale à la cuisson. Les poix ayant un indice de qualité élevé ont tendance à donner une densité et une valeur de cokéfaction plus élevées. Bien que cela réduise le volume des pores, cela augmente la nécessité d'une quantité plus importante de brai. En conséquence, un compromis est trouvé avec un QI de 25% dans le pitch. Le coke et le brai, après avoir été bien mélangés à 165°C, sont compactés à la forme souhaitée à une pression de 3500°K Pascal (5000 Lb/in2), ce qui donne une densité à l'état vert de 1,6 gm/cc. Le compactage est également effectué dans certains cas sous forme de vibrations qui produisent finalement une gamme similaire de densité dans le corps vert.

L'anode verte est ensuite chauffée à 200-600°C à 10°C/heure. La liaison entre les phases solide et liquide devient efficace dans la plage de 400-600 °C lorsque le brai isotrope se transforme en brai en mésophase et que des cristaux liquides apparaissent. Enfin, l'anode cuite est cuite à 1100-1300 °C pendant une période de 5 à 8 jours et maintenue à cette température pendant plusieurs jours avant de refroidir. Les anodes sont ensuite revêtues par pulvérisation d'une fine couche d'aluminium. Divers métaux extrinsèques et leur oxyde présents dans le coke/poix catalysent l'oxydation de l'anode et ont donc un effet néfaste sur les performances de l'anode. Le soufre, qui est généralement présent dans le coke/poix, augmente la consommation de l'anode directement en raison de son poids atomique plus élevé que celui du carbone, mais il réduit également la surtension de l'anode.

Afin de minimiser la réaction entre la cathode carbonée et l'aluminium fondu, le graphite est utilisé pour la construction de cathodes qui ne mouillent pas le métal fondu. Ainsi, bien que la réaction entre le graphite et l'aluminium soit favorisée thermodynamiquement à la température de la cellule en fonctionnement, elle ne l'est pas dans la pratique.

Mais le graphite pur est trop mou et il est facilement érodé par la boue parfois présente entre le tampon métallique tourbillonnant et la doublure de la cathode. Par conséquent, l'anthracite sémigraphié et calciné (ou graphitisé) sont d'autres ingrédients ajoutés à la composition de la cathode. L'anthracite contient de 8 à 14 % de substances volatiles qui s'échappent lors de la calcination et assurent ainsi un corps graphitique.

L'anthracite est calcinée par chauffage au pétrole ou au gaz, ou par chauffage par résistance électrique. Dans le premier cas, la température atteinte est comprise entre 1200 et 1500°C, tandis que dans l'autre (chauffage par résistance électrique), elle est de 1600 à 2000°C. Bien que le chauffage électrique confère des propriétés supérieures au corps en graphite, sa qualité est variable en raison de la nature du processus de calcination, le produit étant un mélange de matériau sur et sous calciné. En général, les anthracites calcinés ont des densités réelles comprises entre 1,85 et 2,01 gm/cc, et des cendres de 2 à 10 % en poids. Le semi-graphite est préparé à partir de pétrole ou de coke de brai par traitement thermique à 2100-2400°C. Tout en ayant une structure plus graphitique lors de ce traitement thermique, il conserve une dureté adéquate. La teneur en cendres du semigraphite est évidemment inférieure à celle de l'anthracite, puisqu'elle est inférieure à 0,7 % en poids. Des blocs de carbone cathodiques sont également préparés de la même manière que l'anode mentionnée ci-dessus. Ici, le liant de brai nécessaire pour lier l'anthracite calcinée est celui qui a un indice de cokéfaction élevé (par exemple, le brai de goudron de houille) et la gamme QI 15-25 % en poids est privilégiée. Un brai de liant mélangé est donc plus approprié à cette fin. La cathode est donc produite soit comme Dalle préformée ou mélange de brai et d'anthracite/semigraphite calciné pour le formage sous presse en revêtement monolithique. Les blocs cathodiques préformés sont préférables car il est plus facile de conférer les propriétés souhaitées au corps graphitique avant l'installation. Ces blocs graphitiques préformés ont une densité de 1,6 gm/cc. Dans ce cas, il est souhaitable de minimiser la quantité de brai liant (qui est limitée à environ 10 % en poids) en raison de la différence structurelle de son carbone et de sa plus grande porosité. Les blocs : sont cuits à 1100-1400 °C. Juste après l'installation et pendant la phase initiale de fonctionnement de la cellule, il y a une grande absorption de NaF par le revêtement de la cathode. Le sodium s'imprègne dans le carbone et l'absorption du sodium se poursuit lorsque la température de la surface inférieure du revêtement de la cathode est inférieure au point d'ébullition du sodium (883 °C). Comme mentionné précédemment à 400°C, le sodium et le graphite réagissent pour former un composé d'intercalation (le rapport Na:C s'est avéré constant et est de 1:10) ; la structure proposée étant C60Na et C68Na. Cependant, compte tenu de l'énorme volume de sodium perdu dans le processus initial, une partie du sodium pourrait également être en phase adsorbée. Alors que les données thermochimiques indiquent que les composés de carbone à intercalation de sodium sont instables au-dessus de 700°C, la dépression du niveau de Fermi dans le carbone pourrait augmenter leur tendance à se former à des températures plus élevées également. À la fin de leur durée de vie, ces cathodes sont rejetées et il a été constaté que la liqueur de lixiviation provenant des piles de cathodes altérées par les intempéries contenait du NaCN qui se forme lors de la réaction suivante :

$$2\,Na + 2\,C + N_2 = 2NaCN$$

La production de NaCN est également favorisée thermodynamiquement à la température de fonctionnement de la cellule. Le nitrure d'aluminium est un autre composé que l'on trouve dans le revêtement de la cathode. Le nitrure d'aluminium peut également contribuer à la formation de NaCN lorsqu'il y a une source continue de sodium et d'air. La formation de composés du fer est également indiquée.

L'auteur a fait des expériences en vue d'une élimination sûre de ces cathodes usées dans le respect de l'environnement, ce qui implique l'oxydation chimique du bloc de cathodes usées avec des agents oxydants puissants comme K2Cr2O7 et H2SO4 et l'absorption des gaz fluorure et azote émanés dans une solution alcaline diluée. Le produit carboné traité, après lavage à l'eau, est soumis à un traitement de choc thermique à 900 °C après séchage, ce qui donne des cristallites de graphite fines et fluides d'une taille moyenne de 20 micromètres (voir l'analyse de la taille des particules de Malvern et les résultats de la radiographie des cristallites dans la figure &). Le produit a une teneur en cendres d'environ 18 % et peut être utilisé pour fabriquer un certain nombre de corps graphitiques, y compris des revêtements de moules pour la coulée de métaux ferreux et non ferreux. Ces produits seront examinés plus en détail dans les sections respectives des pages suivantes. Il n'est pas inutile de mentionner ici que pour le trempage des lingots d'aluminium produits par les moyens électrochimiques susmentionnés, on utilise souvent une peinture à base de graphite pour un trempage thermique uniforme433. Ces peintures à base de graphite ont une émissivité thermique élevée et sont donc utilisées dans les zones de la surface du moule où la montée en température est lente pendant le chauffage dans la tourbe de trempage, et fournissent ainsi une chaleur uniforme au corps du lingot d'aluminium. De même, dans la fabrication de supports en alliage d'aluminium par le procédé de coulée continue utilisant deux rouleaux pour produire des tôles d'aluminium d'une épaisseur de 0,1 à 0,5 mm, l'agent de démoulage appliqué aux rouleaux est constitué de fines particules de graphite afin d'empêcher l'adhésion des tôles coulées et de conférer simultanément un fini de surface de type miroir au support en aluminium coulé434.

Les électrodes de graphite sont également utilisées pour le raffinage de l'aluminium pur à 99,6-99,8% produit dans la cellule électrolytique. Dans ce cas, on utilise un électrolyte composé d'AlF3, de NaF et de BaCl2 avec une couche anodique d'alliage aluminium-cuivre impur fondu. L'aluminium de haute pureté est recueilli au sommet de la cellule. Ici, la cathode est en graphite et l'anode est en carbone cuit. Comme ce processus produit très peu d'oxygène, la consommation de la cathode en graphite est également très faible. Contrairement au carbone cuit, le graphite est pur et ne contamine pas le métal récupéré. Ce type d'alumum de haute pureté est ensuite transformé en fil et utilisé comme support de courant dans les installations de 73

des lignes électriques régulières. Cependant, la malléabilité (et donc les risques de rupture en cas de pliage) est faible et la résistance plus élevée que celle du cuivre de même pureté, mais elle est supérieure à celle du cuivre en termes de prix.

4.2 Électrode de graphite pour l'extraction du sodium, du magnésium et du cuivre :

L'extraction du magnésium par électrolyse d'un mélange de chlrures de magnésium, de calcium et de sodium à 700-750 °C, est effectuée dans une cellule chauffée au gaz, le corps de la cellule lui-même faisant office d'anode. La cathode est une électrode en graphite, généralement de la taille de 8 pouces de diamètre sur 9 pieds de long, qui passe à travers le couvercle en briques réfractaires et plonge dans l'électrolyte. Le magnésium pur à 99,9% libéré s'élève jusqu'au sommet de la cellule où il est recueilli. Le chlore produit comme sous-produit de la cellule est utilisé pour fabriquer du MgCl2 à partir de Mg(OH)$_2$ obtenu à partir de l'eau de mer. Dans ce processus, aucun oxygène n'est libéré pour attaquer la cathode et il n'est pas nécessaire d'avoir une cathode à haute résistance pour le chauffage par effet Joule, c'est pourquoi le graphite de haute pureté est préféré au carbone cuit moins pur.

Pour la fabrication du sodium, l'électrolyte est le chlorure de sodium, dont le point de fusion a été réduit par l'ajout de CaCl2. Dans ce cas, on utilise une anode en graphite et une cathode en acier, et le produit (sodium) remonte jusqu'au sommet de la cellule. Ici, l'électrode en graphite doit résister à la corrosion du chlorure de sodium fondu et du chlore gazeux, et doit assurer une conductivité élevée et une stabilité à haute température dans les conditions de la cellule.

Dans le cas du cuivre, bien que 80% du cuivre primaire soit produit à partir de son minerai de chalcopyrite par des moyens pyrométallurgiques, tout le cuivre est purifié par électrolyse. À cet égard, la première étape consiste à dissoudre électrochimiquement le cuivre des anodes de cuivre impur (appelé cuivre blister) et à plaquer sélectivement le cuivre dissous sous forme pure sur une cathode de cuivre. Elle permet ainsi d'éliminer les impuretés qui nuisent aux propriétés électriques et mécaniques du cuivre, et de séparer les impuretés calcaires du cuivre.

D'autre part, la réaction anodique dans l'électro-obtention du cuivre est complètement différente de l'électro-raffinage. Dans ce cas, l'anode est un alliage Sb-Pb inerte et la cathode est en cuivre pur. Dans l'électro-affinage, le cuivre anodique électrochimiquement impur est dissous dans une solution acide de sulfate et plaqué (à une pureté de 99,4 à 99,8 %) sur une cathode en cuivre. Les impuretés se déposent au fond sous forme de boue. Les cathodes électroniques sont d'une pureté inférieure aux cathodes électroaffinées, mais elles conviennent parfaitement à tous les usages sauf à l'électricité. Dans l'électro-extraction, le cuivre est déposé à la cathode tandis que l'oxygène se libère à l'anode inerte. Ces derniers temps, un matériau en carbone fibreux graphitisé (feutre) de type non tissé (NTM-100) a été utilisé avec succès435 comme cathode pour la récupération électrolytique du cuivre à partir d'une solution mf contenant du cuivre 0,6-0,8 mole/litre et de l'acide sulfurique 25 gm/litre à 1,5, 3 et 6 ampères. Avec une concentration initiale de cuivre de 10-2 mole/cc et un débit volumétrique de la solution de 1,5 cc/sec, la récupération s'est avérée être de 99 % de cuivre à un courant de 3 ampères. La concentration résiduelle de cuivre dans la solution était de 0,1 à 0,2 mg/litre, proche de la concentration maximale de cuivre autorisée pour les eaux usées. Avec 1,5 ampère, la récupération du cuivre avec une électrode fonctionnant dans des conditions de courant direct augmentait avec l'augmentation de la densité de courant et la diminution de la concentration initiale de métal dans la solution. La quantité maximale de cuivre déposée sur les électrodes, sans affecter leurs performances, était de 20 kg/kg d'électrode en graphite NTM-I00. Subbaiah et al [436], d'autre part, ont étudié l'addition d'acide sulfureux à l'électrolyte de cuivre-sulfate afin d'éviter l'évolution de l'oxygène à l'anode qui nécessite un potentiel supérieur à 2 volts. Le graphite et le plomb recouvert d'Ir02 s'avèrent être un meilleur matériau d'électrode que le plomb seul et les anodes DSA avec de l'acide sulfureux peuvent être utilisées comme dépolarisant anodique. Dans l'électro-obtention de métaux alcalins et alcalino-terreux (comme le Na, le Mg, etc.) à partir de sels fondus, la technologie bipolaire s'est révélée efficace sur le plan énergétique et plus facile à mettre en œuvre, ce qui augmente le rendement spatio-temporel de la cellule d'électrolyse. Une plaque de graphite soudée à une plaque métallique d'un côté a été utilisée comme électrode bipolaire pour la production de 74 l'électro-extraction du magnésium. Au fil des ans, cette méthode s'est avérée plus coûteuse et pas totalement fiable pour un fonctionnement plus long de la cellule. La durée de vie d'une telle électrode bipolaire hétérogène est normalement courte. Une électrode bipolaire stable et durable est donc nécessaire. Ce problème a été récemment résolu par Babu et al437. Les carbures de métaux de transition non stoechiométriques sont de bons conducteurs électroniques aux halogénures fondus à haute température. Une plaque de graphite ayant une telle couche de carbure sur un côté peut remplacer l'électrode bipolaire hétérogène en graphite métallique pour une électrolyse supérieure. La surface du graphite a donc été modifiée en carbure de titane par dépôt électrolytique de titane métallique sur la surface du graphite à partir du système de chlorure fondu contenant des ions titane à environ 800°C. La tige de graphite à surface modifiée a été utilisée comme cathode dans l'électrolyse du chlorure de magnésium fondu(MgCl2). On a constaté que cette tige de graphite était stable alors que la tige de graphite ordinaire se rompait dans l'heure suivant l'électrolyse.

4.3 Électrode en graphite pour les fours électriques d'aciérie :

Les électrodes de graphite sont largement utilisées dans les fours à arc des industries sidérurgiques pour refondre les déchets de fer et produire de l'acier. Comme il n'est pas possible de déterminer le moment exact où toute la charge fond dans le four, ces bains sont portés et maintenus à 1600°C pour éviter que des ferrailles non fondues ne restent dans le fond du four. Pour atteindre une température supérieure, ces fours fonctionnent généralement à 104-180 volts et 1450-3450 ampères. Le taux total de consommation des électrodes pendant la fusion est étroitement lié au courant des électrodes (c'est-à-dire que plus le courant est élevé, plus l'usure est importante). Pour une tension de four donnée, le taux total de consommation des électrodes pendant la fusion augmente avec l'augmentation de la puissance absorbée. Pour une puissance absorbée donnée, le taux de consommation des électrodes diminue avec l'augmentation de la tension du four. Cependant, pendant le raffinage, le taux total de consommation des électrodes augmente avec l'augmentation de la tension du four. Il existe deux types de fours à arc utilisés pour la production d'acier électrique - l'arc ouvert triphasé utilisant une électrode en graphite et le four à arc immergé utilisant souvent des électrodes en carbone cuites. Dans les fours à arc submergés, trois électrodes sont utilisées pour l'arc en condition d'immersion et simultanément la chaleur en Joule libérée par le passage du courant à travers les électrodes. Ces électrodes doivent donc avoir une résistivité élevée et on utilise donc des électrodes en carbone précuites. Mais dans le cas des fours à arc ouverts, toute la chaleur nécessaire est générée par l'arc triphasé entre les électrodes en graphite. Comme ces électrodes en graphite ont une résistivité beaucoup plus faible (1/4 des électrodes en carbone), elles peuvent fonctionner avec une densité de courant beaucoup plus élevée, ce qui permet de réduire la taille des électrodes. De plus, les électrodes en graphite ont une meilleure résistance aux chocs thermiques et des pertes de Joule plus faibles à l'extérieur du four. Ici, le taux de consommation des électrodes est également faible et résulte principalement de l'oxydation de l'air. Le tableau 18 ci-dessous montre les défenses de base des propriétés d'une électrode en carbone et d'un électro-graphite. Le terme "électrographite" indique que, que la matière première soit ou non graphitique, elle a subi un traitement à haute température (supérieure à 2500 °C) qui transforme la plupart de ses constituants en structure graphitique et élimine les impuretés par ébullition.

Tableau 18
Comparaison entre l'électrographite et l'électrode en carbone.

Propriétés	Graphite électrode	de carbone électrode
Résistanoc spécifique (ohm cm)	48×10^{-4}	12×10^{-4}
Conductivité thermique (watt/cmOC)	0.08	0.53
Dureté (Rockwell, Sceleroscope)	124, 90	50,40
Résistance à la compression	1600	366

Propriétés	Carbon électrode	Graphite électrode
Résistance au cisaillement (kg/cm2)	300	11
Bulk density (gm/cc)	1.6	1.6
Porosity (apparent, %)	13	20

Le coke d'aiguille est utilisé comme matière première pour la fabrication de corps électrographiques de haute qualité pour les fours électriques de très haute puissance car il possède une résistivité aux chocs thermiques supérieure à celle du graphite fabriqué à partir du coke d'éponge [438,439].

Les électrodes en graphite ont été imprégnées de CrO3 aqueux (la chaleur convertit ensuite le CrO3 en Cr2O3) pour une meilleure résistance à l'oxydation [440]. Ainsi, une électrode en graphite imprégnée d'une solution aqueuse de CrO3, chauffée à 150°C pendant 1 heure, puis à 400°C pendant une autre heure et enfin à 5500C pendant 2 heures pour produire le revêtement ci-dessus sur l'électrode. On a constaté que l'électrode en graphite ainsi revêtue avait un taux de consommation par oxydation de 4,338 kg/tonne d'acier contre 5,9 kg/kg d'acier sans imprégnation au Cr2O3. Wilson de Great Lakes Carbon Corpn, USA, a décrit[441] un autre revêtement pour retarder l'oxydation dans les électrodes en carbone ou en graphite utilisées, en particulier dans la fusion de l'acier à l'arc électrique. Ce revêtement, qui est une solution aqueuse de NH4HPO4, de Zn-orthophosphate, d'acide phosphorique, d'acide borique, de CuO et d'un agent mouillant (0,1%), présente un effet de corrosion moindre. Ainsi, une électrode en graphite revêtue d'une telle solution présente un gain de poids d'environ 4 % après séchage à l'air. Ces électrodes revêtues ont montré une perte de poids par corrossion de 2,02-2,21% à 800°C dans l'air, contre 13,32-16,05% pour les électrodes en graphite nu dans des conditions similaires. Le revêtement en contact avec le cuivre pendant 4 heures n'a montré qu'une perte de 0,02 % de cuivre en corrossion. Lewallen et al[442] de la même organisation ont décrit un autre revêtement retardateur d'oxydation non conducteur pour les électrodes en carbone et en graphite. Ce revêtement comprend de l'acide borique avec (HOCH2CH2)$_{3N}$ comme additif. En général, l'acide borique dans les revêtements s'est révélé être un excellent retardateur d'oxydation[443], de même que le carbure de silicium[444,445].

Utzat de Convadty Carbon GmbH & K.G. Co d'Allemagne a décrit[446] un procédé de chauffage direct par résistance pour la production d'électrographites avec une consommation d'électricité de 50% inférieure à celle des moyens conventionnels. Il s'agit d'un contact longitudinal de tiges de graphite avec une surface frontale de 12-18% à une pression de contact de 6-8 bars, contre un mécanisme qui agit comme un interrupteur de courant fort et un dispositif pour presser les barres de graphitisation contre le courant de ligne. Bernard et al[447] de France ont également décrit un four électrique spécial pour la graphitisation continue d'électrodes en carbone précuites pour four à arc électrique. Le four contient des granulés de carbone pour le chauffage par effet Joule, à travers lesquels les électrodes précuites sont passées horizontalement et un feutre de carbone est placé à l'extrémité des électrodes et poussé à travers le four à une pression de 0,6 - 1 M Pa pour le déplacer à une vitesse de 1 mètre/heure. Les électrodes ont une composition de 75 % en poids de coke de pétrole et de 25 % en poids de brai de goudron de houille. Les granulés de carbone de garnissage étaient chauffés par un courant de 10 000 à 15 000 ampères et 100 volts[448]. L'électrode résultante avait une densité de 1,61 gm/cc, une résistance à la flexion de 9,5 M Pa et une résistivité électrique de 850 micro [449] ohm.cm. Reimpell et al[449] ont décrit la conception d'un mamelon d'électrode en graphite qui dépasse d'une extrémité de l'électrode en graphite dans le four à électrode en contact avec un dispositif de serrage de type vis sans graphite pour une liaison continue avec des électrodes neuves pendant le fonctionnement du four.

Le mécanisme de consommation des électrodes dans les fours d'aciérie est complexe et dépend du diamètre des électrodes, de la taille du four, du débit de gaz, de la température du bain, etc. Dans un four de 15 tonnes de 9 VA avec une électrode de 350 mm de diamètre, la consommation la plus élevée se produit à l'extrémité de fusion et à un courant de 20 Kamp. La consommation minimale se situe à 17 Kamp et 270 volts. Dans un four de 25 tonnes 10 MVA 76 four pour la fusion de la fonte avec électrode en graphite de 400 mm de diamètre, la consommation minimale d'électrode est observée à un courant de 15-16 k ampères. La modification ou le contrôle du taux d'augmentation de la puissance électrique lors de la graphitisation d'électrodes de grande taille dans un four à arc électrique selon une courbe d'augmentation de la puissance préétablie, permet non seulement d'empêcher la formation de fissures thermiques et d'augmenter la température finale du four de 15 à 200 °C, mais aussi d'améliorer la qualité du corps en graphite (uniformité) et de réduire la consommation globale d'énergie dans le processus de 3 à 8 % et de diminuer la durée du processus jusqu'à 15 à 20 %452. Splinter et al453 determined consumption of graphite electrode in a 0.6 kW carbon arc furnace both in air and inert atmosphere as a function of time. In addition, tests were carried out with copper-clad electrodes in helium atmosphere. The resultant consumption curve found to indicate two distinct stages- the initial being nonCourbe linéaire determined consumption of graphite electrode in a 0.6 kW carbon arc furnace both in air and inert atmosphere as a function of time. In addition, tests were carried out with copper-clad electrodes in helium atmosphere. The resultant consumption curve found to indicate two distinct stages- the initial being non-se produisant pendant l'allumage de l'arc et durant 2-4 minutes, suivie d'un taux de consommation linéaire dans l'air et cette valeur était la plus faible dans l'atmosphère d'argon avec la gaine de cuivre.

Le comportement des électrodes creuses dans l'atmosphère d'argon s'est avéré être le même qu'avec l'injection d'argon par une électrode. Les électrodes creuses dans l'argon avaient un taux de consommation plus faible que les électrodes solides dans l'argon. Les électrodes creuses (également appelées électrodes solides) fonctionnant à une densité de courant de 10^4 - 10^5 amp/cm2 dans les traitements de soudage, de surfaçage ou de refroidissement, ainsi que dans les utilisations à l'arc électrique, sont régénérées par dépôt de carbone à partir de mélanges gazeux formant un plasma et contenant des hydrocarbures, du CO &/ ou du CO2454. Ce procédé permet de réduire la perte d'usure de ces électrodes en graphite. Le dépôt ci-dessus est effectué à une température d'interface inférieure à la température de sublimation du graphite. Lorsque la densité de courant dépasse 1,07 x 10^5 amp/cm2 en service, le revêtement de carbone a tendance à se perdre par délaminage au-dessus de la température de sublimation du graphite, ce qui entraîne une usure rapide de l'électrode.

Comme mentionné précédemment, la présence de soufre entraîne une transformation structurelle dans le coke (jusqu'à une certaine concentration) et contribue au processus de graphitisation455. Dans ce cas, le gonflement de l'électrode a été évité par l'ajout d'une quantité infime d'inhibiteurs ; le gonflement des électrodes en graphite à haute température de traitement et la diminution du coefficient de dilatation thermique ont également été contrecarrés par un mélange judicieux de diverses formes de cokes ayant des tailles de particules et des valeurs de CTE différentes. Gloger456.457 de Tchécoslovaquie a également décrit une méthode de mesure de ces valeurs de CTE ainsi que des résistances électriques pour les électrodes pendant la préparation et pour l'utilisation dans les fours à arc d'aciérie.

4.4 Électrode en graphite et séparateur pour piles à combustible :

Une avancée récente vers la production d'énergie statique a été les groupes électrogènes à piles à combustible. Dans ce cas, le combustible (gazeux ou liquide) et un oxydant alimentent le système en énergie électrique et la réaction électrochimique des électrodes fournit le courant à la charge externe. Alors que les électrodes à faible résistance servent de collecteur de courant, la séparation dans les cellules unitaires permet un flux sélectif d'ions et d'électrons à l'intérieur de la cellule. Alors que les piles à combustible à température ambiante et à haute température ont atteint leur statut commercial, la corrosion des électrodes, dans des conditions d'électrolytes et d'étanchéité efficaces pour le système, a fait l'objet d'intenses recherches dans un passé récent. Ces électrolytes constituent à la fois des électrolytes acides et alcalins ainsi que des électrolytes polymères. J'aborderai ici certaines des avancées récentes en matière de fabrication d'électrodes et de séparateurs pour diverses piles à combustible qui ont été signalées ces derniers temps, en mettant particulièrement l'accent sur leur fabrication et leurs propriétés. Dans les deux cas, l'excellente résistance à la corrosion et la conductivité électrique élevée du graphite en font le matériau le plus recherché pour la fabrication de ces deux composants importants des piles à combustible. Hitachi Ltd, Japon, a mis au point459 une électrode pour pile à combustible à base de fibres de graphite qui consiste en des canaux pour le passage du combustible et de l'oxydant de la pile. La partie épaisse de l'électrode est formée en alignant la fibre de graphite dans le sens de l'épaisseur de la feuille qui sert également de collecteur de courant. Les fibres de graphite ont une épaisseur de 12 microns et un diamètre de 2 mm, et sont formées en forme de mat par collage avec de la résine phénolique. Ce type d'électrode présente une résistance électrique de l'ordre de 0,1 ohm, soit environ un tiers de celle des électrodes de piles à combustible classiques. Joo et al460 de la Great Lakes Carbon Corporation, aux États-Unis, ont fait état d'un type spécial d'électrode en graphite monolithique mais poreux pour pile à combustible qui possède un joint de bordure intégré, préparé par imprégnation d'un substrat poreux en papier de remplissage (épaisseur 0,5-5 mm) avec un imprégnant à faible rendement en coke ; durcissement du substrat imprégné pendant quelques heures à l'air à 150 300 °C, et enfin cuisson en cycle de 4-24 heures. Un type similaire de fabrication de plaques de graphite poreux a également été signalé par Miyamoto et al461 de Oji Paper Co, Japon, dont la préparation consiste à préparer une feuille de papier carboné contenant des fibres et de la pâte acrylique graphitisables, puis à tremper la feuille dans une solution de méthanol contenant des particules de graphite (taille de 6 microns) et de la résine phénolique, séchage à 105 °C, laminage par pressage à chaud à 180 °C pendant 15 minutes, suivi d'un chauffage à 220 °C pendant quatre heures et enfin d'un frittage à 1000 °C sous atmosphère d'azote pendant environ 1 heure pour produire une plaque de graphite poreux ayant une porosité de 69 % et une carbonisation de 57 %. Les électrodes poreuses ainsi fabriquées ont une plus grande surface et donc une plus grande efficacité de collecte du courant. Ce type de surface supplémentaire dans les électrodes fixes a également été obtenu en courbant des rainures dans l'électrode. Un exemple est la fabrication d'une électrode en graphite rainurée pour les from Shin Kobe Electric Manufacturing Co, Japan. Here, the collector is a graphite plate with its grooved side in contact with an electrode which is metal mesh or plate. The end plate has one end connected to the metal mesh or plate and a foam layer covering the back-side of the graphite plate. The collector is manufactured by laminating the graphite plate, metal mesh/plate with its end connected to the terminal plate and a foam forming binder sheet by hot pressing the laminate. Collectors prepared by this method are thin with good electrical conductivity, and the use of foam binder prevents cracking of the graphite plate during hot pressing. In propylenepiles à combustible, signalée par Konuki et al462 , une from Shin Kobe Electric Manufacturing Co, Japan. Here, the collector is a graphite plate with its grooved side in contact with an electrode which is metal mesh or plate. The end plate has one end connected to the metal mesh or plate and a foam layer covering the back-side of the graphite plate. The collector is manufactured by laminating the graphite plate, metal mesh/plate with its end connected to the terminal plate and a foam forming binder sheet by hot pressing the laminate. Collectors prepared by this method are thin with good electrical conductivity, and the use of foam binder prevents cracking of the graphite plate during hot pressing. In propyleneélectrode en graphite recouverte de dioxyde d'étain s'est avérée avoir de bonnes caractéristiques de charge/décharge, signalée par Kang et al463 en Corée du Sud. Ici, du dioxyde d'étain amorphe a été déposé sur la surface de poudres de graphite provenant du précurseur SnCl2-éthanol par la technique sol-gel. Ces électrodes en graphite revêtues de dioxyde d'étain présentent une capacité de décharge typique supérieure à 350 m ampères-heure/g au cours du premier cycle, avec le même profil que le graphite brut, mais les performances et la capacité de débit du premier cycle répété étaient meilleures que celles du graphite brut, en particulier lorsqu'il était utilisé dans les piles à combustible ci-dessus.

Murakami et al464 de Takeo Showa Denko Co Ltd, Japon, ont décrit un procédé de préparation de séparateurs pour piles à combustible qui consiste à presser et à chauffer une pâte préparée en mélangeant de la poudre de graphite et de la résine phénolique, jusqu'à obtenir une feuille de 4 mm d'épaisseur (par un rouleau), à durcir la résine thermodurcissable à 150 °C pendant 2 heures et enfin à la traiter thermiquement à 1000 °C. Ce procédé est capable de produire des séparateurs de grande surface (par exemple 300 x 400 mm) avec une résistivité dans la gamme de (200 à 1000) x 10-5 ohm cm, et une résistance à la flexion de 300 - 1000 kg/cm2, taux de perméation inférieur à 10 cm /sec. Suzuki et al465 de Tokai Carbon Co Ltd, Japon, ont décrit un procédé de fabrication de feuilles carbonées pour les piles à combustible à acide phosphorique. Le procédé consiste à mélanger la poudre de graphite (dia 5 microns en moyenne) à de la résine phénolique liquide, à malaxer le mélange et à le mouler sous pression à une pression de 100 kg/cm2 ou à une pression atmosphérique réduite (30 mm Hg) pour obtenir un corps cylindrique, qui sera ensuite thermodurci à $^{700°C\ et}$ calandré pour former une feuille de 800 mm x 800 mm (1 mm d'épaisseur) et durci à 50°C avec une pression de 5 kg/cm2 pendant 24 heures, puis chauffé à 180°C pendant 2 heures et enfin fritté à 1300°C pendant 3 heures dans une atmosphère non oxydante. La feuille frittée-carbonisée avait une perméabilité aux gaz de l'ordre de 10-5 cc/cm2. min, une résistance à la flexion de 1130 kg/cm2 et une résistance électrique de 12 x 10-4 ohm cm. Un autre enquêteur, Kikuchi, également de Hitachi Chemical Co, Japon466, a préparé un séparateur pour pile à combustible à partir de graphite expansé qui possède une grande résistance mécanique et une bonne conductivité électrique dans toutes les directions, en mélangeant des résines résistantes aux produits chimiques, du graphite expansé et des carbones sphériques, et en façonnant le mélange à la forme souhaitée avant de le thermodurcir ou de le faire durcir à la chaleur. Plus tard, Tashiro et al467 , également issus de l'industrie susmentionnée, ont décrit un processus similaire pour la fabrication de séparateurs à partir de graphite expansé et de résine PF. Le même chercheur a décrit un autre procédé468 pour la production de séparateurs de piles à combustible également en graphite expansé frem, qui consistait à mouler sous presse du graphite expansé avec une résine thermoplastique contenant moins de 500 ppm de sulfate, puis à traiter thermiquement le moule formé au-dessus de 350 °C, à le broyer, à le laver à l'eau et à le sécher. Ueda et al469 de Nippon Pillar Packing Co, Japon, ont également décrit une méthode de production d'un séparateur pour piles à combustible en graphite expansé mais avec une rainure pour le passage des gaz de réaction. Les séparateurs étaient préparés en rainurant des plaques de graphite expansé d'épaisseur uniforme par sablage, traitement laser, traitement plasma ou microbroyage, pour former les passages des gaz de réaction, et en pressant les plaques rainurées avec des moules pour les adapter aux zones en saillie et en creux. Yoshida470, également de la même industrie, a décrit plus tard un processus de formage similaire mais à froid impliquant 85-97% de poudre de graphite et 3-15% de résine thermodurcissable (par exemple de la résine phénolique) à une pression de 100-150 kg/cm2 et un formage ultérieur avec des matrices à une pression de 150-1500 kg/cm2. Les séparateurs prétendaient avoir une bonne conduction électronique et une bonne uniformité. Récemment, Maeda et al471 ont décrit un procédé légèrement différent de fabrication de plaques de séparation pour les piles à combustible à polymère solide, où le matériau de séparation contenait de l'acier inoxydable austénitique lavé à l'acide et recouvert d'un film conducteur en graphite. Ces séparateurs se caractérisent également par une excellente stabilité mécanique et une bonne conductance électrique. L'étanchéité à l'air des composants est un autre problème critique dans la fabrication des piles à combustible. Shimotori et al472 de Toshiba Corpn, Japon, ont décrit une méthode innovante pour sceller les séparateurs en graphite dans les piles à combustible. Le séparateur a été fabriqué en laminant d'abord une feuille de graphite souple avec des cristaux de carbone cultivés dans le sens longitudinal, puis en plaçant une deuxième couche perpendiculairement au sens transversal de la feuille de graphite souple (même structure que la première mais avec des trous longitudinaux servant de passage pour les fluides) et enfin en formant par pression pour produire un passage de fluide le long du flux d'électrolyte par l'entrée et la sortie. Cela produit un passage cylindrique étanche pour l'électrolyte et le gaz dans la cellule. Ineda et al473 de Tokai Carbon Company, Japon, ont décrit un autre procédé de fabrication de séparateur de pile à combustible qui impliquait la préparation d'un mélange de graphite en poudre avec une résine thermodurcissable (la poudre de graphite est un mélange de graphite synthétique et naturel) pour le moulage à la forme souhaitée. Ces séparateurs ont montré une résistivité inférieure à 0,02 ohm.cm et une perméabilité aux gaz inférieure à 10-6 cc/cm2 min.

Le graphite dans le pétrole (contenant 40 à 70 % de fluor) a également été sucessfully used as sealing material for fuel-cells between the edges of ribbed electrode and seperator in a fuelempilé à 474 cellules. sucessfully used as sealing material for fuel-cells between the edges of ribbed electrode and seperator in a fuel Des flocons de graphite (de 10 à 15 microns) et une huile contenant du fluorure à haut point d'ébullition sont utilisés à cette fin. Le mélange est dégazé à 200 °C pendant une heure sous vide. La zone de bordure des électrodes est enveloppée d'un film de résine fluorée et le mélange est appliqué entre le film et la feuille de séparation voisine. Ce type de joint s'est avéré fiable pour les piles à combustible. En Tchécoslovaquie, Sasak et al475 ont décrit un autre matériau d'étanchéité innovant, stable dans les milieux corrosifs jusqu'à environ 400 °C, et fabriqué à partir d'un mélange de carbone poreux et de résine PF. La poudre de carbone poreux, à son tour, a été préparée à partir de graphite, de coke de brai, de noir de carbone et d'un mélange de brai, cuits à 1000-1400°K. Le mélange de poudre a ensuite été pressé en forme et cuit à nouveau à 1100-1300 °K, suivi par une évacuation à 20-90 K Pa pendant 1 heure et coulé avec de la résine PF, pressé à nouveau à 0,4-0,5 MPa pendant 6 heures et cuit selon un programme temps-température différent. Le mastic d'étanchéité ainsi généré avait une résistance à la compression (après durcissement) supérieure à 80 MPa, une dureté Brinell supérieure à 70, et une absorption d'eau inférieure à 8 %. Le matériau peut être utilisé avec la même efficacité dans les joints de pompes, de ventilateurs, de compresseurs, de calandres et de turbines à vapeur. Le produit d'étanchéité est résistant à l'atmosphère oxydante et réductrice jusqu'à 1400°K. Asamizu 476 de la société Fuji Electric Company, Japon, a également décrit un autre nouveau matériau d'étanchéité avec un film de PTFE et du graphite expansé.

Un certain nombre de composés à base de graphite ont été utilisés avec succès comme électrocatalyseur dans les piles à combustible. Un exemple en est la catalyse au graphite rapportée par Bindra et al477 de IBM Corpn, USA, qui consistait à revêtir le graphite dans la direction c d'un film mince semi-conducteur (par exemple de Pt, Pd ou As) sous forme de cristallites plats dispersés ou isolés pour former l'électrocatalyseur. Dans une application typique, le catalyseur était formé en plaçant le substrat dans un électrolyte tel qu'une solution de H2PtCl6 et MH4SO4 à 1%. Une méthode de placage pulsé potentiostatique a été utilisée, dans laquelle une impulsion à haut potentiel de très courte durée suivie d'une impulsion à bas potentiel de durée substantielle a été utilisée. Le potentiel élevé permet de nucléer des cristaux à divers endroits répartis de manière aléatoire, comme les imperfections à la surface du substrat. Le catalyseur résultant présentait une grande surface de cristaux hexagonaux de 20 à 40 microns de diamètre. Le monoxyde d'Aoki478 from Toshiba Corpn, Japan also described a graphite based catalyst for fuel-cell which is calcined to produce higher output voltage and longer life to the cell than conventional ones, and the catalyst was prepared by loading graphite powder with platinum, PTFE (as binder), dispersed in water, and sprayed on a porous substrate which was later pressed and ,heated to 330°C to form the catalyst layer on the substrate. Experiments have also confirmed that, Pt-supported graphite catalysts are three times more active than Pt-intercalated graphite (which is actually a three dimensional Pt-cluster inclusion in a perturbed graphite matrix). Even though the Pt-clusters (size 3.4 nm) are similar in both the catalyst forms, but carbonfréquemment présent à l'état de traces dans le gaz combustible de ces piles à combustible empoisonne de la même manière les deux formes de catalyseur ci-dessus. Il a également été constaté que dans l'oxydation du méthanol par l'acide phosphorique, le catalyseur Pt-Ru supporté sur le graphite présente une meilleure activité dans ce cas. Outre ces autres catalyseurs à base de graphite, d'autres ont été mis au point pour les piles à combustible à carbonate fondu à haute température481.

4.5 Graphite pour contacts électriques et applications coulissantes :

Chaque fois qu'un bouton est enfoncé ou qu'un interrupteur est actionné, un composant en graphite intervient dans la chaîne des événements souhaités qui s'ensuit. Jusqu'à la fin des années 1800, il était courant de collecter le courant électrique d'une surface métallique en mouvement en la brossant avec un faisceau de fils de cuivre reliés à un système de fil de raccordement. Le cuivre dans de tels cas, cependant, provoquait des étincelles, des brûlures et une forte usure de la surface de frottement. Il était également susceptible de fondre et de se souder à la température élevée de l'arc électrique subi au cours du processus. La recherche d'un meilleur matériau pour les brosses est donc devenue essentielle. Des pièces coulissantes en graphite électriquement conducteur étaient la réponse à ce problème. Les balais de carbone sont maintenant universellement utilisés pour commuter l'énergie électrique dans les moteurs et les générateurs. Un certain nombre de patins et de tampons collecteurs de carbone sont également utilisés dans les ponts roulants et les moteurs de traction (locomotives électriques) pour le contact électrique glissant avec le fil. Bien que la résistance et la capacité de transport de courant de ces composants électriques coulissants ne varient pas beaucoup, les valeurs de résistivité varient cependant d'un facteur de 150 à 1, allant d'un minimum de 0,0006 ohm pour une qualité d'électrographite à un maximum de 0,1000 ohm pour une autre qualité de graphite. Ces balais de carbone fonctionnent généralement sur un collecteur ou une bague collectrice en cuivre ou en alliage de cuivre. Dans tous les cas, l'usure du collecteur ou de la bague collectrice doit être réduite au minimum. Une considération similaire s'applique à la bande de graphite sur le collecteur de courant de tête dans les locomotives électriques, sauf que la composition du graphite pour cette application peut être plus standardisée. Lorsque le courant augmente dans ce dernier cas, la friction diminue. En général, le potentiel de contact électrique entre la face du balai et la bague métallique ou le collecteur, a une valeur de l'ordre de 1 volt, n'augmentant que lentement avec un courant compris entre 3 et 17 amp/cm2, à condition que quelques secondes soient accordées à chaque nouveau courant pour que la tension se stabilise. Le niveau du potentiel de contact a tendance à baisser lorsque la pression mécanique augmente et tend vers une faible valeur lorsque le coefficient de frottement est élevé (en raison de la variation de la surface de contact).

Accordingly, various grades of carbon brushes have been developed suitable for various applications; for example, aviation grade brushes, copper graphite variety with very low resistivity and high current capacity, silver graphite brushes providing very low noise level, low and stable contact resistance, low friction and high conductivity, etc. Aviation brushes thus are chracterised by low wear (dusting) at high altitude, and this is achieved by adding lead-iodide and barium-fluoride to its formulation, which increases the brush life by about 50 times. However, these additives have disadvantages too as they require sea-level 'filmingrun' before operation at high altitude and are also inadequate for modern day high speed jet engines which cruises still higher altitude than older aircrafts. This problem was later solved by incorporating molybdenum-disulphide which additionally do not require sea-level 'filmingrun", et donc de type "tournage rapide", car ils deviennent immédiatement opérationnels après leur installation. Les brosses en cuivre-graphite, en raison de leurs propriétés spéciales mentionnées ci-dessus, conviennent également pour l'application des brosses de démarrage automobile, qui nécessitent une résistance faible et stable et la capacité de transporter un courant instantané de l'ordre de 300-500 ampères après la mise en marche du démarreur. Afin de contrôler l'usure, de l'étain et du plomb sont ajoutés à leur composition. De même, les balais en argent-graphite, en raison de leurs propriétés mentionnées ci-dessus, conviennent pour les bagues collectrices, les collecteurs de générateurs et de moteurs à basse tension, les bagues segmentées et d'autres applications où les exigences particulières justifient l'utilisation de balais haut de gamme et coûteux de ce type. Ils contribuent également à supprimer les niveaux de bruit des interférences radio. Bien qu'ils puissent être utilisés contre diverses surfaces de contact, les matériaux de mesure préférés sont l'argent, le cuivre, le bronze, l'or, les alliages d'or et d'autres alliages de métaux précieux.

Figure 7 : Diverses brosses et blocs de carbone commerciaux

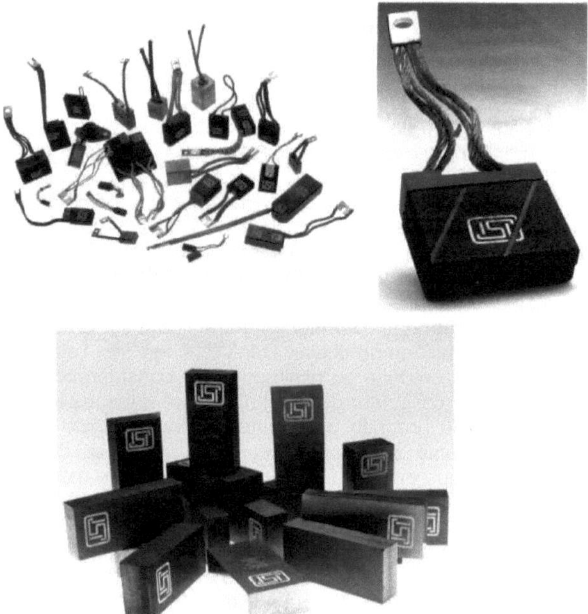

Figure 8 : Support pour les balais de charbon.

Les composants adjacents des balais de carbone, comme les porte-balais, sont également essentiels pour la durée de vie et l'efficacité opérationnelle du balai. En fait, la durée de vie de la machine mère dépend en grande partie de ces composants. La pression ajustée au niveau du porte-balais pour un fonctionnement en douceur des balais de carbone, dans diverses applications, est indiquée dans le tableau 1e-19 ci-dessous. Le domaine d'utilisation général des balais de carbone (c'est-à-dire comme moteur à inducteur à bague collectrice ou comme machine à courant continu),

Table-19
Pression recommandée pour les brosses de différentes qualités (g/cm2) Table-19

Qualité de la brosse	Commutateurs	Anneaux	Petites machines (1cm2)
Brosses dures ou amorphes	180	—	400
Pinceaux souples en graphite	150	180	
Pinceaux en électrographite	180	180	300
Métallique (vitesse1 m/sec)	150	180	---

la brosse a un devoir encore plus difficile à remplir dans le cas ultérieur des machines à courant continu, celui de la commutation ou du changement de direction du courant dans les conducteurs à chaque rotation et plusieurs fois au cours d'une rotation de la machine. Une troisième tâche, la plus difficile, que le balai doit accomplir est de maintenir la surface du collecteur ou de la bague collectrice propre, lisse et protégée par un film de carbone afin de maintenir un contact intime pendant toute la durée du fonctionnement de la machine sans s'user et sans que le collecteur ne s'use trop rapidement. Toutes ces fonctions d'un balai nécessitent qu'il soit fabriqué dans un matériau ayant toutes les propriétés physiques, mécaniques et électriques requises pour être adapté à la machine.

Le carbone est le seul matériau de ce type qui non seulement possède toutes ces propriétés, mais qui peut aussi être utilisé dans différentes combinaisons pour répondre aux besoins particuliers d'une machine. La combinaison optimale de matériau nécessaire pour une application particulière est ainsi constituée avec la microstructure souhaitée par la combinaison d'une matière première appropriée et d'un processus permettant de contrôler divers paramètres comme la porosité, etc. Les ingrédients courants des balais de charbon sont le coke de pétrole calciné, le brai de liant, le graphite naturel et le noir de carbone, bien que d'autres additifs et procédés de fabrication puissent varier considérablement selon les différentes qualités de balais. Des exemples de ces différentes qualités, ainsi que de leurs ingrédients et des paramètres limitant leur utilisation, sont brièvement expliqués ci-dessous :

a)   Pinceaux en métal-graphite :

Ces brosses sont fabriquées en mélangeant des proportions appropriées de graphite naturel purifié et de poudre de cuivre avec du plomb ou de l'étain. Les poudres mélangées sont ensuite pressées et cuites dans une atmosphère inerte à une température choisie pour donner le degré de solidité et de cohésion souhaité. Une partie des groupes de graphite métallique est également constituée par les balais qui sont imprégnés sous pression de cuivre pur fondu ou d'un mélange de cuivre fondu et de plomb. Ces balais sont de type dense ou très dense avec un faible frottement et une très faible chute de courant, donc une charge à très faible bruit. Les principaux domaines d'application sont les machines à courant continu à faible vitesse et à très faible tension ; les anneaux en bronze des moteurs asynchrones à faible vitesse fortement chargés avec ou sans dispositif de levage des balais ; les anneaux en bronze ou en acier des moteurs synchrones à faible ou moyenne vitesse. Les limites d'application sont les suivantes : densité de courant des balais de 12 à 30 ampères/cm2 continus ; de l'ordre de 100 ampères/cm2 de pointes transitoires instantanées ; et vitesse périphérique allant jusqu'à 35 mètres/seconde.

b)   Pinceaux en graphite naturel :

La matière première, les constituants de base de ces brosses sont du graphite naturel purifié ou du graphite artificiel préalablement broyé, mélangé à d'autres constituants dans des quantités bien définies, aggloméré avec des liants appropriés et cuit à environ 1100 °C. Il s'agit de brosses souples de nature plastique, ayant une très bonne résistance aux chocs et aux vibrations mécaniques, et ayant généralement de bonnes propriétés de nettoyage des surfaces. Ses principales applications sont les anneaux en acier pour les machines asynchrones ou synchrones à grande vitesse. Les limites des applications sont les suivantes : densité de courant de la brosse 10 amp/cm2, vitesse périphérique 7,5 mètres/seconde.

c)   Brosses de qualité électrographite :

Ces balais sont préparés de la même manière que les balais en carbone amorphe - graphite et sont ensuite soumis à un traitement thermique à haute température (supérieure à 2000 °C) afin de transformer le carbone amorphe de base en graphite artificiel. Ces balais ont une chute de contact moyenne et un frottement faible à moyen, ils ont des pertes réduites et sont particulièrement adaptés aux applications à grande vitesse. Ses principaux domaines d'application sont pour toutes les machines modernes, qu'elles soient stationnaires ou de traction, à grande vitesse et à basse, moyenne ou haute tension, et à charge constante ou variable.

d)   Pinceaux en résine :

Ils sont fabriqués à partir de graphite naturel ou artificiel avec ou sans additifs métalliques ; la matière première après broyage et mélange, agglomérée avec une résine thermodurcissable de type bakélite. Le mélange est ensuite pressé et polymérisé à une température appropriée. Ces balais présentent une résistance mécanique et électrique élevée avec de bonnes propriétés de commutation, un fonctionnement propre avec une forte chute de contact et des pertes élevées qui en résultent. Ses principaux domaines d'application sont les moteurs à collecteur CA de type scarage ou schorch, de nombreuses machines à courant continu pour les tractions, ou des machines stationnaires à vitesse et charge moyennes. Ses limites d'application sont les suivantes : densité de courant de brosse de 10 ampères/cm2 en continu, vitesse périphérique allant jusqu'à 40 mètres/seconde.

e)   Balais de type carbone dur ou carbone-graphite :

Ils sont fabriqués à partir de noir de fumée et/ou de coke de pétrole et/ou de graphite artificiel préalablement broyé, sélectionné et aggloméré avec des poix et des goudrons de charbon de compositions bien définies. Les poudres ainsi humidifiées sont comprimées et les plaques ainsi obtenues sont cuites à environ 1100°C. Les caractéristiques principales de ces balais sont : durs et produisent une action de polissage sur le collecteur ou la bague collectrice & ont une valeur moyenne de chute de contact. Leurs principaux domaines d'application sont - les vieilles machines lentes avec ou sans interpoles et généralement à basse tension ; avec ou sans mica affleurant. Leurs limites d'application sont - densité de courant 6-8 amp/cm2 et vitesse périphérique d'environ 25 mètres/seconde.

Parmi les cinq variétés ci-dessus, le premier groupe, les balais métal-graphite, en particulier les types cuivre- graphite sont utilisés au maximum dans les contacts électriques & les garnitures mécaniques autolubrifiantes ou les roulements. Commercbally il peut être fabriqué par l'un des trois procédés suivants483 :

a) l'infiltration de cuivre liquide dans le volume des pores ouverts d'un graphite d'une préforme de graphite ou de carbone-graphite.

b) dépôt électrochimique de cuivre sur de la poudre de graphite.

c) tochnique de métallurgie des poudres utilisant de la poudre de cuivre électrolytique, des paillettes ou de l'oxyde réduit. Les graphites imprégnés de cuivre présentent l'avantage de l'imperméabilité et d'une meilleure conductivité thermique. Ils sont donc utilisés dans les garnitures mécaniques et les roulements fonctionnant à faible vitesse sous forte charge, par exemple les roulements de chaîne et de grille. Ces matériaux peuvent fonctionner dans l'air jusqu'à 370 °C. Les autres méthodes de fabrication sont principalement utilisées pour la fabrication de balais électriques destinés à être utilisés sur des bagues collectrices et des machines à courant continu basse tension. Le cuivre est incorporé afin d'obtenir une capacité de charge élevée et une faible chute de contact. Le coût élevé du cuivre rend également impératif l'utilisation d'une teneur en métal aussi faible que possible. Cependant, il ne sert pas à grand-chose de fabriquer des balais contenant moins de 50 % de cuivre en poids, car les particules métalliques de ces balais seraient alors trop espacées pour améliorer sensiblement la capacité de transport du courant par rapport au graphite ordinaire. Les procédés de dépôt électrochimique de poudre de cuivre sur le graphite sont utilisés par un petit nombre de fabricants, généralement pour obtenir une teneur en cuivre comprise entre 50 et 80 % en poids. Cependant, les plus grandes quantités de matériau cuivre-graphite fabriquées le sont par la technique de la métallurgie des poudres. De petits mélanges de graphite (1 6%) sont utilisés dans de nombreux paliers en métal fritté. La proportion volumétrique de graphite est faible et la structure essentiellement en cuivre ou en alliage de cuivre n'est pas altérée. Des compositions quelque peu similaires sont utilisées pour les balais de démarreur d'automobile en raison de la faible tension disponible. La teneur en cuivre de ces balais est souvent de 80 % ou plus, et du zinc, de l'étain ou du plomb sont ajoutés, ce qui donne une teneur totale en métal supérieure à 90 %. Dans la plupart de ces cas, le composant de graphite est généralement du graphite naturel, mais dans certains cas, des carbones graphitisables sont également utilisés. Les techniques de la métallurgie des poudres sont généralement utilisées pour les balais contenant 60 à 75% de cuivre. La liaison de la poudre de graphite et de cuivre au stade vert est obtenue par l'incorporation d'une certaine quantité de brai. Toutefois, outre la composition de fixation, l'optimisation ultime du processus comprend la pression, la température de frittage et le type de cuivre également. L'optimisation de ces paramètres du processus permet de fixer la densité, la résistance à la flexion et les propriétés électriques de la brosse.

Seth et al484 à N.P.L, New-Delhi (Inde) ont étudié de tels paramètres de processus sur la qualité des balais en cuivre-graphite et ont constaté que pour trois compositions - graphite-cuivre naturel (20+80), graphite-cuivre-plomb naturel (20+ 70+10), et cuivre-tim-plomb (70+10+20), le graphite-cuivre naturel donne la dureté et la résistance transversale maximales, alors que la densité apparente reste presque la même dans les trois cas. Comme le montre la figure, l'oxydation du graphite augmente en présence de plomb à toutes les températures (davantage à des températures supérieures à 500°C). En présence d'étain et de cuivre, l'oxydation du graphite est considérablement supprimée. En fait, en présence de cuivre, il y a un gain de poids en raison de l'absorption d'oxygène par le cuivre. La chute de contact diminue également avec l'augmentation de la teneur en cuivre, en raison de la résistance constructive de la chute du film de contact. Le coefficient de frottement diminue avec l'ajout de plomb en raison de la faible résistance au cisaillement du plomb lui-même.

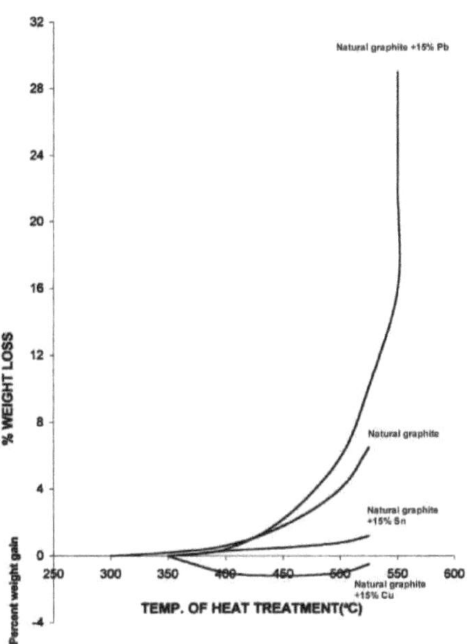

Fig.-9:Percent weight change of natural graphite in presence of lead, tin & copper.[484]

   L'effort de recherche continu pour améliorer la qualité de ces brosses a permis d'innover dans un certain nombre de techniques plus récentes, que nous allons maintenant aborder brièvement ci-dessous. Sperling et al485 ont rapporté la préparation et la composition d'un balai en graphite-carbone qui réduit considérablement les étincelles au niveau du contact glissant, en particulier dans les moteurs à grande vitesse, tels que les moteurs de soufflerie. Dans sa composition, un agent ignifuge breveté a été incorporé afin d'obtenir une propriété spéciale supérieure. Dans les balais en graphite, la pulvérisation du graphite, qui contrôle la forme et le pourcentage de composé oxydé entre les couches, joue un rôle essentiel dans la détermination de la conductivité électrique du produit. De gros travaux volumineux ont été rapportés à cet égard ces derniers temps et une revue486 a été publiée récemment donnant des détails sur ces travaux. En outre, l'état de frittage de la poudre de cuivre-graphite pourrait modifier considérablement les propriétés de la brosse avec la même composition de base487. La morphologie de la surface et l'usure avec cette variable ont été étudiées en détail par Yen et488 et Hounkponon et al489.

   Dans un autre brevet490 déposé par Sato du Japon, la résistance à l'usure, la dureté et la conductivité électrique des balais en cuivre-graphite ont été augmentées en fondant les composants au-dessus de 2000°C par un plasma localisé généré par un courant alternatif multiphasé utilisant une électrode en graphite. Plus récemment, des composés intercalés de graphite ont été testés comme composant de brosse de qualité supérieure. Il a été constaté que les balais de moteurs électriques ou autres contacts électriques coulissants fabriqués en GIC présentent une conductance électrique, une résistance et des performances globales améliorées. De tels contacts électriques peuvent être formés en remplissant un moule de forme appropriée avec de la poudre de GIC et en appliquant une pression suffisante suivie d'un chauffage, pour produire une masse cohérente. La capacité de la poudre GIC à être compactée permet également de produire des contacts électriques de manière économique. Les propriétés de ces contacts électriques peuvent encore être améliorées en incorporant de la poudre de métal, de polymère organique ou de céramique dans la poudre GIC avant le pressage.

Kikuchi492meter from Hitachi Chemical Co Ltd, Japan, described a method or producing lubricity and high conductivity in sliding material by milling expanded graphite to less than 500 micro(en dessous de 50 mesh) et en mélangeant le graphite en poudre à un mélange d'acide sulfurique et d'acide nitrique pendant 2 heures ; le produit est ensuite lavé et chauffé à 500 °C pendant 3 minutes pour produire du graphite expansé, qui est à nouveau broyé à 200 micro-mètres et mélangé à un polymère conducteur d'électricité et durci. La brosse en graphite ainsi fabriquée avait une densité de 1,70 gm/cc, une résistivité électrique de 8000 micro-ohm.cm, une résistance à la flexion de 420 kg/cm2 et un coefficient de frottement de 0,12 contre, respectivement, les mêmes propriétés que celles obtenues avec des brosses en graphite artificiel de 1,68 gm/cc, 7900 micro-ohm.cm, 4,30 kg/cm2 et 0,15.

En Tchécoslovaquie, Tarina et al493 ont décrit un procédé de fabrication de brosses électriques à partir d'un mélange contenant du noir de four, du brai d'électrode, de la laque à l'alcool furfurylique, du C_2HCl_3, de l'alcool oxyéthylénique, de l'acide borique et de la poudre de bois. La poudre de bois brûle à la cuisson et les pores produits sont remplis d'un agent d'imprégnation qui modifie les propriétés mécaniques lors de l'utilisation dans les moteurs électriques.

Dyachemko et al de Kiev (URSS) ont rapporté494 leur découverte détaillée concernant les propriétés tribologiques substructurales des brosses en cuivre-graphite, qui indique que le glissement du cuivre pur à 40 mètres/seconde & 0,1 M Pa entraîne la formation d'un mélange fin de cuivre et de ses oxydes qui augmente la résistance de la surface du cuivre & diminue son usure mais n'empêche pas le grippage. En revanche, le glissement d'un balai de cuivre-graphite à 5 % à 11 mètres/seconde et 0,1 M Pa provoque la formation d'un film superficiel composé de particules ultrafines de cuivre et de ses oxydes ;les particules de graphite conservent leur taille et n'assurent pas une lubrification satisfaisante. Le film de surface formé par la friction de 10% de cuivre-graphite contenant du cuivre ultrafin et de graphite texturé uniformément réparti, donne des propriétés tribologiques élevées.

Fuluda et al495 de Kawasaki Steel Corpn, Japon, ont décrit un processus complexe de production de balais de carbone en graphite dur, dont la composition peut également être utilisée pour la fabrication de meubles de four pour la production de semi-conducteurs.

Ces carbones durs sont fabriqués à partir de brai de goudron de houille contenant du carbone libre (à hauteur de 10 %), en l'extrayant avec un solvant (par exemple de l'huile de goudron) à 70 °C et le raffinat contenant
93.5 % en poids d'insolubles dans le benzène sont moulés sous pression, cuits dans du coke à 1000°C et graphités à 2500°C, pour obtenir un produit en graphite d'une densité apparente de 1,56 gm/cc, d'une dureté shore de 110, d'une résistivité électrique de 3 500 micro -ohm.cm et d'une résistance à la flexion de 750 kg/cm2.

Iwahashi et al496 de Sumimoto Metal Industries, Japon, ont décrit un autre procédé intéressant pour la fabrication de brosses électriques, qui utilise des fibres métalliques (taille moyenne de 30 microns) au lieu de poudre métallique. Le liant utilisé est du poix avec un point de ramollissement86 ! 80°C, et formé à la presse à une pression de 2 tonnes/cm2, après frittage à 1050°C pendant 5 heures dans l'atmosphère d'azote pour produire les brosses ci-dessus. Les brosses produites par ce moyen avec 10 % en volume de fibres de cuivre et 25 % en volume de fibres d'acier ont montré une résistance électrique de 200 micro-ohms cm, une résistance aux chocs de 7,5 et une usure de 6,7 kg.cm/cm2.

Dans une autre conception et composition de balai innovante, révélée par Toyo Carbon, Japon497. [une] composition d'alliage fritté (cuivre, silicium, zinc et plomb) a été étalée sur les deux faces d'un disque en acier et frittée à une pression de 2,5 tonnes/cm2 et à une température de 700°C, et le disque fritté a ensuite été rainuré pour recevoir de l'huile de lubrification afin d'améliorer la lubrification du balai. Ce type de disque fritté a fait l'objet d'un essai de rupture contre une plaque d'acier à 200 tr/min, sous une charge de 67 kg/cm2 et à une température de 30 à 90°C, qui a montré un temps de cisaillement de 0,6 à 1,6 seconde et un coefficient de frottement de 0,093, contre 1,6 à 3,4 secondes et 0,094, les mêmes valeurs, respectivement, pour un alliage de cuivre-étain fritté ordinaire de même composition.

4.6 Élément chauffant à résistance en graphite pour les fours à haute température :

En milieu non oxydant, le graphite est le solide stable à la température la plus élevée connue. De plus, comme il possède une résistivité électrique appropriée (environ 15 x 10-4 ohm.cm) et une excellente résistance aux chocs thermiques, il est l'un des principaux candidats pour le chauffage des résistances. Les fours à résistance en graphite peuvent atteindre jusqu'à 3500 °C et, en tant qu'élément chauffant à haute température, c'est le matériau le moins cher du marché. Le long de l'axe de l'élément de résistance en graphite, le différentiel thermique peut être généré facilement en faisant simplement varier l'épaisseur de l'élément chauffant. Ainsi, la partie la plus chaude du four est dotée d'un élément de résistance en graphite plus mince que la zone froide comparativement plus épaisse ; puisque la partie stable et thermoprofilée à l'intérieur du four est située près de la zone centrale, l'épaisseur de l'élément chauffant en graphite est plus mince dans cette région afin de fournir une résistance plus élevée. En raison de la fragilité du matériau, les éléments chauffants en graphite sont emballés dans un tube et le tube est entouré de noir de carbone qui agit à la fois comme isolant thermique et comme support pour le tube. Ces éléments chauffants fonctionnent sur une alimentation secteur basse tension - courant élevé. Afin de maintenir le courant d'alimentation dans une limite acceptable, le graphite peut être usiné pour donner la résistance possible compatible avec sa résistance mécanique. Les tubes sont généralement placés au niveau du sol ou du toit du foyer en montage parallèle. Des éléments chauffants plats en graphite ont également été produits sous forme de tissu flexible en fibres de graphite. Ces éléments chauffants ont une faible masse thermique qui permet un cycle de chauffage et de refroidissement rapide. Toutefois, aucune masse ne peut être posée sur ces éléments chauffants et les éléments chauffants sont généralement autoportants et disposés de manière à éviter les moments de flexion et les contraintes de traction (c'est-à-dire posés en continu dans un élément chauffant en forme de U formant un cylindre ou deux demi-cylindres). Lors de la pose de ces éléments, un espace est prévu pour la libre dilatation et la contraction (qui sont cependant très faibles) et toutes les pièces en graphite sont coupées de manière à ce qu'elles aient la même orientation des grains lors de l'assemblage. Ceci est important si l'on considère le développement des contraintes dues à la dilatation thermique, qui, autrement, fissureraient l'élément chauffant. En général, les assemblages de gabarits perforés ou à mailles sont réalisés à cette fin. Les éléments chauffants en graphite de ce type, récemment [mis] au point et ayant une longue durée de vie, offrent une résistance spécifique typique supérieure à 12microΩ à température ambiante et supérieure à 12 K cm à 700°C (perte par oxydation de 12 à 19% dans l'air à 700°C en 2,5 heures). Ils ont une masse volumique apparente supérieure à 1,7 g/cm3, un rayon moyen des pores inférieur à 1,5 micro-m, une teneur en cendres totale inférieure à 20 ppm et un rapport anisotrope du coefficient de dilatation thermique inférieur à 1,1

Récemment, Krylov et al498 ont décrit un réchauffeur en graphite laminé, monté avec sa surface interne de tambour rotatif pour l'utilisation de fibres d'aramide de séchage. Kawata et al499 de Shin-Etsu Chemical Industries, Japon, ont également décrit un élément chauffant électrique dont l'élément chauffant conducteur est un graphite pyrolysé contenant du bore et/ou du silicium, monté sur un support isolant en céramique. Le support lui-même était fait d'alumine, de nitrure d'aluminium ou de nitrure/oxyde d'aluminium. Ces éléments chauffants sont utiles pour la fabrication de dispositifs semi-conducteurs. Guo et al500 de Chine ont décrit une peinture chauffante électrique à base de graphite, qui est composée d'un matériau de base tel que le graphite, le dioxyde de titane, le trioxyde d'antimoine, l'huile de silicone ou le verre soluble, d'un agent solidifiant et d'amylacétate. Ce type de peinture chauffante est généralement recouvert d'une autre peinture isolante pour conserver la chaleur.

Sugita et al501 de Nippon Pillar Packing Co, Japon, ont décrit un autre élément chauffant en graphite plat dont l'épaisseur varie de 10% pour contrôler la chaleur dans des zones spécifiques, et l'élément chauffant fabriqué à partir du graphite expansé. Ces contours alternativement convexes et concaves de l'élément chauffant sont courbés par une matrice de pression. Les échantillons testés ont montré une conduction uniforme avec une épaisseur définie et une bonne résistance mécanique pour un usage commercial.

4.7 Feuilles, moules, pâtes, peintures, fibres et composites conducteurs d'électricité à base de graphite :

Ces matériaux sont différents des revêtements à base de graphite utilisés comme peintures réfractaires dures, résistantes à l'usure, thermoconductrices mais électriquement isolantes. Ces matériaux possèdent une bonne conductivité électrique et servent d'élément actif dans le cheminement du courant, de bouclier électromagnétique ou de matériau de mise à la terre. Ces matériaux se présentent sous différentes formes en fonction de leurs multiples applications, comme les revêtements, les peintures, les composites, les tuiles ou les feuilles, les fibres, l'huile ou même comme adhésif.

Pour former ces importants composés de graphite industriel, un agent polymère conducteur est également utilisé comme liant avec l'élément de matrice en graphite conducteur. Cette dernière classe de composés constitue des résines conductrices (variété thermo plastique) et offre une résistivité électrique de l'ordre de 3,5 x 104 ohm.cm au corps de graphite. Dans la plupart de ces formulations, du graphite exfolié est utilisé et si du noir de carbone est utilisé à la place du graphite, la résistance augmente jusqu'à environ 5,5 x 105 ohm.cm . Dans les paragraphes suivants, nous allons discuter de la préparation et des propriétés de certains de ces matériaux, qui ont fait leur apparition dans la littérature dans un passé récent.

Sayer et al503, de France, ont décrit un revêtement conducteur pelable qui peut être utilisé sur des cathodes métalliques pour la récupération électrochimique des métaux (en particulier du cuivre de haute pureté). Le revêtement est constitué de particules de charge conductrices avec des liants non conducteurs. Ainsi, une cathode en plomb (20 x 10 x 0,5 cm) a été recouverte d'une dispersion de graphite (taille des particules d'environ 3 microns) avec un liant constitué d'un rapport 15:85 de polymère d'acétate de vinyle et de chlorure de vinyle, d'un agent de démoulage et d'un épaississant, et d'un solvant (par exemple un mélange de cyclohexanone, d'isobutyl.CO.Me & Ph. Me). Cette cathode, lorsqu'elle est utilisée avec une anode en cuivre (pureté 96%) dans un bain d'acide sulfurique au sulfate de cuivre à 0,2-0,5 volt et 200 amp/mètre2 de courant de cathode, cuivre d'une pureté supérieure à 99,9% déposé par électrolyse sur une feuille de cuivre-cathode, dont une surface a été protégée par un revêtement ci-dessus pelable. De même, Masuhara et al504 de Nisshin Steel Co, Japon, ont décrit un procédé de fabrication de tôles d'acier revêtues d'un revêtement électroconducteur utilisées pour la fabrication d'équipements électroniques de loisirs où le corps des équipements sert également de connexion à la terre. La surface extérieure de ces tôles d'acier est décorative pour un aspect esthétique tandis que la surface intérieure est revêtue d'une composition conductrice de l'électricité. Ces revêtements sont préparés en mélangeant du graphite hautement orienté (taille des particules contrôlée à la moitié de l'épaisseur de la peinture), la peinture elle-même étant étalée à 3-10 mètres2/g, et de la résine polyester est utilisée comme agent liant. La face décorative de la feuille est revêtue de 12 % de poudre d'alumium avec de la résine.

La feuille est ensuite cuite pour la faire durcir. Un autre revêtement ignifuge, antistatique et semi conducteur pour les moteurs électriques à haute tension a été décrit par Tudor et al505 d'Italie (Rome). Il contient de la résine alkyde de mélamine, de la résine époxy estérifiée d'acides gras semi-séchante, du graphite, de la silice colloïdale, de l'oxyde de titane, de l'oxyde de fer rouge, du carbure de silicium, de l'oxyde d'antimoine et un solvant. Fudalej et al506, de Pologne, ont décrit un appareil rotatif pour appliquer ces peintures au graphite antistatiques sur des tuyaux, etc. Li et al507, d'autre part, ont fait état d'un revêtement à base de graphite, électrostatiquement conducteur et résistant à la corrosion pour les réservoirs de pétrole, qui comprend un solvant (mélange de toluène, xylène, cyclohexanone et butanol), du graphite, du 2, 4, 6-tri(diméthylamino-methyl)phénol, de l'oxyde de fer rouge et de la poussière de zinc. Ces revêtements ne sont pas affectés par l'essence, le diesel, le benzène, l'acide ou l'alcali dilué (10 %), même en cas d'exposition continue pendant une longue période. Un film plastique conducteur de type ruban ainsi que de la peinture ont également été préparés à partir du graphite expansé508, ce qui implique de remplir les vides du graphite expansé avec de l'eau puis de le congeler avec de l'azote liquide, et de pulvériser la masse solide, puis de l'amener à température ambiante, ce qui fait fondre la glace et forme une dispersion de graphite qui, en séchant, produit du graphite de type ruban. La surface de ce graphite a ensuite été oxydée et traitée chimiquement pour greffer des substances organiques sur la surface. Le graphite lamellaire à haut rapport d'aspect est particulièrement adapté à cet usage. Le film de graphite ainsi produit avait une résistivité électrique de l'ordre de 6 x 10-3 ohm. cm, contre 4 x 10-2 ohm.cm pour d'autres graphites en ruban préparés par la technique habituelle du graphite colloïdal. Un tel graphite polymère conducteur trouve une application réussie dans les piles [509]. On a également fait état de films510 et de pâtes511 expansibles électriquement conducteurs à base de graphite . Un tel film électroconducteur, décrit par Hitachi Cable Co, Japon, contient des couches polymères (comme le pyrrole ou ses dérivés) préparées par polymérisation électrolytique du pyrrole et du fluoroborate de tétraéthylammonium dans une solution de cyanure de méthyle sur une électrode de platine recouverte de PVC contenant 5 % de graphite (épaisseur du film 30 micromètres). Le film ci-dessus avait une conductivité électrique de 1,8 x 10 S/cm, une résistance à la traction de 28 M Pa et un allongement de 25% par rapport aux mêmes propriétés que 2x10 S/cm, 35 MPa et 4%, respectivement, avec le polypyrrole uniquement. La pâte, en revanche, préparée par Ucar Carbon Technology, USA, contient du graphite expansible ainsi qu'un peu de graphite naturel mélangé à un liquide hydrocarboné visqueux (tel que le goudron), de sorte que lorsqu'elle est chauffée, la pâte se dilate pour former une matrice de carbone rigide avec une bonne conductivité thermique. Les propriétés électriques et diélectriques des revêtements époxy à base de goudron de houille ont été largement étudiées par Resetic et al512. Un autre film électriquement conducteur, mais avec une bonne transpéranence a été signalé par Kadowaki et al513 de Mikuni Colour Works Ltd, Japon, qui constituent du graphite, des liants de carbone et des solvants. Cette composition donne des films à faible résistivité de surface et à haute transmittance, ainsi qu'un faible coût de fabrication. Des polymères conducteurs purement organiques, tels que le polyacétylène, la polyaniline, le polypyrrole et le polythiophène, posés sur un substrat de graphite (comme un tube de graphite) ont également été signalés au Brésil514.

Namba et al515 de Showa Demko Pvt Ltd, Japon, ont décrit une méthode de production d'une feuille conductrice à base de graphite, qui se compose de poudre de graphite (taille moyenne des particules de 1 30 micromètres), de résine phénolique et de fibre de cellulose. Le produit, feuille ou laminé, a une résistivité spécifique inférieure à 200 m ohm.cm et un taux de pénétration des gaz inférieur à 1 x 10-4 cc/ cm2400°C .sec. The sheets were laid by paper making process. Later the sheets were fired at 220pendant environ 10 minutes sous une pression de 5 kg/ cm2. Le laminage des feuilles peut être effectué (l'une au-dessus de l'autre) avant la cuisson. Ces feuilles sont particulièrement adaptées comme collecteur de courant pour les piles à combustible, les batteries secondaires et comme feuilles d'interconnexion. Ces feuilles électriquement conductrices sont également intégrées et des circuits intégrés (IC) à grande échelle ont été fabriqués par Yoshikowa chez Toyo Linoleum Co Ltd, Japon. Ces circuits intégrés sont préparés par pressage à chaud à 160 °C et les ingrédients nécessaires sont ajoutés pour les rendre antistatiques516.

En Chine, Xiao et al1517 ont signalé un procédé de fabrication de briques électroconductrices (à base de MgO- graphite) avec une teneur en graphite de 10 à 12%, dont la résistance électrique spécifique diminue lorsque la température de préchauffage du traitement augmente. Après un chauffage complet, ces briques présentent cependant une résistance électrique indépendante de la température de service. Ces briques conviennent aux fours à arc électrique à courant continu. En Russie, Avtonomov et al518 ont décrit un procédé d'utilisation de déchets de graphite dans la fabrication de blocs de béton conducteurs d'électricité. Il a été rapporté que l'augmentation du pourcentage de ces déchets de graphite dans le mélange, la résistivité électrique et la résistance du béton diminuaient considérablement. Par exemple, avec l'ajout de 50 % en poids de ces déchets de graphite, la résistance à la compression du béton est passée de 50-60 à 25-45 MPa et la densité de 1900-2100 kg/mètre3 à 1600-1800 kg/mètre3. Ainsi, les propriétés du béton peuvent être modifiées pour s'adapter à une application particulière.

Des fibres de graphite électriquement conductrices traitées à l'acide nitrique d'une longueur de 2 à 10 mm (dia 10 à 50 micromètres) ont été préparées par Mitsubishi Soji Ltd, Japon519, par un traitement thermique à 3000 °C puis un traitement à l'acide nitrique (99 %) pour produire des fibres de graphite d'une résistivité de l'ordre de 2 micro-ohm.cm contre 60 micro-ohm.cm pour les fibres non traitées. Asahi Chemical Industries, Japon [520 a] également préparé des fibres de graphite électriquement conductrices, en pulvérisant des fibres de carbone synthétiques et en les mélangeant avec de l'alcool polyvinylique, un agent tensioactif anionique et de l'acrylamide dans de l'eau, puis en les laminant avec une machine à papier. La bande de fibres ainsi fabriquée présentait une résistivité dans le sens transversal de 8 à 15 ohms et dans le sens de l'épaisseur de 1 à 6 ohms, contre 100 à 200 ohms et 10 à 1 ohms dans les deux sens supérieurs, respectivement, pour les bandes de fibres de graphite à base de fibres acryliques ordinaires.

Sumitomo Bakelite Co du Japon, a décrit521 un procédé de fabrication d'un adhésif électroconducteur ayant une bonne force d'adhérence et ayant une composition de graphite, de noir de carbone, d'adhésif d'uréthane et de carbone actif. Une feuille d'aluminium a été collée à un film de polypropylène avec cet adhésif et découpée en bandes de 15 mm de large pour obtenir des éprouvettes qui ont montré une résistance volumique de 70 ohm.cm et une résistance au pelage de 500 gm, contre 0,7 ohm.cm et 20 gm respectivement pour les propriétés ci-dessus, avec seulement du carbone actif et du graphite. De Showa Denko Ltd, Japon Uemura et al522 ont décrit un autre procédé de fabrication de feuilles adhésives conductrices par moulage de feuilles avec des résines thermodurcissables contenant de la poudre de graphite, de la poudre métallique, du noir de carbone, de la fibre de graphite et de la fibre métallique. La résine thermodurcissable comprend une résine phénolique modifiée au nitrate et le mélange a été chauffé au rouleau à 120 °C pour produire une feuille de résistance de 80 micro-ohms. La feuille a été prise en sandwich entre deux plates de carbone à une pression de 3 kg/cm2 et maintenue à 170 °C pendant 10 minutes pour obtenir le produit final ayant une bonne conductivité électrique. La dernière classe de composés de cette catégorie, les huiles lubrifiantes conductrices, a récemment été signalée en Chine par Wang et al523disulfure, huile de , which was prepared by heating graphite to 80-100 oC, and holding at this temperature for about 30-90 minutes; then mixing it with molybdenumbroche, graisse graphite-lithium antirouille, huile de moteur, vaseline et huile de cylindre. Après mélange, la température du mélange a été maintenue à la même température (80-100 °C) pendant 30-90 minutes et a été agitée occasionnellement, puis refroidie à la température ambiante pour obtenir une huile conductrice supérieure.

4.8   La fibre de graphite comme dispositif de thermocouple :

Le thermocouple est un dispositif qui, en raison de la différence de température à sa jonction entre deux éléments, produit une force électromotrice et envoie ainsi un courant au circuit externe. Récemment, on a décrit des thermocouples en graphite qui sont stables pour une utilisation à haute température également524. Les deux différents éléments de ce type de graphite sont tous deux produits à partir de brins de fibres de graphite, chacun ayant des précurseurs génériques différents et le processus par lequel ils sont produits. Par exemple, la première fibre de graphite a été fabriquée à partir d'un procédé de fabrication de précurseurs de brai, tandis que la seconde a été obtenue par pyrolyse de fibres de rayonne ou de fibres acryliques (PAN) dans certaines conditions spécifiques.

Higeshigaki et al525 de Sharp Corpn, Japon, ont décrit un dispositif de conversion thermoélectrique et lumière-chaleur, qui comprend un composé d'intercalation du graphite dont l'anisotropie est utilisée pour la conversion de la chaleur en électricité sur la base du différentiel de température dans la direction perpendiculaire à l'axe des couches de graphite. Ainsi, un dispositif de conversion de chaleur élevée comprend une pièce creuse dans un matériau transmettant la lumière et une fine couche métallique adhérant fermement à la surface interne du matériau creux ci-dessus et servant de miroir translucide. Ce dernier matériau a été préparé en introduisant un gaz d'hydrocarbure entre la pièce creuse à un taux régulé et en décomposant thermiquement le gaz en dessous de 1000 °C afin de former un dépôt métallique mince au-dessus. Ainsi, la décoposition d'un composé d'intercalation de carbone sur un substrat monocristallin de saphir de silicium, de carbure de silicium alpha et bêta ou de graphite pur par décomposition thermique du benzène et d'un composé organométallique de métal lourd à environ 1000 °C peut produire le dispositif ci-dessus. Le benzène, l'anthracène, le n-hexane, le cyclohexane, le biphényle, l'acétylène, etc. ou un composé hétérocyclique comme la pyridine, peuvent également être décomposés sur un substrat en graphite pour former le dispositif de conversion lumière-chaleur ci-dessus.

from Belgium, reported their studies on in-plane thermoelectric power of such graphite acceptor intercalation compounds at 3-3000°K. For stage-I compound in higher temperature range, thermoelectric power was close to that obtained with higher stage compounds, while in lower temperature range it drops rapidly to a negligibly small value. These low temperature results suggests that defect scattering in the first stage compound is qualitatively different from that of higher stages. The temperature dependence of thc inLa conductivité thermique du plan Piraux et al526 from Belgium, reported their studies on in-plane thermoelectric power of such graphite acceptor intercalation compounds at 3-3000°K. For stage-I compound in higher temperature range, thermoelectric power was close to that obtained with higher stage compounds, while in lower temperature range it drops rapidly to a negligibly small value. These low temperature results suggests that defect scattering in the first stage compound is qualitatively different from that of higher stages. The temperature dependence of the ina également été signalée.

Hasebe et al527 de Toshiba Ceramic Co, Japon, ont également décrit une composition spécifique de gaine de protection de thermocouple pour le logement d'un thermocouple en graphite à 50-90 % MgO/10 -50 %. Ces gaines de protection sont spécialement conçues pour résister à des températures élevées et à l'abrasion des scories hautement basiques dans les industries métallurgiques.

4.9   Terminaux de contact électrique en graphite et gaines de câbles :

Les bornes de contact électrique, comme les interrupteurs, sont sujettes à la formation d'étincelles pendant son fonctionnement, ce qui génère des pics de surtension transitoires préjudiciables aux composants électroniques qui y sont fixés. Afin d'éviter les étincelles et la corrosion, un revêtement en métal précieux est appliqué sur ces bornes, qui sont elles-mêmes très coûteuses. Nihon Kokuen Kogyo Co Ltd du Japon, a breveté un procédé528 de préparation des bornes de contact telles que les connecteurs à résistance constante en les recouvrant d'une suspension de graphite conducteur, et/ou de noir de carbone, et d'un liant en caoutchouc ou thermoplastique avec solvant. Ainsi, une borne de contact revêtue d'une composition contenant du graphite, du noir de carbone, du vinylol, du caoutchouc néoprène, de la résine phénolique et du diéthylcarbitol & toluène, avait une résistance électrique de 4 ohm/cm après 40 jours à 60°C et 95% d'humidité.

Ruppin et al529 ont décrit un fil composite en graphite extrudé pour contact d'interrupteur, comme substitut au contact toxique en cadmium généralement utilisé. L'enquêteur ci-dessus a signalé la préparation d'un tel composite hybride par un procédé d'extrusion répétée indirecte à partir d'un mélange d'oxyde de tin, de cuivre et de graphite avec de l'argent. Ce composite en graphite présente des propriétés électriques similaires à celles du cadmium ou de l'alliage argent-cadmium généralement utilisé à cette fin.

La société Brown Boverie Und Cie AG a conçu530 un nouveau type d'interrupteur électrique (pièce d'arc de contact), qui possède deux points de contact le long d'un axe pouvant être relié à la ligne et dont l'un est coaxial avec le support de contact, s'étendant le long de l'axe et fixé à une électrode d'arc lumineux contenant du carbone noyé dans une matrice de carbone. Le graphite renforcé de fibres de carbone est soudé à un support métallique sous atmosphère protectrice (gaz inerte) ou sous vide à l'aide d'une soudure à base de cuivre ou d'argent contenant du carbure de l'un des métaux suivants : Cr, Mo,W, V, Nb, Ta, Ti, Zr ou Hf, par chauffage dans un four à induction, puis refroidissement à température ambiante pour former & le support d'électrode. Le support est généralement constitué d'un alliage de Mo et de Cu-Sn-Ti comme matériau de soudure.

Siemens AG, Allemagne, a breveté531 un procédé de fabrication d'une gaine de câble marquable au laser. La couche intérieure de cette gaine de câble a une épaisseur de 0,05 à 0,2 mm et contient 1 à 3 % de graphite. La couche extérieure contient un polymère thermoplastique pigmenté ou du caoutchouc qui absorbe le faisceau laser et crée une mousse sans pigment et facilement traçable contre la couche intérieure de la gaine à fond noir faite avec peu de graphite.

4.10 DES ÉLECTRODES EN GRAPHITE POUR LES BATTERIES PRIMAIRES ET SECONDAIRES :

La qualité de l'électrode d'une batterie est un paramètre critique pour la cellule dont la performance détermine le courant et la tension de sortie de la batterie en charge. Alors que le coke de pétrole calciné, le brai de liant et le graphite naturel sont les ingrédients courants des électrodes naines, le graphite intercalé (par exemple $FeCl_3$ intercalé) présente un potentiel d'amélioration de la conductivité électrique des électrodes de batterie primaire, et certaines cellules sont également équipées d'électrodes poreuses qui offrent une surface supplémentaire pour une même taille globale d'électrode, et donc une plus grande efficacité de collecte du courant. Pour la production d'une variété ultérieure d'électrodes, le graphite expansé a été modifié en une structure de mousse poreuse (densité 0,05-0,1 gm/cc) par compression sous une pression plus faible et sans liant pour une meilleure conductivité électrique. Ces mousses peuvent ensuite être comprimées davantage pendant l'utilisation. Ces carbones poreux, dont jusqu'à 75 % du volume est occupé par des pores ouverts de taille très uniforme, sont produits à partir de brai en mésophase. Les charbons homoporiques de ce type sont principalement utilisés comme matériau d'électrode pour la conversion directe de l'énergie chimique en énergie électrique par les piles à combustible électrochimiques. Les carbones poreux de ce type sont composés de parois de cellules de carbone très fines et peuvent être utilisés jusqu'à des températures supérieures à 3000 °C, en atmosphère inerte ou sous vide. Ses propriétés d'isolation thermique sont exceptionnelles (la conductivité thermique est de l'ordre de 0,04 k cal/mètre/heure/°C), son coefficient de dilatation thermique de l'ordre de 2 x 10-6/oC (jusqu'à 1000 °C), sa perméabilité aux gaz de l'ordre de ^{102} cm2/gm, sa résistance à la compression de 4,8 kg/cm2 et son module d'Young de 1200 kg/cm2. Les électrodes poreuses sont également utilisées dans les applications de décharge électrique.

Les électrodes de graphite exfolié ont également été utilisées dans la fabrication d'électrodes pour la polymérisation électrolytique et se sont avérées supérieures à celles du platine ou du graphite ordinaire. La raison en est que les électrodes en platine ou en graphite ordinaire ont tendance à être recouvertes par le polymère résultant, ce qui diminue rapidement leur efficacité.

Le diagramme de diffraction des rayons X des barres de carbone des piles sèches révèle que les barres de carbone communes de [532,] utilisées comme électrode dans les piles sèches peuvent être divisées en quatre classes - carbone amorphe, (carbone+graphite), graphite cuit et électrographite, sur la base de leur teneur réelle en graphite. La résistivité électrique de ces quatre catégories est de 58 micro-ohms (pour le carbone amorphe), 45-51 micro-ohms (carbone + graphite), 25-40 micro-ohms (pour le graphite cuit) et moins de 25 micro-ohms pour l'électrographite.

Des électrodes spéciales en graphite ont également été développées pour la méthode thermique de production de silicium, de phosphore et de carbure de calcium. Une excellente revue sur ce sujet a été publiée par Elektroofentech Metall GmbH, Allemagne[533], et les lecteurs intéressés peuvent la consulter pour plus de détails.

Un effort de recherche continu a permis d'améliorer considérablement les performances et les techniques de préparation dans la fabrication de ces électrodes, dont je vais énumérer brièvement quelques-unes dans les exemples suivants. Examinons d'abord les électrodes à plaques poreuses, puis d'autres électrodes pour diverses batteries primaires et secondaires. La société japonaise Mitsubishi Electric Corporation a breveté[534] un procédé de dépôt de cuivre sur du graphite poreux, qui a ensuite été testé en vue d'une application dans des électrodes de décharge électrique. Le cuivre a été déposé sur une plaque de graphite poreux (50 %, porosité de 45 microns) par placage autocatalytique à partir d'une solution contenant du sulfate de cuivre 0,03 mol/lit, de l'EDTA 0,04 mol/lit, du formaldéhyde 0,23 mol/lit et de l'hydroxyde de sodium 0,1 mol/lit avec une petite addition (60 mg/lit) de 2,9-diméthyl 1,10-phénanthroline à 70 °C. La solution de placage a en fait été forcée dans les pores d'une direction pour le dépôt de cuivre jusqu'à une épaisseur de 10 microns. Elle a ensuite été lavée à l'eau, séchée et usinée pour former l'électrode de graphite souhaitée, avec la résistance requise. Le taux de consommation dans les applications de décharge électrique était considérablement inférieur à celui des applications conventionnelles. Des métaux à haut point de fusion comme le tungstène et le molybdène, ou leurs sels ou carbures, ont également été ajoutés lors de la production d'électrodes en graphite poreux afin de modifier ses propriétés535. Par exemple, l'ajout de sels comme le $(NH4)_{2WO4}$ ou le $(NH4)_{2MoO4}$ sous forme de poudre améliore la structure graphique du corps de l'électrode et les métaux se répartissent plus finement et de manière plus uniforme que ce qui est obtenu lorsque les poudres métalliques sont utilisées telles quelles. La porosité de ces électrodes peut être encore améliorée en ajoutant de la poudre de graphite oxydée. De Great Lakes Carbon Corpn, USA, Jolouis et al536 ont décrit un procédé de production d'électrodes en graphite monolithique poreux pour les piles à combustible, en imprégnant du papier filtre cellulosique avec un charbon actif à faible rendement en coke au centre et un imprégnant à haut rendement en coke sur les bords. L'électrode a ensuite été durcie, cuite et graphitée pour former un corps monolithique avec une surface dense à faible porosité sur les bords et une zone à porosité plus élevée dans la zone de travail centrale. Certaines de ces électrodes en graphite poreux ont également été abordées dans la section 4.4 et les lecteurs peuvent également les consulter.

Dans le domaine du développement d'électrodes pour les piles, des progrès significatifs ont été réalisés au cours de la dernière décennie et nous allons en évoquer quelques-uns ici. Pentel Co Ltd, Japon, a développé537 une cathode carbonée pour pile zinc-air qui ne présente qu'une chute de 0,5 volt après 78 heures de fonctionnement, contre 53 heures de fonctionnement avec la même chute pour la pile utilisant une cathode fabriquée par compactage en charge de moule unique. Dans cette méthode, le graphite a été mélangé à du PVC, du charbon actif, du phtalate de dioctyle, un stéarate, du MeEt-cétone et de la fibre polyamide, puis introduit dans dix petites proportions continues et comprimé pour produire une tige de 40 mm de diamètre et de 150 mm de longueur, qui a ensuite été usinée et cuite au four à 700 °C. Ferrand et al538 du Naval Surface Weapon Research Center, USA, ont décrit un procédé de fabrication d'une électrode nickel-graphite légère pour les batteries à haute densité de charge. L'électrode a été fabriquée en recouvrant un matériau en fibre de graphite d'une fine couche de nickel (0,6-1 micron), en le frittant pour obtenir une structure compacte avec la porosité souhaitée dans une fourchette de 55-90%. La structure poreuse a ensuite été imprégnée électrochimiquement d'un matériau actif jusqu'à une épaisseur de 200 ampères hr/kg. Ces électrodes ont montré des durées de vie de 800 cycles dans un régime de cycles exigeant, avec une densité d'énergie gravimétrique utilisable de 125-175 amp.hr/kg dans des conditions de test. C'est 66 à 72 % de plus que les électrodes conventionnelles fabriquées avec les mêmes matériaux de base. Moriwaki et al539 de Sanyo Electric Co, Japon, ont décrit une anode en métal léger et une cathode en oxyde, sulfure ou halogénure métallique contenant des particules de graphite expansé ayant une couche superficielle en métal ou en oxyde métallique pour une batterie à électrolyte non aqueux. L'utilisation de graphite expansé dans ce cas a non seulement facilité le processus de fabrication, mais a également réduit la quantité de liant nécessaire pour ce dernier, ce qui a entraîné une densité énergétique plus élevée et un meilleur mouillage du liquide. Le mélange contenant de la poudre de graphite expansé ayant une couche d'aluminium de 10A à 1 micron sur sa surface d' was heat treated at 350-430°C and pressed into a disk. Button cells using such cathode and lithium anode in lithiumchlorateélectrolyte de MnO2propylène-carbonate was heat treated at 350-430°C and pressed into a disk. Button cells using such cathode and lithium anode in lithiumchlorate(1:1) a montré des caractéristiques de décharge améliorées par rapport aux batteries contenant du graphite expansé et de la résine fluorée non traités, ou de l'acétylène-noir et de la résine fluorée. Dans les piles redox au titane et au fer, la polarisation anodique change avec une faible addition de palladium, ce qui réduit en fait la surtension de décharge jusqu'à 50 %. De même, dans les piles redox Cr+3/Cr+2 et Fe+3/Fe+2 à électrolyte HCl, l'énergie d'activation change grâce à l'utilisation de graphite pyrolytique hautement orienté qui a été activé par un prétraitement oxydatif540.

Aldaz et al541 d'Espagne, ont développé un prototype de batterie redox fer-crome avec électrode graphite dans un cadre en fluoropolymère. Cette électrode présentait une densité de courant de 9 m amp/cm2, 1,1 volt, et une efficacité courant-tension supérieure à 81 %, tandis que l'efficacité énergétique globale est resté aussi élevé que 66,3 %. La cellule testée avec une telle électrode était de type filtre-presse à circulation, avec une membrane séparatrice cationique et une installation pour le stockage et la circulation de l'électrolyte à travers la cellule.

Baron et al542 au CNRS, France, ont développé une cathode en graphite intercalé MnCl2, ayant un compositlhon chimique général comme CxMy (où x =5,5 & y = 2,4) pour une utilisation dans les batteries.

Le graphite Kish déposé à partir de métal fondu à haute température et haute pression sous forme de graphite lamellaire est une source peu coûteuse de masse de graphite actif stable et hautement conducteur pour la production de cathodes de piles alcalines. Ces graphites (contenant 0,48% de fer) n'ont montré des fuites d'électrolyte que la deuxième année de stockage dans 200 piles alcalines testées543. Comme ces graphites ont d'excellentes propriétés lubrifiantes, ils peuvent facilement être produits en masse par la méthode de formage à la presse.

Grot et al544 de DuPont De Nemours E.I. & Co, ont mis au point une électrode revêtue pour les batteries au plomb ainsi que pour les réactions électrochimiques (par exemple pour un meilleur nickelage) qui contient un conducteur électronique (noir de carbone et graphite de taille 10-200 microns) ainsi qu'un polymère liant filmogène. Le matériau de remplissage conducteur ci-dessus a une résistivité d'environ 0,1-50 ohm.cm et est ajouté dans le rapport (charge : liant) de 1:2 à 3:1. Le polymère liant a été choisi parmi un mélange acrylique / poly-siloxane, un mélange de polyéthylène chlorosulfoné / résine époxy, un mélange de polymère d'éthylène chlorosulfoné / acétate de vinyle / résine époxy, un mélange de copolymère de vinylidène / fluorure / hexafluoropropylène, du PTFE, un copolymère de C2F4/perfluoroalkoxyvinyléther, du FEP, du polyfluorure de vinyle, un mélange de dioxole fluoré / fluorure de vinyle et un copolymère de dioxole fluoré / C2ClF3.

Les revêtements réalisés avec les composés ci-dessus sur les grilles de plomb des batteries au plomb, ne se boursouflent pas ou se corrodent pour une utilisation de longue durée.

Otsuka et al545 de Kurray Co, Japon, ont décrit une batterie secondaire dont la cathode était faite de fibre de carbone actif (250 mètres2/g) liée par de la résine phénolique et une anode faite de graphite dérivé du brai. L'électrolyte de la batterie était du LiClO4/ polypropylène-carbonate 1 molaire. Cette batterie, lorsqu'on la fait fonctionner à 1 m.amp en charge pendant 45 minutes et à 1 m.amp en décharge jusqu'à la coupure de 2 volts, l'efficacité du culot diminue de 47% au premier cycle à 45% au 200ème cycle. En revanche, l'efficacité d'une batterie ordinaire au lithium/carbone actif passe de 43 % au premier cycle à 15 % au 50e cycle, et devient inutilisable dans les 100 cycles de charge/décharge.

Shia et al546 de Allied Corpn, ont signalé une amélioration de la composition des électrodes en graphite-fluorure pour la pâte lithium/graphite-fluorure qui inhibe la suppression de tension dans la pile. L'électrode ainsi fabriquée comprend du fluorure de graphite (CFx) et un composant CFx à base de coke additif. Un autre matériau actif de cathode pour pile au fluorure de graphite, breveté par le même organisme547, consiste à fluorer du carbone ayant un espacement de plan 002 inférieur à 3,40 A à température élevée (450-480°C) pour obtenir du fluorure de graphite afin de fabriquer un matériau actif de cathode supérieur pour les piles non aqueuses utilisant du lithium, du sodium, du potassium ou du zinc comme anode. De même, Mazamatsu et al548 de Matsushita Electric Industrial Co, Japon, ont décrit une masse active cathodique à base de fluorure de graphite pour une pile bouton au lithium/fluorure de graphite qui présentait une tension en circuit ouvert de 3,43 volts même après 100 jours de stockage à 60 °C (diminution de 5% du volt et du courant) et une capacité de décharge moyenne de 74,5 m.amp.h. Dans la même industrie, Yamasaka et al549 ont rapporté les résultats d'un test effectué sur une électrode recouverte de graphite en paillettes (0,02 gm/cm2 de graphite) en la plongeant dans une solution aqueuse d'alcool polyvinylique contenant du graphite en paillettes dispersé. La cathode et l'anode d'une batterie au plomb ont montré une capacité supérieure de 10 % et une durée de vie supérieure de 20 % à celles d'une batterie à électrode non revêtue de type similaire. Une autre électrode en graphite fluoré (C_2F intercalé ; le fluorure est semi-ionique et tous les carbones sont hybrides sp2) pour batterie Li/C2F avec LiClO4/carbonate de propylène comme électrolyte, 94

décrit par Hagiwara et al550 qui a montré une capacité de décharge de 410 m amph/gm. La cinétique de la réaction de décharge de ces batteries a également été étudiée par les chercheurs susmentionnés. Ces études révèlent que dans ces batteries, une surtension relativement importante dans la cathode en graphite-fluorure a été causée par un retard dans le transfert des ions lithium dans la fine couche de diffusion du composé intercalé en graphite ci-dessus, produit à la surface de la cathode par la réaction de décharge. L'énergie d'activation de la diffusion des ions lithium était de 5 et 3,2 k cal/mole pour $(CF)_x$ et $(C_2F)_x$ respectivement. Plus tard, un des chercheurs susmentionnés552 a préparé la cathode (CF)x pour les piles au lithium susmentionnées par fluoration de l'oxyde de graphite à 300-600 °C avec un rapport F/C de 0,95 ohm et des espacements entre les couches de 0,6-0,7 nm. Des études sur les caractéristiques de décharge ont en outre révélé qu'il était comparable, voire supérieur, au fluorure de graphite préparé par fluoration directe du graphite naturel. Ide M553 de Toshiba Battery Co, Japon, a également utilisé du graphite expansé pour la production de cathodes en graphite-fluorure pour les batteries au lithium. Ces batteries utilisant les électrodes ci-dessus ont prétendu avoir un courant de court-circuit accru, une durée de décharge plus longue et une tension de circuit fermé plus élevée ainsi qu'une résistance interne plus faible même après 80 jours de stockage à 60 °C.

Amélioration des caractéristiques de décharge de la cathode dans un électrolyte alcalin utilisant une cathode MnO2-, par incorporation de Cr2 O3-GIC signalée par Showronskii554 de Pologne. L'incorporation de la CIG ci-dessus a augmenté la capacité de la cathode dans la cellule. D'autres électrodes en composé d'intercalation de graphite pour les piles rechargeables, produites par dépôt de graphite pyrolytique sur un substrat métallique catalytique, ont également été étudiées555. Les cellules avec un tel collecteur de courant à substrat GIC et du graphite comme matériau actif montrent une amélioration des performances de la cellule. Dans la même industrie (Sharp Corpn, Japon), Yoshimoto et al556groupent le described similar graphite coated with ironsubstrat métallique pour les piles secondaires comme une anode insérable en métal alcalin. L'une de ces utilisations est le graphite revêtu sur le substrat de nickel provenant de la pyrolyse du benzène, utilisé comme anode insérable au lithium. Il a également été constaté que ces électrodes ont une capacité électrique élevée.

Dans une batterie secondaire non aqueuse, une anode en graphite à structure en mosaïque (taille des cristaux inférieure à 100 nm) a été préparée557 en traitant du brai en mésophase granulaire ou pulvérulent à 400 800 °C dans une atmosphère inerte, en le broyant en poudre puis en le graphitisant au-dessus de 2000oC558. Les batteries utilisant un matériau en graphite tel que l'anode sont censées avoir une grande capacité de décharge ainsi qu'une grande efficacité de charge. Chez Hitachi Ltd, Japon559 , des tentatives ont également été faites pour incorporer des particules de graphite dans des particules métalliques (par exemple Fe, Co, Ni ou Cu) lorsque le métal ne forme pas d'alliage avec le lithium (anode en graphite intercalé au lithium ou anode carbonée) ont été utilisées avec succès dans des piles secondaires au lithium. D'autres métaux tels que l'argent (taille des particules de 1 à 17 micromètres) dans l'électrode LiC6(graphite) ont également été étudiés dans les piles au lithium. Le graphite expansé en tant que masse active a également été utilisé avec succès comme électrode dans les piles au lithium secondaires. Une bonne étude sur la masse active des anodes à base de carbone dans les piles au lithium a récemment été publiée par Takamura563 de Petoca Ltd, Japon ; les lecteurs intéressés par ces récents développements peuvent consulter la référence ci-dessus.

La densification de l'électrode en graphite564 et l'effet de l'ajout de poudre de graphite ultra pur comme masse active positive dans l'accumulateur au plomb565, ont également été étudiés. En général, ces additifs et le processus de densification du graphite dans ces électrodes de batterie entraînent une diminution de la résistance interne et une augmentation de la capacité de décharge.

4.11 LE GRAPHITE EN PROTECTION CATHODIQUE :

Les structures métalliques qui sont posées sous terre ou sous l'eau, ou en contact avec un liquide corrosif, peuvent être protégées de la corrosion électrolytique en les convertissant en cathodes par lesquelles passe un faible courant, et en ajoutant une anode sacrificielle dans le système. Pour la protection cathodique de ces structures, le graphite a été utilisé comme anode sacrificielle. Les anodes en graphite sont également utilisées aujourd'hui dans une large mesure pour la protection des usines chimiques contre la corrosion électrolytique. Pour ce faire, la structure métallique est rendue négative par rapport à sa valeur de 95 en appliquant une tension négative sur la structure à l'aide d'une anode en graphite immergée dans l'électrolyte. De cette manière, la corrosion de la structure peut être complètement arrêtée. Un exemple typique de ce type de protection cathodique se trouve dans les boîtes à eau en acier doux des condenseurs principaux des centrales électriques, dont beaucoup sont maintenant protégées par un courant imposé sur une anode en graphite imperméable. Une revue566 sur le sujet est disponible et les lecteurs intéressés peuvent la consulter pour plus de détails.

4.12 DES BAGUETTES DE SOUDURE EN GRAPHITE :

Les électrodes en graphite sont utilisées aujourd'hui pour le soudage et le coupage à l'arc, ainsi que pour le soudage par résistance. Ces électrodes sont bon marché par rapport à d'autres électrodes en alliage eutectique. Dans le soudage à l'arc, les électrodes en graphite sont utilisées pour assembler la plupart des métaux courants et conviennent particulièrement aux applications où l'on souhaite assembler deux composants sans exigence particulière de résistance et de ductilité. Dans de tels cas, la pièce, qui est rendue positive au lieu d'être négative comme c'est le cas habituellement, nécessite très peu de préparation avant le soudage. Les métaux qui forment facilement du carbure sont bien mouillés par le graphite dans les applications de soudage. Alors que la propriété non mouillante est utilisée pour le moulage où le métal sort facilement du moule en raison de la surface du graphite, la propriété mouillante est utilisée pour développer le graphite de soudage. D'autre part, la propriété de mouillage est déterminée par l'angle de contact du graphite avec le métal fondu, qui s'avère faible pour le zirconium, le silicium, le fer, le nickel, l'oxyde de plomb et les scories ($CaO.Al2O3.SiO2 = 2:1:2$), à proximité de leur point de fusion (compris entre 0 et 750), alors qu'elle est non mouillante (grand angle de mouillage, par exemple 130 à 1650) pour le mercure, l'argent, le cuivre et les métaux alcalins. Bien que le cuivre ait un angle de contact plus élevé avec le graphite, des méthodes ont été mises au . Wetting of graphite by multi component systems like Ni-Ti or Ni-V based alloys has also been studied. In this regard, adhesion of Ni-V-Cu has been found to be more than Ni-Ti-Cu. These results are useful for the development of brazing alloys in contact with graphite. The general raw materials used for welding electrodes or gauging carbon of this type are - calcined petroleum coke, coal tar pitch as binder and natural graphite. They are widely used now a days for brazing & fitting operations. While using graphite welding rods, welding body is made positive for the reason that carbon flows from positive to negative electrode and thus to avoid excessive carbon being deposited on the weld. Carbon electrodes are also used in metal cutting and gouging. For this purpose, very high current densies are required, and sometime high pressure airpoint par un intermédiaire qui interface et mouille à la fois le cuivre et le graphite567 , les jets . Wetting of graphite by multi component systems like Ni-Ti or Ni-V based alloys has also been studied. In this regard, adhesion of Ni-V-Cu has been found to be more than Ni-Ti-Cu. These results are useful for the development of brazing alloys in contact with graphite. The general raw materials used for welding electrodes or gauging carbon of this type are - calcined petroleum coke, coal tar pitch as binder and natural graphite. They are widely used now a days for brazing & fitting operations. While using graphite welding rods, welding body is made positive for the reason that carbon flows from positive to negative electrode and thus to avoid excessive carbon being deposited on the weld. Carbon electrodes are also used in metal cutting and gouging. For this purpose, very high current densies are required, and sometime high pressure airsont utilisés pour souffler le métal fondu loin du point de fusion. Les pointes recouvertes de graphite sont largement utilisées dans le soudage par résistance. L'absence de toute soudure de la pointe en graphite sur la pièce à usiner fait du graphite un matériau attrayant pour ce type d'utilisation.

4.13 GRAPHITE POUR L'USINAGE PAR ÉTINCELLES :

L'usinage par étincelles est appliqué aux pièces et formes complexes, en particulier aux moules et matrices en acier trempé et en carbure cémenté (Fe3C). L'usinage par étincelles569 est également utilisé avec des laminés conducteurs d'électricité. Les électrodes utilisées à cette fin sont de qualité électrographite et fabriquées par une technique de moulage de précision.

Les anciens équipements d'usinage par étincelles étaient basés sur un simple circuit de relaxation utilisant la décharge d'un condensateur pour générer une étincelle ; mais avec le développement des circuits de génération d'impulsions carrées ou sinusoïdales à haute fréquence, les machines utilisant des électrodes en cuivre tunstène ou en électrographite sont devenues d'usage commercial moderne. Pour les laminés conducteurs, on utilise la technique de la décharge électrique par fil. Grâce à ce type d'amélioration de l'usinage par étincelles lui-même, il est désormais possible d'améliorer considérablement le taux de coupe, le contrôle dimensionnel et les finitions de surface. Le moulage de précision d'électrodes en graphite offre une tolérance aussi proche que possible de +0,005 pouce/pouce est possible à atteindre. Une entreprise commerciale qui fabrique et distribue dans le monde entier

les électrodes moulées de précision est Fordah Ltd, Royaume-Uni.

4.14 DES BRIQUES DE GRAPHITE POUR DES APPLICATIONS MÉTALLURGIQUES ET CHIMIQUES :

These applications are wide ranging, from blast furnace hearth to pickling tank. However, all these uses basically relies upon graphites extraordinary property of being highly corrosion resistance in high temperature and in acidic or basic environment. It has also a high abrasion resistance in high temperature & low coefficient of thermal expansion which makes it suitable for above applications. While fine grain, close textured graphite is used for making pickling tanks & small reactors, large grain, open textured graphite is normally used for large reaction vessel lining. Use of graphite brick, besides Bosh region and upto tuyers or air inlets of a blast furnace, increases furnace life and reduces chance of dangerous break-out of molten iron or slag. Bosh is the inverted frustrum of a cone starting at the top of the vertical sidewall of the blast furnace hearth and extending upward to the level of maximum furnace diameter at the mantel. High thermal conductivity of semigraphite or electrographite prevents slag break out. Thermal conductivity of the bricks are vital in maintaining adequate chill and is highest with electrographite and lowest for standard grade carbon-bricks made from metallurgical coke plus tar or pitch. While hearth sidewalls of a blast furnace requires medium thermal conductivity bricks, tuyers, breast and center requires high thermal conductivity bricks. Conductivity of the bricks to a large extent, besides raw materials quality, depends on the porosity of the bricks. Oxidation rate has been found to be lowest for plumbago (claygraphite) comme la brique de graphite est ici protégée par un revêtement d'argile, et la résistance à l'abrasion est la plus élevée avec des briques de carbone graphitique contenant 93% de carbone. On peut noter ici que le taux de barre de graphite dans la fonte fondue est muoh rapide qu'une barre à base de coke métallurgique dans la fonte brute fondue. Le graphite possède une autre propriété avantageuse pour une telle utilisation, à savoir qu'il n'est pas mouillé par les métaux en fusion. En outre, le graphite-SiC est produit pour être utilisé comme revêtement dans les foyers de hauts fourneaux avec d'excellents résultats. La teneur en carbure de silicium de ces réfractaires varie de 19 à 22 %, le reste étant constitué de graphite et de silice. Il présente également un module de rupture élevé à 1500 °C et une porosité apparente de 7 à 21 %.

Du point de vue de la résistance mécanique, les briques de carbone (non graphitisées) sont plus résistantes que l'électrograpgite mais elles ont un module d'élasticité plus élevé et sont plus susceptibles de se casser lorsqu'elles sont soumises à un choc mécanique soudain. Sur une base comparative, ces deux types de briques présentent les différences suivantes : alors que la densité des briques de carbone de qualité standard est d'environ 1,5 gm/cc, celle de la qualité électrograpgite est d'environ 1,66 gm/cc. La résistance à l'écrasement à froid de la première est d'environ 550 kg/cm2 et celle de la seconde de 1150 kg/cm2. La conductivité thermique des briques de carbone standard est d'environ 3,6 k cal/m/h/OC (à 800 °C) alors que celle de la variété électrographite est d'environ 50 k cal/m/h/OC. De même, la résistance à la rupture transversale des briques de carbone standard est d'environ 200-400 kg/cm2 alors que celle de la variété électrographite est de 140-388 kg/cm2. La valeur CTE pour la première est d'environ 2,5x10-6 par °C. La porosité des briques de carbone standard est d'environ 10-18% et celle des briques de qualité électrographite de 15-25%. La résistance à l'oxydation de ces briques peut être considérablement améliorée par l'incorporation de carbure de silicium dans la formulation. Par exemple, les briques en graphite-SiC ont une valeur CTE de 2,8-3,5x10-6 °C, une densité apparente de 1,9 gm/cc, une porosité de 25-35%, une résistance à la rupture transversale d'environ 140 kg/cm2 et une conductivité thermique de 0,035 cal.cm/cm2 (à 800 °C) avec une composition de SiC = 40-50,% et de graphite 25-35%. Ces derniers produits sont préparés dans des moules métalliques et présentent un excellent état de surface. Cependant, les corps en graphite SiC liés au carbone sont sujets à l'oxydation à une température en dessous de laquelle ils deviennent auto-glaçants (et ne doivent donc pas être utilisés en continu dans la plage de température de 400 à 650°C), et pour réduire ce problème, un glaçage à basse température est parfois appliqué sur leur surface. Les réfractaires en graphite liés à l'argile, en revanche, ont une densité apparente inférieure d'environ 1,7 gm/cc, une valeur CTE d'environ 4x10-6/oC et une conductivité thermique de 0,02 cal.cm/cm2 de .sec.°C & typically containing flaky graphite 35-50%. The body is made self glazing at high temperature (1400-1500°C) and can not be glazed with low temperature glass forming coats as in the case of SiC-graphite refractories, the flux will attack the bonding of claycorps en graphite..sec.°C & typically containing flaky graphite 35-50%. The body is made self glazing at high temperature (1400-1500°C) and can not be glazed with low temperature glass forming coats as in the case of SiC-graphite refractories, the flux will attack the bonding of clay Son choc thermique est cependant inférieur à celui des réfractaires en graphite lié au carbone.

Dans le revêtement des réacteurs chimiques, les réfractaires en graphite (sous forme de tuiles, de briques ou de matériaux pulvérisables), doivent être aussi imperméables que possible afin d'éviter la pénétration de produits chimiques hautement oxydants et corrosifs. En effet, les corps en graphite, lorsqu'ils sont cuits pendant leur préparation, libèrent des poix volatiles et forment des pores hérités ; ces pores doivent être scellés par imprégnation avec des résines chimiquement inertes. Cependant, l'utilisation de résine organique limite évidemment l'utilisation de ce type de revêtement à un niveau inférieur à celui des briques métallurgiques mentionnées ci-dessus. Ces revêtements en carbone sont placés contre la surface intérieure du réacteur, après que celui-ci ait été humidifié par ces ciments de résine. Outre les cuves de décapage dans les industries métallurgiques, ces revêtements en graphite sont également utilisés dans les industries des super-phosphates, en particulier lorsque la roche contient du fluorure de silice. Dans de telles conditions abrasives et corrosives, le revêtement réfractaire en graphite se comporte bien. En outre, ces revêtements réfractaires en graphite sont utilisés à grande échelle dans les industries du papier, notamment pour la préparation de la pâte au sulfite à partir de copeaux de bois, d'acide sulfurique et de bisulfites à une température d'environ 160 °C et à une pression de 10 atmosphères. Le revêtement en graphite de ces digesteurs permet de nombreuses années de fonctionnement sans problème.

Examinons maintenant certains des développements récents dans le domaine des briques de graphite ou du revêtement des cuves de réaction. Tous ces développements semblent principalement viser à améliorer encore les propriétés ainsi que le procédé de fabrication plutôt qu'à changer radicalement d'additifs. Si l'attention s'est portée davantage sur la réfractarité et la résistance à l'abrasion pour les applications de fours à haute température, l'intérêt porte également sur l'inertie chimique à température modérée pour le revêtement des cuves de réaction. Les réfractaires électroconducteurs, d'autre part, exigent à la fois une isolation thermique et une électroconductivité dans les applications de fours à arc ou de fours à poche. D'après l'ASEA A.B570, la préparation de ces réfractaires électroconducteurs a été signalée en utilisant du graphite lamellaire et la technique de moulage à la presse sur les deux faces de la brique de base réfractaire, alors que la section transversale de la brique est pénétrée par de nombreux trous verticaux disposés dans la direction perpendiculaire aux lamelles. En conséquence, ces briques réfractaires, tout en assurant une bonne isolation thermique, tirent parti de la propriété anisotrope des paillettes de graphite pour une excellente conduction thermique.

Une brique en graphite-MgO liée au brai, d'une résistance à la compression encore plus élevée, a été signalée par Hu et al571 du Luoyong Refractory Material Institute, en Chine, pour une application aux fours de fabrication d'acier. Le brai liant utilisé à cette fin avait un point de ramollissement supérieur à 1300C et 50 % d'huile d'anthracène comme solvant. Le graphite (15%) mélangé à de la dolomie et du sable a été moulé à une pression de 1000 kg/cm2, cuit à 225 °C puis carbonisé à 1400 °C. La brique a montré une résistance à la compression de 86 kg/cm2 contre 60 kg/cm2 obtenue avec une brique MgO ordinaire. Des briques réfractaires à base de graphite pour les fours métallurgiques traitant du métal en fusion ont également été signalées par Iida et al573 de Asahi Glass Co, Japon, impliquant du clinker MgO/ Al2O3, du graphite et de la résine phénol-formaldéhyde, qui était chauffée par des électrodes en contact avec les briques pour économiser l'énergie. De même, une autre composition, décrite par Suruga et al574 de Kurosaki Refractories Ltd, Japon, qui impliquait un mélange de graphite et de cendres (silice et alumine) et de clinkers de MgO. L'ajout de SiC améliore encore la résistance à haute température et la réfractarité des briques de graphite-MgO575. Une autre brique de revêtement réfractaire non cuite à base de graphite-MgO-Ca0 décrite par Bi et al576 de Chine, qui est préparée en mélangeant (CaO+MgO), du graphite, de l'eau et une résine anhydre (par exemple du dibutylphtalate ou du di-isobutylphtalate ou du dioctylphtalate). Il ne nécessite aucune cuisson ; on donne simplement au mélange la forme souhaitée et on le fait sécher. Encore une autre brique de graphite-MgO à faible teneur en carbone et résistant à l'écaillage, décrite par Tauboi et al577 de Kyushu Refractories Ltd, Japon, qui constitue un graphite lamellaire traité

(environ 8 %) mélangé avec du MgO. Baudin et al578 d'Espagne ont étudié les propriétés à haute température ainsi que ses propriétés structurelles comme la texture de ces briques de graphite-MgO. Une telle structure et des propriétés connexes579 distinctes dans ces briques sont particulièrement visibles à 1450°C avec des zones denses de MgO. Ces réfractaires contiennent généralement aussi de l'aluminium comme antioxydant580.581 qui affecte fortement le module d'Young du produit, l'emportant sur les autres différences microstructurelles de la matière première582 . La formation de zones MgO plus denses que la normale dépend en fait de la concentration d'aluminium dans la composition. Zhou et al583 ont décrit un autre revêtement réfractaire coulable en graphite - MgO-Al203 pour les poches de coulée d'aciérie. Ces compositions sont préparées en ajoutant soit des micropellets de graphite, soit des briquettes broyées de mélange graphite-Al2O3, afin d'insérer du graphite naturel en paillettes dans le coulable et de minimiser l'effet négatif du graphite dû à son hydrophobicité. Cette nouvelle technique permet d'éviter la difficulté d'ajouter directement du graphite à un mélange coulable. Un autre produit coulable contenant du graphite et de l'alumine pour le revêtement des cuves de hauts-fourneaux a été signalé par Kosaka et al584 de Kawasaki Refractories Ltd, Japon et Banerji et al585 de Magneno-Metrel Inc, États-Unis. Cependant, la résistance à l'oxydation de la poudre de graphite revêtue d'alumine seule est inférieure à celle de la poudre de graphite revêtue de Al203- ZrO,, AL0,-Ti0"AL0,-B,0, et AL0,-SiO,[58S]. Parmi ceux-ci, la poudre de graphite revêtue de 2 23   22323   2 3   2
(Al203:SiO2 dans un rapport de 1:10) présente la plus grande résistance à l'oxydation. Le revêtement réfractaire ci-dessus sur le graphite peut être développé à partir d'une solution de di(iso-peroxyde) d'éthylacétoacétate d'aluminium, d'acétate de magnésium tétrahydraté, de tétra(isoperoxyde) de titane, de Zr-tetra(n-butoxyde), de tétraéthylène-orthosilicate et d'acide borique. Les réfractaires monolithiques produits à partir de ces poudres de graphite revêtues d'oxyde et de non-oxyde présentent une excellente résistance à l'oxydation au contact des métaux fondus et développent une grande résistance à l'abrasion586. Outre les revêtements ci-dessus, du SiC a également été incorporé au graphite et cuit à 21000C après avoir été mélangé à un liant tel que la résine phénolique (0,5% de B4C ajouté) pour produire des réfractaires en graphite ayant une résistance à la flexion de 55 kg/mm2 et atteignant jusqu'à 98,5% de la densité théorique587. Outre la résistance à la corrosion, ces réfractaires sont des isolants thermiques et leur efficacité à cet égard a été encore accrue par la conception d'une poche métallurgique revêtue de configuration géométrique spéciale avec four à creuset et brûleur de combustion à l'intérieur pour empêcher la chute de température du métal fondu pendant le maintien en température pendant une période prolongée588. Les tuiles de graphite, d'autre part, ont été utilisées avec succès à l'intérieur des fours à induction pour soutenir le produit en carbone et en graphite pendant le traitement à haute température589. Ces tuiles de graphite ont des perforations au fond et sont remplies d'un matériau qui convient bien à l'induction. Ce type de disposition assure une distribution uniforme de la chaleur et donc un développement uniforme des propriétés dans tout le corps du produit en graphite fabriqué par ce procédé.

Fujiwara et al590 de Nippon Steel, ont décrit un procédé de fabrication de briques de carbone comme revêtement de foyer de haut fourneau qui consistait à revêtir des briques de carbone classiques d'un revêtement de 0,6 mm de mortier de résine contenant de l'anthracite et du graphite. Le produit, après durcissement, présente une dureté au crayon de 5H et une résistance à la flexion de 33 kg/cm2. Skoczkowskii de Pologne592 a passé en revue un certain nombre de ces briques de graphite pour le revêtement des hauts fourneaux, en particulier leurs parois latérales. Pour l'acier fondu à haute teneur en oxygène, des briques en graphite-alumine-zircone et en graphite-zircone ont été décrites par Yu et al. 593 de Kurosaki Refractories Ltd, Japon. Ces briques réfractaires résistent bien à la corrosion dans un environnement de métal fondu plus que corrosif. Le $ZrB2_{594}$ est un autre sel de zirconium dont la résistance à la corrosion contre le métal fondu et les scories a été testée dans le carbone.

Des briques microporeuses brûlées en graphite à haute teneur en alumine indiquent595m good slag resistant, oxidation resistance and good thermal shock resistant (due to its good thermal conductivity and low permeability). These bricks have low solubility in iron and have average pore dia of 1 micro. Ces briques, lorsqu'elles étaient utilisées comme matériau de revêtement dans les hauts-fourneaux, avaient une durée de vie aussi longue que les briques de carbure de silicium liées au nitrure de silicium. Ainsi, en raison de leur coût avantageux, ces briques sont très prometteuses en tant que matériau de revêtement pour les hauts fourneaux de la région de la cheminée inférieure, du ventre, de la cloche et du foyer en Chine. Hamai et al596 du Japon et Oole et al597 du Japon ont également signalé l'utilisation réussie d'une brique similaire à haute teneur en alumine-graphite pour le revêtement des convertisseurs de fusion du minerai de fer et pour le traitement des fours de fonte brute en fusion. L'effet de la distribution de la taille des particules dans des réfractaires similaires en alumine-graphite-zircone a été signalé par Wang et al598 de Taiwan. Ces réfractaires sont les plus importants pour la coulée de bandes d'acier inoxydable AISI 304, où ils sont surtout utilisés comme portes coulissantes et buses. La porosité de ces réfractaires est contrôlée par une sélection judicieuse du rapport entre les particules d'alumine de taille grossière (500-1000 micromètres) et de taille moyenne (61-125 micromètres) ; ceci, à son tour, dissuade les mines d'exploiter la propriété de choc thermique et de résistance à l'érosion de la brique réfractaire. La porosité apparente la plus faible (5%) et la densité apparente la plus élevée (3,5 gm/cc) de ces réfractaires ont été obtenues avec un rapport supérieur proche de 6. La relation mathématique entre ce rapport et la porosité ainsi que la densité, également rapportée par les chercheurs ci-dessus. Il a été constaté que la résistance aux chocs thermiques de ces briques diminue progressivement à mesure que le rapport de taille ci-dessus passe de 0,4 à 3,7. De même, la taille des pores diminue de 0,4 à 3,7.
6.5 à 3,1 micro-mètres, le rapport de taille ci-dessus étant passé de 0,4 à 6.

Zolani et al599 ont décrit un mélange de battage à base de graphite qui convient comme revêtement pour les fours de réduction de minerai (par exemple les fours de fabrication de ferro-alliages). Le mélange de refoulement réfractaire est préparé en mélangeant de la poudre de graphite et un liant de goudron à 150-250 °C. La distribution granulométrique de la poudre de graphite était de 0-1 mm = 40%, 1-2 mm = 40% et 2-3 mm = 20% ; la teneur en brai était de 10-20% avec l'ajout de goudron de bois 0-1% et d'amiante 0,08%. Le revêtement fabriqué à partir d'un tel mélange à 1800c dans un four de fabrication de ferro-alliages de 3750 KVA, a permis de réduire le temps de pose du revêtement de 70 à 23 jours et d'augmenter simultanément la durée de vie du revêtement de 5 à 8 ans. Banerji et al600 ont également décrit une autre masse de garnissage à base de graphite, qui peut être utilisée à la fois comme matériau de garnissage et comme composé de rapiéçage stable à la température. Outre le graphite, elle contient de l'alumine et de la silice provenant de l'argile plastique. Le même enquêteur a également signalé une composition de gunitage qui, outre le graphite, contient de la mullite et de l'alumine (argile comme liant). Davier et al602 ont décrit un revêtement réfractaire à base de graphite Al2 O3Zr02 pour la coulée continue de l'acier. Une autre composition réfractaire à base de graphite en paillettes, décrite par Kaneko et al603 de Kurosaki Refractories Ltd, Japon, pour une utilisation comme matériau de revêtement pour la fabrication de l'acier, dont la préparation impliquait le dépôt préférentiel de paillettes de graphite sur la face de contact du revêtement pour une réfractarité plus élevée vis-à-vis du métal fondu. Borisov et al604 ont décrit une composition réfractaire à base de graphite pour l'étanchéité des espaces annulaires du revêtement des convertisseurs à chaud et à froid sans réaction et pour créer une barrière de repos des scories. La composition contient du graphite et du brai de goudron de houille dont le point de ramollissement est supérieur à 200 OC.

Les réfractaires monolithiques à base de graphite non calciné, à haute stabilité dimensionnelle et résistance à l'usure, ont été utilisés avec succès pour préparer le revêtement des réacteurs dans les industries chimiques et pétrochimiques. Les meilleurs résultats sont obtenus dans cette classe, avec des bétons réfractaires à base de granulats de corrune et de ciment à haute teneur en alumine. Les fibres de graphite ayant une inertie à haute température, une conductivité thermique élevée et une faible expansion/contraction conviennent parfaitement au revêtement d'équipements chimiques, tels que les réacteurs de mélange et les pompes centrifuges, les pompes à piston et les vannes. Les garnitures en graphite sont également supérieures à l'amiante, au téflon, aux silicones de caoutchouc néoprène et autres joints mécaniques dans un environnement chimique corrosif. Dans les industries de transformation du silicium et du phosphore, on a signalé la présence de masse de refoulement réfractaire à base de graphite comme matériau de revêtement pour les réacteurs606 , ainsi que de . These ramming mixtures contain phosphoric acid and graphite electrode reject powder (particle size 0.001-0.09 mm) and some siliconmatériau de remplissage à base d'. These ramming mixtures contain phosphoric acid and graphite electrode reject powder (particle size 0.001-0.09 mm) and some siliconalumine et de liant argiloquartz. Les revêtements fabriqués à partir de ces masses de garnissage présentent une résistance élevée, un faible retrait et une tendance réduite à la séparation du revêtement. Un autre adhésif résistant aux acides pour les articles en graphite a été mis au point par Iosif et al607 qui contient la diamine $H_2N(CH_2)_nNH_2$ (n=1-12), un mélange de polyacrylonitrile hydrolysé et de graphite comme composant unique et dans un autre paquet de résine époxy avec du noir de carbone. Ces deux composants sont mélangés dans un rapport 1:2 juste avant l'application et durcis à température ambiante pendant 20 minutes.

4.15 LE GRAPHITE DANS LA FONTE DES MÉTAUX :

Un certain nombre de produits en graphite sont utilisés dans la coulée continue et discontinue de métaux ferreux et non ferreux. Ces matériaux comprennent les buses submersibles (dans le métal fondu), les couvercles de répartiteurs, les moules, les revêtements de moules, les revêtements de convertisseurs, de plaques et de répartiteurs, les chenaux, les portes de coulée, les carottes de métal, les têtes de bouchon, etc. Dans le développement de tous ces produits, l'inertie à haute température, l'excellente conductivité thermique et la non-mouillabilité au métal fondu héritées du graphite ont été pleinement exploitées. Dans les pages qui suivent, la préparation et l'application de ces produits en graphite seront examinées en détail.

a)   Couverture des creuset :

Le métal fondu après préparation, juste avant la coulée continue, est maintenu dans un grand récipient peu profond à revêtement réfractaire appelé "répartiteur". Selon le procédé de coulée adopté, le temps de maintien varie entre une heure et deux heures. Il est donc impératif que le métal chaud reste en fusion pendant une période prolongée jusqu'à la fin de la coulée. Bien que les métaux en fusion soient chargés dans le répartiteur à une température de surchauffe afin de compenser la perte de chaleur de maintien et que le répartiteur lui-même soit bien revêtu de matériau réfractaire, la surface métallique supérieure ouverte a tendance à perdre une grande partie de la chaleur si elle est maintenue nue pendant une longue période. Auparavant, ces surfaces métalliques chaudes étaient recouvertes de balles de riz brûlées pour fournir l'isolation nécessaire, mais une couverture de répartiteur beaucoup plus efficace et moins contaminante a été développée à partir de graphite608. Il s'agit essentiellement de graphite exfolié ou d'oxyde de graphite182 qui se dilate 250 fois son volume initial dès qu'il est étalé sur la surface métallique chaude nue, fournissant ainsi une isolation élevée à la surface métallique chaude. Outre ces matériaux, en fonderie, un autre matériau naturel, appelé "poussière de fonderie vermiculaire", est répandu sur des stocks de métal liquide de plus petite taille dans le même but. Mais dans ce dernier cas, le gonflement se produit en raison de l'évaporation soudaine des molécules d'eau enfermées à l'intérieur du minéral argileux. Il est bien inférieur à cet égard à la valeur d'isolation thermique offerte par le composé de graphite mentionné ci-dessus.

b)   Buse de coulée continue :

Ces buses s'étendent du fond de la poche de coulée au répartiteur, ou du répartiteur au moule de coulée du métal. Comme ces buses sont en contact direct avec le métal en fusion et subissent de fortes variations de température, outre leur réfractarité, ces matériaux doivent présenter une excellente résistance aux chocs thermiques. La combinaison zircone-graphite offre cette propriété souhaitée et sa méthode de fabrication est décrite par Ogata et al609 de Kurosaki Refractories Ltd, Japon. Le procédé consiste à revêtir une poudre de ZrO_2 à gros grains (dia supérieur à 0,2 mm) d'un mélange de ZrO_2 à grains moyens (dia de 0,005 à 0,2 mm) et de micro-poudre de ZrO_2 (dia inférieur à 0,005 mm), ainsi que de graphite. Les poudres sont liées au carbone pour se former au-dessus de la buse réfractaire. Les essais sur le terrain indiquent que les tuyères fabriquées par ce procédé ont une excellente résistance aux chocs thermiques ainsi qu'à la corrosion du métal liquide. Les chercheurs ci-dessus ont décrit une autre composition de tuyère réfractaire utilisée dans les procédés de fabrication de l'acier610 impliquant une composition alumine-zircone-graphite. Le composé réfractaire a été préparé à partir des matières premières de base par pétrissage avec des liants organiques, en lui donnant la forme requise, puis par cuisson à haute température. Le mélange de matières premières comprend 5-70% de zircone (taille des particules 0,02 à 0,5 mm) qui, lors de la cuisson, présente un certain changement de volume dû à la transition de phase, le reste étant de l'alumine et du graphite. Dans une autre innovation dans ce domaine611 , les mêmes chercheurs ont fait état d'une autre composition de tuyère réfractaire qui constitue de l'alumine, de la silice et du graphite. Ces réfractaires présentent une excellente résistance à l'écaillage et sont particulièrement adaptés à la fabrication de longues tuyères, de tuyères à immersion, etc. dans la coulée continue de métal. Dans ce cas, la silice fondue a un diamètre supérieur à 0,1 nm et est revêtue de graphite. Récemment, les chercheurs ont décrit612 une composition de buse de coulée continue qui possède un revêtement spécial comprenant essentiellement du silicate de calcium et du graphite (le reste étant du clinker de magnésie) afin d'empêcher l'adhésion du laitier d'alumine à la buse pendant la coulée. La production d'une telle buse a également été qualifiée de bon marché. Kazi et al613 de Kurosaki Yogyo Ltd, Japon, ont décrit un réfractaire ZrB2-BN modifié (modifié en ZrB2-graphite) afin d'améliorer la résistance à l'écaillage et à la corrosion de l'anneau de protection utilisé avec les busettes immergées dans la coulée continue de l'acier. Un matériau renforcé de fibres de graphite a également été utilisé par Kawasaki Steel Corpn, Japon614 pour la fabrication de ces buses réfractaires. Les fibres de graphite pyrolytique dérivées du benzène ont un ordre structurel élevé et fournissent par conséquent une très grande conductivité thermique dans le plan, ce qui a été utilisé de manière avantageuse dans la fabrication de ces tuyères. Ainsi, un ruban de fibre de graphite de 15 mm de large, ayant un allongement à la rupture de 0,65 %, a été plongé dans une solution de benzène contenant une résine de polyester insaturé et ensuite moulé avec la composition réfractaire : Al_2O_3=70% et graphite = 30% pour produire la tuyère ci-dessus avec une propriété de résistance thermique et à la corrosion élevée.

c) Moules en graphite :

Le graphite possède une conductivité thermique élevée, un pouvoir lubrifiant, une propriété non mouillante vis-à-vis du métal en fusion et offre simultanément un excellent état de surface et des réfractaires, ce qui en fait un candidat idéal pour la fabrication de moules. En raison de sa stabilité thermique et de sa résistance aux chocs, il présente une très faible friction interfaciale avec les métaux et une usinabilité facile. Les moules en graphite sont largement utilisés pour la coulée par lots et la coulée continue. Mais dans la coulée par gravité, le graphite n'est généralement pas utilisé car une durée de vie de 75 à 100 coups serait nécessaire avant qu'il ne devienne économique. Cependant, ces derniers temps, une durée de vie de 150 coups a été atteinte par les composites en graphite et le nombre de coups peut encore être étendu en pulvérisant le moule avec de la zircone et la paroi intérieure avec du graphite colloïdal. L'utilisation de moules en graphite est également motivée par le risque sanitaire que présentent les sables. Des moules de haute précision (tolérance dans la limite de +0,0005 cm/cm) peuvent être produits à partir d'un mélange de poudre de graphite et de résine, qui sont d'abord formés par pression à la forme souhaitée, puis craqués au gaz (gaz méthane) pour produire une résistance et une imperméabilité élevées. Le moulage de pièces de monnaie, de médailles, etc. se fait dans de tels moules. Dans le cas de la coulée à basse pression utilisée pour le moulage des roues de wagons de chemin de fer, l'ensemble du moule (40 pouces de diamètre et 20 pouces d'épaisseur) est construit en graphite. Dans le cas du moulage par centrifugation, toutes les parties du moule sont en graphite. Le graphite donne un excellent fini de surface à la pièce coulée. Les matériaux électrographiques sont utilisés pour la fabrication des moules car ils résistent aux chocs thermiques et ne mouillent pas le métal en fusion, ils ont une conductivité thermique élevée et possèdent des pores par lesquels les gaz formés à la surface du moule peuvent s'échapper, conférant ainsi au moulage un fini de surface semblable à celui d'un miroir. Ji615 de Chine a décrit la composition et la technique de fabrication des moules cristalloïdes carbonisés à partir de graphite. La composition est la suivante : graphite (pureté de 98%, maillage de 325-600) 78-90 parties, résine phénolique modifiée 25-28 parties, carbonate d'alkylène (par exemple, allyl-carbonate) 4-6parties, et sulfate d'éthyle 1,5-2 parties en poids, qui sont mélangés et moulés sous une pression de 350-1000 kg/cm2, séchés et frittés à 3000-3100°C, puis refroidis par de l'eau à 50-60°C.

Des plaques réfractaires appliquées sur des lingotières ont également été préparées616 à partir de déchets d'électrodes en graphite cristallin et/ou en graphite, ainsi que de sable de quartz et de silicate de sodium, et d'argile comme liant. D'autres ingrédients ont été ajoutés en plus petite quantité, comme la sciure de bois (qui brûle pour générer de la porosité), la CMC et la résine acrylique. Le mélange est compacté par vibration et traité thermiquement jusqu'à un maximum de 150 °C pour produire une plaque de moule supérieure. Des revêtements en graphite (avec de l'alumine infusée dans ses pores pour le rendre résistant à l'usure)617 ont également été utilisés avec succès comme matériau de moulage dans la coulée continue de l'acier. Des inserts en graphite ont également été utilisés en conjonction avec des moules pour la préparation de blocs moteurs en alliage d'aluminium avec des canaux dans le bloc et la culasse. Ces noyaux combustibles sont brûlés par simple apport d'oxygène après la coulée618. Des moules semi-permanents peu coûteux, qui confèrent une finition miroir à la coulée et une bonne résistance aux chocs thermiques, ont également été préparés à partir du graphite619. La coulée continue du laiton avec différents moules et flux de couverture a montré que le meilleur résultat est obtenu avec des moules en cuivre avec des inserts en graphite et de la poudre de moulage en borate de sodium. Les moules en graphite se sont également avérés très utiles pour la coulée du titane et de ses alliages621.

Les revêtements de moules préparés à partir du graphite sont largement utilisés pour la coulée en discontinu de métaux, tant ferreux que non ferreux622. Divers liants, comme la colle indigène à l'argile bentonitique et les résines synthétiques, sont utilisés pour la préparation de ces revêtements de moules. Toutefois, il faut veiller à ce que ces liants ne génèrent pas de gaz à la température du métal chaud qui, sinon, crée des trous de soufflage à la surface du moule. En revanche, la production d'une surface liquide dans la plage étroite de solidification du métal confère au moule la meilleure finition de surface possible. La couche de moule usée doit également faciliter le démoulage du moule. Dans le moulage sous pression, un bon agent de démoulage avec de la poudre de graphite contient du nitrure de bore 623, du disulfure de molybdène, du mica et/ou des polyimides. Ces agents ont des propriétés de résistance à la chaleur et de durabilité. Les auteurs de ce livre ont également expérimenté avec succès des revêtements de moules en graphite à partir de graphite récupéré de revêtements de cuves usagés de l'industrie de l'aluminium avec des métaux ferreux et non ferreux624,[625].

d)   Coulisseaux réfractaires, grille de coulée et éléments de carotte :

Ce sont des accessoires utilisés en conjonction avec le moule et le noyau dans la coulée discontinue et continue du métal ainsi que dans la coulée de métal à chaud. Ces matériaux fabriqués à partir de graphite sont considérés comme plus performants que d'autres matériaux. Les canaux réfractaires pour les métaux en fusion (pour la coulée du métal en fusion dans les hauts fourneaux) ont été préparés avec de la poudre de graphite après l'avoir mélangée avec du carbure de silicium et/ou de l'alumine. De même, des portes de coulée pour la coulée continue du fer et de l'acier ont été produites en ajoutant du Zr02-CaO, du SiO2, du SiC, du Si et de la résine PF à la poudre de graphite627. Une carotte de tête destinée à être utilisée entre le tuyau d'alimentation de la fonte et le moule pour la coulée du métal a été préparée à partir de graphite628 en l'imprégnant de verre au phosphate, au silicate et au borate. Ces carottes sont dures, ont une résistance à la flexion supérieure à 200 kg/cm2 et ne se fissurent pas lorsqu'elles sont utilisées à plusieurs reprises dans la coulée d'aluminium en fusion. Une couverture isolante à base de graphite pour les poches d'acier a également été décrite récemment629. Elle est préparée en mélangeant du graphite expansé avec d'autres ingrédients tels que de la poudre de coke, de la poudre de calcaire et de la poudre de quartz ; en les dosant, en les broyant, en les tamisant, en les mélangeant, en les granulant et en les séchant. Le graphite est aussi fréquemment utilisé comme insert qui agit comme un "refroidisseur" pour égaliser le gradient de température à travers les sections épaisses de la fonte dans la technologie du moulage en sable.

e)   Tête de bouchon en graphite.

Dans la coulée continue, les têtes de bouchon sont utilisées dans les répartiteurs pour contrôler le flux de métal à travers la buse vers le moule. Elles sont généralement fabriquées à partir d'une composition graphite-argile qui présente une résistance aux algues et une résistance à la chaleur supérieures à celles de l'argile réfractaire et qui peut déformer une buse plus souple pour donner une fermeture propre. Outre la résistance à la corrosion, l'écaillage est un paramètre important pour la réussite de la construction de ces têtes d'obturation.

f)   Serrez le casting :

La coulée sous pression ou la coulée partielle en phase liquide (rhéocasting ou slurry casting) est une technique de coulée relativement récente pour le moulage de composites aluminium-cuivre-graphite utilisés pour des applications antifriction autolubrifiantes. Dans ces alliages composites, le graphite présente très souvent un seuil limite pour une propriété supérieure à celle souhaitée630. Le moulage sous pression a également été appliqué pour l'imprégnation de préformes en graphite-alumine avec un alliage de bronze CuSn12. Les préformes en graphite-alumine sont liées en phase verte avec du silicate de sodium.. Il a été constaté que la qualité du composite est fortement influencée par la fraction volumique du graphite-alumine et le liant utilisé.

Enfin, il ne sera pas déplacé de mentionner une technique innovante récemment divulguée632 pour piéger les fines de graphite générées lors du nettoyage des moules de coulée en graphite. Ces moules sont utilisés dans la production de matières nucléaires au Westinghouse Savannah River Technology Center, aux États-Unis, et contiennent du graphite à 73 % en poids, ainsi que du CaF 2 à 15 % en poids et du PuO2 12 % en poids. La stratégie adoptée pour l'immobilisation de ces fines de graphite provenant de la fonderie consiste à microencapsuler le résidu en le mélangeant à une fritte de verre borosilicate de sodium et en le chauffant à une température nominale de 700 °C.

4.16 PRODUITS EN GRAPHITE PRESSÉ À CHAUD (OUTILS ET MATRICES) :

d'Conventional casting methods become difficult to apply with materials which have very high melting points such as carbides with graphite. Sometime compaction and sintering technique are used with these kind of materials, but then the heating schedule becomes very complex as is the machining of the final hard body. In such case, hot pressing to final material become a very convenient technique for forming these hard materials. Moreover hot pressing provides an economical means where all the steps of forming, heat treating and sizing takes place in a single step; thus these high density materials are obtained in a shorter period and lower temperature than even cold compaction and sintering. For example, in powder metallurgy, metal rich composites of metal and graphite are formed by pressing the powders and sintered at solid state and hot pressed. The preperation of graphite rich composite by powder metallurgy technique, however, is restricted either by sweating of the molten metal through graphite pores during sintering at temperature above the melting point of the metal (liquid phase sintering) or by poor strength due to inadequate bonding at sintering temperature below the melting point of the metal (solid phase sintering). The tendency of liquid metal to sweat during liquid state sintering is due to the poor wettability of liquid metal and graphite. This problem however can be overcomed by adding a small amount of calcium or calciumalliage de silicium à des mélanges de graphite et de poudre de fer, et donc de produire des composites à forte liaison métallique contenant 40 à 90 % de graphite en volume633 (ce qui est environ quatre fois plus humide que ce que permet le simple graphite infiltré par le métal). Le pressage à chaud permet donc de produire un matériau de haute densité en peu de temps et à une température plus basse que celle du compactage et du frittage à froid. Un avantage supplémentaire de cette méthode est que la croissance des grains et la transformation des phases peuvent être étroitement contrôlées. Le graphite, comme mentionné précédemment, présente la propriété extraordinaire d'être résistant à haute température (en fait, la résistance augmente avec l'augmentation de la température) et dans un environnement non oxydant, cette résistance à 2000 °C peut être de 50% supérieure à celle à température ambiante. Ces propriétés du graphite sont avantageusement utilisées dans le pressage à chaud. Les pressions utilisées dans ce procédé sont généralement relativement faibles, ne dépassant pas 4 tonnes/pouce2. Une faible pression est normalement utilisée pendant l'échauffement et la pleine charge n'est appliquée que lorsque la température finale est atteinte.

Parmi les produits fabriqués par pressage à chaud, on trouve des forets (outils imprégnés de diamant), des revêtements de meules de rodage et des outils de dressage de meules, etc. fabriqués à l'aide de jeux de moules en graphite. Dans le cas de la fabrication d'outils diamantés, le moule avec paroi creuse usinée et creux dans les parois contenant ces diamants est rempli de graphite et moulé par pressage à chaud. On peut également utiliser un mélange de diamants et de milieu d'enrobage en fonction de l'effet souhaité. La fabrication de matrices, de broches, de noyaux par pressage à chaud et frittage de matrices en métal dur pour le tréfilage, la fabrication de buses de sablage et d'autres pièces qui nécessitent une température élevée pour compléter le processus de frittage en utilisant la composition électrographique est établie depuis longtemps. Un exemple est celui des matrices pour la coulée continue qui sont utilisées pour la coulée du bronze, du fer et du cuivre par un procédé continu ou semi-continu.

4.17 DES CREUSETS EN GRAPHITE POUR LES INDUSTRIES MÉTALLURGIQUES, VERRIÈRES ET DES SEMI-CONDUCTEURS :

Ces creusets sont essentiellement de deux types : à base d'argile ou à base de carbone. Les liaisons carbonées dans ces creusets peuvent être de type graphitique, non graphitique ou vitreux. Un grand nombre de matériaux de remplissage en graphite sont utilisés pour la construction de ces creusets et ils sont sélectionnés en fonction des exigences de l'application. Par exemple, les résines PF sont utilisées pour la fabrication de creusets de petite taille qui, lors de la cuisson, produisent du carbone vitreux ou vitreux. En fait, tout liant qui conserve une bonne quantité de réticulations dans sa structure, résiste à la graphitisation même à 2800°C et le composé qui en résulte est du carbone vitreux. Ces substances isotropes sont dures (la résistance au cisaillement varie de 10 000 à 30 000 lb/in²), cassantes et ont une faible densité (environ 1,5 gm/cc). Elles ont un faible coefficient de dilatation linéaire (de l'ordre de 2,9 x 10-6 /oC dans la plage 0-100°C) et sont imperméables aux gaz (même ordre de grandeur que les verres de silicate), ce qui les rend idéales pour les applications au-dessus du creuset. Ils peuvent être utilisés jusqu'à une température de travail de 1800°C. Leur résistivité électrique est d'environ 0,001 ohm.cm et leur conductivité thermique de 0,01 cal/cm.sec.°C.

Pour les applications de fonderie, on utilise généralement des creusets en graphite lamellaire lié à l'argile. Les matières premières sont malaxées, mises en forme, séchées et cuites et un glaçage résistant à l'oxydation est appliqué afin d'éviter l'oxydation pendant l'utilisation. Le corps de ces creusets peut être rendu auto-glaçant à haute température (par exemple 1400-1500°C), mais il n'est pas possible d'incorporer un fondant actif formant du verre dans le corps pour obtenir un auto-glaçage à basse température, car ces fondants attaquent l'argile et détruisent ainsi sa capacité de liaison. Le matériau a une bonne conductivité thermique et, bien que résistant aux chocs thermiques, il est inférieur au matériau à liant carbone mentionné ci-dessus. Cependant, il est bien meilleur que les autres réfractaires en argile. L'orientation des flocons joue un rôle important sur la conductivité thermique de ces corps. Les principales applications de ces creusets sont la fusion des alliages de cuivre et d'aluminium. Ces réfractaires sont également utilisés pour la préparation des becs, des dalots, des agitateurs et des mélangeurs dans les fonderies, la préparation des soupes, des dalots, des agitateurs et des

Tableau 20 :

Propriétés générales des creusets en graphite lié à l'argile

Densité en vrac	1,75 gm/cc
Résistance à la rupture transversale	environ 250 kg/cm2
Conductivité thermique (sur les grains)	0,10cal.cm/cm2Se
Coefficient de dilatation thermique linéaire	4 x 10-6 /oC
Porosité	environ 25

mélangeur dans les fonderies, cornue pour la distillation du zinc dans la fabrication du ZnO et des poussières de zinc, et pour la désargentation du plomb, comme sagitateurs pour le maintien des mines de crayon dans le four et pour le revêtement des portes de four à arc. Il est également utilisé pour la fabrication de bouchons et de becs pour le coulage au fond des poches d'acier. De nos jours, du carbure de silicium est ajouté à la composition afin d'améliorer les propriétés de ces réfractaires, mais pas dans l'application en poche d'acier car il se dissocie au contact de l'acier. Ces bouchons contiennent environ 15 à 25 % de graphite lamellaire et, dans d'autres applications, une teneur en SiC comprise entre 5 et 30 %. Liu634 de Chine, a décrit un creuset en graphite lié à l'argile modifié pour la fusion d'un alliage Si-Ca à 14000C, et le creuset est fabriqué à partir d'une électrode en graphite commercial broyé (30-100 mesh), de sable de quartz et d'argile dans le rapport 10:1:1, en ajoutant peu d'eau au mélange, en malaxant & en remplissant un moule pour le frittage.

Les creusets réfractaires en carbure de silicium lié au carbone ont une résistance remarquable aux chocs thermiques qui dépasse de loin tous les creusets mentionnés ci-dessus. Cette propriété des creusets en carbure de silicium est comparable à celle de l'électrographite et résulte d'une conductivité thermique élevée et d'un faible coefficient de dilatation thermique. Ces creusets sont principalement utilisés dans la plage de température de 650 à 1500°C, principalement pour la fusion des alliages de cuivre et d'aluminium. Ces creusets sont cependant susceptibles d'être oxydés à une température en dessous de laquelle ils deviennent auto-glaçants, ce qui permet d'éviter un chauffage continu entre 400 et 6500°C si l'on utilise un émail à basse température. Comme le métal ferreux fondu ou l'alliage à haute teneur en nickel dissocie le SiC, ils ne sont pas utilisés pour leur fusion.

Tableau 21

Propriétés des creusets en carbure de silicium liés au carbone

Densité en vrac	1,85 gm/cc
Résistance à la rupture transversale	1,40 kg/cm2
Coefficient de dilatation thermique	3x10-6/oC
Porosité	environ 30
Conductivité thermique (le long du	0,03cal.cm/cm2So

La composition typique des matières premières pour ces creusets est de 40 à 50 % de SiC et de 28 à 35 % de graphite. Des flux suffisants sont ajoutés à leur composition afin de garantir que le matériau s'auto-glacera à la température de travail (700-1400°C). Contrairement aux creusets en argile, ces creusets sont formés à chaud pour obtenir la forme finale, un glaçage est appliqué puis cuit. Le SiC étant un matériau abrasif dur, il ne peut pas être usiné après la cuisson. Comme le formage à chaud nécessite une pression considérable, l'opération de formage est effectuée dans un moule métallique.

Une autre classe de creusets, mais onéreuse, sont les creusets électrographiques. Ici, les ingrédients sont principalement graphitiques et le brai liant est aminci à la graphitisation à haute température (brai mésocarboné). En conséquence, le produit cuit prend la forme d'un carbone graphitique monolithique. Ces creusets nécessitent donc une température de cuisson très élevée (environ 28000C). Les creusets ont une très faible porosité (moins de 20 %) et une densité comprise entre 1,5 et 1,7 gm/cc. Ils possèdent une résistance à la rupture très élevée (de l'ordre de 300 kg/cm2) et une bonne conductivité thermique. La préparation de ces corps graphitiques nécessite évidemment l'utilisation de composants de haute pureté (par exemple, du brai mésocarboné). Les creusets sont très inertes avec la plupart des métaux fondus et ne les contaminent pas pendant la fusion. En conséquence, ils sont souvent utilisés pour la fusion sous vide, la fusion de titane et la croissance de cristaux de semi-conducteurs par la méthode Czolarski.

La durée de vie des creusets en carbone utilisés pour la fusion des métaux (par exemple l'aluminium) en dépôt de vapeur peut être considérablement augmentée en y appliquant une couche protectrice de graphite exfolié636. Les creusets en graphite ont également été recouverts de carbone décomposé à la chaleur en formant une résine renforcée de fibres de carbone sur le creuset et en le carbonisant pour produire le revêtement ci-dessus avec une porosité comprise entre 5 et 30 %637 · De même, l'oxyde (alcoxyde) de siloxane-zirconoxane et d'autres résines synthétiques, ainsi que le revêtement de titane d'alumine pulvérisable par plasma sous vide640 ont été mis au point pour réduire l'oxydation des articles en graphite. Il a également été remarqué que641 l'ajout de poussière de Si et de verre fondu dans un creuset en graphite lié à l'argile améliore sa propriété de résistance à l'oxydation. Moore et al642 de Advance Ceramic Comporation, USA, ont décrit un revêtement pyrolytique de nitrure de bore-silicium à faible dilatation thermique et à faible teneur en silicium libre pour les articles en graphite, qui a été déposé à partir d'une phase vapeur constituant de l'ammoniac, le bore, et du silicium. Des cristaux d'halogénures alcalins ont également été cultivés dans des creusets en graphite revêtus intérieurement de carbone vitreux qui empêche le mouillage de la surface du graphite643 ; un creuset en graphite revêtu de nitrure a . Similarly siliconété utilisé pour éviter l'adhérence du silicium fondu dans la fabrication de silicium de haute pureté644. Même un graphite renforcé par des fibres de carbone avec des structures de pores différentielles sur la surface extérieure et intérieure a été utilisé pour la croissance de ces cristaux de silicium de haute pureté645'646.

Ces méthodes générales de fabrication des creusets ainsi que la composition du corps ont été étendues à d'autres formes réfractaires comme les tubes, les bateaux, les conduits, les tuyaux de protection, les enveloppes, etc. Par exemple, un tube d'immersion fritté contenant du graphite pour les métaux non ferreux fondus a été décrit par Nishimura et al647 qui constituent du carbure de silicium et/ou du nitrure de silicium, du graphite lamellaire, et du carbure de bore et/ou du nitrure de bore et du borure de zirconium. Une autre composition plastique contenant du graphite exfolié (avec un liant polymère) extrudé avec une matière plastique pour former un tube, un conduit, un câble électrique, etc. a été décrite par Ashling et al648 de PFC- Surechem Ltd, UK. Un autre tube ou bateau en graphite à base de fibres de graphite a été décrit par Schmidt et al649 de Schunk & Ebe GmbH, Allemagne. Ces bateaux sont utiles comme porte-échantillons dans la spectroscopie d'absorption atomique sans flamme.

4.18 COMPOSITES EN GRAPHITE :

Pour améliorer les performances (comme les propriétés mécaniques et à haute température) du graphite, les compositions de graphite ont été complétées par une foule de matériaux, pour la plupart à haute température, qui, par leur simple liaison physique ou leur union chimique, modifient dans une large mesure les propriétés du graphite pur et étendent ainsi son application à diverses utilisations industrielles. À cet égard, les composites métal-graphite, dans une certaine mesure, ont déjà été abordés dans la section 4.13 (graphite intercalé & application glissante du graphite), nous nous concentrerons ici davantage sur les renforcements non métalliques du graphite. Cependant, les matériaux de friction (comme les freins, etc.) générés à partir de composites en graphite, étant un vaste domaine en soi, seront traités séparément dans une section ultérieure.

Les fibres de graphite produites à partir de brai par formation de mésophases, confèrent son rapport résistance/poids élevé à la fabrication de corps composites aux propriétés extra-dinaires650. Cependant, les fibres de brai restent prohibitives en termes de coût et ne sont pas devenues populaires en raison de leur résistance à la traction beaucoup plus faible que celle de la SAF (fibre d'acrylonitrile synthétique) fabriquée à partir de polyacrylonitrile. Néanmoins, les fibres de brai ont un module élevé et une résistance raisonnable. Les trichites de carbure de silicium, en revanche, ont une résistance très élevée à température élevée et sont utilisées comme élément de renforcement dans les composites de graphite. Tokai Carbon Co du Japon a signalé651 la production de ces trichites de carbure de silicium (diamètre de 0,2-0,5 micron et longueur de 30-80 microns) à partir de cendres obtenues en brûlant de la balle de riz à 1300 à 1700 °C en atmosphère réductrice et en lavant à l'eau pour éliminer l'alcali. Ces cendres ont été mélangées à du noir de carbone et cuites à 1600°C pour produire des trichites de carbure de silicium supérieures. Le noir de carbone obtenu à partir du pétreléum ou du goudron de houille (pétrole lourd) possède certaines propriétés et une structure particulières qui permettent la formation de trichites de SiC et d'halogénures alcalino-terreux, améliorant ainsi le rendement et l'allongement des cristaux.

Les composites aluminium- graphite constituent un autre élément de renforcement qui a fait l'objet de recherches intensives ces derniers temps, notamment en raison de son coût et de sa facilité de fabrication. En outre, ces composites ne sont pas sujets à la corrosion dans un environnement ordinaire[652]. Des études sur le comportement à la traction des composites graphite-aluminium unidirectionnels et renforcés par des fibres de graphite en angle, déterminées en fonction de l'angle entre la fibre et la charge appliquée, indiquent que[653] si le module élastique correspond bien aux valeurs théoriquement prévues, la résistance du composite en angle dépasse de loin la valeur théoriquement prévue. Cet écart a été attribué à la contrainte nécessaire pour rompre l'interface fibre/feuille séparatrice présente dans le composite à couche angulaire. Des études sur les caractéristiques d'usure des composites aluminium- graphite auxquels on a ajouté du silicium, indiquent que le taux d'usure de 654 augmente avec l'augmentation de 107 vitesse de glissement et atteint une valeur maximale. L'augmentation de la vitesse d'usure diminue avec l'augmentation de la teneur en silicium dans la phase matricielle et avec l'augmentation de la fraction volumique des particules de graphite. Lorsque l'alliage avait une phase de matrice molle (avec du graphite) et une faible teneur en silicium, le taux d'usure était faible à une vitesse de glissement élevée mais augmentait nettement par adhésion à une contreface. De même, des études sur les propriétés tribologiques du composite alliage cuivre/graphite coulé par centrifugation montrent que le taux d'usure[655] ($1{,}89\text{xl0-13}$ $^{\text{m3/m}}$) était plus faible dans les zones riches en graphite (formées dans le corps en excès de 25% dans un composite graphite 13% vol) que dans les zones sans graphite de la structure du composite. L'alliage coulé présentait des parties exemptes de graphite alors que certaines parties étaient riches jusqu'à 25%. La réduction du poids du composite par le graphite, peut être encore étendue en créant une structure en nid d'abeille (par la méthode d'ondulation plutôt que par la méthode d'expansion) décrite dans la littérature[656].

De même, le graphite extolié lié à la résine a été utilisé comme carton moulé pour diverses applications[657]. Ces panneaux sont durcis thermiquement et peuvent être utilisés comme isolant thermique. La fibre de graphite a également été moulée de manière similaire pour produire des panneaux d'isolation thermique[658]. Une autre pièce composite graphite-métal résistante à la chaleur décrite par Matsumoto et al[659] de Toshiba Corpn, Japon, qui a été collée avec du tungstène ou un alliage de tungstène. Le procédé consiste à recouvrir successivement des plaques de graphite de 10 mm d'épaisseur d'une feuille de brasage à l'argent de 50 microns d'épaisseur (alliage Ag2Ti275Cu), puis d'une feuille de tungstène de 2 mm d'épaisseur et à nouveau d'une autre feuille de brasage à l'argent (alliage Ag28Cu) et d'une plaque de cuivre de 10 mm d'épaisseur placée dessus. Les feuilles ainsi formées ont été pressées et chauffées sous vide pendant 10 minutes à 850 °C pour former le matériau composite qui a facilement résisté à un choc thermique élevé d'environ 300 cycles. Encore un autre composite résistant à l'oxydation à haute température décrit par Song et al[660] de Chine, qui comprend du graphite, du coke calciné, de l'asphalte à haute température comme liant (point de ramollissement 150 200 °C) et du nitrure de bore laminaire. Les matières premières ont été broyées à billes, tamisées, pressées à chaud, refroidies lentement sous l'effet d'un courant d'air naturel et démodées, puis plongées dans une résine PF, durcies et carbonisées pour générer un corps composite résistant à l'oxydation et autolubrifiant. Ces composites graphite-céramique ou graphite-métal, prêtent leur stabilité structurelle à la contrainte thermique générée au niveau de la face de jonction661 & outre une sélection judicieuse de la matière première, la solution à ce facteur critique nécessite une conception innovante à l'interface dissimilaire afin d'éviter la contrainte thermique. Par exemple, la liaison entre le graphite et le cuivre exige que le joint brasé soit interfacé avec une couche similaire afin de diminuer la contrainte thermique. Des considérations similaires s'appliquent au développement de copounds d'assemblage pour les composites carbone-carbone par formation de graphite662,[663]. Des surfaces autolubrifiantes résistantes à la chaleur et à la corrosion ont également été développées sur des composites par la méthode de dépôt, en utilisant des films métalliques comme NiCF(s) et Cu-CF(s) contenant du graphite fluoré664. Les propriétés lubrifiantes du graphite fluoré à haute température ont déjà été examinées au chapitre III (section 3.5).

L'ajout de graphite aux corps cimentés a également été testé pour le développement de propriétés speciliques comme la propriété viscoélastique dans le béton armé dans les cadres de construction pour les sites sismologiquement actifs665Les dispersants . Cement compositions containing graphite and cementont également été testés pour leur résistance et les résultats indiquent une excellente adhérence après durcissement666. Les dispersants de ciment utilisés dans de tels cas dans le mélange ciment - graphite étaient des tensioactifs de type cationique ou non ionique. Les tensioactifs cationiques, par exemple, constituent des sels d'ammonium quaternaires fixés à des groupes alkyle en C8-C24, et les variétés non ioniques constituent des tensioactifs de type polyoxyalkylène. Ces dispersants ont été utilisés à hauteur de 0,0001-1 partie en poids de 100 parties en poids de graphite.

Outre les applications à haute température, les composites de graphite ont connu le même succès dans les utilisations à basse température, comme les tuiles des pays froids. La haute conductivité thermique du graphite a été utilisée dans le développement de ces tuiles qui, en raison de sa haute conductivité thermique, sont efficaces pour faire fondre la neige667. Les produits sont fabriqués par cuisson d'un mélange de graphite lié à l'argile en atmosphère sans oxygène ou en atmosphère oxydante après glaçage.

Des composites en graphite ont également été mis au point pour la fabrication des arbres d'alimentation du papier dans l'industrie papetière668. Ici, une excellente propriété de surface ainsi qu'une bonne linéarité du composite après une longue utilisation ont été utilisées dans le développement de la pièce de machine ci-dessus. La composition de la coposite de l'arbre est composée d'un noyau interne fabriqué à partir d'un composite acier-graphite avec du graphite à environ 60% et un peu de ferrite ainsi que du carbure, et d'une couche d'apprêt externe. L'arbre ainsi fabriqué convient aux imprimantes, aux copieurs et autres appareils similaires.

Un autre composite de graphite développé par Goodyear Tyre & Rubber Co, USA669 est une vessie expansible destinée à être utilisée dans une machine de vulcanisation de pneus, et contient du graphite exfolié. La vessie est essentiellement un élastomère réticulé (unité répétitive d'isobutylène) avec du PTFE et du graphite, qui peut être durci facilement avec une résine phénolique bromée en peu de temps. Les vessies avec ajout de graphite ont montré un pouvoir lubrifiant accru, une adhérence réduite à la doublure intérieure de type durci, une meilleure résistance à la fissuration pendant la flexion et une plus faible déformation sous tension.

L'amélioration des propriétés ci-dessus permet de mouler les caoutchoucs hydrocarbonés, tels que les pneus, avec moins de défauts causés par des vessies abrasées ou déformées et favorise une longue durée de vie de la vessie, réduisant ainsi le coût de la vulcanisation des pneus.

4.19 ÉCHANGEURS DE CHALEUR ET ÉJECTEURS DE VAPEUR EN GRAPHITE :

Le graphite, qui possède une conductivité thermique élevée ainsi que des propriétés anticorrosives même à haute température, a été utilisé dans le développement de ces produits. Comme nous l'avons vu précédemment, la conductivité thermique du graphite est considérablement plus élevée que celle de l'acier doux et est un multiple de celle de l'acier inoxydable. Mais sa résistance à la flexion et à la traction n'est pas bonne par rapport au métal et, par conséquent, la construction et la fabrication de ses produits techniques ne sont pas monolithiques (en une seule pièce) comme les métaux (échangeurs de chaleur métalliques). De plus, comme la seule bonne propriété mécanique du graphite est sa résistance à la compression, il est préférable qu'il soit fabriqué sous forme de blocs. L'extrusion du graphite oriente ses cristaux dans le sens de la longueur, c'est-à-dire dans le sens inverse du flux de chaleur à travers le tube construit. Ainsi, les graphites de type bloc sont plus utiles que les autres comme matériau de construction pour l'échange de chaleur. Dans les échangeurs de chaleur où le fluide circulant est un gaz ou un liquide, ou une combinaison de ceux-ci (comme dans la vapeur), dans ce dernier cas (c'est-à-dire la vapeur), il n'est pas adapté en raison de l'apparition de coups de bélier qui entraînent la rupture du tube. Par conséquent, seul le graphite est utilisé dans la fabrication des échangeurs de chaleur en phase gazeuse ou liquide. Ces échangeurs de chaleur sont principalement constitués de tubes en graphite reliés par des coudes en carbone de type bloc et des coudes appropriés mentionnés ci-dessus, comme dans les échangeurs de chaleur à baïonnette ou à plaques. Les réchauffeurs à plaques en graphite sont plus robustes que les réchauffeurs à baïonnette, étant construits à partir de blocs de graphite ayant des surfaces dentelées et des convulsions internes pour le passage du fluide de chauffage ou de refroidissement. Les échangeurs de chaleur à baïonnette, en revanche, sont construits de manière beaucoup plus simple à partir de tubes en graphite bouchés à une extrémité et bridés à l'autre. Ils sont capables de résister à une pression de fluide élevée. Dans le cas des blocs de graphite polycristallin industriel pressés, la conductivité thermique est environ 1,1 à 1,5 fois plus grande dans la direction de la pression de formation que dans la direction transversale ; et dans le cas des tubes fabriqués par extrusion, elle est généralement 1,5 à 3 fois plus grande dans la direction parallèle à l'axe d'extrusion que dans la direction transversale. L'imprégnation du corps en graphite maintient la conductivité thermique telle qu'elle est, tandis que toutes les résistances à la traction, à la flexion et à la compression augmentent de 2 à 3 plis. Ces revêtements comprennent des résines et du brai d'imprégnation ayant une propriété de résistance à la corrosion similaire à celle du graphite à la température de service.

Lors de la conception de ces échangeurs de chaleur, l'effet du coefficient de film est pris en considération car ce facteur a un effet plus important sur le coefficient de transfert de chaleur global que celui de la conductivité thermique des matières premières elles-mêmes. Cet effet inhibiteur de la conduction thermique peut être surmonté par une turbulence forcée du fluide qui le traverse (par exemple dans les échangeurs de chaleur rotatifs). La propriété anisotrope spéciale de la conduction thermique du graphite peut également être utilisée de manière avantageuse pour réduire la résistance élevée à l'écoulement de la chaleur à travers le film de fluide presque stagnant à proximité de la paroi de graphite. Dans le cas d'un échangeur de chaleur de type rotatif, les tubes creux en graphite sont reliés à une tige rotative & ainsi la surface d'échange de chaleur est limitée par la contrainte centrifuge que le matériau d'échange de chaleur lui-même peut supporter & par le coût trop élevé de l'entraînement aérien. Dans les échangeurs de chaleur statoriques en graphite, un élément d'échange de chaleur en graphite en forme d'anneau fixe est muni d'une roue dans son orifice central. Les échangeurs de chaleur de petite taille sont plus efficaces que ceux de grande taille car les passages ont un rapport longueur/diamètre plus faible. Dans un autre type d'échangeur de chaleur conçu avec du graphite et appelé système Polybloc, un ensemble de trous est percé axialement et l'autre ensemble radialement, ce qui relie les trous axiaux à la périphérie extérieure du bloc. Ces trous ressemblent donc à des tangentes autour d'un petit cercle axial. Ce type de passage crée en lui-même des turbulences et augmente ainsi l'efficacité du transfert de chaleur, tout en réduisant les risques de dépôt de calamine. Le risque de dépôt de tartre augmente, en général, au fur et à mesure que le risque d'apparition d'un film stagnant augmente. Dans ces échangeurs de chaleur Polybloc, des blocs de graphite sont maintenus ensemble sous compression pour éviter toute contrainte. Les blocs sont usinés pour recevoir des joints d'étanchéité de type O également en graphite. Alors que les graphites à gros grain et à structure ouverte sont normalement utilisés pour la fabrication de ces échangeurs de chaleur, les graphites à grain fin et à texture serrée sont utilisés pour la préparation des éjecteurs de vapeur et des plaques filtrantes.

Les éjecteurs de vapeur fonctionnent comme des pompes à eau de laboratoire. Les éjecteurs de vapeur sont largement utilisés dans les industries alimentaires et chimiques pour des processus tels que l'évaporation, la condensation, la filtration, le transfert de liquide, etc. Dans leur fabrication, le graphite a remplacé l'acier inoxydable, car ils peuvent être utilisés dans des environnements corrosifs. Les éjecteurs de vapeur sont donc principalement utilisés pour chauffer des liquides corrosifs à la vapeur. Dans les bains de décapage acide, les systèmes Polybloc mentionnés ci-dessus sont utilisés pour le chauffage indirect afin d'éviter la pollution de l'eau. Technique de combustion submergée où des brûleurs à gaz directs sont utilisés pour chauffer l'acide dans les bains de décapage, le tube du brûleur est construit en électrographite et une durée de vie de plusieurs années dans ce type d'utilisation a été signalée.

Afin de surmonter la faible flexibilité du graphite, de nouveaux conducteurs moulés présentant d'excellentes propriétés de flexion ont été développés[670]. Ces graphites conducteurs sont préparés en mélangeant du graphite exfolié avec du caoutchouc naturel ou synthétique et en les chauffant à plus de 180 °C en les plaçant dans un moule fixe. Des graphites flexibles et des anneaux d'étanchéité préparés de manière similaire ont été signalés récemment et ont été examinés par Li[671] de Dongxin Electrocarbon Ltd, Chine. Akagami et al[672] de Hitachi Chemical Co, Japon, ont récemment décrit une nouvelle méthode de production de blocs de carbone perforés pour la fabrication d'échangeurs de chaleur. Le procédé consiste à mélanger du coke et du goudron graphitisables à 200 °C, à les refroidir et à les broyer (en dessous de 200 mesh) pour obtenir un élément de matrice homogène qui est ensuite moulé sous presse avec des fils de cuivre (section transversale de 1 mm2 et longueur de 300 mm), puis cuit à 800 °C. Le produit solide ainsi obtenu est graphitisé à 2800 °C pour obtenir le bloc perforé pour l'échangeur de chaleur. Un radiateur de chaleur plat avec une composition électroconductrice a également été signalé par Nakayama et al[673] de Tomoegawa Paper Co, Japon. Il comprend des polyamides aromatiques mélangés à du graphite (qualité électrographite) dans un rapport pondéral de 1:1 pour former le revêtement électroconducteur. Le revêtement a été appliqué sur une électrode formée (tissu non tissé) pour produire un radiateur thermique plat présentant une résistance de surface de 1,5 x 10^4 à 25 °C. Le graphite en tant que tel (provenant par exemple de déchets de graphite pouvant être obtenus sur le site de fabrication des électrodes) a également été utilisé comme agent de transfert de chaleur supplémentaire dans le processus de conversion[674].

4.20 LE GRAPHITE COMME CONDUCTEUR THERMIQUE DANS LES POMPES À CHALEUR :

Comme les échangeurs de chaleur, les caractéristiques de conduction thermique élevée du graphite et la dépendance de celui-ci à l'égard de sa concentration en complexe salin, ont été utilisées dans la construction et le fonctionnement des pompes à chaleur chimiques[675]. Par exemple, le complexe de sel métallique de graphite préparé par imprégnation d'un sel métallique (par exemple, graphite CaCl2.nNH3, où n=2,4,8 ; Graphite-MnCl2.nNH3, où n=2,6, et graphite-BaCl2, 8NH3) dans une matrice de graphite poreux. La conductivité thermique effective de ces complexes graphite-sel varie entre 10 et 49 watt/m. $^{\circ K}$, ce qui est nettement supérieur aux lits de poudre de graphite seul, dont la conductivité est de 0,1 à 0,5 watt/m. $^{\circ K}$. En outre, la conductivité thermique de ces complexes de sel de graphite varie fortement en fonction de la densité apparente, de la fraction pondérale du graphite et de l'état ammoniacal du sel. Les pompes à chaleur construites en utilisant la réaction réversible de l'ammoniac et du chlorure métallique ont trouvé de nombreuses applications comme les systèmes de réfrigération et de refroidissement alternatifs, ainsi que dans la gestion efficace de l'énergie. La particularité de ces systèmes qui utilisent du graphite expansé comme support dans la pompe à chaleur chimique est la capacité de surmonter la désactivation de la réaction et d'améliorer le transfert de chaleur et de masse du milieu réactif. Contrairement à la réaction conventionnelle de propriétés uniformes, telles que la densité apparente et le rapport du graphite expansé, le bloc de réaction non uniforme a été conçu676 pour augmenter la densité apparente dans la direction radiale afin d'améliorer les propriétés de transfert de chaleur, et d'atténuer les problèmes lorsque la perméation du gaz ammoniac s'aggrave tout en augmentant le transfert de chaleur. Sur la base de résultats expérimentaux, il a été conclu que la vitesse de réaction du bloc non uniforme progresse rapidement et présente une conduction thermique plus importante dans la zone de transfert de chaleur que le bloc uniforme. En outre, les blocs non uniformes se sont avérés plus réactifs lors de l'étape de réaction de décomposition. Des tentatives réussies ont également été faites pour intercaler du MnCl2 dans des fibres de graphite en vue de leur application dans les pompes à chaleur chimiques677. Dans ce cas, le premier stade d'intercalation du MnCl2 avec le graphite a été formé par transport chimique en phase gazeuse contenant des hetro-complexes. Les fibres de graphite intercalées ainsi obtenues, lorsqu'elles sont utilisées dans une pompe à chaleur chimique avec la réaction de l'ammoniac, présentent de meilleures performances en termes de production d'énergie que les simples complexes graphite-MnCl2 mentionnés ci-dessus.

4.21 COMPOSITION DU STOCKAGE DE LA CHALEUR EN GRAPHITE :

In general, heat storage in a liquid medium is based on specific heat of the heat storage medium. The sensible heat thus stored can be conveniently released by a suitable heatL'échangeur est immergé dans la solution avec un fluide froid qui le traverse. De plus, la chaleur latente d'un composé ou d'un changement de phase peut être utilisée pour stocker de l'énergie thermique. Des compositions de stockage de la chaleur à base d'eau ont été développées dans lesquelles du graphite, du charbon actif et/ou du charbon de bois traité par hydrphobisme fonctionnent comme agent de nucléation pour la transformation de phase678. La phase de solution contient également un sel pour empêcher la formation de gros cristaux et le graphite est utilisé comme agent de nucléation et, en option, comme agent collant polymère hydrosoluble. Ces graphites sont traités avec des agents hydrophobes synthétiques et les concentrations de l'agent de nucléation dans la solution varient de 0,05 à 1%679. Ces unités de stockage de chaleur sont encore en phase d'essai sur le terrain et pourraient être commercialisées prochainement.

Un autre système légèrement différent, pour la capture de la chaleur solaire et son stockage dans un bloc récepteur en graphite, pour la préparation d'un système à énergie solaire ou propulsé, a été testé par Westerman et al680 chez BWX-Technology Ltd, USA. Ce système a été développé dans le cadre du programme de développement d'un récepteur/moteur bimodèle alimenté par l'énergie solaire et de propulsion de l'armée de l'air américaine. Le récepteur solaire a été conçu à partir d'un bloc de graphite avec une cavité à l'intérieur pour la collecte et le stockage de l'énergie solaire thermique. Le bloc de graphite est isolé pour empêcher l'énergie thermique stockée de se dissiper et la chaleur stockée est aspirée pour chauffer le propulseur à hydrogène et le convertisseur thermo-ionique afin de convertir la chaleur en électricité qui pilote la phase de propulsion de la mission. Le récepteur/système de stockage thermique en graphite et le moteur ont été testés à 2350 [oK au] cours de nombreux cycles thermiques avec des résultats satisfaisants,

Jusqu'à présent, aucun chauffe-eau solaire thermique terrestre (comme celui utilisé avec le panneau de production d'eau chaude recouvert de nickel/chrome) n'a été signalé.

4.22 GRAPHITE SOUPLE :

Ces matériaux fabriqués à partir de graphite sont utilisés comme matériaux d'emballage, papier, joints, feuilles681 , laminés et feuilles. Ces matériaux sont de type apparenté, par exemple, alors que le matériau de joint spécifique peut être produit à partir de composites en graphite, la feuille de graphite ou le papier peuvent également être découpés pour répondre à un objectif spécifique de fabrication de joints. Cependant, dans les pages suivantes, nous allons discuter séparément de la préparation et des propriétés de ces matériaux, afin de mieux comprendre leurs domaines d'application.

Le matériau de départ de toutes les feuilles de graphite souples (feuilles, papier, etc.) est le graphite exfolié. Généralement, des liants thermodurcissables sont ajoutés au graphite expansé pour former les feuilles. L'expansion parallèle à l'axe c des cristaux de graphite doit être au moins 80 fois l'épaisseur d'origine afin d'obtenir un emboîtement correct des particules de graphite, nécessaire pour former un matériau en feuilles de graphite souple suffisamment résistant. Les feuilles de graphite comprimées ont un rapport anisotrope élevé en raison de l'alignement presque complet des plans de couche par pendulaire à la force de compression. Les feuilles sont de bons conducteurs thermiques et électriques parallèles à la surface, tandis que le semi-isolant est perpendiculaire à la surface. Pour la production continue de ces feuilles de graphite souples, des presses à rouleaux sont utilisées pour l'emboîtement des particules de graphite expansé. Une pression d'au moins 100 kg/cm2 est nécessaire à cet effet entre les rouleaux par lesquels passe une bande transporteuse contenant des particules de graphite exfoliées. Le travail irréversible que nécessite une telle compression s'élève à environ 5-10 Joules/gm, et s'accompagne d'une réduction de la surface à environ 2/3 de sa valeur initiale682. En comprimant le graphite exfolié avec une tôle de renforcement, on peut générer un joint capable de résister à une pression interne de 34 500 k N/mètre2683. D'autre part, le dépôt en phase vapeur d'un film métallique (par exemple du plomb) sur la surface intérieure de l'anneau de graphite exfolié, empêche le grippage de l'arbre qui joue à travers l'anneau684. Les feuilles de graphite pur ont une densité de 0,05-2,2 gm/ cc, un module de compression de 0,18-0,37 G Pa, une résistance à la traction d'environ 6 M Pa et une résistance électrique de l'ordre de 10-3 ohm.cm (dans le plan) & de l'ordre de 10-3 Ohm.cm (perpendiculairement au plan). Ils ont une bonne flexibilité et peuvent donc être enroulés autour d'un cylindre. Ils sont imperméables aux fluides corrosifs même à haute température. Leur coefficient de frottement est d'environ 0,08-0,1 et ne sont pas mouillés par les verres fondus ainsi que par les céramiques et les métaux fondus. Pour produire des feuilles composites de graphite, les graphites exfoliés sont généralement liés par des résines. Ces feuilles, ayant une propriété de non-adhérence, sont idéales pour les applications de filtres-presses. Ces feuilles sont parfois renforcées par des additifs comme l'amiante, les agrégats, etc. qui sont de nature réfractaire.

Le graphite souple, dont les propriétés sont supérieures à celles du graphite, est largement utilisé pour l'étanchéité, les garnitures et les piles à combustible. Ce matériau ne peut résister à un environnement hautement corrosif dans les batteries et les piles à combustible qu'avec des résultats satisfaisants.

Les autres utilisations des graphites souples sont le revêtement de tubes (où il est enroulé autour du tube), les moules de presse à chaud, les boucliers thermiques, les couches de protection pour les disques de rupture, les éléments chauffants pour les fours à haute température et les électrodes.

Les rubans de graphite, en revanche, sont fabriqués à partir de fibres de graphite à l'aide de techniques de génie moléculaire du carbone. Le processus implique l'intercalation et l'exfoliation de la fibre de brai graphité, générant une microstructure où les plans de la couche de graphite rayonnent à partir du centre de la fibre. En raison de leur morphologie particulière, ces matériaux sont utilisés dans des composites spécialement modifiés ainsi que dans d'autres applications. L'intercalation est réalisée avec l'ICl et l'exfoliation en faisant passer une impulsion de courant électrique à travers l'axe de la fibre sous un vide de 200 micro-m Hg. Ce traitement provoque une exfoliation de plus de 100 % et entraîne une ondulation de la surface le long de l'axe de la fibre. Elles sont beaucoup moins fragiles que la fibre vierge. Les fibres de graphite ont été liées avec un mélange électriquement conducteur de polyoléfines et d'élastomères, pour générer des feuilles électriquement conductrices685. Ces feuilles présentent une résistivité volumique d'environ 1,34 ohm.cm dans le sens de la surface et de 0,34 ohm.cm dans le sens de l'épaisseur.

Graphite carbon membranes, on the other hand, are very thin sheets,a few micromètre d'épaisseur et d'apparence semi-translucide. Ils sont également imperméables aux gaz et aux liquides. Leur méthode générale de préparation consiste à préparer un gel thixotropique d'oxyde de graphite en suspension aqueuse, qui est ensuite déposé sur une surface bien polie & après un séchage soigneux, produit la membrane d'oxyde de graphite qui est ensuite réduite dans un courant d'hydrogène à plus de 500 °C. La membrane qui en résulte a une structure cristalline très imparfaite et est graphitisée au-dessus de 2500 °C, ce qui apporte une régularité et augmente la densité de 1,8 à 2,2 gm/cc. Ces membranes sont largement utilisées dans les membranes de dialyse pour le dessalement de l'eau de mer.

Des feuilles de carbone plus épaisses, fabriquées à partir de poudre de carbone et de liant, ont été façonnées à la taille d'une électrode et cuites pour être ensuite placées à l'intérieur d'un boîtier en graphite, graphitisé au-dessus de 3000°C pour produire une électrode ayant des caractéristiques de retrait minimales. Yamada et al687 de Koa Oil Co, Japon, ont décrit un procédé de fabrication de graphite élastique par moussage de la mésophase carbonée en contact avec de l'acide nitrique à 300 °C pendant 10 minutes et graphitisation du matériau expansé à 2800 °C dans un environnement de gaz argon. Il a une densité apparente de 0,6 gm/ cc et une récupération de 70 % à une compression de 10 à 90 %. Une autre méthode de production de graphite souple décrite par Hasuda et al688 de Hitachi Chemical Co, Japon, consiste à faire tremper l'oxyde de graphite dans une solution de polyphosphate avant de le dilater à la chaleur. Le polyphosphate ainsi obtenu, contenant du graphite expansé, a été moulé sous pression pour produire une feuille flexible, adaptée aux joints d'étanchéité des vannes, etc. Le graphite expansé pour l'emballage a également été fabriqué en filmant avec la surface adhésive organique du textile et en y étalant ensuite du graphite expansé, en le pressant, en le roulant et en le formant en une bande de 5 à 50 mm689 [690]. L'entreprise Ucar Carbon, Technology, USA, a décrit un procédé de fabrication de feuilles de graphite souple et de feuilles pour presse à rouleaux691 [692], qui consiste à mélanger du graphite expansé avec du graphite naturel et des composés phosphorés, en pressant au moyen d'un rouleau, pour obtenir une feuille aux propriétés de résistance à l'oxydation et à la corrosion améliorées, qui peut être utilisée pour fabriquer des joints. La même organisation a fait état d'une autre technique de préparation de composite de graphite flexible, dans laquelle du graphite expansé est mélangé à des fibres céramiques en forme d'aiguille693 [694] en utilisant la même technique de fabrication ci-dessus. Un procédé continu de fabrication de graphite souple a également été décrit par Yao et al695 [696,697] et Gu et al de Chine, impliquant un processus continu de fabrication de graphite exfolié par oxydation du graphite avec du peroxyde d'hydrogène et de l'acide sulfurique concentré, expansion dans un four incliné (40-700 d'inclinaison) et formage à la presse en une feuille de papier par une grille de distribution ayant une ouverture de canal rectangulaire. Comme les aiguilles de céramique, le graphite expansé peut également être renforcé par des fibres d'aramide avec un liant au latex pour produire des feuilles de graphite souples698. Une autre conception innovante de feuille de graphite souple comportant une plaque de cuisson entre deux feuilles de graphite expansé a également été signalée699. Des fibres de carbone ont également été utilisées comme renfort avec du graphite expansé pour la production de feuilles de graphite souples700.

Des joints en graphite ont également été préparés par la technique du moulage701. Ici, de la poudre de graphite expansé (densité de 4-6 gm/cc) ainsi qu'une couche métallique de renforcement sont moulées sous pression dans un cadre de moulage. La densité du joint atteint 10 à 40 gm/litre par ce procédé et le produit peut résister à une pression interne de 34,5 k Newton/mètre2. De même, des joints renforcés par une poudre métallique ont été préparés702 en intercalant du graphite avec des halogénures de métaux de transition (par exemple 48 % en poids de CuCl2) et moulés à température ambiante sous une pression de 10 000 lb/in2 pour produire un joint d'une dureté scléroscopique de 12. À une température légèrement élevée (100OC), un mélange du même graphite intercalé avec de la poudre de cuivre est pressé à une pression de 100 000 lb, ce qui permet de produire un joint dont la dureté scléroscopique atteint 3,5. Un joint à base de caoutchouc nitrile contenant du graphite avec des groupes acides, a montré une bonne résistance aux produits chimiques antigel, à la chaleur et à l'huile, à l'attaque par les solvants organiques et l'eau, tout en présentant une bonne propriété d'étanchéité703. Les groupes acides dans les fibres de graphite ont été générés par (fibre de 0,05-0,1 micro-mètre de diamètre) chauffage à 2400 °C et oxydation avec de l'air contenant 0,5% d'oxygène. Ce type de traitement a permis d'obtenir 50 micro-moles de graphite contenant 65 milli-équivalents de groupes acides par kg de poudre de graphite. La société américaine Union Carbide Corpn a signalé704 la production d'un joint isolant destiné à être utilisé entre le silencieux et la tête en aluminium des moteurs refroidis par air. Le joint comprend une couche de fibre céramique isolante disposée entre une couche métallique (tôle d'acier d'épaisseur 0,07 pouce) et une feuille flexible, liées entre elles par une méthode de fixation mécanique. De même, un autre joint d'isolation thermique ayant une température de service comprise entre 500 et 1500 °C a été signalé par Toshiba Corpn, Japon705, qui sont produits à partir de feuilles de graphite laminées imprégnées de polymères inorganiques tels que les polysiloxanes. Des joints en graphite présentant des qualités améliorées de résistance à l'huile et de relaxation des contraintes ont été signalés par Hitachi Chemical Co, Japon706, et les joints sont fabriqués en stratifiant successivement du graphite expansé imprégné de résine et du graphite expansé pur sur les deux faces de la feuille métallique présentant des projections circulaires ou angulaires, en comprimant et en chauffant. Ucar Carbon Technology, États-Unis, a fait état707 d'un procédé de fabrication de joints en graphite souple résistant à l'oxydation et à la corrosion, par moulage sous pression d'un mélange de graphite intercalé et expansé avec du graphite naturel, mélangé à une petite quantité (500-4000 ppm) de composé phosphoré (par exemple du phosphate monoammonique). Il a été affirmé que ces combinaisons de matières premières donnaient des joints d'étanchéité plus résistants au feu, à la corrosion et aux propriétés d'étanchéité. Un autre procédé de fabrication de joints résistants à l'oxydation a été signalé708 par Isuzu Ceramic Ltd, Japon, qui consiste à former une structure cristalline multicouche de type M-P-O (où M = Ca, Al ou Mg) liée aux centres activés des atomes de carbone/graphite et les couches sont alignées (inclinées à 30-1500) dans la direction du flux de gaz. La technique de fabrication de joints enroulés en spirale d'une structure en sandwich de ruban d'acier et de graphite a également été rapportée par Chen et al709 en Chine. Un autre procédé de fabrication de papier graphite souple, signalé par la Chine710, consiste en un arrangement continu d'oxydation du graphite avec du peroxyde d'hydrogène et de l'acide sulfurique concentré, suivi d'une expansion thermique dans un four incliné pour un écoulement continu vers l'avant. En général, les feuilles de graphite, lorsqu'elles sont chauffées et/ou placées sous vide, présentent une déformation en forme de bulle à leur surface, qui peut être évitée lors du formage sous presse, ce qui permet d'obtenir du graphite expansé avec une pluralité d'ouvertures disposées à la surface711.

Un certain nombre de bons articles de synthèse sur les graphites souples ont été publiés récemment712-714. Les lecteurs intéressés peuvent consulter les références ci-dessus pour plus de détails sur le sujet.

4.23 LE GRAPHITE DANS LES INDUSTRIES MÉCANIQUES :

Les matériaux d'ingénierie préparés à partir du graphite comprennent les roulements, les bagues d'étanchéité, les aubes, les patins, les joints chimiques, etc. Une faible valeur CTE, une propriété autolubrifiante et une stabilité à haute température, ainsi que des propriétés de résistance à la corrosion, fondamentales pour la nature du graphite, ont été utilisées pour préparer ces accessoires d'ingénierie. De plus, comme le graphite n'est pas mouillé par les métaux en fusion, ils ne provoquent pas de grippage par soudage aux points locaux de pression intense pendant le service. Avec peu d'utilisation, juste après l'installation, le graphite développe une surface de polissage et le coefficient de frottement diminue avec la poursuite de l'exploitation. Néanmoins, le coefficient is usually high at high loads (0.25) and (0.10) at light loads; but even less than the values for metal-metal contact. Further, to this end, graphite bodies can be modified by various treatment & and impregnation, which not only increases its strength considerably but also makes the graphite body impervious, thus making it suitable for high pressure sealing applications. The self lubricating properties of graphites are of great importance in making rotating shaft seals. For low pressure duties, composite seals using graphite & rubber compounds, have been developed by seal manufacturers. They are used in sealing liquids in machinery and pumps, especially used in food processing industries. For application of these seals in various chemical environment (e.g. sulfuric-acid, hydrochloric-acid, nitric-acid, organic solvents, alkalies and salts), together necessary resins are selected as binder to meet above nonréagit aux conditions. La température est également une considération importante dans la détermination de l'efficacité de ces joints.

Tableau 22
Exemple d'une certaine utilisation de matériaux à base de graphite dans des applications d'ingénierie.

Équipements	Componet en graphite	Grade
Turbines à vapeur	Anneau de glande	Carbone-graphite, électrographite
Turbines hydrauliques	Anneau de glande	Carbone-graphite
Fours de boulangerie	Roulements	Carbone-graphite, graphite métallique, électrographite
Systèmes de convoyage pour les fours de séchage	Roulements	Graphite métallique
Pompes chimiques	Face de phoque et joints	Carbone-graphite, graphite métallique
Garniture mécanique composite	Visage de phoque	Carbone-graphite, graphite métallique
Sécheurs de papier, unions rotatives	Joints à vapeur Buisson guide	Carbone-graphite

Centrales nucléaires	Bagues segmentées Roulements	Electrographite
Pompe à eau	Sceaux	Carbone-graphite
Meubles	Roulements	Metal-graphite, electro- graphite
Ventilateurs industriels, et des circulateurs	Roulements Anneaux de glande	Électrographie en graphite.
Fabrication de cigarettes	Valves	Métal-graphite
industries	Sceaux	Métal-graphite Carbone dur
Chauffage et équipements auxiliaires pour les chaudières	Roulements Les buissons	Graphite métallique
Pompes à essence et pompes de dosage en vrac	Vanes Anneaux de glande	Carbone-graphite
Pompes à eau	Roulements Plaques de Thurst	Métal-graphite, carbone-graphite et carbones durs

Débitmètres	Vanes	Métal-graphite, carbone-graphite
Systèmes de carburant pour moteurs d'avion	Anneaux de phoque Vanes Roulements Cylindre	Métal-graphite (qualité aérospatiale)
Actionneurs	Roulements, Piston anneaux	Electrographite
Compresseurs d'oxygène et moteurs d'expansion	Anneaux d'emballage des fourrures Buissons Anneaux de	Carbone-graphite, graphite métallique Carbone-graphite.

Dans le cas des roulements, fonctionnant dans des conditions sèches, l'usure est directement proportionnelle à la charge, à la température et au carré de la vitesse. La charge et la vitesse maximales pour les grades de carbone ordinaire sont généralement de 50 kg/in2 ^{et} 65 mètres/minute, respectivement ; tandis qu'avec le grade de carbone/graphite spécialement traité, elle est portée à 200 kg/in2 à basse vitesse. Pour des conditions de fonctionnement intermittentes, une valeur de pression et de vitesse plus élevée peut être utilisée. Cette valeur du produit peut dépasser 10^6 en fonctionnement humide, avec une charge de 150 kg/in2 à une vitesse supérieure à 70 pieds/minute ont été utilisés pour des roulements fonctionnant avec des fluides hydrocarbonés. En raison de leur inertie, ces roulements en graphite peuvent être utilisés dans les machines de l'industrie alimentaire et des boissons. Simultanément, ils sont utiles dans des conditions de très haute température, comme dans les chaudières et les fours. Ils peuvent également être utilisés avec la même efficacité en contact avec des fluides dont les propriétés de film sont insuffisantes pour assurer une lubrification adéquate. Ainsi, ils ont été utilisés dans les roulements de pompes hydrauliques pour les avions militaires fonctionnant avec un fluide hydraulique à 3000 psi et dans une plage de température de -65 à -275°F, avec une vitesse de rotation de 3500 à 12 500 tr/min. Ils ont également été utilisés comme joints de roulements de moteurs à réaction avec une vitesse de surface de 1700 ft/min et une plage de température de -65 à 1100 oF, de l'air chaud à 30-120 psig et de l'huile de turbine d'avion à la pression atmosphérique. Les roulements en graphite phénolique moulé sont utilisés avec succès dans les industries textiles qui exigent que le roulement soit non corrosif et ne décolore pas les fils. En fait, les roulements en carbone fonctionnent de manière satisfaisante dans toutes les pièces textiles.

Tableau-23
Applications commerciales des roulements graphite-carbone

Fonctionnement à sec Température élevée	Opération à sec où l'huile et la graisse ne sont pas autorisées	Opérations par voie humide
Les chaînes de magasins	Convoyeurs dans l'alimentation, le textile et les industries chimiques	Pompes centrifuges
Centrale de production Chaudières		Roulements de roue Pompes à engrenages
Clapets et souffleries pour les gaz de combustion	Convoyeurs à rouleaux	Roulement de l'engrenage principal Pompes doseuses de

Roulements de charge

Palier du couvercle du
puits de trempage

Machines à sécher le
placage et le papier
Machines à fabriquer les
cigarettes, installation de
scellement et fours de
cuisson

Pompe centrifuge à
rotor noyé, pompes de
circulation

Usine de nettoyage de
fond, Usine chimique,
Industries textiles.

Les charnières sont en train de sécher

Vannes de gaz Nucler dioxyde de carbone à ^{4000} C

Compteurs de mesure des liquides

Pompes de circulation de carburant à plateau oscillant d'avion.

Dans la pratique, les roulements en carbone fonctionnent de manière satisfaisante dans des conditions si variées qu'il est impossible de donner des chiffres de charge et de vitesse maximales qui seraient universellement applicables. Un guide approximatif dans cette direction serait la valeur des caractéristiques de charge (c'est-à-dire le facteur PV qui est le produit de la pression unitaire basée sur la surface projetée du coussinet qui est à nouveau la charge totale divisée par la longueur multipliée par le diamètre interne du coussinet et la vitesse périphérique de l'arbre) qui sont satisfaisantes dans les conditions de fonctionnement mentionnées ci-dessous :

a) Fonctionnement à sec : Les opérations à sec sont limitées par la chaleur maximale générée dans la douille elle-même pendant son service.

b) Fonctionnement continu : La valeur PV maximale autorisée est de 6000 (2,16 métrique) pour une courte période et 4000 (1,45 métrique) pour une longue période avec la meilleure qualité disponible. Les qualités de carbone et de graphite ont généralement une limite PV de 3000 et la charge P ne doit pas dépasser 14 kg/cm2, tandis que la qualité métal-graphite maintient une PV de 5000 pendant une courte période.

c) Température de travail : Elle est généralement autorisée jusqu'à 350 °C pour la qualité métal-graphite et jusqu'à 500 °C pour la qualité électrographite. Toutefois, la dernière qualité peut être utilisée jusqu'à 1000 °C dans des conditions atmosphériques réduites.

d) Fonctionnement par voie humide : Le milieu humide peut être de l'eau, de l'essence, des produits chimiques, etc. Dans ce cas, en raison d'une friction moindre et d'une meilleure dissipation de la chaleur, des vitesses beaucoup plus élevées sont autorisées avec les mêmes qualités de graphite mentionnées ci-dessus. Dans des conditions idéales de lubrification par film fluide complet, des valeurs PV de l'ordre de 106 sont possibles (360 kgf/cm2 x mètre/sec). Les grades de graphite métallique sont conseillés pour les conditions de lubrification par film complet. Leur texture plus homogène permet d'obtenir un film lubrifiant continu. En cas de rupture momentanée du film, ils sont mécaniquement et thermiquement plus résistants et n'endommagent pas la surface du tourillon. Pour des charges et des vitesses faibles, les grades carbone ou carbone-graphite ordinaires sont adéquats ; mais pour des charges et des vitesses élevées, les grades métal-carbone sont beaucoup plus supérieurs. Les nuances métal-carbone incorporant 14 % de cuivre en volume ont une bonne résistance mécanique et une bonne résistance aux chocs thermiques. Elles sont préférées pour les gros roulements et conviennent particulièrement aux applications de roulements à sec à haute température et à faible vitesse (par exemple, les stokers mécaniques, les clapets à vapeur, les amortisseurs, etc.) Les nuances métal-carbone intégrant un métal antifriction (par exemple MoS2, Pb, etc.) conviennent aux roulements de compteurs et de convoyeurs (fonctionnement à 130 °C). Les métaux-carbone avec bronze au plomb sont plus résistants et conviennent pour les vitesses et les charges élevées (par exemple, pompes à essence, compteurs de liquide, convoyeurs à godets, paliers d'étanchéité, etc.) La qualité électrographite extrudée dense est adaptée aux applications à haute température (jusqu'à 500 °C) (par exemple, four, registre de dérivation de surchauffeur, etc.)

Les joints en carbone-graphite ont été utilisés dans les industries de traitement chimique où la vitesse de surface atteint 5000 pieds/minute et la température 100-600 $^{\circ F}$, en milieu acide ou alcalin ainsi que dans les solvants industriels. Pour des conditions de charge et de vitesse faibles, ces joints peuvent être fabriqués en carbone ordinaire et pour des conditions plus sévères, on utilise du graphite ou des composites graphite-métal. Pour l'application des joints dans l'environnement chimique, les anneaux en carbone peuvent être placés contre une contreface en carbone, les deux faces étant constituées de deux qualités de carbone différentes. Toutefois, ces joints d'étanchéité d'une seule pièce ne peuvent pas être utilisés pour les arbres rotatifs à construction segmentée conçus pour un assemblage et un remplacement faciles, et ces arbres sont également de plus grandes dimensions. Dans les systèmes tels que les turbines à vapeur, les compresseurs de gaz rotatifs, les ventilateurs et les soufflantes traitant des gaz nocifs, on utilise des "Gland-Rings". De nos jours, les anneaux de presse-étoupe sont des méthodes standard pour assurer l'étanchéité des arbres de moyen et grand diamètre. Les anneaux de presse-étoupe en carbone sont largement utilisés pour limiter les fuites des turbines à eau et à vapeur, à la fois comme joints de pression dans les presse-étoupes à haute pression et comme joints de vide dans les presse-étoupes à basse pression. Ils trouvent également de nombreuses applications comme joints d'étanchéité à l'air ou au gaz dans les installations industrielles telles que les compresseurs, les soufflantes et les ventilateurs. Les anneaux de presse-étoupe en carbone-graphite sont adaptés au fonctionnement dans la vapeur surchauffée jusqu'à 3500C. Pour l'étanchéité au vide, les bagues de presse-étoupe ont généralement une pression différentielle inférieure à 2,1 kgf. Les bagues de presse-étoupe en électrographite sont utilisées dans de telles applications ainsi qu'à des températures élevées dépassant 400°C. Les qualités d'électrographite sont cependant plus adaptées aux conditions d'oxydation plus élevées. Dans les turbines à vapeur, les anneaux de presse-étoupe sont fabriqués sous forme d'anneaux "joints bout à bout" (qui n'entrent pas en contact sous pression avec l'arbre). Cependant, des conceptions plus anciennes, segmentées avec un faible jeu entre les segments, qui s'appuient directement sur l'arbre (c'est-à-dire qu'ils forment un joint de contact plutôt qu'un papillon), sont toujours fabriquées. Pour éviter les fuites par un jeu aussi fin dans les joints, les segments peuvent être usinés avec une tolérance très précise s'adaptant aux joints à recouvrement. Ce type de joints à recouvrement ne convient toutefois qu'à l'étanchéité à basse pression et lorsqu'une certaine quantité de lubrification est disponible grâce à la vapeur saturée. Les bagues de type "contact" avec joints spéciaux sont parfois utiles pour les applications d'étanchéité aux gaz à basse pression, mais sont plus appropriées pour les applications d'étanchéité aux fluides, et sont largement utilisées pour les presse-étoupes de turbines à eau pour lesquelles des bagues segmentées de diamètre 80 pouces et plus sont fréquemment fabriquées. Dans ce dernier cas, les parties segmentées sont maintenues ensemble sous forme circulaire par un ressort de garde sur la périphérie extérieure et sont fabriquées avec diverses constructions de joints. Le joint est réalisé entre l'alésage des anneaux de carbone et l'arbre, et peut être soit un joint d'étranglement, soit un joint de contact. Dans le cas d'un joint d'étranglement, les segments sont réalisés avec des joints radiaux en bout. Les zones de haute pression sont ainsi rendues étanches en augmentant la longueur du presse-étoupe par l'ajout de bagues supplémentaires. Pour la préparation de ces bagues de presse-étoupe, on utilise généralement des compositions électrographiques.

Les produits en graphite industriel de cette catégorie comprennent les aubes, les pièces de compteur et de vanne, les segments de piston auto-expansibles et les plaques de poussée. Les aubes sont fabriquées à partir de carbones graphitiques très résistants et sont utilisées dans de petites machines à palettes rotatives servant à comprimer de l'air et du gaz sans huile ou à pomper des liquides. En fonctionnement, les aubes dépendent de la force centrifuge pour maintenir la pression contre le cylindre à grande vitesse et à faible vitesse ; avec des aubes en carbone, cette force peut être insuffisante (en raison de sa faible densité) et une sorte de support de ressort est nécessaire. Les palettes en carbone ne conviennent pas non plus aux outils pneumatiques qui nécessitent un couple de démarrage important.

Fig 10 : Paliers en graphite.

En raison de la nature inhérente du graphite, comme le fait qu'il ne gonfle pas au contact des liquides, il est possible de maintenir un jeu très fin dans les fentes du rotor avec des aubes en carbone. Les pièces de pompe à palettes en graphite pour les compresseurs d'air chaud fonctionnent à une température d'entrée de 180 °F et à une température de sortie de 380 OF à une vitesse de fonctionnement de 1750 cpm. Les pièces de vannes de compteur également en graphite, par exemple le piston et le siège des compteurs volumétriques utilisés pour mesurer l'eau, l'huile, l'essence, l'acide, l'alcool et les solvants organiques, conservent une excellente précision pendant une longue période d'utilisation. Les pièces correspondantes sont généralement en acier inoxydable 316 et en bronze, avec une vitesse autorisée de 200 tr/min. Les segments de piston à expansion automatique en graphite sont conçus pour fonctionner sans lubrification dans les pompes des caméras d'avion à une altitude de 60 000 pieds au-dessus du niveau de la mer et à une température de -65 à -250 ^{oF}. Les segments de piston en graphite sont également très utilisés dans les machines commerciales.

Le tableau n° ci-dessous énumère certains de ces produits en graphite de carbone ainsi que leurs qualités commerciales utilisées dans diverses applications dans les industries mécaniques et fabriquées en Inde par Ascarbon-Morgan, Gauhati (Assam). Le grade C représente le carbone, M le métal et E les composés électrographiques.

Ces derniers temps, une grande attention a été accordée aux études relatives au comportement de glissement et d'usure de divers composites de graphite, ce qui a un rapport avec le développement de roulements et de coussinets améliorés à partir de ces composés. L'une de ces études a porté sur un alliage aluminium-silicium extrudé en poudre contenant des particules de graphite dispersées715. Dans ce cas, on a constaté que le taux d'usure augmentait avec la vitesse de glissement mais diminuait avec le temps en raison de la formation d'une couche dure de l'alliage et de l'effet lubrifiant du graphite. La courbe d'usure, cependant, montre des maxima à une certaine vitesse, puis diminue et atteint un minimum avec l'augmentation de la vitesse. À une vitesse de glissement encore plus élevée, le taux d'usure augmente à nouveau rapidement. Le graphite revêtu d'antimoine métallique par immersion s'est également révélé prometteur pour les applications de coussinets/paliers716. Su717, également originaire de Chine, a fait état d'une surface métallique revêtue par projection plasma contenant du graphite pour améliorer la dureté et la résistance à l'usure. Le métal ainsi revêtu par pulvérisation (TiO2, MoS2, Re et WC) avait un point de fusion élevé (8000-11 000 °C). De même, des études sur l'usure par glissement à sec avec des composites à matrice d'aluminium renforcés par du graphite et du carbure de silicium indiquent qu'il y a une nette diminution du taux d'usure en raison des réactions interfaciales entre le graphite et l'aluminium qui entraînent une augmentation de la dureté du composite. Le produit de ces réactions interfaciales était l'Al4C3719.

La société japonaise Ebara Manufacturing Co720 a mis au point une composition de glissement à base de Si3N4 dont la face avant est constituée de fibres de graphite contenant du cuivre et du nickel pour la fabrication de paliers de pompes destinés à être utilisés en milieu sec comme en milieu aqueux. International Harvester Ltd, USA, a décrit un palier similaire à matrice fibre de graphite/métal produit par la technique d'infiltration sous pression de métal liquide721 qui améliore le mouillage avec la fibre de graphite enroulée contre un cylindre tandis que le métal liquide, comme le plomb, s'infiltre dans le moule. Mitsubishi Motor Co722 a décrit un procédé de fabrication d'un palier à partir d'un alliage de fer fritté contenant du graphite libre précipité, ayant une plus grande résistance à l'usure. L'alliage a une matrice de perlite et du graphite libre précipité dans les pores distribués dans la matrice.

Le revêtement en composite de graphite autolubrifiant des douilles pour le fonctionnement sous forte charge, consiste en une couche moulée de composite de polyimide renforcé de fibres de graphite hachées, liée à l'alésage d'une douille en acier723. Dans ces utilisations, les douilles avec un polymère partiellement fluoré sont fonctionnelles mais ont une capacité de charge plus faible et un taux d'usure plus élevé que celles contenant un polyimide haute température plus conventionnel. Dans ces bagues, le graphite fonctionne bien sous une charge oscillante élevée, à condition que la conception des bagues soit correcte. Des revêtements comprenant du polytétrafluoroéthylène, du graphite et un liant approprié choisi parmi les polyimides et le polyamide-imide, ont été signalés724(Taiho Kogyo Co, Japon) comme présentant d'excellentes caractéristiques de frottement stables et résistantes à l'usure.. Des joints ont également été fabriqués par Hitachi Chemical Co725 dans des applications similaires, qui comprend du graphite expansé avec de la mélamine thermodurcissable 119 résine. La résine composite a été préparée en solution aqueuse et, après formage, séchée et cuite à 100-200 °C pour former le joint qui présente une bonne adhérence aux pièces en fonte et qui est également résistant aux rayures.

4.24 GRAPHITE COLLOÏDAL & : GRAISSES DE GRAPHITE :

La dispersion colloïdale des fines de graphite dans divers milieux liquides ou semi-solides, produit un excellent fluide lubrifiant résistant aux hautes températures. Dans ces préparations, la taille du graphite varie de 40 microns à moins de 40 microns & le milieu de suspension est constitué d'eau, d'huile, de graisse et de nombreux autres solvants. Le tableau 23 ci-dessous indique certains des dispersants de graphite disponibles ainsi que leur constitution. Dans toutes ces préparations, le graphite exfolié trouve une large application car il accueille le fluide porteur dans ses pores, ce qui donne l'avantage que la dispersion peut être plus facilement manipulée et adaptée à une application particulière. De plus, il ne perd pas son contenu de lubrifiant absorbé par liquéfaction ou effondrement lorsque la température est élevée à la température de volatalisation de l'absorbé727. Par exemple, 10 g de graphite exfolié dispersé dans 200 g d'huile lubrifiante Mobil SHC (point d'ébullition inférieur à 170°C), la pâte résultante présente une stabilité à la chaleur jusqu'à 250°C728 . L'auteur a fait des expériences avec les cristallites de graphite extraits des déchets de revêtement de cuves de l'industrie de la fusion de l'aluminium, qui présentent une taille moyenne de particules de 20 microns (voir les résultats de l'analyseur de taille de particules de Malvern sur la figure &)et peuvent être mis en suspension dans divers fluides de silicium avec des viscosités allant de 300 à 3000 CP (taux de charge de 15 à 20%) pour générer du graphite colloïdal de qualité moyenne mais bon marché.

Parmi les autres applications du graphite colloïdal, on peut citer le travail des métaux (moulage à la presse, martelage, extrusion et autres opérations de formage à chaud), le moulage des métaux (moulage sous pression d'aluminium, de magnésium et d'autres alliages légers, revêtement des moules, agent de séparation pour les moules de verre, etc.), les lubrifiants à haute température (par exemple, courroies transporteuses, roulements de four et engrenages, pour l'étirage des fils en métaux ferreux et non ferreux, écrous et boulons à haute température), les rails conducteurs, les patins de ramassage, les barres omnibus où il sert à la fois de lubrifiant et d'agent pour éviter les arcs électriques qui provoquent des piqûres sur les surfaces de glissement, etc. Les fibres de graphite fluoré trouvent également des applications en tant que lubrifiant solide730.

Yamamoto et al731two
-NHCONH- et une poudre solide de graphite fluoré (particules dia inférieures à 50 microns) 10-40 % en poids. L'huile minérale ainsi épaissie ,produit une graisse lubrifiante dont le point de goutte est de 271 °C contre 198 °C observé avec les graisses courantes.

Une autre huile lubrifiante pour moteur à combustion interne à base de graphite, dont on a signalé732 qu'elle améliorait les performances du moteur, est préparée en mélangeant du graphite contenant une suspension colloïdale à de l'huile moteur dans un rapport de 1:9 et purifiée par filtration. Le graphite colloïdal susmentionné contient 15 % de graphite de taille de particules de 1 à 2 microns, 5 % de Novolac et 80 % d'isopropanol. Un lubrifiant de type eau-graphite à haute température peut être préparé en utilisant de l'eau et du graphite comme fluide de base et dopé avec un agent de suspension tamisé, un agent antirouille, un antimousse et d'autres additifs[733]. Les résultats de l'évaluation des performances ont indiqué que ces lubrifiants en graphite possèdent une capacité de résistance à la pression extrême, des propriétés antirouille, antimousse et ignifuges. Les tests de service indiquent qu'il peut être utilisé comme lubrifiant de fonctionnement mécanique à haute température et comme lubrifiant de tréfilage de fils ou de tôles dans les industries métallurgiques.

4.25 LE GRAPHITE COMME MATÉRIAU DE CONSTRUCTION RÉSISTANT AU FEU :

Ces matériaux comprennent des briques, des tuiles, des éléments de toit, du papier peint, etc. Outre sa propriété d'oxydation lente par rapport au carbone amorphe, la conductivité thermique élevée qui empêche d'atteindre le point d'éclair est un point positif pour que le graphite soit considéré comme un matériau de construction ignifuge. Les revêtements de graphite sont également utilisés dans ce contexte comme couverture réfléchissant la chaleur pour les blocs de construction creux[734]. Ces revêtements sont préparés en mélangeant de la poudre et/ou des granulés de graphite avec un agent mouillant tel que la paraffine, et déposés sur la surface extérieure et/ou intérieure de matériaux de construction thermiquement isolants tels que les briques creuses. Les surfaces revêtues sont protégées par un film de polyéthylène. Un matériau de revêtement ignifuge similaire pour les cadres de construction a été préparé à partir d'une feuille incombustible comprenant du graphite expansible, de la résine thermoplastique ou du caoutchouc, et des charges inorganiques telles que $Al(OH)^{3}$[735] et $CaCO3$. Ce mélange a été pris en sandwich avec une tôle d'acier galvanisé et un panneau d'isolation thermique en laine de roche, pour produire un stratifié qui a été placé autour d'un cadre en acier en forme de H pour lui conférer une excellente propriété de résistance au feu. La même entreprise japonaise (Sekisui Chemical Co) a révélé une autre composition de stratifié ignifuge comprenant un revêtement à base de céramique sur lequel est étalée une feuille de résine expansible (résine thermoplastique avec graphite expansible) avec des charges inorganiques telles que $Al(OH)_3$ & $CaCO3$ avec peu de phosphate d'ammonium, et enfin une plaque métallique placée sur le dessus. Inamori et al[737], également de la même ferme de fabrication, ont décrit un processus de fabrication en continu pour produire des moulages en caoutchouc ignifugés similaires.

Un grand nombre de techniques de fabrication de feuilles ignifuges à base de graphite ont également été décrites ces derniers temps. Par exemple, des feuilles ignifuges pour recouvrir des tuyaux métalliques traversant des murs ou des cloisons de séparation. Ces feuilles se dilatent sous l'effet de la chaleur en cas d'incendie afin d'empêcher la propagation de la fumée vers la pièce adjacente. Ces feuilles préparées dans une épaisseur de 1 à 20 % du diamètre du tuyau et constituées de caoutchouc butyle ou de résines époxy comme composant de la matrice, de phosphates, de charges inorganiques et de graphite expansible[738]. À partir de l'organisation ci-dessus, Numata et al[739] ont décrit la technique de fabrication d'une autre feuille adhésive à base de caoutchouc butyle résistant au feu, qui peut être enroulée pour être stockée et utile comme matériau de construction. Elle a été préparée par laminage (pressage à chaud) de caoutchouc butyle, de polybutane, de tackinfier, de polyphosphate d'ammonium, de graphite exfolié et de charges sur un substrat de polyéthylène basse densité (film thermofusible), dont l'autre face est traitée au silicone avec un adhésif à température ambiante qui devient une couche réfractaire et isolante en raison de l'expansion par la chaleur. Une composition similaire, mais à base de résine ABS ou de polycarbonates, de charges inorganiques et de graphite expansé avec peu de phosphate, a également été décrite740 par la même société pour des applications structurelles mécaniques résistantes au feu. Une autre feuille laminée résistante au feu de 0,01 à 2 mm d'épaisseur décrite par la même organisation741 comprend un côté en graphite expansible thermiquement (0,5 à 10 mm d'épaisseur) et l'autre côté comprenant un mélange de résine thermoplastique ou de caoutchouc, de phosphates, de charges inorganiques hydratées et de graphite exfolié ainsi que des carbonates [742, 743, 744]. Bai745bromide from China described a fire and abrasion resistant as well as anti-static graphite based nylon composition which contains caprolactum and a modifier-cum-antistatic agent from graphite and Al/Fe powder, abrasive powder (graphite) and fire retardant compound such as paraffin. Une autre composition de graphite expansible résistant au feu746 décrite par BASF Aktiengesellschaft, Allemagne, comprend un polymère de polystyrène ainsi que du graphite expansible. Le produit a été préparé par polymérisation en suspension de styrène en présence d'un retardateur non halogéné qui n'affecte pas le processus et qui est également résistant à la déformation. L'un de ces composés est le diméthylphénylphosphonate de styrène.

Le graphite expansible a également été utilisé dans la conception de barrières intumescentes d'isolation thermique. Ces panneaux moulés ou extrudés sont préparés à partir de graphite expansé, de polymère thermoplastique (par exemple, le polyéthylène) et de charges telles que le carbonate de calcium747. Une autre composition de ce type décrite par 3M-Co de l'USA748 où deux couches (l'une contenant du graphite expansible et l'autre exfoliée) se tiennent ensemble sans agent de liaison. Ces multicouches

Tableau 22 t Exemple de quelques graphites industriels commerciaux de qualité balai proposés par Ascarbon-Morgan, Inde.

Guide pour la sélection des grades

MACHINES FIXES À COURANT CONTINU

FLUSH MICA :

Industrie	A:C4.
HP fractionné	A : 04 : M6 : PM9 : PM70.

MICA EN RETARD :

Sans interpoles	EG3 : EGU : EG236 : EG6345 : EG8101 : M6 : M9101:PM11:PM70.

AVEC UNE TENSION D'ALIMENTATION INDUSTRIELLE NORMALE ENTRE LES PÔLES FAIBLE :

Jusqu'à environ 10k W	EGO : EG3. EG260 : EG6345 : M9101.
MOYENNE (MOINS DE 500 KW) :	
Vitesse inférieure à 18 m/s, 3500 ft/min	EGC:EG3:EGU:EG6345:EG260.
Speed que 18 m/s, 50C ft/min.	E3'2 EGU. EG236. EG236S. EG251

GRAND (PLUS DE 500 KW) :

Vitesse inférieure à 18 m/s, 3500 ft/min	EG3 : EG236 EG236S EG6345.
Vitesse supérieure à 18 m/s, 3500 ft/min	EG012 : EG14 ; EG236 EG236S : EG251.

CONDITIONS DE TRAVAIL SPÉCIALES :

De longues périodes de fonctionnement à faible charge	EG236 : EG236S. EG251 : EG260 : 1M9O1.
De lourds crapauds fluctuants	EGU : EG17 : EG234 : EG238 : EG236S : EG251.
Moteurs d'aciéries	EX. 14 : EX. 17 : EX. 224 : EG236 : EG236S : EG251.
MM1 générateurs	EG17 EG236:EG236S:EG251.
Procédés électrochimiques	EG14D : EG236S.
Des excitateurs à grande vitesse	EG14:EG236S:EG251
Amplificateurs rotatifs et machines à champ croisé	EG236 : EG8101:M9101.
Convertisseurs rotatifs et moteurs	EG012:EG14:EG236.
Conditions de manse	EG236 : EG236S : EG260 : EG6345 : M9101 : EG10.

AVEC UNE TENSION D'ALIMENTATION ENTRE PÔLES INFERIEURE À 100V. Général, classé par tension

6V 12V	30V	50V		75V	>75V
MUR					EG12
M145E	M15E	M16E	M18E	M185E	EGO

Générateurs de soudage	EGO:EG012:EG236.
Excitateurs	EG12.

MACHINES MOBILES

TRACTION :

MOTEURS DE TRACTION À COURANT CONTINU : ALIMENTATION COLLECTÉE

Service à vitesse moyenne	EG14D : EG116. EG116S : EG259 : EG6749N.
Le devoir de rapidité	EG 14 D : EG 116 : EG 116S : EG259 : EG105.
Les trolleybus et les trams	EG 12 : EG14D : EG116S : EG259 : EG260:1M9HO1.

MOTEURS DE TRACTION À COURANT CONTINU : DIESEL ÉLECTRIQUE

obligation de vitesse faible/moyenne	EGUD:EG259:EG6749N.
Service à grande vitesse	EG14D:EG259:EG266.

DC. GÉNÉRATEURS : DIESEL ÉLECTRIQUE

Locomotives à faible/moyenne vitesse	EG14D:EG236S:EG260:EG105.
Locomotives à grande vitesse	EG14D:EG236S : EG 105.
A. C. Moteurs de traction (moteurs à collecteur à courant alternatif)	EG3 : EG14D : EG116:EG116S EG119:EG105.

AUXILIAIRES DE TRACTION.

Générateurs auxiliaires/excitateurs	EG260-EG6-49N EG225
Moteurs de compresseurs	EG3 : EG14. EG236S : M9101.
Moteurs de traction blower	EG116:EG116S EG236S EG259
Ventilation des moteurs de ventilateur	EG12EGUEG236S
Moteurs de pompes Oilisau	EG259 EG260.
Générateurs d'éclairage	EG3EG14.
Moteur Groupes électrogènes moteur	EG12 EG 14D : EG224 ; EG236S M9101.
générateur	EG14 EG236S:M9101.

AVION

Générateurs, moteurs d'actionnement, glissement d'alternateur	EG12*. EG 14* : H100 (*wrth appropriate traitement pour l'opération altitude).

AUTOMOBILE

Dynastartons	EG12.
Moteurs de démarrage - 6, 12, 24 volts	MUES : BM51 : M145E : M15E-M18E : M16EX.
Alternateurs	M185E EGO EG2.
Générateurs	8 : EG3 : EG12:H100.
Moteurs accessoires	MUSE : M15E.M185E.

VÉHICULES À BATTERIE

Sous 40V	M100.
Plus de 40V	M185E : EG3 : EG12 : EG236 : EG236S.

CRANES MOBILES

110-200 V.d.c.	A:EG3:EG12:EG224:EG236S.

LES APPAREILS MÉNAGERS ET

Le mica de la chasse d'eau	. A : M6 : PM9 : PM70.
Mica encastré	EG3 : EG224 : EG8101 : M6 : M9101 : PM11 : PM70.

MACHINES STATIONNAIRES À COURANT ALTERNATIF

SYNCHRONISÉE PAR BAGUE

LES ANNEAUX D'EXCITATION À COURANT CONTINU (ALTERNATEURS ET MOTEURS SYNCHRONES) :

Anneaux en acier à haute vitesse (3000 tours/min)	EGOR* H95:H95R:H9100. Idically anneaux ralentis uniquement.
Vitesse moyenne (1500 tours/min et moins) anneaux de bronze	EGO:EG260:H95:M15E.
Anneaux en acier et en fonte à faible vitesse (500 tr/min et moins)	EGO : EGOR : EG26B : H95 : H95R.

TRANSPORT A.C.

(Convertisseurs rotatifs et alternateurs à armature tournante)	EGO:BM51:M15E:M16E:M17E.

ASYNCHRONE [MOTEURS À INDUCTION].

BAGUE DE COURT-CIRCUITEMENT GIAR :

Pinceaux levé	M14RBM51M15E.
Brosses non levé	M15E:M19E:M18E.

ANNEAUX COURT-CIRCUITÉS AU NIVEAU DU CONTRÔLEUR :

Bronze *nga	MURBM51 M15E M' 4E EGO
Les pièces en fonte	M15E,EG9:EGCR H95:H910C.
Acier nega	M15E : H95:H9100.
Cupro-nickel (totalement fermé)	M451, M95E : EGO EG260.

MOTEURS À COLLECTEUR POLYPHASÉ À BAGUE COLLECTRICE

Bagues en bronze	BM51:M15E:M16E:EGO.

COLLECTEUR - PHASE UNIQUE

MOTEURS FRACTIONNAIRES (UNIVERSELS) : ISOLATION AFFLEURANTE.

Plus de 12000 tours/min	C4:M6:PM9:PM70. EG224:EG8101 : M6 ; PM9 PM11.
papier	
Moins de 12000 tours/min - les deux types	M100.

ISOLATION ENCASTRÉE.

Plus de 12000 tr/min	EG224:EG8101:M6:PM11.
Moins de 12000 tours/min	EG224 : EG8101.
Alimentation des thyristors	EG8101:PM9:PM11.
Moteurs à séries composées	C4:EG3:EGU:EG8101:M9101.
Moteurs de répulsion	B:EG3:EG6345:EG8101.
Moteurs à induction de répulsion	EG3 : EG14 : EG6749 : M6.

COLLECTEUR-POLYPHASE

Moteurs alimentés par stator (Schorch & N.S.)	EG8101:M9101 : M9876.
Moteurs à rouleaux (Schrage)	EG10:EG6345:EG8101:M9101.
Equipement Scherbius à changeurs de fréquence	EGU : EG6749 : EG8101 : M9101.

Note t

EG représente la classe électrographite, SG la classe argent-graphite, MG la classe métal-graphite, RB la classe graphite naturel lié à la résine, NG la classe graphite naturel, HC la variété carbone dur, et CG les corps graphite de la variété carbone-graphite.

CLASSE DE MÉTAL

| Grade | Candidature
C Commutator
S : Glissade | App. Densité
g/cm2 | Scléro-portée
Dureté | Transvers
Force kgf/cm2 | Specific Resistance
micro ohm-cm | gm cm2 | Calendrier des tests
m sec | A cm2 | Coeff de friction | Contacter le Vol/VBrush | Paramètres de fonctionnement recommandés | | | GUIDE D'APPLICATION |
											En cours Densité C A/in2 A/cm2	Max. Vitesse d'inertie ft/min m/sec.	Pression lbf/in2 gf/cm2	
MUR	S	6.30	10	1450	8	140	17.5	8.5	0.15-0.20	Moins de 0,4	150 23.1	4,000 20	2 140	Qualité hautement conductrice et faiblement usée, spécialement utilisée sur les bagues collectrices à haute densité de courant.
M14E	C-S	5.60	12 '	850	13	140	17.5	8.5	0.15-0.20	Moins de 0,4	150 23.2	4,000 20	2. 140	Démarreurs automobiles 6-12 volts de conception Lucas, bagues collectrices de moteur à induction, disjoncteurs et contacts de contrôleur d'ascenseur.
M14ES	AUTO	5.8	12	850	13		Spécial		0.15-0.20	Moins de 0,4	110 17	4,000 20	2 140	Grade spécial développé pour convenir" Lucas 12V Self Starters.
M145E	S	4.7	12	450	12	140	25	8.5	0.15-0.20	Moins de 0,4	150 23.1	6,000 30	2.5 175	Convient le mieux aux bagues collectrices des moteurs à induction. Approuvé pour les moteurs à bagues KEC.
M15E	S	4.7	11	450	27	210	25	8.5	0.15-0.20	Moins de 0,4	100 15	6,000 30	3 210	Convertisseurs rotatifs et bagues de moteurs à induction de AEI, Siemens et NGEF.
M16E	C-S	4.0	12	305	57	210	25	8.5	0.10-0.15	Moins de 0,4	75-90 11.5	6,000 30	3 210	Convertisseur rotatif et bagues de moteur à induction de marque NGFE et générateurs de 12-30 Volts.
M16EX	AUTO	4.0	12	300	57		Spécial		0.10-0.15	Moins de 0,4	75 11.5	6,000 30	3 210	Qualité spéciale avec une texture extrêmement lisse et une très faible friction. Convient spécialement aux démarreurs automatiques Lucas 24V.
M17E	S	3.6	15	255	135	140	25	8.5	0.10-0.15'	Moins de 0,4	75 11.5	6,000 30	3 210	Convient pour les bagues collectrices des moteurs à induction totalement fermés.
M18E	AUTO	3.55	19	430	207	140	25	8.5	0.15-0.20	Moins de 0,4	75 11.5	6,000 30	2 140	Qualité hautement lubrifiante à faible teneur en métal utilisée dans les démarreurs automatiques de Leyland Comet et de CAV, les bagues collectrices des moteurs à induction et les générateurs de soudage.
M185E	S	3.35	16	225	160	140	25	8.5	0.15-0.2	Moins de 0,4	75 11.5	6,000 30	2 140	Convient aux moteurs d'essuie-glace de pare-brise et aux alternateurs automatiques.
BM51	S	5.55	12	1100	40	140	17.5	8.5	0.15-0.20	Moins de 0,4	150 23.1	6,000 30	2 140	Pour les brosses de mise à la terre des locomotives et pour des applications très spéciales de bagues collectrices.
M100	C	2.00	25	240	1100		Spécial		0.10-0.15	0.4-0.7	75 11.5	6,000 30	2 140	Grade hautement lubrifiant à très faible teneur en métal

CLASSE DE GRAPHITE ARGENTÉ

Grade		App. Densité	Dureté	Transvers	Specific Resistance							La pression selon toapplication	GUIDE D'APPLICATION
ASG 5		6.7	10	1115	4		L'utilisation de ces grades est généralement dictée par des conditions d'exploitation particulières et les données standard donc de peu de valeur. Les valeurs de chute de contrat peuvent varier de 0,02 mV à 0,4 mV à 10 mA par brosse ou de 0,06V à O,6Vat8,5A/cm2					La pression selon toappli-cation	Instruments de mesure

I A9G®(X   53   365   126   22   247   un   I 1

Spécial peй" FHP motors of etedronrc te#Wig aid ,
CW&OI rtSIWWfltS. ' ...

CLASSE DE GRAPHITE NATUREL

Grade	Candidature C Commutator S : Glissade	App. Densité g/cm2	Sclero-portée Dureté	Transvers Force kgf/cm2	Specific Resistance micro ohm-cm	gm cm2	Calendrier des tests m sec	A cm2	Goeffof Friction	Contact drop	Current Density ? A / cm2 ft/min	Max. Operating Volt/BrushA/in2 ft/min m/sec.	Pression lbf/in2 gf/cm2	CONSEILS D'APPLICATION
HM2	C	1.80	23	115	1300	140	25	6.2	Moins de 0,10	Plus de 0,6	65 10	10,000 50	2.0 140	Une qualité adaptée à l'utilisation sur les anciens laminoirs à courant continu, où les difficultés sont dues à une faible charge. Egalement sur les moteurs de laminoir à vitesse de rotation maximale de 125 à 150 tr/min où les grades EG sont sensibles aux changements fréquents de sens de rotation et où de violents bruits de brosse ou des étincelles se produisent.
HM5	S	1.85	12.5	100	1020	140	25	8.5	0.10-0.15	Plus de 0,8	75 11.5	10,0̈ o0	2 140	Une qualité de fonctionnement en douceur utilisée sur les bagues collectrices des moteurs synchrones, les excitateurs et les moteurs à courant continu de taille moyenne.
HM6	S	1.32	13	110	2000	175	75	8.5	Supérieur à 0,15	Plus de 0,8	65 10	12,000 60	2 140	Un grade d'inertie très faible avec une légère action de nettoyage. Convient aux bagues collectrices en acier rapide.
HM6R	S	1.40	13	130	1900	175	75	8.5	Plus de 0.15	Plus de 0,8	65 10	15,000 75	2 140	Très bon fonctionnement, faible degré d'inertie et bonne capacité de collecte. Convient parfaitement aux bagues collectrices des turbo-alternateurs.
HM8	C	1.68	15	160	1400	140	17.5	6.2	0.10-0.15	Plus de 0,6	60 9.5	8,000 40	2 140	Un grade de fonctionnement doux et silencieux adapté aux moteurs FHP avec Mica encastré. Également recommandé pour les machines à courant continu de taille moyenne et les excitateurs à grande vitesse des alternateurs.
HM109	S	1.35	13	112	1875	175	75	8.5	0.15-0.20	Supérieur à 1,0	65 10	18,000 90	2.5 180	Similaire au HM6R mais adapté à une vitesse très élevée avec une bonne capacité de collecte et de partage de charge. Particulièrement adapté aux bagues rainurées à très haute vitesse des turbo-alternateurs.

CLASSE DES RÉSINES LIÉES

Grade	Candidature C Commutator S : Glissade	App. Densité g/cm2	Sclero-portée Dureté	Transvers Force kgf/cm2	Specific Resistance micro ohm-cm	gm cm2	Calendrier des tests m sec	A cm2	Goeffof Friction	Contact drop	Current Density ? A / cm2 ft/min	Max. Operating Volt/BrushA/in2 ft/min m/sec.	Pression lbf/in2 gf/cm2	CONSEILS D'APPLICATION
IMS	C F.H.P.	1.9	10	300	14000	210	25	6.2	0.10-0.15	Supérieur à 1,0	40 6.2 20 3.1	6,000 30 8,000 40	3 210 3-4 210-280	Haute chute de contact. Convient aux moteurs à courant continu et aux moteurs FHP universels avec SCR. Gère le Mica à affleurement doux, une qualité de fonctionnement silencieux.
IM 6	F.H.P.	1.55	35	270	66000	210	25	1.6	Moins de 0,1	Plus de 1.5	15 2.5	6,000 30	3 210	Chute de contact exceptionnellement élevée. Convient aux moteurs à courant continu et aux moteurs FHP universels avec SCR. Gère le Mica à affleurement doux, une qualité de fonctionnement silencieux.
IM 23	C	1.75	36	420	12000	210	25	6.5	Moins de 0.1	Supérieur à 1,0	60 9.5	6,000 30	3 210	Une qualité de balai à forte chute de contact qui convient aux moteurs à collecteur de type Schrage A.C. et aux moteurs lents FHP.
IM 8876	C	1.9	47	550	17800	210	25	6.5	Moins de 0,10	Plus de 1.50	65ac:40dc 10ac:6.5dc	6,000 30	3 210	Convient parfaitement aux moteurs à collecteur de type A.C. alimentés par stator et schrage. Egalement pour Dynamo Lucas 12V & 24V.
IM8876HK C		1.9	50	585	20500	210	25	6.5	Moins de 0,10	Plus de 1.5	65 10	6,000 30	3 210	Cette bande sélectionnée de matériau à haute résistance est spécialement recommandée pour les moteurs à collecteur L.S.E. A.C.
IM 9101	C	1.85	39	495	10200	210	25	6.5	Moins de 0,10	Supérieur à 1,0	60ac:50dc 9.5ac:8dc	6,000 30	3 210	Faible coefficient de frottement. Convient aux machines à courant continu ayant de longues périodes de fonctionnement à faible charge. Utilisé également sur les amplidynes et les moteurs à collecteur à courant alternatif.
H100	AUTO	1.75	40	236	4300	210	17.5	6.5	Moins de 0,15	Plus de 0,6	55 8.5	6,000 30	3-4 210-280	Une qualité particulièrement adaptée aux générateurs automobiles à basse tension. Qualité originale établie pour Lucas.

Grade	Type													Description
EG236S	C	1.68	64	190	4200	210	25	8.5	0.10-0.15	Plus de 0,8	70 / 11	10,000 / 50	3.0 / 210	Semblable à l'EG 236, mais offre une durée de vie plus longue, convient aux générateurs de traction, aux excitateurs, etc. Egalement recommandé pour les entraînements à thyristors. Catégorie sensible à la pression,
EG 251	C	1.68	60	214	. 5360	210	25	8.5	Moins de 0,1	Supérieur à 1,0	60 / 9.5	10,000 / 50	3.0 210	Bonne qualité de commutation et excellente qualité de formation de film. Convient pour les atmosphères corrosives. Particulièrement efficace sur une large gamme de commandes industrielles de moyenne tolérance, comme les moteurs Mill Duty avec des changements de charge soudains tels que les cisailles volantes, les moteurs à vis, les moteurs ro4 line
EG 259	C	1.75	77	285	5750	210	25	8.5	Moins de 0/1	Plus de 1.0	65 / 10	10,000 / 50	3.0 / 210	Le traitement spécial EG251 le rend très adapté à toute la gamme des moteurs contrôlés par thyristor.
EG 270		1.K>	'58	300"	3800	440	40	\io	Ws	1.1	80 / 12.4	10,000 / 55	.5-8 350- 560	Agradewithexc^tcommut^andcollectaiabiaies- Contrôle la formation du film et maintient un frottement stable sur une large gamme de charges. Convient aux saletés de traction, y compris les moteurs à courant alternatif et les moteurs diesel-électriques,
EG 260	C S	1.58	40	260	1200	2?0	17.5	8.5	0.15-0.20	Plus de 0,6	65 / 10	6,000 / 30	3.0 / 210	Triable pour une large gamme de machines à courant continu, également pour les bagues de glissement à faible vitesse. Convient pour une utilisation en atmosphère corrosive.
EC 253		1.63	57	190	4500	2?0	25	8.5	0.10	1.05	80 / 12.5	10,000 / 50	3-4 210-280	Un grade général avec de bonnes capacités de collecte de courant de commutation et de fonctionnement avec du plomb léger. Convient aux générateurs de laminoirs et de bobines de mines, ainsi qu'aux générateurs de traction et aux moteurs de traction montés sur châssis.
EG 268		1.62	69	320	5000	460	40	10	0.14	1.0	80 / 12.4	11,000 5	7-10 500- 700	Un grade avec de bonnes capacités de collecte et de commutation, qui maintient un faible coefficient de frottement dans des conditions de charge légère. Convient très bien à une utilisation sur les moteurs de traction à courant alternatif et continu rectifiés et sur les moteurs électriques Diesel.
EG 269		1.55	58	170	5600	245	32.5	13	0.09	1.25	80 / 12.4	11,000 5	3-5 210-350	Le grade à texture ouverte donne une bonne commutation et maintient la formation du film sur une large gamme de charges. Particulièrement adapté pour le courant alternatif et les bobines. Moteurs à courant alternatif. Convient également aux générateurs ayant des problèmes de surfilmage.
EG 284		1.65	68	300	5800	460	40	10	0.13	1.10	80 / 12.4	11,000 / 55	5-8 350-560	Une note avec d'excellentes capacités de communication et de collecte. Contrôle la formation du film et maintient un frottement stable sur une large gamme de charge. Convient à la plupart des tâches de traction, y compris les moteurs électriques à courant alternatif et diesel.
EG 6345	C	1.68	70	200	2850	180	25	8.5	0.10-0.15	Plus de 0,6	60 / 9.5	6,000 / 30	2.5 / 175	Convient aux machines de taille moyenne à courant continu. Permet de manipuler des charges fluctuantes. Utilisé sur les machines à courant continu sur les navires.

Les feuilles intumescentes sont également utilisées dans les dispositifs de contrôle de la pollution.

Un matériau résistant au feu formant une mousse avec une bonne stabilité mécanique lorsqu'il est exposé à la chaleur, a été signalé par Hitachi Cable Co749 du Japon, à partir de PVC non carbonisable et de polymère carbonisable EVA, et de graphite expansible. Ces revêtements trouvent leur application dans la préparation de câbles résistants au feu. Une autre composition de mousse plastique à base de graphite & adaptée comme matériau de revêtement pour les portes et les panneaux afin de les rendre ignifuges, décrite par Fleury750 [de] Belgique, qui constitue du graphite lamellaire (taille maximale 0,5-3 mm) avec de la mousse de polyuréthane. Un joint résistant au feu sous forme liquide ou pâteuse a également été décrit par Environmental Seals Ltd751, qui comprend une suspension de graphite exfolié, de silicate de sodium, de fibres céramiques et un liant (par exemple, de l'alcool polyvinylique). Il peut être appliqué sur la surface de n'importe quel matériau de construction et est ignifuge. Une composition ignifuge à base de graphite thermiquement expansible et liée au latex a également été décrite par Chemie Linz GmbH d'Allemagne753. La préparation du composé ne nécessite pas de solvant organique, mais un latex de copolymère d'acide chlproprène-méthacrylique avec une résine de tert-butyl-phénol-formaldéhyde est utilisé avec le graphite expansé.

Des papiers muraux ignifuges ont également été préparés sur la base de compositions similaires à celles mentionnées ci-dessus pour les feuilles ignifuges. Par exemple, Bayer-A.G. d'Allemagne a décrit753 une a composition based upon expanded graphite and a polymer matrix of polyethylacrylate with ammonia, which was cast into 1 mm thick film. The film do not crack on folding. Another firecomposition de papier peint décoratif ignifuge à base de graphite expansé avec de la pâte à papier, laminé avec un film PVC décoratif, décrite par Nippon Kesai Co, Japon754. Une autre composition de papier peint ignifuge expérimentée par Sekisui Chemical Co, Japon755 implique des phosphates de caoutchouc butyle, $Al(OH)_3$ & $CaCO3$ comme charge, et du graphite expansé. Ces papiers ont une propriété auto-extinguible et résistante au feu. Une autre composition de pâte à papier et de graphite expansé, sous forme de papier peint, a été brevetée par Nippon Kasei Co, Japon756.

Une composition ignifuge pour la fabrication du plancher et du toit d'un bâtiment a été décrite récemment par Sekisui Chemical Co, Japon. Le plancher est composé de757 une couche de base (par exemple, contreplaqué décoratif, plaque de plâtre ou de laine de roche), une couche thermo-expansée (contenant du caoutchouc butyle, du polybutène, de la résine de pétrole hydrogénée, également appelée "tackifier"), du phosphate d'ammonium, du graphite thermo-expansible, de l'$Al(OH)_3$ et du $CaCO3$, avec une plaque de support métallique. Alors que la composition du toit contient758 une plaque de base (fer ou placoplâtre), une couche thermoexpansible comme ci-dessus & du graphite expansible.

4.26 LE GRAPHITE COMME EXTINCTEUR :

La propriété de combustion lente et la facilité d'étalement du graphite ont été utilisées dans le développement de ces matériaux. En général, les propriétés ignifuges du graphite utilisées dans le développement de composants pour les matériaux de construction, comme nous l'avons vu dans la section précédente, sont principalement utilisées pour arrêter le feu de métal. Le graphite expansé ou exfolié est principalement utilisé dans le commerce à cette fin759. Le graphite intercalé, en particulier, absorbe la chaleur pour exfolier et prive le feu d'oxygène. Par conséquent, lorsque ces matériaux sont répandus sur le feu ou que des matériaux préparés à partir de celui-ci entrent en contact avec le feu, il en retarde la propagation. Ces derniers matériaux sont liés à des résines pour former un revêtement élastique sur les câbles électriques qui sont la source la plus fréquente d'incendie dans les résidences à la suite d'un court-circuit760. Matsushita Electric

Industries, Japon761 a mis au point une feuille de graphite conductrice de chaleur, produite à partir de films polyimides par traitement thermique à 1000-1600 °C en atmosphère inerte, et finalement cuite à 2500-3100 °C pour produire une feuille de graphite moussé pour une meilleure conduction thermique et donc un retardateur de feu. De même, une composition de résine époxy ignifuge a été développée par Sekisui Chemical Co du Japon762 pour le revêtement des matériaux de construction. La composition contient de la résine époxy, du graphite expansé, un agent de durcissement (par exemple, une diamine) et des charges inorganiques telles que $Al(OH)_3$ et $CaCO3$. Le mélange est malaxé et appliqué sur une tôle d'acier galvanisé et à chaud 126

pressé pour produire un matériau ayant une bonne résistance au feu et une bonne propriété de conservation de la forme.

4.27 ÉCRAN DE FUMÉE EN GRAPHITE :

Il s'agit d'obscurcissements du champ de bataille, la fumée générée par la combustion de ces composés aidant le soldat à s'échapper ou à se couvrir sur le champ de bataille. Là encore, en raison de la très faible densité du graphite exfolié (environ 0,004 gm/cc et une taille de particules comprise entre 10 et 35 micromètres), lorsqu'il est répandu dans l'air, il reste longtemps en suspension, créant ainsi une couverture pour le soldat. Graphite-FeCl3violet intercalated compounds have been used for this purpose. Preperation of such compounds have already been discussed in detail in section. Further, graphite possess the property of being able to absorb a wide range of electromagnetic radiation (from ultraà micro-ondes) qui est utilisé par l'armée américaine comme obscurcissant du champ de bataille dans la guerre conventionnelle763. La propriété d'absorption des radiations électromagnétiques du graphite a également été utilisée pour développer des boucliers électromagnétiques, qui seront examinés en détail dans la section ci-dessous.

4.28 MATÉRIAU DE FRICTION EN GRAPHITE :

Bien que le graphite pur possède des propriétés lubrifiantes, ses composites offrent une résistance adéquate au glissement, ce qui garantit une application réussie comme matériaux de friction industriels, tels que les tambours de frein dans les automobiles et les avions, les semelles de ski, etc. De plus, la propriété anisotrope du graphite modifie remarquablement les coefficients de frottement avec l'alignement des grains. La chaleur générée à la surface de friction est facilement tolérée par le graphite et sa propriété anti-usure en fait un matériau idéal pour de telles applications.

Teijin Ltd et Akebono Brake Kogya Ltd, Japon, ont décrit le processus de fabrication d'un certain nombre de ces articles764-767. Dans l'une de ces innovations, un mélange764 de fibres inorganiques (par exemple des fibres de verre) et/ou de particules inorganiques, de poly(m-phénylène isophtalamide), de poudre de laiton, de résine fluorocarbonée de graphite et de fibres de polyamide a été moulé, pressé à chaud et chauffé pour obtenir un matériau de friction ayant un coefficient de frottement de 0,33 et une force de liaison de 7,9 kg/mm2. Une autre innovation765 consiste en un mélange contenant du polyamide aromatique revêtu d'une poudre de serpentine, une charge inorganique et/ou une fibre organique (poussière de cajou), du graphite revêtu de laiton et de la résine phénolique, qui ont été façonnés en feuille après avoir été mélangés dans de l'eau, séchés, pressés et chauffés pour obtenir un matériau de friction ayant un coefficient de frottement de 0,46 à 100°C et adapté à la fabrication de garnitures de freins et de garnitures d'embrayage. Une autre composition innovante766 consiste en un mélange de copolymère C2F4-propylène, de copolymère C2F4-C2H4, d'agent de vulcanisation, de graphite et de fibre de verre, qui altèrent la forme nécessaire ont été pressés à chaud à 200°C pour obtenir un matériau de friction 767 à haute résistance à l'abrasion. Dans une autre formulation encore divulguée par la même société, un matériau de matrice contenant du caoutchouc acrylique, du caoutchouc d'épichlorhydrine, un agent de vulcanisation et son auxiliaire ainsi qu'une résine phénolique anti-âge, de la fibre de verre/fibre céramique, ont été moulés et vulcanisés à 150 °C pour obtenir un matériau de friction avec un coefficient de frottement de 0,14 et une haute résistance à l'abrasion. Matsushita Electric Works Ltd, d'autre part, a révélé un procédé de fabrication d'un matériau de friction[768] ayant un coefficient de frottement compris entre 0,34 et 0,4 à 100-400 °C et possédant également une propriété de haute résistance à l'abrasion, impliquant des mélanges de résine phénolique, de graphite, de fibre d'acier, de fibre de résine acrylique, de poudre de laiton et de poussière de cajou.

Les disques ou tambours de frein pour véhicules ont également été fabriqués à partir de matériaux de friction à base de graphite et de cuivre ou d'alliages de fer. L'une de ces compositions, décrite par Akobano Brake Industries, Japon[769], consiste en un alliage cuivre-chrome contenant 20 % de fibre de carbone revêtue de cuivre et 5 % de graphite revêtu de cuivre et fritté à l'état semi-solide. Les disques de frein fabriqués par ce procédé ne se sont fissurés qu'après 2400 freinages contre des plaquettes à base d'amiante, contre 600 freinages avec des disques conventionnels. Une autre composition[770] pour la fabrication de garnitures de tambours de freins consistait en du graphite compact exfolié en fonte. En raison d'une résistance à la fatigue thermique et à l'usure plus élevée, la durée de vie de ce type de tambour de frein a été estimée à 127 de 120 à 300 % de plus que celui du tambour en fonte grise utilisé de manière conventionnelle. Une autre composition pour la fabrication de la plaquette de frein à disque[771], qui comporte un matériau thermiquement isolant combinant du graphite, dont on dit qu'il présente une bonne résistance à la chaleur et aux fissures sous contrainte et une bonne adhérence des couches intermédiaires même dans des conditions difficiles, a été préparée en couplant un matériau de friction avec des fibres ou de la poudre à base de fer (teneur en graphite supérieure à 20 % en volume), et une autre couche de composition similaire, fixée sur une plaque de support métallique. Une autre composition de revêtement de tambour de frein avec un renforcement conventionnel en fibres d'amiante et du graphite a été testée avec succès sur des véhicules lourds[772]. La composition était constituée de déchets d'amiante, de résine PF avec de l'hexaméthylène tétramine comme durcisseur, de caoutchouc nitrile, de $BaSO_4$, de MgO, de talc MoS_2, de tournures de laiton et de graphite. Dans tous ces mélanges, l'agent de liaison (par exemple la résine PF) joue un rôle essentiel en maintenant les composants du mélange ensemble sous une forte charge de frottement. Outre la résine PF, des polyamides aromatiques tels que la poly(isophthatolyl m-phénylènediamine) ont également été testés avec succès dans des applications de frottement[773].

Une semelle de ski en plastique incorporant du graphite pour une meilleure glisse a également été mise au point[774]. La semelle de ces skis en plastique a une couche inférieure composée de HDPE avec du fluorure de graphite et du noir de carbone pour un meilleur effet de glisse.

4.29 LE GRAPHITE POUR LES APPLICATIONS AUTOMOBILES :

Les matériaux de friction tels que le tambour de frein, les disques et les plaquettes de frein pour automobiles fabriqués à partir de compositions à base de graphite ont déjà été abordés ci-dessus. Nous parlerons ici de la préparation d'autres composants automobiles tels que le bloc moteur, la tête de piston, le vilebrequin, l'engrenage, le pignon, la came, le ressort, etc. qui peuvent être fabriqués à partir de corps en graphite. Les incitations au développement de tous ces matériaux techniques proviennent essentiellement des propriétés appropriées disponibles telles que le pouvoir lubrifiant, la résistance à l'usure, le faible rapport poids/résistance à l'usure et les propriétés de résistance à la corrosion des corps en graphite. Récemment, en Allemagne, un prototype de bloc moteur en graphite entièrement moulé avec tête de piston a été produit pour les deux roues (moteur à 4 temps), ce qui a permis de presque doubler le kilométrage par litre d'essence tout en rendant le moteur et l'entretien gratuits. En revanche, les pistons en carbone[775] et les garnitures de tige de piston produisent moins de charge et donc une abrasion de la paroi du moteur. Teikoku Piston Ring Manufacturing Co, Japon, a décrit[776] le carbure, l' a graphite based composite which has been successfully tested as cylinder liner and piston ring for high output engines. Here the cylinder liner was made of spherical graphite cast iron and hard particles like silicon-nitride, siliconalumine et le diamant (taille de 20 micromètres) encastrés dans les parois internes [777]. Les segments de piston étaient revêtus d'un revêtement résistant à l'abrasion déposé par la technique PVD ou CVD ou d'un revêtement de chrome. Des particules de graphite en alliage d'aluminium recouvertes de nickel chimique pour la fabrication de blocs moteurs et d'accessoires ont également été testées et la teneur optimale en graphite de l'alliage pour un meilleur effet de lubrification a également été étudiée[778]. L'application de matériaux frittés durcissables à base de graphite pour des applications automobiles avancées telles que les engrenages, les cames et les pignons a également été signalée par Hoeganaes Corpn, USA[779] . Leurs études indiquent que les prémélanges d'acier fritté dépassent plusieurs cibles de propriétés clés pour les applications automobiles. L'ajout de cuivre et de graphite influence grandement les propriétés de l'acier. Le cuivre augmente les propriétés mécaniques lorsqu'il est ajouté en petites quantités (environ 1 % en poids), tandis qu'une augmentation supplémentaire n'entraîne que peu ou pas de changement. L'effet de l'ajout de graphite semble être plus complexe. Lorsque le niveau de graphite augmente de 0,5 à 0,7 % en poids, il augmente la transformation martensitique et durcit la structure. Au-dessus de 0,8 % en poids, l'acier montre une rétention d'austénie et une diminution de la résistance. Ainsi, la concentration optimale de graphite, même en l'absence de cuivre, semble se situer autour de 0,8 % en poids, tandis que l'effet du cuivre atteint son maximum avec 0,7 % en poids de graphite.

Un ressort à disque en forme de cône ayant un film lubrifiant en graphite/MoS2 sur sa surface et sa méthode de préparation a également été signalé par Iwata Denko K.K du Japon[780]. Le film a été développé en imprégnant la surface du ressort avec des ions activés de graphite et de MoS2 (taille des particules 0,2-0,8 micromètres) mélangés à des granulés d'acier de 30 à 80 micromètres de diamètre. Cela confère au ressort, outre son pouvoir lubrifiant, une grande résistance à l'usure et à la corrosion ainsi qu'une grande ténacité. Une autre pièce en fonte contenant du graphite, décrite par Umabuchi et al[781] de Nissan Motor Co, Japon, a été corrodée par polissage chimique et électrolytique pour obtenir un meilleur état de surface. La société allemande Dailmer-Benz AG a signalé la fabrication d'un piston en carbone pour moteur à combustion interne à partir de carbone en mésophase et sa graphitisation. Dans sa préparation, les propriétés de la poudre de mésocarbone, la densification et la libération contrôlée de la matière volatile pendant le traitement thermique semblent être le facteur clé pour obtenir un piston en graphite de haute performance. Le pressage statique à froid de l'ébauche du piston qui produit un contour intérieur proche de la forme du filet a été jugé approprié pour sa fabrication. Les pistons sont beaucoup plus résistants à la chaleur que les pistons conventionnels en aluminium et contribuent à réduire les émissions d'hydrocarbures. Il a une résistance à la flexion allant jusqu'à 116 MPa, un module de Weibull (m) supérieur à 20, une conductivité thermique de 105 watt.m.K-1 et une porosité ouverte de 10 % en volume.

Nippon Paint Co, Japon[783] a également décrit un film de revêtement laminé à base de graphite pour les automobiles. Le revêtement stratifié était formé en étalant une surface apprêtée avec un pigment blanc à base de flocons de graphite, puis une finition humide sur humide avec un agent brillant, une couche transparente et un durcissement final. Un pigment coloré avec du graphite, de la résine acrylique thermodurcissable et un agent collant a été utilisé pour compléter le film de stratification. Ce film présente un bon pouvoir masquant et une faible déviation de couleur. En outre, des carrosseries en plastique renforcé de fibres de graphite ont été testées avec succès pour les automobiles. Comme il réduit considérablement le poids à vide du véhicule, le kilométrage du véhicule augmente également de manière correspondante. Ces carrosseries composites sont résistantes aux intempéries et ne rouillent pas et ne s'enfoncent pas.

4.30 GRAPHITE POUR LES APPLICATIONS AÉRONAUTIQUES, MISSILES ET SPATIALES.

Le rapport résistance/poids très élevé des composites à base de fibres de graphite a été utilisé dans toutes les applications de vol. De plus, le graphite moulé ayant des propriétés de résistance aux températures extrêmement élevées a permis aux ingénieurs de concevoir les nez des véhicules d'entrée dans l'espace dans l'atmosphère terrestre. En outre, les lanceurs de satellites, les fusées et autres structures de vol sont susceptibles de présenter une réponse aéroélastique au tremblement en raison de leur configuration très mince. Normalement, il est très difficile d'obtenir une telle réponse à partir de calculs théoriques en raison de la nature complexe de la configuration du flux d'air autour de la structure. C'est pourquoi l'essai expérimental de modèles réduits de l'engin spatial réel dans la soufflerie 784 est une méthode communément acceptée pour la mise en place d'un réseau au niveau de la réponse de tamponnement aéroélastique de l'ensemble de cette structure. Les expériences menées dans ce sens au NAL, à Bangalore, en Inde, indiquent que les composites renforcés de fibres de carbone conviennent bien dans de telles situations et améliorent le flambage local et les qualités de manipulation du modèle. Au Defence Research & Development Laboratory, Hyderabad, en Inde, on a mis au point un plastique renforcé de fibres de carbone avec une surface de contrôle à double cale pour les avions avec un processus de conception et de fabrication de moules, des fixations d'inserts métalliques, etc. [Au] Helicopter Design Bureau (HAL) de Bangalore, en Inde, des composites renforcés de fibres de graphite ont été conçus pour les avions et les pièces d'hélicoptères786 . Buckley et al787 ont, à cet égard, testé des composites conducteurs de divers thermoplastiques (par exemple, polythiophénylène, polyétherimides, polyoxyphénylènes, polyimides, polycarbonates et polyéthers à cristaux liquides) avec des fibres conductrices coupées telles que le graphite/acier inoxydable et le graphite revêtu de nickel pour les propriétés d'impact et de traction en cas de chute de poids, l'effet de la flexion des fibres ainsi que le type de propriétés mécaniques spécifiques, l'orientation et la distribution des fibres, la conductivité électrique, l'absorption d'eau, la transmission de la vapeur d'eau et la résistance chimique. Parmi toutes les combinaisons ci-dessus, le graphite-polythiophénylène a maintenu une atténuation de 30 dB sur une gamme de fréquences de 1 kHz à 1 GHz. Le polythiophénylène, les polyétheramides et les polyesters à cristaux liquides sont les seuls matériaux de matrice parmi les choix ci-dessus qui présentent une résistance chimique suffisante aux différents solvants. L'absorption d'eau des polyamides est beaucoup plus élevée que celle des autres thermoplastiques. Les thermoplastiques renforcés par du graphite et de l'acier inoxydable ont formé un couple galvanique important avec l'alliage d'aluminium et il faut donc envisager sérieusement des mesures de contrôle de la corrosion pour leurs applications aéronautiques. NAL, Bangalore, Inde, est également impliqué dans le développement de gouvernails en composite pour les avions civils et militaires. Les propriétés mécaniques des composites carbone-époxy ont été évaluées à cet égard. La conception de ces composants critiques en termes de rigidité, dicte que la fibre de carbone dans la couche unidirectionnelle peut être utilisée comme renforcement dans la fabrication des longerons, des nervures et des peaux des radders. Quatre propriétés de rigidité telles que les modules dans la direction principale, le module de cisaillement dans le plan, le coefficient de Poisson et trois propriétés de résistance telles que la résistance à la traction uniaxiale dans la direction principale et la résistance au cisaillement dans le plan sont déterminées.

De même, le développement et la fabrication d'un boîtier de moteur en graphite/époxy pour des applications de missiles de lancement aérien, a été rapporté par Mortonthiokol Inc, Wasatch Division, USA789 et des études indiquent que l'utilisation d'un boîtier de moteur de fusée en fibre de graphite/résine époxy basé sur une résistance de conception conservatrice, a permis un gain de poids net de 17,7 % par rapport à un boîtier en fibre de verre/résine époxy. Un gain de poids supplémentaire de 36 % est également possible grâce à l'utilisation de fibres de graphite désormais disponibles dans le commerce pour d'autres composants. La faisabilité de l'utilisation d'un silicate de sodium/sable fabriqué en commun pour la fabrication de l'isolant et du boîtier a été démontrée. La plus grande rigidité et la plus faible dilatation thermique de la fibre de graphite/boîte en époxy ont augmenté la marge de sécurité du propulseur à des températures de fonctionnement plus basses. Le graphite/métal réfractaire en tant que composite pour la fabrication de la gorge dans les moteurs de fusée à propergol solide a également été testé avec succès en Chine790.

Les composites en plastique renforcé par des fibres de graphite (CFRP) sont également utilisés régulièrement de nos jours, dans la fabrication des composants structurels des vaisseaux spatiaux. En tant que matériau structurel dans les vaisseaux spatiaux, le CFRP offre à la fois une grande résistance spécifique et une faible dilatation thermique791. De tels composants structurels ont déjà trouvé des applications réussies dans les vaisseaux spatiaux INSAT-II et APPLE au centre satellite de l'ISRO à Bangalore, en Inde. Le centre de recherche spatiale Vikram Sarabhai, à Trivandrum, en Inde, a également étudié792 les produits en CFRP pour diverses laminations et le tissage (séquences de lay up) de tissus pour leurs propriétés mécaniques et thermiques. Ces études indiquent que si le matériau carbone-phénolique présente une bonne propriété ablative, le carbone-époxy est supérieur du point de vue des applications structurelles. Les résines de furanne, d'autre part, présentent une stabilité thermique exceptionnelle ainsi qu'une bonne résistance chimique. La résistance mécanique des composites de furanne renforcés par des fibres de carbone ne change pas jusqu'à 225°C, après quoi une baisse de 30% est constatée jusqu'à une température maximale mesurée de 300°C, qui est inférieure à celle des composites phénoliques renforcés par des fibres de carbone. Il a été constaté que le traitement des fibres de carbone à l'acide nitrique permet d'améliorer la résistance à la flexion ainsi que la résistance au cisaillement interlaminaire du CFRP. Les fibres de carbone ont une résistance spécifique et une rigidité élevées jusqu'à une température supérieure à 3000 °C, d'excellentes caractéristiques d'amortissement et de fatigue, un coefficient de dilatation thermique presque nul, un pouvoir autolubrifiant et une résistance aux produits chimiques et à la corrosion.

Chez Boeing Aerospace Co. Seattle, aux États-Unis, on a évalué un tube composite en graphite recouvert d'un film d'aluminium anodisé à l'acide chromique pour la structure de la poutrelle de la station spatiale793. Les résultats indiquent que la feuille d'aluminium anodisée à l'acide chromique co-durcie ou collée secondairement au tube composite fibre de graphite/époxy avec un adhésif à film époxy mince, a atteint et conservé une excellente force de liaison, et a fourni un revêtement de protection et de contrôle thermique supérieur à l'environnement en orbite terrestre. Des procédés ont été mis au point pour l'anodisation à l'acide chromique de la feuille d'aluminium, suffisamment longs pour envelopper en continu les jambes de force (diagonales) de 23 pieds de long de la structure en treillis de la station spatiale. Le succès d'une telle structure tubulaire composite dépend de sa stabilité face à l'exposition à long terme à l'environnement de l'orbite terrestre basse, en particulier l'oxygène. Outre le laminage protégé par un film d'aluminium, le nickel galvanisé sur les tubes en graphite/époxy a également été testé par l'organisation susmentionnée794.

4.31 LE GRAPHITE DANS L'INDUSTRIE NUCLÉAIRE :

Le graphite est utilisé de plusieurs façons dans les industries nucléaires, tant dans les réacteurs à fission que dans les réacteurs à fusion (comme le réacteur Tokamak). En tant que tel, le carbone a une faible section d'absorption des neutrons thermiques et un coefficient de modération favorable. Le graphite est donc utilisé avec succès comme matériau modérateur et réflecteur pour les réacteurs refroidis au gaz. Les réacteurs refroidis au gaz sont également utilisés en dehors de la production d'électricité, pour produire du plutonium à des fins militaires. Dans ces réacteurs, la température de fonctionnement va de basse (refroidie au CO_2) à haute (dans un réacteur refroidi au He-). Dans les réacteurs modérés à refroidissement par gaz de ce type, comme ceux utilisés dans les centrales nucléaires, le graphite a deux fonctions principales : il est à la fois modérateur et matériau de structure. En tant que modérateur, sa section d'absorption des neutrons est affectée par une concentration même faible d'impuretés telles que le bore et les métaux des terres rares ; tandis qu'en tant que matériau structurel, ses performances exigent une qualité plus rigoureuse que les applications non nucléaires, car le niveau élevé de rayonnement dans le cœur du réacteur et la longue durée de vie normale (environ 30 ans) du réacteur excluent toute possibilité de travaux de maintenance pendant sa durée de vie. En outre, en raison de l'irradiation neutronique élevée, le graphite subit des modifications considérables qui dépendent de son désordre structurel au niveau moléculaire et du coefficient d'anisotropie. En outre, bien que la réaction thermique normale entre le graphite et le CO_2 à la température et à la pression appropriées soit trop lente pour avoir une quelconque conséquence, le CO_2 se décompose sous irradiation pour produire des espèces actives. Ces espèces actives attaquent le modérateur à un rythme qui permettrait de gazéifier une fraction importante du modérateur en 30 ans, ce qui entraîne une perte de résistance structurelle. Ainsi, le rôle fondamental du graphite en tant que modérateur ou le ralentissement des neutrons rapides par collision sans les absorber, ce qui entraîne un transfert d'énergie cinétique vers le carbone & qui est bien plus que sa propre force de liaison, entraîne un déplacement et un changement dimensionnel conséquent du réseau cristallin du graphite, & un changement conséquent des propriétés physiques comme une diminution de la conductivité thermique et électrique & une augmentation de la résistance & du module795.

Dans les réacteurs à fusion (par exemple les réacteurs de Tokamak), des limiteurs en graphite sont utilisés pour empêcher le plasma de frapper les parois toroïdales. Pour les métaux réfractaires, la spallation entraîne une fuite d'énergie du plasma par transition électronique. L'utilisation du graphite permet d'éviter ce problème796. Les tokamaks ou réacteurs à fusion comportent 3 composantes de champ magnétique pour confiner le plasma en forme de tore. Pour réaliser la fusion, le plasma doit être chauffé de manière à ce que la réaction exothermique :

$$D2 + \text{-----------} T3 \blacktriangleright N1 + He4 = 17,6 \text{ MeV}$$

se produit. Pour qu'un nombre suffisant de réactions se produisent, l'énergie du D & T doit être d'environ 5-10 keV. Pour obtenir une production d'énergie nette, le produit de la densité du plasma et de la durée de la décharge doit dépasser environ $8\times10^{13} cm^{-3}$ sec. L'apport d'une puissance efficace du réacteur à fusion dépend dans une large mesure de la capacité à maintenir le plasma éloigné des impuretés. Les impuretés peuvent refroidir le plasma par le biais de la ligne et du rayonnement de recombinaison, empêchant ainsi l'inflammation ou réduisant l'efficacité. Les impuretés peuvent prendre la place des noyaux de deutérium et de tritium et réduire la puissance nette de sortie et elles peuvent réduire la pénétration du faisceau neutre qui est utilisé pour chauffer le plasma. Pendant la phase de combustion, la température du plasma est maintenue par le chauffage des particules alpha (comme indiqué dans l'équation ci-dessus), donc la concentration critique d'impuretés qui peut être tolérée est déterminée par la puissance de fusion impartie aux particules alpha. Au fur et à mesure que le numéro atomique augmente, cette concentration maximale d'impureté tolérée diminue de manière exponentielle. En raison de la température élevée des particules requise pour la fusion, il faut empêcher le plasma d'entrer en contact avec la paroi du matériau. Pour ce faire, des limiteurs sont utilisés. Il peut s'agir de matériaux (comme le graphite) ou de champ magnétique. Un limiteur de matériau est placé à l'intérieur de la chambre à vide, généralement à quelques centimètres de la première paroi du vide, ce qui empêche la première paroi de libérer des impuretés dans le plasma. Le graphite semble bien adapté pour satisfaire à de nombreuses exigences imposées au limiteur de matériau. Un domaine de préoccupation majeur est sa réaction chimique avec les atomes chauds de deutérium et de tritium et a été abordé dans de nombreux laboratoires mais une compréhension complète fait encore défaut. Le limiteur en graphite doit également résister à l'érosion due au flux de particules et aux dommages causés par les radiations dues au flux de neutrons. Le flux de neutrons est ici plus élevé que dans un réacteur à fission et le graphite devra donc être remplacé périodiquement. Les exigences de résistance aux chocs thermiques, de pureté et d'érosion nécessitent l'utilisation de graphites utilisables dans l'aérospatiale. Ce type de graphite en vrac présente une résistance aux chocs thermiques de l'ordre de 10/20 k. De même, le graphite de haute pureté est capable de résister aux dommages causés par les neutrons797-802. Un composite de graphite hautement résistant à l'érosion avec un matériau à faible z, comme le tungstène, dopé avec une faible concentration de bore et de silicium, a été trouvé approprié comme matériau de revêtement par plasma 803. La pulvérisation chimique, même à 900°K (1 keY D+ions), peut être complètement supprimée avec 3 at% de bore dans le corps du graphite. Un composé d'assemblage à base de graphite est utilisé pour les tuiles de blindage avec dissipateur thermique utilisées pour la première paroi des réacteurs de fusion nucléaire804. Les côtés de la surface de jonction des tuiles de blindage sont généralement métallisés et ensuite assemblés avec des plaques de cuivre sans oxygène (de préférence légèrement plus grandes que les surfaces de jonction) par des brasures à point de fusion élevé (par exemple, des brasures à base de Ti ou de Mr). La plaque de cuivre exempte d'oxygène est à son tour reliée à un dissipateur thermique par une brasure à bas point de fusion (par exemple, une brasure à base d'aluminium). La métallisation des carreaux est réalisée par l'application d'une pâte de solvant organique contenant des poudres de Ti, Cu et graphite de différentes tailles de particules, d'un matériau de revêtement en graphite, d'une pâte de solvant organique contenant de la poudre de graphite, ou par le colmatage de la surface des carreaux avec de la poudre de graphite suivi de l'application d'une pâte contenant de la poudre de Ti et de la poudre de cuivre, et enfin par le traitement thermique de ces derniers.

Les dommages causés au graphite par les radiations dépendent, outre de sa propre pureté, de la composition des radiations elles-mêmes, c'est-à-dire du rapport entre la densité de flux des neutrons et des rayons gamma805. Les rayons gamma contribuent de manière substantielle aux dommages causés par les rayonnements et à la durée de vie du graphite dans les réacteurs nucléaires. Les neutrons produits dans les réacteurs à fission ont une énergie moyenne de 2 MeV. La densité et la pureté du graphite sont les deux paramètres fondamentaux qui déterminent son succès dans les réacteurs à fission. Comme mentionné ci-dessus, en raison de l'important flux de neutrons, la densité doit être élevée. En ce qui concerne certaines impuretés ayant une section d'absorption des neutrons, elle doit être ramenée au niveau du ppb. Le processus normal de graphitisation, qui implique un traitement thermique à 2400-2800°C, permet d'éliminer les impuretés à bas point d'ébullition telles que le silicium, le calcium, l'aluminium et le magnésium, mais les impuretés plus tenaces des matériaux réfractaires qui forment des carbures à haute température et ne se décomposent normalement pas à la température de graphitisation, sont difficiles à éliminer. Par exemple, le bore qui a une section de capture des neutrons très élevée (750 barns) forme un carbure qui fond à 2350°C mais ne bout pas avant 3500°C et, pire encore, il forme une solution solide stable dans la structure du graphite. Le vanadium, avec une section transversale de 5 barns, forme un carbure qui ne fond pas avant 2800°C. Avec l'augmentation de la pureté du graphite, par exemple, une diminution de 0,005 barns entraîne une réduction du rayon critique du réacteur d'environ 8 %. La section transversale du carbone très pur est d'environ 0,0035 barns. Dans le passé, la purification du graphite à des fins nucléaires consistait donc à porter la température à 3000°C et à la maintenir à cette température pendant une période plus longue (15-50 heures). Mais avec le progrès, une plus grande pureté du graphite que ce qui est possible par le procédé ci-dessus, a nécessité l'utilisation de la purification du graphite en phase gazeuse, qui est généralement réservée à la production de barres de graphite spectroscopiques.

La conversion des impuretés en halogénures volatils par des gaz halogénés et leur balayage hors du four est la méthodologie adoptée à cette fin. L'opération est effectuée à 2400-3000°C. Les carbones graphitisables (par exemple le coke) sont d'abord purifiés par ce moyen, puis mélangés à un liant et extrudés à la forme souhaitée et graphitisés. Le tableau 24 montre les propriétés générales du graphite de qualité nucléaire (qualité 2020, produit par Stackpole, Carbon Division, St Marys, PA 15857, USA). En Inde, le réacteur Cirus a utilisé environ 100 Te de ce graphite dans la phase initiale de construction et 50 Te dans le réacteur Zerlina.

Tableau 24
Propriétés générales du graphite nucléaire

Propriétés	Graphite anisotrope	Graphite isotrope
Densité (gm/cc) en vrac	1.71	1.82
Taille maximale des grains	1,77 Mg/m3	1,77
Résistance spécifique (micro.ohm.cm)	17.8	17.8
Résistance (micro. ohm. em)	735	1000
Coefficient de dilatation thermique (x 10-6/oC) :		
le long du grain	2.2	4.6
à contre-courant	3.8	4.6
Rapport anisotrope (rapport CTE)	1.73	0.96
Cendres totales (ppm)	740	500
Teneur en bore (ppm)	4.3	0.3
Coefficient d'absorption des neutrons	3	---
Modules d'élasticité soniques (GPa)	9.2	9.0
Porosité totale	17%	17%
Résistance à la flexion (MPa)	37.9	89.6
Résistance à la compression (MPa)	89.6	65.5
Résistance à la traction (MFa)	27.6	26.9
Dureté scléroscopique	50	50

Remarque : température maximale de service d'environ 427°C, et en atmosphère totalement inerte jusqu'à 2760°C.

augmente de 5 à 20 % environ810. Cela correspond à une modification du coefficient de dilatation thermique d'environ 4,75 à 5,25 (xl0-6) et à une modification du module de Young de 0,8-0,9. La gilsonite, un bitume naturel que l'on trouve dans la région de l'Utah aux États-Unis, est généralement fabriquée pour obtenir du coke utile à la fabrication de briques dans les réacteurs refroidis au gaz811.

Yamada [812,] de l'Inst de Tech de Tokyo, au Japon, a décrit un procédé de préparation de graphite de haute densité (d = 1,9 gm/cc) en utilisant des composés nitro, qui améliore la résistance du graphite imprégné de résine et donc adapté à l'utilisation dans les réacteurs nucléaires. La résistance de ce graphite a été progressivement augmentée ces dernières années en passant du carbone vitreux fibreux à des trichites de carbure de silicium, puis à des céramiques renforcées par des fibres. Virgilev et al813 de Russie ont décrit une méthode pour déterminer la résistance à la traction de ces briques pour une

158

température d'irradiation de 300-800 [oK]. tandis que la durée de vie de ces graphites a été rapportée in-situ par les mêmes chercheurs [814-816]. Afin de maximiser les avantages du recyclage du plutonium dans les cœurs de réacteurs à eau légère actuels, de nombreux chercheurs ont récemment utilisé des cœurs à 100 % d'oxyde mixte (MOX). Cependant, lorsque les cœurs de réacteurs à eau légère sont entièrement chargés de combustible MOX, plusieurs problèmes surgissent en raison de l'effet de durcissement du spectre des isotopes du plutonium. Pour surmonter cet effet de durcissement du spectre, Jo et al[817] ont récemment proposé une nouvelle conception de combustible pour le cœur complet de MOX, consistant en un matériau combustible annulaire rempli intérieurement de graphite. La nouvelle conception est compatible avec l'assemblage de réacteur conventionnel dans sa géométrie globale et ne nécessite donc que des modifications mineures par rapport à la technologie du combustible conventionnel. Les résultats de l'analyse de l'assemblage et du cœur avec des barres de combustible MOX remplies de graphite indiquent que la nouvelle conception de combustible présente des caractéristiques souhaitables, à savoir une combustion plus élevée avec un stock de combustible réduit, un épuisement plus rapide du plutonium et une production moindre d'actinides. À ces avantages s'ajoutent de meilleures caractéristiques de sûreté, en ce qui concerne la température du combustible et la valeur des barres de contrôle, le coefficient de température du modérateur et les marges d'arrêt. Ces résultats bénéfiques proviennent de la modération accrue des neutrons due au pouvoir modérateur du graphite et à sa contribution à l'augmentation du rapport volumique (combustible modérateur).

Le coefficient de dilatation thermique des blocs de graphite isotrope et anisotrope ne change pas beaucoup dans une plage de température de 20 à 600 °C. En conséquence, les deux formes peuvent être utilisées directement dans les centrales nucléaires[818]. Toutefois, ces graphites sont susceptibles de subir une forte perte de poids en raison de l'oxydation dans les réacteurs refroidis au gaz[819],[820]. À ces températures et dans ces conditions d'utilisation, le CO_2 réagit avec le graphite.

Outre les possibilités d'application du graphite dans les réacteurs à fusion et à fission comme mentionné ci-dessus, la gestion des déchets de graphite de ces centrales constitue une tâche importante pour le point de vue de la sécurité et de la gestion de la pollution. Le traitement de ces déchets de graphite permet également de récupérer les valeurs isotopiques. Récemment, NGK-Insulators, Japon, a décrit [821] un procédé d'incinération des déchets radioactifs de graphite provenant des réacteurs nucléaires. Ce procédé consiste à oxyder ces déchets radioactifs de graphite dans des conditions de faible potentiel d'oxydation, en donnant la priorité à la gazéification des déchets et à l'élimination simultanée de l'isotope ^{14}C, suivie de la fixation facultative de celui-ci dans du carbonate de magnésium ou du carbone solide en vue de son élimination finale. Le résidu obtenu par le procédé ci-dessus peut être oxydé davantage dans des conditions de forte oxydation ou peut être mélangé à du ciment pour fixer l'isotope radioactif. On a également tenté[822] d'utiliser des réactions exothermiques pour transformer le graphite de réacteur radioactif en un produit matriciel stable de carbure incorporant des oxydes comme hôtes de radionucléides. Le processus exothermique est réalisé sous forme de réaction auto-entretenue dans un mélange de poudres, et les réactions impliquées sont :

C (graphite) + Al + SiO_2--------------- (1)

C (graphite) + Al + TiO_2 ------------- (2)

C (graphite) + Ti + SiO_2 -------------- (3)

Un diagramme de phase généré par un calcul de simulation thermodynamique numérique aide à déterminer les proportions optimales de peecursor pour le mélange de poudre source dans les équations 1 à 3 ci-dessus, pour une liaison complète du graphite et l'absence de composés radionucléides volatils dans le produit de la réaction. Cerqueira et al[8i3] de France, ont étudié l'incinération de boues résiduaires radioactives de graphite dans un four à plasma d'arc transformé. Les éléments combustibles des réacteurs refroidis au gaz, l'uranium enrichi, ont la forme de tubes métalliques cylindriques à paroi épaisse soutenus par une barre de graphite usinée sous l'eau produisant une poudre de graphite radioactive humide. En raison de la déformation du tube métallique, ces poudres de graphite recueillies sous la piscine d'eau sont également contaminées par des poudres métalliques. Ces boues aqueuses de poudre de graphite (quelques centaines de grammes de poudre de graphite par litre d'eau) ont été incinérées avec de la zéolite et des sels métalliques (oxydes) par arc plasma. L'arc DC est transféré entre deux électrodes au-dessus du basalte fondu pour piéger les éléments minéraux et la boue est pulvérisée entre ces deux électrodes par une lance mélangée à de l'oxygène. Les conditions de fonctionnement du four étaient, avec des électrodes métalliques et en graphite, une puissance utilisée de quelques dizaines à cent KW et un débit de boue de 1 kg/h. Par ce procédé, jusqu'à 91 % des déchets radioactifs de graphite étaient convertis en dioxyde de carbone gazeux et plus de 90 % du sous-produit radioactif Cs était fixé dans une matrice de verre.

Dans les centrales nucléaires, les tuyaux en acier résistant à la chaleur libèrent également du graphite en raison de la décomposition de la phase cémentite. La dégraphisation des conduites par ce moyen entraîne le développement de sites de fracture et, à terme, la défaillance de la conduite. Il a été constaté que la concentration de graphite atteint jusqu'à 0,09 % au stade de la pré-défaillance et cette trace de graphite dans les conduites des centrales thermiques peut être détectée par analyse XRD824.

La concentration et la distribution des radionucléides résiduels dans le graphite provenant de la cheminée du modérateur et de la colonne thermique825 d'une centrale nucléaire de production montrent la concentration d'isotopes comme le ^{3}H, le ^{14}C, le ^{90}Sr, le ^{134}Cs, le ^{137}Cs et le ^{60}Co (bêta & gamma)[826] La teneur en actinides (^{241}Am, ^{243}Am, ^{244}Cm et $^{239-241}Pu$) des graphites provenant des réacteurs de production de plutonium déclassés exploités par les groupes sibériens de Chemical Co (URSS) indique que ces actinides pourraient être extraits de ces blocs de déchets de graphite827. Le processus de formation de ces radionucléides (par exemple Cs) dans le graphite utilisé dans les réacteurs nucléaires a été expliqué par Berhels et al828.

4.32 LE GRAPHITE DANS L'INDUSTRIE CHIMIQUE :

Le graphite en tant que matériau de revêtement réfractaire inerte dans les réacteurs chimiques a déjà été abordé dans la section n° dans le contexte de la nature réfractaire du graphite à des températures élevées ainsi qu'en milieu corrosif. Nous verrons ici l'utilisation du graphite dans la préparation de divers produits chimiques (par exemple, carbure de calcium, peroxyde d'hydrogène, carbure de silicium, etc.) et comme auxiliaire dans les processus chimiques (par exemple, catalyseur, tige spectroscopique, tamis moléculaire, perles pour la séparation chromatographique, etc.)

Les composés chimiques du graphite sont généralement préparés par oxydation ou halogénation et avec des métaux alcalins et alcalino-terreux à haute température. La réaction du graphite exfolié avec le fluor, qui produit du $(C_2F)_n$ plutôt que du $(CF)_n$, ce dernier étant plus facile à former avec du carbone amorphe, a été examinée en détail dans les chapitres précédents, est formée par réaction directe avec du fluor gazeux à 335-400°C. Ces composés trouvent diverses applications industrielles pour leur excellente stabilité, leur conductivité et leur pouvoir lubrifiant. La réaction ci-dessus avec le graphite naturel est cependant très lente et, par conséquent, seul du graphite exfolié est utilisé. De même, l'oxydation du graphite par des acides oxydants produit de l'oxyde de graphite qui a été discuté en détail dans la section n° & dans le contexte des composés d'intercalation du graphite dans la section n° . D'autres méthodes d'oxydation du graphite impliquent une voie d'oxydation anodique. Ce processus d'oxydation ultérieur entraîne la formation de composés d'intercalation d'acides oxygénés selon les réactions suivantes :

Cn + HA = Cn+ A- + H+ + e

Les acides qui ont été intercalés par oxydation anodique comprennent l'acide sulfurique, l'acide chlorosulfonique, l'acide fluorosulfonique, l'acide sélénique, l'acide nitrique, l'acide phosphorique, l'acide arsenic, BF3(CH3COOH)2 et CF3COOH. Les produits s'hydrolysent très facilement. Dans les cellules de chlore (à diaphragme ou à mercure), le graphite est utilisé comme anode, ce qui entraîne une forte surtension pour la décharge des ions OH-. Le graphite exfolié (par exemple les feuilles ou les billes de graphite) présente également une propriété d'absorption des gaz, ce qui permet de l'utiliser comme matrice d'adsorption en chromatographie en phase gazeuse pour la séparation des isomères géométriques et structurels. Dans cette utilisation ultérieure, il reproduit le noir de carbone thermique. L'anode en nickel-graphite a également été utilisée pour la génération de polysulfure contenant de la liqueur blanche par des moyens électrochimiques829. Les électrodes montrent une activité suffisante à 3 k ampères/mètre2 ; il with a overpotential of 0.45 volt or lower, and gives very high current efficiency under suitable working conditions. Results with a packed bed of graphite grains were most promising in this respect and investigation with different threesera intéressant d'étudier le matériau graphite/carbone sur une échelle de temps plus longue.

Le peroxyde d'hydrogène (H2O2) a été synthétisé à partir d'oxygène sur une électrode en graphite à partir d'une solution alcaline830. Une étude voltamétrique avec des matériaux en carbone non modifiés dans une telle électrosynthèse a été réalisée par Ilea et al831 en Italie. Dans l'étude, le facteur de symétrie (bêta) a été pris en compte pour deux valeurs extrêmes de bêta (c'est-à-dire 0 et 1) et l'équation i contre surtension correspondante a été développée pour le mécanisme de diffusion pure sur tension. L'ion Fe+3 adsorbé sur une électrode en graphite a également été produit pour la fabrication d'un électrocatalyseur qui est utilisé dans la réduction de l'oxygène en peroxyde d'hydrogène832. Le dioxyde d'azote a été oxydé en milieu aqueux par une électrode d'oxyde de cuivre supportée par du graphite.

Un mélange de monoxyde de carbone et d'hydrogène a été converti en acétylène à la pression atmosphérique à l'aide d'un catalyseur à base de graphite834. Il a été observé que dans ce type de synthèse Fischer-Tropsch, les intercalaires de graphite utilisés comme catalyseur influencent leur action davantage par des facteurs électroniques que géométriques. Le catalyseur en graphite très efficace dont il est question ci-dessus était du graphite naturel (taille des paillettes de 1 mm) ; l'intercalation de FeCl3800°C from a UV-irradiated suspension of carbon tetrachloride solution. The catalytic activity of this hetrogeneous catalyst do not deteriorate over several weeks of storage in air. These catalysts on mild reduction at 500produit un catalyseur utile pour la décomposition des amalgames de sodium obtenus par électrolyse du chlorure de sodium dans le processus de fabrication du NaOH835. Un autre catalyseur au graphite en couches, utilisé avec succès pour la synthèse de l'ammoniac à basse température, est préparé par réduction et activation du même composé d'intercalation du graphite (c'est-à-dire le Graphite-FeCl3). Ici, la structure de phase désordonnée appelée "entité de domaine" permet d'exécuter le processus de synthèse de l'ammoniac à une température comprise entre 100 et 150 °C. Ce type de composé de graphite en couches ou lamellaire a également été utilisé avec succès comme catalyseur pour la réaction d'échange D-H dans les hydrocarbures837. Le catalyseur est un composé de graphite-C8K qui catalyse l'échange de D dans le CD3H à 20 °C, atteignant 69 % en 20 minutes et l'équllbrium complet en 2 heures. Des résultats analogues ont été obtenus avec des composés 1:1 C.H-^.D. et CeHe:CeDe. Outre COK, C, .K et

CocK 2424   6666   8'   24   36

montre également une activité catalytique à cet égard. Dans la production d'hydrogène à partir d'hydrocarbures, comme l'éthane par décomposition avec un catalyseur au graphite, il a été constaté que l'activité du catalyseur ne diminue pas même après une longue utilisation838. Les CPG inorganiques poreux fabriqués par la formation d'un pilier d'oxyde métallique entre des graphites expansés où le précurseur de l'oxyde métallique constitué d'alcoxydes de baryum, de cuivre, de strontium, de yittrium ou de chlorures, de nitrates, d'oxydes ou de sulfates, ont été utilisés à la fois comme catalyseur et comme tamis moléculaire dans les industries chimiques.

Les tamis moléculaires de carbone peuvent être générés par la combustion sélective et cotrôlée de la matrice de carbone. Ces matériaux sont utilisés commercialement pour séparer l'oxygène et l'azote de l'air par une technique d'absorption à pression alternée. Ces corps poreux constituent d'excellentes charges, catalyseurs et supports de catalyseurs. Les supports de catalyseurs sont des conducteurs, ont une faible teneur en carbone de 136 activité de craquage des hydrocarbures et peut résister à un environnement corrosif. Le graphite répond à tous ces critères et le graphite soutenu par le Co-Mo a donc été utilisé avec succès comme catalyseur d'hydrodésulfuration. Walker et al840 ont également montré que le graphite supporté par le fer peut avoir une activité d'hydrogénation du CO jusqu'à quatre fois supérieure à celle du catalyseur Fe/Al203. En outre, le rapport oléfines:paraffines dans le produit est amélioré de plus de dix fois grâce à l'utilisation d'un support en carbone. Des résines thermodurcissables ont été utilisées pour produire de tels tamis moléculaires en carbone.

Les microbilles de mésocarbone (brai en mésophase graphitisable) ont été utilisées avec succès comme phase active chromatographique après avoir subi des modifications de surface (par exemple, alkylation de Friedel-Crafts)[841]. Ces microbilles mésocarbonées n'ayant aucune particule adhérente sur leur surface peuvent être préparées842 en chauffant un matériau mésocarboné à partir de brai (partie QI séparée). Des perles de brai creux de type similaire sont également fabriquées843 en chauffant du brai de goudron de houille ou de pétrole ayant un point de ramollissement de 100 à 320°C et en forçant le brai à travers une buse de pulvérisation à haute pression (environ 5 kg/cm2), et en mettant en contact les perles de brai creux formées avec un agent de refroidissement (par exemple de l'air). Cela permet de former des perles de brai creux d'un diamètre moyen d'environ 0,7 mm. Des tentatives ont également été faites pour produire des graphites sphériques en utilisant des composés de bore comme catalyseurs844. Ici, du carbone sphérique ou poreux finement broyé est mélangé à environ 3 % en poids de composé de bore (par exemple de l'acide borique) et chauffé à plus de 2200 °C dans une atmosphère inerte pour produire du graphite sphérique ayant une grande fluidité. Une autre façon de produire des microbilles de carbone de brai en mésophase implique845meter mixing paraffin wax (boiling point above 300°C) with petroleum or coal tar mesophase pitch and heated to about 400°C temperature, cooled and diluted with MePh & filtered under vacuum to recover mesophase pitch microbeads with average dia 0.54 micro. Ces microbilles ont été compactées (densité accrue) après avoir été liées avec du brai et cuites. Ces microbilles sont utilisées dans la construction d'électrodes de décharge, dans la technologie nucléaire et la métallurgie846. On utilise des microbilles d'un diamètre de 15,5 micromètres qui sont broyées à une taille de 5 micromètres, moulées à une pression de 800 kg/cm2, précuites à 1000oC et graphitisées à 2500oC pour donner des produits en carbone ayant une densité de 1,96 gm/cc, une résistance à la flexion de 1150 kg/cm2, une résistance à la compression de 2065 kg/cm2, une dureté shore de 90, une résistivité électrique de 1520 micro.ohm.cm, et une taille moyenne de pores de 0,048 micro.mètre et un volume total de pores de 0,059 cc/gm. Outre les utilisations ci-dessus, la protéine globulaire et l'ADN thermodénaturé ont été adsorbés sur du graphite après modification de sa surface pour des travaux d'analyse847.

Le graphite réagit également avec un large éventail de métaux et d'oxydes métalliques pour former des carbures. Le carbure de calcium, largement utilisé pour la production d'acétylène à des fins de soudage, en est un exemple. La température à laquelle ces réactions pour la formation de carbure ont lieu est supérieure à 500°C. Le carbure de silicium, comme décrit précédemment, est un élément chauffant et un agent de renforcement important pour les composites en graphite.

4.33 FULLERÈNES DU GRAPHITE :

Le fullerène est une découverte relativement récente dans la science du carbone et ce n'est qu'en 1985 que Harry Krote[848] et ses collègues de l'université de Rice, Texas, USA, ont découvert l'existence de cette nouvelle forme allotropique de carbone. Alors que le graphite, avec ses plans d'atomes de carbone et ses valences marginales insatisfaites, n'offrait pas de stabilité intrinsèque accrue pour les fullerènes, dont on proposait qu'ils aient la forme d'un ballon de football, le diamant, avec sa structure tétraédrique, n'en offrait pas non plus, ce qui aurait pour conséquence de convertir la surface de tout amas en valences insatisfaites. La stabilité remarquable du fullerène (comme le C60 ou le C70) était donc due à une forme icosaédrique tronquée très symétrique. Dans cette structure, tous les atomes de carbone sont équivalents et les valences sont satisfaites avec chaque atome de carbone lié par deux liaisons simples et une liaison double. Ces soi-disant Fullerènes Buckminister, du nom de l'inventeur original, avaient un diamètre de l'ordre de 0,7 nm (pour C60) et peuvent donc accueillir divers atomes, ce qui donne à nouveau lieu à diverses nouvelles propriétés physico-chimiques possibles.

Ainsi, les fullerènes étaient à l'origine produits par la vaporisation du graphite à l'aide d'un faisceau laser de faible puissance. Les modules de cage ainsi produits ont la formule générale Cn où n = 24, 28, 32, 36 et 50. La structure sphérique fermée de ces molécules leur conférait une stabilité géodésique, tandis que la résonance au sein des liaisons donnait de l'arôme et l'absence de sites de réaction. Dans une telle structure en cage, la moindre contrainte est celle dans laquelle chaque pentagone était entouré de cinq hexagones. La plus petite molécule dans laquelle cela se produirait est la C60. Mais cette méthode laser de production de fullerène à partir de graphite était insuffisante pour produire une quantité pratique pour un travail à grande échelle. Ce problème a été résolu par la suite en chauffant le barreau de graphite par chauffage électrique résistif dans une atmosphère d'argon[849]. Les chercheurs de l'Institut indien des sciences de Bangalore ont produit du C60 et du C70 en utilisant une technique novatrice[850]. Ils ont recueilli les suies formées par la combustion du benzène par une vague de gaz argon qui conduit la suie dans un récipient en cuivre refroidi à l'eau où se forme le fullerène. Les chercheurs ont également découvert que l'azote, le nickel et l'ammoniac réagissent avec le C60 pour former de nouveaux composés. Un de ces nouveaux matériaux qu'ils ont produit est l'insertion d'un atome de fer à l'intérieur de la structure du buckyball. Le C60, la variété la plus abondante, a été séparé du C70 en dissolvant le film dans du benzène, en filtrant la suie insoluble et en séchant le solvant pour produire un solide noir (C70 avec un diamètre de 1,04 nm). Ce solide, après dissolution dans l'hexane, a été soumis à une séparation chromatographique en utilisant l'alumine comme adsorbant coloré qui sépare les deux formes de fullerène. Le C60 a une couleur moutarde typique tandis que le C70 est d'apparence rouge-brun. La radiographie d'un monocristal ou d'une poudre hautement purifiée des matériaux, qui n'a pas encore été réalisée, permettra finalement de montrer la structure complète et claire du fullerène.

En raison de leur structure sphérique unique en cage, les fullerènes peuvent servir de roulement à billes moléculaire, tandis qu'une cage vide donnera naissance à un produit de très faible densité. Leur capacité à mettre en cage les atomes de métal et les courants annulaires dans la coquille ainsi qu'une bonne stabilité ouvriront une nouvelle génération de catalyseurs ou d'intermédiaires dans la modélisation de la chimie des prébiotiques. Ainsi, il promet de montrer de nouvelles perspectives de la chimie organométallique et aromatique dans un avenir proche.

L'une des premières réactions chimiques réalisées avec le C60 a été la réduction du bouleau, qui implique la réaction du lithium dans l'ammoniac liquide pour réduire certaines des doubles liaisons présentes et hydrogéner partiellement le fullerène851. L'analyse du produit formé indique qu'il se forme un mélange d'isomères de formule C60H36. Si ce fullerène réduit est réoxydé avec du 2,3-dichloro 5,6-dicyano 1,4-benzoquinone, le produit obtenu est similaire au fullerène d'origine. Cela suggère que la plupart des doubles liaisons du fullerène peuvent être réduites pour donner un produit qui possède encore une double liaison dans chaque unité de cyclopentane. Il est possible que le $C_{60}H_{36}$ puisse encore être entièrement réduit par un catalyseur en $C_{60}H_{60}$. Il a également été constaté qu'une réaction électrochimique complètement réversible (réduction) en anions C60-1 et C^{-2}_{60} se produit lorsque le fullerène est dissous dans du dichlorométhane.

Il a également été possible de produire l'ion C+60 en phase de solution. La réversibilité facile des anions C60, en fait des candidats potentiels pour une utilisation dans les batteries. L'insertion d'atomes de métaux alcalins dans la cage C60, en revanche, produit une conductivité électrique accrue se comparant favorablement aux polymères conducteurs, tels que le polyacétylène dopé. Si ce film est refroidi à -225°C, il devient supraconducteur853. On a récemment découvert que le fullerène C60 peut accepter de manière réversible jusqu'à 6 électrons et se comporte comme une molécule électronégative en solution. C'est un accepteur d'électrons modéré comparable à d'autres molécules organiques telles que le benzo et les naphto-quinones.

Le fullerène généré par un arc électrique à l'aide d'une électrode en graphite, après un traitement thermique à une température comprise entre 500 et 2400 °C, produit du carbone vitreux à 1700 °C et des particules de graphite multicouches à structure fermée à une température supérieure à 2000 °C. La taille des dernières particules est comprise entre 3 et 10 nm. Ces résultats suggèrent qu'une quantité macroscopique de produits liés aux fullerènes ainsi que des nanotubes courts peuvent être générés par un simple traitement thermique des fullerènes.

Une méthode simple et peu coûteuse pour purifier des quantités de C60 (pureté supérieure à 99,5 %) et de C70 (pureté supérieure à 98,5 %) en grammes est la cristallisation fractionnée dans du disulfure de carbone ou de l'o-xylène, qui a été récemment décrite par Zhou et al855. Le procédé est basé sur les résultats que le C60 est enrichi dans le dépôt solide tandis que le C70 est enrichi dans la liqueur mère pendant la cristallisation du fullerène qui résulte des différentes solubilités de ces deux fullerènes, C60 et C70 dans ces solvants.

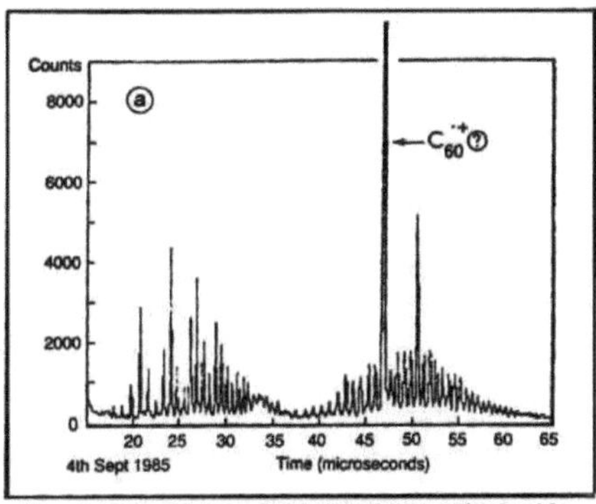

First clue to the existence of buckminsterfullerene: the signal for C_{60} was so large that it went off-scale

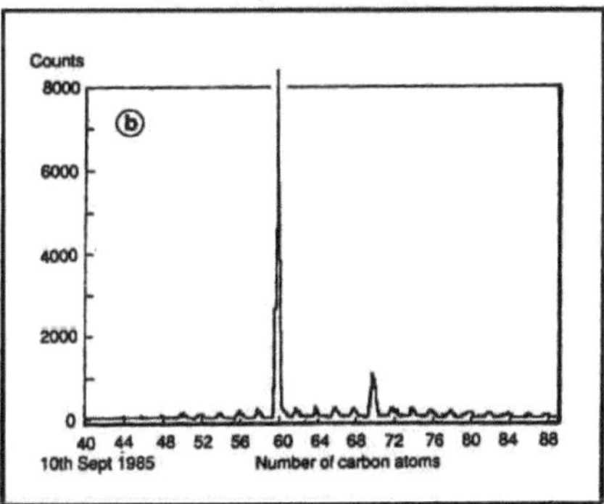

During the subsequent weekend, adjustments to the experiment produced a spectrum clearly showing both C_{60} (dominant) and C_{70}

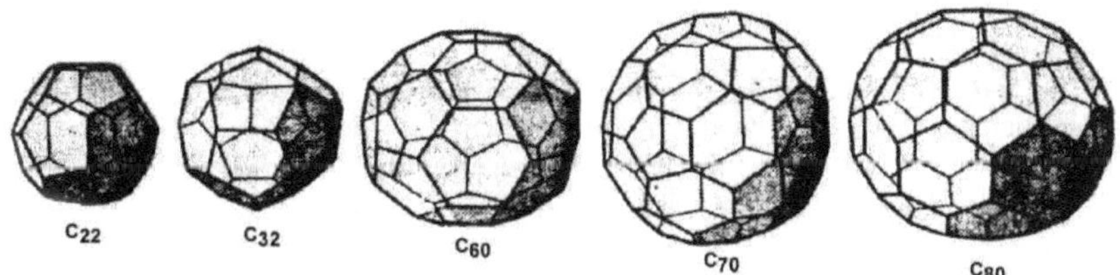

Fullerenes of various sizes

165

Les fullerènes synthétisés par évaporation à l'arc en courant continu, après des études sur la composition isotopique856 ont indiqué que la suie brute de fullerène, l'extrait toulene de la suie, C60 et C70 étaient enrichis en [13C par] rapport à l'anode de graphite, alors que le dépôt de cathode est appauvri en [13C]. La mesure a montré que le C60 est plus riche en [13C par rapport au] C70 et à la suie extraite du toluène.

Une nouvelle méthode pour la génération de fullerènes supérieurs implique857 l'utilisation d'une décharge à l'arc d'une électrode en graphite dopée au bore qui donne des fullerènes supérieurs (C76 à C96) avec du toluène extractible à 35-40% avec un dopage optimal au bore. Ce chiffre est presque le double de celui que l'on peut obtenir par la méthode classique de décharge à l'arc qui utilise des tiges de graphite pur à 100 %. Un chiffre typique de rendement supérieur en fullerène dans ces dernières est de 5-6,2 % en poids seulement. Ces résultats indiquent qu'une sorte de formation d'amas binaires de bore et de carbone joue un rôle important dans le stade précoce de la formation des fullerènes supérieurs. Une installation de ce type de fabrication de fullerènes par évaporation de graphite à basse pression d'hélium dans un four à décharge d'arc a été testée récemment à l'échelle d'une usine pilote (avec une puissance nominale de 30 KW et un courant de 100 ampères) en Russie858. Les résultats de l'usine pilote indiquent que la suie produite dans l'usine contient des fullerènes (C60 et C70) à hauteur de 15%. Le changement d'atmosphère de gaz inerte de l'hélium au xénon, à l'argon, au krypton et au néon indique qu'avec un chiffre standard de production d'hélium de 4,3%, celui du xénon de 5%, de l'argon de 5,7%, du krypton de 5,9% et du néom de 6%859[,860]. Une méthode continue de production de fullerène à partir de graphite a également été décrite par le Korean Standard Research Inst861 , qui consiste à générer une décharge luminescente à basse pression de la torche, à insérer un champ d'ondes électriques à haute fréquence induit par une bobine dans le tube à décharge avec un flux de plasma de gaz argon dans le tube pour générer un plasma couplé par induction, à faire réagir le plasma contre de la poudre de graphite fournie par un dispositif, à refroidir le gaz réactif et à séparer le produit solide du gaz.

Outre les méthodes de décharge électrique, la voie des ondes de choc a également été testée pour la production de fullerène à partir de graphite862. Le processus est basé sur le fait que, dans la dispersion-formation des ondes lors de la sortie d'une onde de choc sur une surface libre du graphite, provoque une compression et sépare le réseau de carbone sous forme de molécule de fullerène (C60) de la surface du graphite. Une onde de choc de ce type générant une pression de 30-35 GPa sur le graphite a été testée avec succès pour atteindre cet objectif. Ce type de pression d'onde de choc a également été utilisé pour synthétiser du diamant à partir du fullerène863. Une autre méthode originale a été tentée864 : celle de la vaporisation du graphite par l'énergie solaire concentrée. Un four solaire d'une capacité de 2 KV à Odeillo Inst (France) a été utilisé pour vaporiser le graphite par ce moyen dans une atmosphère inerte, générant du fullerène jusqu'à un niveau de 20%. Les expériences indiquent également que la vaporisation du graphite/bimétal cible produit des nanotubes de carbone à paroi simple. Le facteur limitant dans ce processus est la température de la cible qui doit être d'environ 3000°K. Un four de 100 KW peut atteindre une température de 400 [oK] et augmenter considérablement le rendement en fullerène. [865]

Des fullerènes (anions fullerènes) ont également été générés en solution (par exemple, dans des solvants aqueux ou organiques)[866-869]. Le CeO2 a été utilisé comme matériau d'emballage dans la séparation chromatographique des fullerènes C60 et C70 ainsi que [870-873].

4.34 LES PEINTURES À BASE DE GRAPHITE :

Les graphites ont un lustre métallique, un fort pouvoir de dissimulation des couleurs et une propriété de revêtement réfractaire qui ont été utilisés dans le développement de diverses catégories de peintures. Ces peintures comprennent des couches de couleur pour l'automobile et d'autres couleurs, ainsi que des peintures *pour* carrosseries en graphite pour la protection contre l'oxydation à haute température. Ces dernières catégories de peintures ont déjà été longuement discutées dans la section n° dans le contexte du développement des creusets en graphite, et par conséquent nous allons principalement aborder ici les autres possibilités.

Coloumbian Chemical Co874 a mis au point une peinture au carbone à haute teneur en couleur pour l'automobile 140 qui sont principalement à base de graphite pyrolytique/noir de carbone et possèdent une surface élevée (environ 500 mètres2/g). Un autre revêtement stratifié à base de graphite pour automobiles, mis au point par Nippon Paint Co, Japon875, comprend du graphite, du dioxyde de titane, un pigment (rouge/jaune) et une résine acrylique thermodurcissable, qui présentent un bon pouvoir couvrant et une faible déviation de couleur avec le temps. Une autre peinture attrayante, appelée "gris platine" pour les carrosseries automobiles, est basée sur de grands graphites à base d'émulsion acrylique et présente des brillances métalliques des cristaux de graphite.

Mitsubishi Heavy Industries Ltd, Japon, a mis au point876 une peinture anticorrosion pour les alliages d'acier qui est particulièrement utile pour le revêtement des rotors et des aubes de turbines dans la production d'électricité à partir de l'énergie géothermique. Ces peintures anticorrosives contiennent, outre du graphite, un matériau bitumineux dont le point de ramollissement est inférieur à 85oC dans l'essence ou les solvants aromatiques. Une composition typique de ce type de peinture contient un rapport 30:70 de goudron-poix:minéral-esprit ainsi qu'une substance thixotropique et évidemment de la poudre de graphite.

L'auteur a également expérimenté des peintures à base de graphite pour le revêtement de tubes à ailettes métalliques destinés à l'absorption de l'énergie solaire et à la production d'eau chaude. En raison de leur conductivité thermique élevée, ces peintures transfèrent la chaleur solaire à l'eau qui transporte les tubes à ailettes métalliques et produisent ainsi de l'eau chaude. Cependant, ces peintures doivent également être recouvertes d'une couche isolante transparente afin de minimiser la chaleur thermique absorbée qui s'échappe dans l'air froid environnant877.

Le graphite empêche également la formation de tartre dans les chaudières et, par conséquent, le graphite cristallin en poudre fine est utilisé comme peinture et pigment pour les couches hydrofuges et résistantes à la corrosion. Il est également utilisé dans la préparation de couches de protection pour les objets en bois.

Dans l'application de peintures au graphite à haute température, le liant doit également être résistant à la température ou doit produire du coke/carbone avec un pouvoir adhésif pour rendre le graphite stable en suspension à haute température. Le brai spécialement préparé est l'un de ces liants.

4.35 GRAPHITE. NANOTUBES POUR LE STOCKAGE DE L'HYDROGÈNE :

La production et la nature des nanotubes de graphite sont similaires à celles des fullerènes. En raison d'une taille particulière des ouvertures, ils conviennent au stockage de l'hydrogène. En raison également de leur taille à l'échelle atomique et de leur configuration particulière, ils offrent la possibilité d'être utilisés en tant qu'échelle atomique glissante et roulante878. D'autre part, il a été constaté que les nanotubes individuels ont une orientation à l'équilibre avec des minima d'énergie potentielle élevés, ce qui conduit à un verrouillage des nanotubes à l'échelle atomique.

The effective contact area and total interaction energy of these tubes varies with

squareracine de leur rayon. Le glissement et le roulement de ces nanotubes sont donc plus élevés que ceux d'un rouleau parfait. Lorsque les nanotubes sont poussés, on observe une combinaison de mouvements de rotation à l'échelle atomique. Des dispositifs d'émission d'électrons ou d'affichage d'images ont également été fabriqués à partir de ces nanotubes de graphite.

Outre les nanotubes, les matériaux graphite-magnésium préparés par broyage mécanique du magnésium avec du graphite en présence de benzène[879], produisent de nouveaux sites de stockage de l'hydrogène autres que ceux dus à la composante magnésienne. Ce matériau réagit avec l'hydrogène de manière réversible. La capacité de stockage de l'hydrogène des nanofibres de graphite préparées en faisant passer de l'éthylène et de l'hydrogène gazeux sur un catalyseur à 600°C montre un niveau de désorption de l'hydrogène typiquement inférieur à 0,01 H/C atome[880]. Ces nanotubes de graphite ont été préparés en générant un arc de décharge en courant continu entre le graphite et l'électrode de molybdène à une pression de 25 kPa d'hélium, pendant une période d'environ 1 seconde. Cela produit de nombreux nanotubes de carbone à parois multiples et des nano-capsules dans la zone du point cathodique de la cathode en graphite. Aucun nanotube n'est produit à l'anode en graphite, à l'anode en molybdène et à la cathode en molybdène. Des nanotubes et filaments de graphite à parois multiples ont également été produits à partir de produits carbonisés de polyvinyl alohols par graphitisation catalytique à 600-800°C dans une atmosphère d'azote[882]. Les nanotubes de graphite dont les deux extrémités sont fermées par des métaux ou dont une extrémité est fermée par du métal et l'autre par du graphite, sont également revendiqués comme matériau de stockage de l'hydrogène[883]. Les nanotubes ont été préparés par pyrolyse de composés organiques contenant du nickel, du cobalt, du fer et/ou du palladium à 550-950°C. Les nanotubes à parois multiples synthétisés par la méthode de l'arc électrique ci-dessus, peuvent être remplis par capillarité[884]. En conséquence, des nanotubes ont été intercalés à partir de systèmes de sels fondus[885.886].

4.36 LE GRAPHITE DANS LES INDUSTRIES ÉLECTRONIQUES ET DES SEMI-CONDUCTEURS :

Outre les creusets de qualité spéciale nécessaires à la fusion et au tirage des monocristaux, comme mentionné dans la section n°, le graphite trouve un certain nombre d'autres applications importantes dans l'industrie électronique. Il s'agit notamment des résistances de pile, des anodes pour les redresseurs à mercure, des vannes à vide thermoioniques, des diélectriques à faibles pertes, des émetteurs d'électrons, des condensateurs, des actionneurs piézoélectriques, des gabarits/moules, etc. Comme le graphite peut être produit de manière spectroscopiquement pure, il est le choix naturel pour les gabarits et les moules utilisés dans les industries des semi-conducteurs où la pureté du produit est spécifiée en termes de niveau ppm ou ppb. Le germanium avec moins de 10 ppm d'impureté est réduit par l'hydrogène à 650 °C et fondu à 1000 °C dans un bateau en graphite de type spécial.

Dans ce cas, cependant, comme le germanium ne mouille pas le graphite, le graphite ne doit pas être extrêmement pur. Le raffinage par zone du germanium est également effectué dans un bateau en graphite. Le graphite est également utilisé comme creuset et comme suscepteur de radiofréquences pour en extraire le cristal. Aizawa et al[887] de Hitachi Chemical Co, Japon, ont décrit un matériau de graphite ayant une bonne aptitude au revêtement de carbure de silicium, fabriqué à partir de coke et de liant en mésophase, moulé par hydrostatique et graphitisé, qui produit une force de liaison élevée (520 kg/cm2) et un faible rapport anisotrope. Le produit en graphite revêtu de carbure de silicium ainsi fabriqué peut être utilisé comme suscepteur dans la croissance épitaxiale. Dans l'industrie des semi-conducteurs, pour produire une jonction bien délimitée, il est essentiel que le composant semi-conducteur soit situé avec précision. Le meilleur moyen d'y parvenir est de les placer dans des gabarits en graphite. La facilité d'usinage à une tolérance étroite et une forme complexe font que le graphite convient à ces applications.

Des gabarits en graphite sont également utilisés pour le scellage verre-métal des fils de connexion dans les composants électroniques. Dans cette opération, le transitor est placé dans un gabarit en graphite avec des fils attachés passant à travers de petits trous et du verre en poudre est versé dans ceux-ci. Le gabarit est ensuite chauffé pour que les composants se diffusent les uns dans les autres et forment le joint ci-dessus.

Setani et al888 de Honda Motor Co. Japon, ont décrit un procédé de fabrication de condensateur à double couche à partir de feuilles d'électrodes en graphite. Le procédé consistait à déposer une feuille d'aluminium pyroélectrique et à la sécher au rouleau. La fabrication d'un autre condensateur à base de graphite décrit par Mansur et al889 implique le dépôt anodique d'un film d'oxyde de nickel sur une feuille de graphite dans une cellule électrochimique où une tension positive est imprimée. sur la feuille de graphite et une solution électrolytique d'oxyde de nickel est placée dans la cellule à volume variable. Les informations structurelles sur le film d'oxyde de nickel déposé sont contrôlées par un faisceau de rayons X placé angulairement, qui détermine l'épaisseur optimale du film nécessaire à la fabrication du condensateur. Un autre condensateur à double couche fabriqué par NEC Corpn du Japon890 qui consiste à former une couche de graphite expansé sur une feuille de caoutchouc ou de plastique électriquement conductrice utilisée comme corps pyroélectrique dans la formation du condensateur à double couche. La société japonaise Sanyo Electrio Co. a également produit891 un condensateur à électrolyte solide résistant à la chaleur en laminant une feuille anodique revêtue d'une feuille cathodique via un séparateur, formant ainsi une couche polymère conductrice dans l'élément de condensateur laminé. Le revêtement ci-dessus a également été produit à partir de graphite.

Des laminés en graphite ont été utilisés pour produire des actionneurs piézoélectriques892 Ces laminés en graphite/époxy contiennent des actionneurs en zlrconate-titanate de plomb (PZT). La piézorésistivité du composite semi-conducteur polyéthylène-graphite haute densité montre893 une dépendance marquée de la conductivité à la pression, dans laquelle le coefficient de pression négatif de la résistance et le coefficient de pression positif de la résistivité, également connu sous le nom de fluage de résistance, sont une caractéristique remarquable de ce système. Dans ce cas, la rupture et la reconstruction du réseau conducteur sous pression peuvent être responsables de la dépendance de la résistivité à la pression et au temps. Les céramiques piézoélectriques de type PZN-PZT avec graphite sont importantes pour le développement des dispositifs dits RAINBOW894 à ultra-hauts déplacements induits basés sur ce type de matériau. L'ampleur de la réduction avec la température suit la conductivité électrique du matériau selon la séquence des propriétés de l'isolant, du semi-conducteur et du métal.

. Hence stainless-steel jigs are often used but again they are mounted on graphite blocks in order to minimize possible distortion during heating. For same reasons, graphites tubes are being used in the heat treatment of semiconductors. In this later case, graphite tubes are first converted to siliconEn ce qui concerne le silicium, le graphite présente l'inconvénient d'être susceptible de s'user en utilisation continue et de réagir chimiquement avec son carbure 895 . Hence stainless-steel jigs are often used but again they are mounted on graphite blocks in order to minimize possible distortion during heating. For same reasons, graphites tubes are being used in the heat treatment of semiconductors. In this later case, graphite tubes are first converted to siliconpour améliorer l'uniformité de la chaleur et la conduction thermique pendant le traitement thermique ci-dessus. La société japonaise Nikko Engineering Co a développé897 entre an apparatus for growing lithium-borate single crystal using graphite felt as a buffer material. Here the graphite buffer is placed inle creuset et le suscepteur, ce qui permet une relaxation des contraintes et la croissance d'un an apparatus for growing lithium-borate single crystal using graphite felt as a buffer material. Here the graphite buffer is placed inmonocristal exempt de fissures à partir de la fusion du Li2B407 contre un élément d'ensemencement.

Le graphite est également utilisé comme anode dans le redresseur à arc de mercure et dans les vannes à vide dur thermoioniques. Les soupapes dans ce cas pouvant maintenir des écartements très précis grâce au coefficient de dilatation thermique extrêmement faible du graphite à haute température. L'émission élevée de rayonnement du graphite est également un avantage dans ces applications (74% du rayonnement du corps noir à 700°C). Un autre avantage est que des températures de fonctionnement plus basses peuvent être utilisées, ce qui permet une émission d'électrons plus faible. Amey et al898,[899] de E.I. duPont deNemours (USA), ont décrit un émetteur d'électrons en graphite bombardé par ions et à revêtement métallique destiné à être utilisé dans des cathodes à émission de champ, des panneaux d'affichage et des dispositifs d'éclairage. Ces émetteurs d'électrons en graphite sont formés par le revêtement d'un fil avec une pâte comprenant du graphite et des frittes de verre, la cuisson et le bombardement du produit cuit avec un faisceau d'ions. Ce dispositif d'émission d'électrons a également été fabriqué avec succès avec des nanotubes de graphite pour être utilisé comme canon à électrons dans les tubes Braun9OO,[901]. L'utilisation de ces nanotubes en graphite produit une émission d'électrons stable et efficace. Dans la fabrication de résistances variables, bien que les dispositifs semi-conducteurs remplacent les piles de carbone, en raison de leur simplicité de cisaillement et de leur fiabilité ainsi que de leur durabilité à des niveaux plus élevés, les piles de carbone ont continué à être produites en grandes quantités. Ces pieux en carbone produisent une résistance non inductive qui peut être modifiée sans contact glissant, sur une large gamme de valeurs ohmiques, de manière régulière et continue. La résistance consiste en un empilement de plaques, disques ou anneaux en graphite, ainsi qu'en un moyen d'appliquer une force variable le long de l'axe de l'empilement. La résistance de contact entre ces plaques étant sensible à la force mécanique qui leur est appliquée, la résistance de la pile est continuellement modifiée par simple changement de la force. En modifiant de manière appropriée la composition des plaques de graphite et leurs dimensions, il est possible de construire des piles de différentes capacités.

Des diélectriques à faibles pertes ont été fabriqués en graphite902. Ces diélectriques ont été préparés en mélangeant du polyéthylène avec du graphite, du CaTi03/Al, de la céramique ferroélectrique, etc. Ils présentent une réponse plate, presque indépendante de la fréquence, sur une large gamme de champs électromagnétiques. Ils présentent une réponse plate, presque indépendante de la fréquence, sur une large gamme de champs électromagnétiques. Une électrode en tissu, en forme de ceinture, fabriquée à partir de graphite, de carbure de silicium et de carbones sélectionnés, a également été utilisée pour l'électrodéposition de silicium semi-conducteur, avec une efficacité accrue grâce à son silicate fondu903. Un autre appareil de croissance de monocristaux de silicium décrit par Toshiba Ceramics904 comprend un creuset en quartz contenant du silicium fondu et un creuset en graphite avec un fond perforé pour libérer du gaz. Un cristal de silicium de grande surface a été dessiné avec un élément d'ensemencement par cet appareil.

4.37 LE GRAPHITE COMME BOUCLIER ÉLECTROMAGNÉTIQUE :

La propriété du graphite en tant que modérateur dans le flux de neutrons de haute énergie dans les réacteurs à fusion905 [906] et à fission a déjà été élaborée dans la section (utilisation du graphite dans l'industrie nucléaire). Le graphite polynucléaire dans une telle application montre une résistance à l'irradiation neutronique même dans *des* environnements difficiles comme celui des réacteurs de fusion thermonucléaire907. Outre les réacteurs nucléaires, le graphite trouve également un certain nombre d'applications dans l'optique des rayonnements908 et l'absorption des radiofréquences (blindage électromagnétique) et dans la protection contre les rayons gamma. Ces dernières applications comprennent l'utilisation dans les laboratoires des hôpitaux (diagnostic) pour bloquer le faisceau de rayons gamma. Ces écrans anti-radiations sont préparés909 par imprégnation d'un métal lourd dans du graphite poreux. Les écrans peuvent également être utilisés contre les faisceaux de neutrons lorsque ces faisceaux sont utilisés à des fins de diagnostic. De même, un coton colloïdal imprégné d'ions a été préparé910 pour absorber les rayonnements micro-ondes. Ces cotons contiennent essentiellement du graphite, du noir d'acétylène, du polyuréthane et des diluants dont la densité du matériau imprégné augmente de la surface à l'intérieur.

Un bouclier contre les radiofréquences à basse température a été préparé911 à partir de graphite exfolié, tandis qu'un absorbeur d'ondes radio à large bande a été préparé912 à partir de graphite et de microbilles inorganiques. Ainsi, de la résine époxy bisphénol A a été mélangée à de la diéthylaminopropylamine, du graphite en paillettes et des microbilles inorganiques, puis durcie sous pression pour former une mousse synthétique qui a montré une bonne résistance mécanique et une bonne portabilité pour une utilisation contre les rayonnements de 75-110 GHz.

Une composition de moulage en plastique destinée à être utilisée comme blindage électromagnétique a été préparée913 en recouvrant un brin de fibre de graphite métallisé (par exemple revêtu de nickel) d'un liant à base de résine (par exemple de la résine ABS) et en le découpant pour former des pastilles de 3x8 mm, puis en le moulant par injection pour former une feuille de 200x20Ox3 mm, qui fonctionne bien comme blindage électromagnétique contre 30-65 dh à 1-1000 MHz. Un blindage contre les interférences électromagnétiques similaire, mais de type tissu de fibres, a été préparé914 en liant des fibres de graphite à de la résine époxy, ce qui a montré que le blindage diminue avec l'ouverture croissante de la fibre et que les fibres à revêtement métallique rodent dans un arrangement de grille sensiblement plus élevé que la fibre de carbone nue, et que les fibres en pose unidirectionnelle présentent également un blindage plus faible que les autres. Les composés de graphite intercalés avec de l'AsF ont été façonnés en un film mince915 , en poudre, en flocons et en fibres pour produire des éléments de blindage électromagnétique. Dans la recherche spatiale, les équipements électroniques ont été protégés des rayonnements électromagnétiques nocifs916 par des boucliers légers et hautement conducteurs de ce type contre les interférences électromagnétiques. Ces boucliers, désormais commercialisés par Triton System Inc. en coopération avec le NASA-Glenn Research Center (USA), sont préparés en utilisant du graphite intercalé de brome au lieu des boucliers classiques en aluminium ou en tantale. Ils ont une épaisseur de seulement 0,36 et 0,72 mm (simple et double épaisseur) et ont la même efficacité que les tôles de contrôle en aluminium en ce qui concerne la rediation des micro-ondes dans la bande Q. De plus, pour obtenir une résistance raisonnable, les tôles en aluminium doivent avoir une épaisseur d'au moins 2 mm, alors que ces tôles à base de graphite sont beaucoup plus fines et plus légères, et offrent donc un gain de poids potentiel de 88% par rapport à l'aluminium. Ces tôles en graphite polymère conducteur - époxy augmentent l'effet de blindage grâce à une conductivité de surface et interne améliorée. Une autre composition thermoplastique contenant du graphite électriquement conducteur et présentant un bon pouvoir de blindage électromagnétique a été préparée par Unitika Ltd, Japon917 en utilisant à la fois des fibres de graphite et du graphite expansé dans la recette principale. Ces feuilles préparées par malaxage à l'état fondu de la résine thermoplastique avec des fibres de graphite et du graphite expansé et du nylon, ont été mises en boulettes pour assurer l'uniformité avant le moulage par injection. Les feuilles présentent une conductance électrique de l'ordre de 1xl0 ohm.cm, un module de flexion de 19 GPa et de bonnes propriétés de résistance au feu.

4.38 LE GRAPHITE DANS LES APPAREILS PHOTO ET ÉLECTROLUMINESCENTS :

L'un des premiers matériaux de cette catégorie est le carbone à arc utilisé pour la projection d'images, les projecteurs de recherche et autres applications luminescentes à haute intensité. Ces charbons sont préparés à partir de coke de pétrole calciné, de brai de goudron de houille, de graphite naturel et de noir de carbone.

Un certain nombre de dispositifs d'affichage à émission de lumière ont été fabriqués à partir de graphite, comme par exemple le dispositif d'affichage à lumière récemment signalé par Cambridge Display Technologies Ltd, U.K918. Il se compose d'une zone d'émission de lumière constituée d'une première électrode située du côté visible de la zone d'émission de lumière pour injecter des porteurs de charge d'un premier type, et d'une seconde électrode située du côté non visible de la zone d'affichage à émission de lumière pour injecter des porteurs de charge d'un second type, dans laquelle il y a une structure influençant la réflectivité située du côté non visible de la zone d'émission de lumière et comprend une couche absorbant la lumière composée de graphite et/ou de fluorure ou d'oxyde d'un métal à faible coefficient de travail. Un autre dispositif d'affichage à émission de champ de grande surface décrit par Ise Electronics Copn, Japon919 comprend un émetteur (dispositif d'émission d'électrons) en graphite coloré comprenant un faisceau de nanotubes de graphite. En raison de la forte concentration du champ électrique à l'extrémité de ces nanotubes, une grande quantité d'électrons peut en être extraite. L'émetteur peut être fabriqué en utilisant la technologie de la sérigraphie avec une pâte de graphite coloumnar.

La même entreprise japonaise a également décrit920 le processus de fabrication d'un dispositif d'affichage fluorescent utilisant du graphite en aiguille (nanotubes de graphite). Ici, les électrodes ont été placées au centre d'un substrat céramique et des nanotubes de graphite en forme d'aiguille (taille en mm) ont été fixés verticalement à la surface de l'électrode par un adhésif conducteur d'électricité pour former un dispositif d'affichage au-dessus. Un autre dispositif d'affichage fluorescent, également fabriqué par la même société921, consiste à produire l'affichage par faisceau d'électrons à partir d'un dispositif comprenant un substrat céramique, une plaque d'électrode, un émetteur (3 mm de diamètre) sur l'électrode et un boîtier fait d'une partie supérieure maillée pour couvrir la plaque d'électrode. L'émetteur de ce dispositif est à nouveau fabriqué à partir d'un faisceau de nanotubes de graphite.

Un dispositif électroluminescent organique contenant du graphite a été signalé par la société japonaise Futaba Denshi Kogyo Co922. Il comprend un substrat en verre, une électrode ITO, un injecteur de trous et une couche transparente, une couche P et une pâte de graphite contenant du silicate de sodium capturant l'humidité et un couvercle en verre. Un autre dispositif photoélectrique pour les cellules photoélectriques électrochimiques et les détecteurs optiques décrit par Iwashita et al923, est basé sur un composé de chlorure métallique et de graphite intercouche.

La photochimie du graphite et de ses composés a été explorée et la possibilité de l'utiliser dans des appareils photo pratiques, y compris des piles, a été testée. Ainsi, le photocourant à l'électrode basale en graphite pyrolytique hautement orienté irradié avec des couples quinone/hydroquinone adsorbés (benzoquinone, 1,4 naphtoquinone et 9,10-phénanthroquinone) a été étudié924. Avec une lumière UV-visible modulée, le pic du photocourant anoïque a été trouvé proche du potentiel du couple redox supérieur. Le pic est donc lié à l'oxydation de l'hydroquinone adsorbée et à la relaxation du couple redox adsorbé. Des réactions d'intercalation photoélectrochimique de type similaire ont été étudiées925 en vue d'une application possible dans les piles secondaires et les dispositifs électrocromes (par exemple, les unités de stockage d'informations). Les systèmes étudiés à cette fin comprennent les composés n-HxTi02, Cu6PS5I et Cu6-xPS5I ainsi que l'intercalation du graphite.

Une lampe à xénon pulsé avec pyrographite a également été développée en Russie et récemment signalée par Volkova et al [926].

4.39 LE GRAPHITE DANS LES APPAREILS DE TÉLÉCOMMUNICATION :

Le matériau piézoélectrique pour la conversion de la pression acoustique mécanique en électricité927 et les pieux de carbone à résistance variable, tous deux utilisés dans les industries téléphoniques, ont déjà fait l'objet de discussions, tout comme les antennes et les paraboles renforcées de graphite pour les satellites de communication. Les granulés de carbone, un moyen bon marché mais unique de conversion économique du son en énergie électrique, sont encore largement utilisés dans l'industrie téléphonique. Bien que divers types de carbone aient été testés pour une telle utilisation, seul l'anthracite traité thermiquement semble encore être satisfaisant à cet effet. Le principal inconvénient des granulés de carbone est que l'efficacité de modulation diminue et que la résistance de l'agrégat augmente avec le temps, comme la manipulation et les interactions gazeuses. Des succès considérables ont été obtenus dans la stabilisation de ces granulés grâce à plusieurs prétraitements, par exemple la vibration des granulés dans une atmosphère gazeuse contrôlée. Outre les composants actifs, le graphite trouve d'innombrables applications comme composant structurel passif pour ses propriétés incassables, légères et non corrosives (comme les boîtiers, les antennes, etc. pour les appareils de télécommunication). Son utilisation comme bouclier électromagnétique dans les boîtiers des applications spatiales (pour protéger les appareils électroniques des radiations électromagnétiques nocives dans l'espace) a déjà été décrite dans la section n°.

4.40 LE GRAPHITE COMME ISOLANT ACOUSTIQUE :

Les fibres de graphite non tissées se sont avérées être un excellent matériau d'absorption du son dans la gamme des fréquences audio. Dans les enceintes audio, pour améliorer les basses et absorber les fréquences plus élevées, on utilise couramment des fibres de verre (laine de verre) ou des fibres synthétiques ; mais ces matériaux sont moins efficaces que la fibre de carbone dont la résistance peut être modifiée en changeant le diamètre des fibres. Les fibres de carbone sont également beaucoup plus réfractaires que toutes les fibres ci-dessus. Thorn et al928 de Lohmann GmbH, Allemagne, ont décrit un tel matériau d'isolation acoustique utile dans la gamme de fréquences 100-5 kHz par consolidation mécanique suivie d'un pressage à chaud pour atteindre une résistance spécifique à l'écoulement (DIN EN 29053, méthode B) de 800-1400 Ns/m3 de . A suitable fabric with PET and copolyester as primary and secondary nontissu thermoplastique tissé, . A suitable fabric with PET and copolyester as primary and secondary nona donné un excellent résultat en tant qu'isolant acoustique. Les isolants sonores à base de fibres de graphite sont également utilisés dans les grands studios pour obtenir un effet acoustique approprié. Les feuilles composites à base de fibres de graphite sont également utilisées dans la fabrication d'enceintes de haute qualité. Ces enceintes sont généralement de type moulé.

4.41 GRAPHITE-FLUORURE POUR LES BANDES D'ENREGISTREMENT VIDÉO :

Diverses poudres métalliques traitées commercialement et leurs sels sont utilisées comme matière active pour la préparation des bandes vidéo. La lubrification de ces bandes est un facteur important pour la stabilité de l'enregistrement et la durée de vie des bandes. Récemment, Miya et al929 de Kanto Demko Kogyo Co Ltd (Centre de recherche et de développement) à Shibukawa, au Japon, ont testé les performances et la durabilité des bandes vidéo métalliques contenant du fluorure de graphite. Ces recherches ont porté en particulier sur les performances d'enregistrement vidéo et les caractéristiques d'usure de ces bandes. Le graphite-fluorure utilisé à cet effet a été préparé par fluoration du noir de carbone et les bandes ont été préparées selon des techniques conventionnelles utilisant des particules métalliques magnétiques qui ont une valeur de coercivité de 1500 Oe et une surface spécifique de l'ordre de 55 mètres2 par gramme. Les caractéristiques électromagnétiques et les performances de l'alambic ont été comparées à celles d'autres rubans contenant différents lubrifiants. Les résultats ont indiqué que les rubans contenant du fluorure de graphite étaient supérieurs aux autres rubans en termes de caractéristiques de réponse vidéo et de durabilité. Des tests de performance similaires avec d'autres composés de graphite intercalés n'ont pas été signalés dans la littérature, mais il est possible que certains d'entre eux soient prometteurs dans ce sens.

4.42 COMPOSÉ DE GRAPHITE POUR LE REVÊTEMENT DES TUBES CATHODIQUES DE TÉLÉVISION EN COULEURS :

Les tubes cathodiques à matrice de points noirs des téléviseurs couleur sont plus performants que les revêtements ordinaires, car le premier génère un meilleur contraste et une meilleure saturation des couleurs dans l'image télévisée, et confère une meilleure tonalité des couleurs. Chez Samsung Display Devices, en Corée du Sud, Kim930 a mis au point une composition à base de graphite pour le revêtement de la surface intérieure des tubes cathodiques des télévisions couleur, afin d'obtenir un revêtement à matrice noire supérieur pour la reproduction d'images haute fidélité. La composition de la couche est composée d'un mélange de graphite (65-80 parties), d'une huile (10-30 parties) et d'un agent tensioactif (1-5part). The graphite mixture was prepared from graphite powder, a silicate and sodiuml'hydroxyde. L'agent tensioactif a été choisi parmi le monolaurate de sorbant de polyoxyéthylène, le sel monosodique de l'acide dinaphtyl disulfonique et le copolymère oxyde d'éthylène/oxyde de propylène. Les chercheurs ont également mis au point une méthode spéciale pour appliquer cette couche sur la surface intérieure d'un écran fluorescent d'un tube cathodique couleur contenant un motif de photoréserve avec du peroxyde d'hydrogène. Ce type de revêtement à matrice noire a permis d'améliorer l'efficacité de l'émission et la pureté des couleurs de l'écran fluorescent du tube image.

4.43 LE GRAPHITE DANS LA LUTTE CONTRE LA POLLUTION DE L'ENVIRONNEMENT :

Le graphite trouve un certain nombre d'utilisations tant dans la surveillance (dispositifs de contrôle de la pollution) que dans la lutte contre la pollution de l'air et de la mer. Ses propriétés d'absorption et de filtrage des gaz ont été utilisées dans le développement d'éléments de filtres à air, tandis qu'une grande capacité de trempage et de récupération des hydrocarbures a été utilisée pour réduire les déversements de pétrole dans les mers.

Dans des applications ultérieures, le graphite exfolié a été utilisé931 pour imbiber le pétrole de la couche flottante au-dessus de l'eau de mer. Des études avec quatre différentes qualités de pétrole lourd ayant des viscosités différentes ont été testées par rapport à la capacité de sorption du graphite exfolié. La capacité de sorption maximale du graphite exfolié à température ambiante a été enregistrée comme étant de 83 gm de pétrole lourd de grade A/gramme de graphite exfolié, la densité apparente du graphite utilisé étant de 0,006 gm/cc. Dans ces conditions, la sorption se produit très rapidement (en 1 minute environ). On a également constaté que la capacité de sorption dépend fortement de la densité apparente et du volume des pores du graphite exfolié ; le temps nécessaire pour atteindre la capacité maximale de sorption et d'absorption d'un graphite exfolié dépend également de la qualité du pétrole lourd utilisé. Les résultats indiquent que le graphite exfolié à faible densité apparente est un matériau prometteur pour la sorption du pétrole lourd. Le même groupe de chercheurs a également étudié932 la récupération de l'huile sorbée et le recyclage éventuel du graphite exfolié. La récupération de l'huile sorbée pourrait être effectuée par filtration sous aspiration douce à température ambiante, mais la capacité de sorption du graphite exfolié diminue nettement avec son recyclage. Le pétrole lourd déversé dans l'eau et récupéré à l'aide de graphite exfolié n'est pas différenciable de l'original en termes de poids moléculaire ou de constitution chimique. En mesurant la teneur en eau des déversements de pétrole lourd et du pétrole récupéré, on a constaté que le graphite exfolié sortait le pétrole de préférence. Il a donc été conclu qu'il n'y aura aucun problème pour recycler les huiles lourdes récupérées par ce moyen, bien que le recyclage du graphite exfolié réduise sensiblement sa capacité de sorption. Dans un essai de terrain ultérieur réalisé par les mêmes chercheurs933, le graphite exfolié a été emballé dans un sac en plastique et son comportement de sorption a été étudié en mer, en accordant une attention particulière au processus de ramassage du sac de la couche de pétrole et à l'utilisation de la maille métallique recommandée afin de maximiser la sorption du pétrole. Les essais montrent que le matériau du sac doit également être spécifié, en particulier pour la couche mince de pétrole lourd sur l'eau et sa récupération. En Russie, Komlenko et al934 ont tenté une sorption similaire du pétrole par du graphite exfolié, où le graphite oxydé était d'abord mélangé à une poudre de fer, de cobalt ou de nickel dans un solvant organique pour conférer des propriétés magnétiques à l'absorbant. Après une distribution homogène du composé métallique, le liquide organique est éliminé et la phase solide est séchée jusqu'à ce qu'elle atteigne un état libre. Le produit est ensuite soumis à une expansion thermique à 900-1300 °C. Le composé de fer est essentiellement constitué d'oxydes de fer, principalement de magnétite (Fe_3O_4). Les composés de cobalt et de nickel peuvent être utilisés ensemble avec les composés de fer ou séparément dans ce cas. Le graphite oxydé peut être mélangé à de la poudre de magnétite jusqu'à une teneur en fer de 1,5 Le pourcentage en poids est atteint après conversion au métal. Le liquide organique acceptable est constitué d'essence, de gazole, d'acétone ou de condensats de gaz. Dans une autre approche innovante, réalisée par BASF AG, Allemagne935 , un matériau expansé à cellules ouvertes absorbant l'huile a été généré à partir de graphite exfolié. Ils ont été préparés par polymérisation de styrène en suspension aqueuse contenant du peroxyde de dicumyle, du peroxyde de dibenzoyle, de l'hexabromocyclododécane et du graphite. La mousse ainsi générée avait une densité *de* 10 gm/litre, un diamètre cellulaire moyen de 300 micro 147 mètre, et le contenu des cellules ouvertes 20%. La sorption du graphite exfolié ayant une densité apparente de 6 kg/ mètre3 s'est avérée être de 76 g de pétrole brut par gramme *de graphite exfolié* et de 86 g *de* pétrole lourd de grade A/g de graphite exfolié. La capacité de sorption du graphite exfolié dépend fortement de son volume de pores et de sa densité936. La récupération de jusqu'à 80 % de l'huile sorbée peut être obtenue par une aspiration douce937. Une excellente étude *sur le* sujet a également été publiée récemment938.

Les propriétés de sorption de l'eau des polymères remplis de graphite expansible à la chaleur, à partir d'une solution aqueuse, ont également été étudiées939 dans le contexte de ses propriétés de barrière de film dans le revêtement et le séchage. En utilisant les paramètres de gonflement et de diffusion, la sorption de l'eau par des composites remplis de graphite expansé avec du polyéthylène chlorosulfoné, du copolymère acétate de vinyle plastifié-chlorure de vinyle, et du caoutchouc de diméthyle ainsi que de silicones-silesesquioxane à bloc Ph, indiquent que la charge de graphite augmente les propriétés de barrière du revêtement principalement basé sur le copolymère acétate de vinyle et le polyéthylène chlorosulfoné par rapport à l'eau et à la solution d'acide sulfurique. Les propriétés de barrière par rapport à la solution de KOH sont aggravées par le graphite.

Nippon Denso Co du Japon940 a également décrit un filtre à air pour absorber les gaz odorants de l'air pollué en faisant réagir du graphite avec de l'ozone, en l'imprégnant de peroxyde d'hydrogène et d'acide sulfurique pour obtenir un produit avec des groupes fonctionnels actifs comme -OH, -COOH, -CHO, -CO et/ou -OSO3H, puis en chélatant le produit de la réaction avec une solution contenant des ions métalliques, comme une solution aqueuse de FeCl2, et en le séchant. L'élément filtrant ainsi produit a une capacité d'absorption de H2S de 2,8 mol/g contre 1,5 mol/g pour le charbon actif seul.

Des saggers en graphite spécialement conçus941 aident également à lutter contre la pollution de l'air (fumée) générée par la combustion excessive de goudron dans les fours tunnels qui brûlent des électrodes imprégnées de brai dans les industries du graphite. Ces saggers spécialement conçus ont des trous de dégagement de brai au bas du wagon plate-forme. Le brai excédentaire qui s'écoule par ces trous pendant la cuisson est collecté dans une fosse d'eau froide installée sous la plate-forme du wagon. Le goudron ainsi collecté est continuellement évacué du four par un système de convoyage. La formation de coke de brai sur le pédestral est ainsi évitée, ce qui améliore la qualité de l'air dans la zone du four. Un type spécial d'électrode en graphite a également été utilisé dans le four de fusion des cendres au plasma pour l'incinération des cendres, y compris les cendres des filtres à manches, avec une installation de récupération des scories qui peut être utilisée pour la construction de routes942. Ces fours équipés d'électrodes spéciales ci-dessus, génèrent moins de polluants (faible émission de Nox et de dibenzodioxines) et ont également un faible coût d'exploitation ainsi qu'une longue durée de vie.

4.44 LE GRAPHITE DANS LES APPLICATIONS BIOMÉDICALES :

Le carbone présente une biocompatibilité exceptionnelle. Les tissus vivants peuvent former des liens adhérents avec le carbone implanté. Ainsi, les composites carbone-carbone peuvent être fabriqués avec des propriétés mécaniques correspondant à divers os. Il présente également une bonne radiotransparence. Les carbones utilisés pour les composants biomédicaux comprennent les carbones vitreux purs, les composites carbone-polymère et les composites carbone-carbone. Les utilisations du carbone dans les domaines biomédicaux sont notamment les suivantes : sans contact (par exemple, plateau de table transparent aux rayons X, cassette de film, etc.), extra corporel (par exemple, orthèses, membres artificiels), dispositifs d'implantation (par exemple, tendon à base de fibre de carbone, hanche artificielle et valvules cardiaques). Récemment, la recherche a progressé vers le remplacement total du cœur par un cœur artificiel à base de carbone943. En homéopathie, différentes concentrations de graphite sont utilisées pour diverses affections, en particulier les maladies de la peau (tant internes qu'externes).

4.45 LE GRAPHITE DANS L'INDUSTRIE DU CRAYON :

Les mines de crayon sont essentiellement des bâtonnets de céramique cuits au four, faits de graphite lié à l'argile. L'aptitude du graphite pour l'industrie du crayon est jugée par la trace sombre qu'il laisse sur le papier en grattant. Le graphite synthétique, bien que contenant moins de cendres et de particules très fines, produit très peu de taches et ne convient donc pas aux fabricants de mines de crayons. En général, les fabricants de crayons préfèrent le graphite amorphe d'une pureté de 95% et exempt de particules granuleuses. L'auteur actuel a expérimenté (brevet américain n° 659692, brevet européen n° IBO305560, 18/4/06) le with amorphous (4 micrometer particle size) graphite extracted from spent pot liner of aluminium industries for making pencil lead. Amorphous graphte gives better smear than flaky graphite. Indian Standard Organisation (ISI) has thus set norm for graphite suitable for pencil industry as, amorphous graphite with size -300 mesh & ash less than 50%. Micronised amorphous graphite accordingly is the very much sought after raw material for the manufacture of high class lead for pencils. After manufacture of the pencil lead, the rod is impregnated with a lubricant to preclude glazing of the point of use. The quality of the lead depends on the quality of the ingredients & the manufacturing process, the degree of hardness depends on the ratio of clay to graphite. Clays used are washed bentonite, china clay, or plastic local clays. Graphite qualities are also improved through mixing various grades by carefully prior controlled testing. Ordinary amorphous graphite, without any modification generally used for cheaper variety of pencil leads. A mixture of processed kaoline & bentonite clay is also used by some pencil lead manufacturers. Although simple mixing of clay with powder graphite was used at earlier times for manufacture of pencil lead, manufacturing technology has changed enormously since then to produce higher quality and enumerable variety of pencil leads. General procedure followed for producing pencil lead from graphite involves, ballbroyage ou le broyage à marteaux d'une boue aqueuse contenant de l'argile et du graphite, le séchage de la boue à la consistance requise et la formation d'une pâte rigide dans un mélangeur, suivi de son compactage en forme de cylindre et de son extrusion sous pression à travers une filière. Les brins humides sont ensuite séchés, emballés dans des sacs et cuits dans un four à une température comprise entre 800 et 1100°C. Les fils cuits sont ensuite imprégnés de cires et de graisses ou d'acides gras, ou des deux. Les mines sont nettoyées en surface et collées entre des lattes de cèdre rainurées, façonnées en sections de crayon, laquées et imprimées. Dans ces procédés de fabrication, l'augmentation du pourcentage d'argile renforce la mine et augmente ainsi sa résistance à l'abrasion, ce qui fait que moins de graphite est déposé sur le papier et que la marque est moins dense. Les crayons marqués au plomb n°1 contiennent environ 20 % d'argile et le n°4 (le plus dur) environ 60 % d'argile. La dureté est une exigence du produit, et non un facteur de qualité comme l'uniformité, la douceur ou la résistance de la pointe aiguisée. En revanche, le plomb indélébile est un mélange de graphite, de méthyle-violet et de liants (comme la gomme-tragacant ou la méthylcellulose), avec ou sans charges minérales et savons insolubles. Les plombages sont extrudés et séchés (mais pas cuits au four). Voici quelques-uns des développements récents dans la fabrication des mines de crayon à partir du graphite.

Pilot Precision Co. du Japon, a récemment décrit944 une méthode de fabrication de la mine de crayon qui consiste à disperser un mélange de couleurs en poudre dans un liant (par exemple, de la gomme arabique), du graphite et du noir de carbone (particules de diamètre moyen de 50 microns) dans un mélange de polystyrène et de toluène, à extruder le mélange et à le chauffer d'abord à 50°C/h à 600°C, puis à 150°C/h à 1000°C, après imprégnation avec de l'huile alimentaire pour produire une mine de crayon de haute qualité. Pentel Co. du Japon dans un autre procédé de fabrication de la mine de crayon à partir du graphite par un procédé de frittage de l'argile945,946 pour la production de la mine. Ils ont utilisé des pigments à base de nitrdde de bore et de fer (alpha-Fe2O3) comme dispersant et de l'argile kaolinique avec une résine ABS, DOP & MEK comme liant. Le mélange est malaxé, moulé par extrusion en barres minces, coupé à la longueur souhaitée, puis fritté dans une atmosphère oxydante (moins de 800°C) et enfin noirci dans une atmosphère réductrice (rapport hydrogène et hélium de 2:8) à 600°C pour produire une mine de crayon d'un noir dense au toucher lisse. Les barres de 0,57 mm avaient une résistance à la flexion de 17 300 gm/ mm2 . Le même fabricant dans un autre processus de production de mine de crayon947, a amélioré la résistance en incorporant des liants organiques tels que des esters d'acides gras (par exemple le glycoldioléate de néopentyle), des polyols, du PVC ainsi que du graphite. Dans ce cas, le mélange a d'abord été chauffé lentement à 3000 C et finalement à 1000 C dans une atmosphère inerte. Cette technique a permis d'obtenir des mines de crayon d'une résistance à la flexion de 374,8 MPa et d'une densité de 0,33 gm/cc contre 383 MPa et 0,23 gm/cc, respectivement, obtenues sans ajout d'oléate supérieur dans la composition du liant. La société japonaise Mitsubishi Pencil Co. a, quant à elle, décrit un procédé948 de fabrication de mines de crayons de couleur par malaxage d'un mélange de graphite, d'un composé de nitrure de bore et de liants appropriés, extrusion et cuisson à 1400-2000°C en atmosphère de vapeur de bore-azote. Cette dernière méthode permettait de produire des mines poreuses qui étaient ensuite remplies d'encres de couleur pour produire les mines de crayon de couleur souhaitées. Le produit ainsi fabriqué s'est avéré avoir une bonne capacité d'écriture et produit de bonnes images en couleur.

4.46 LE GRAPHITE DANS L'INDUSTRIE DU VERRE :

En raison de ses propriétés réfractaires et thermiques uniques, le graphite est très utile comme matériau de moule pour la formation de formes en verre et, en raison de sa porosité inhérente, permet la formation d'une enveloppe de vapeur pour assurer un bon fini de surface et résister à toute tendance à coller au moule. Le graphite (en particulier la variété synthétique) ayant une excellente usinabilité, permet de produire rapidement de nouvelles formes et de modifier le dessin existant en un rien de temps. En conséquence, le graphite est un matériau idéal pour la conception de structures prototypes et pour les petites séries également. Le graphite est largement utilisé dans les industries du verre pour les outils de formage des pieds de gobelets et des bouchons, ainsi que pour les moules, les guides et les supports dans les machines automatiques à ruban pour la production en série d'articles en verre à faible coût. En outre, le développement de composés à base de graphite pour l'étanchéité entre le verre et le métal, ainsi que de gabarits et de dispositifs de fixation pour les industries du verre, a également été évoqué dans la section précédente. En outre, des feuilles de graphite ont été développées récemment pour être utilisées comme isolant thermique pour les creusets de fusion du verre949. La société japonaise Toyo Carbon Co. fabrique ces feuilles isolantes en traitant le graphite en paillettes avec des acides oxydants, en élargissant le produit par la chaleur et en moulant sous pression le graphite exfolié en feuilles d'une épaisseur de 0,35 mm. De nombreux autres matériaux à base de graphite, leurs caractéristiques physiques et chimiques, leur usinabilité et leurs applications dans l'industrie du verre ont été examinés par Rolinson950 chez Erodex Ltd, Royaume-Uni. Les lecteurs intéressés peuvent consulter la référence ci-dessus pour obtenir de plus amples informations à ce sujet.

4.47 DES OUTILS DE COUPE À BASE DE GRAPHITE :

L'acier au graphite (teneur en carbone 0,2-2%) contenant plus de 200 particules/mm2 d'inclusions de graphite de taille supérieure à 5 micromètres a montré951 une bonne coupabilité par rapport à celle de l'acier contenant du plomb. La lubrification avec la dureté est la considération la plus importante pour une application réussie de ces dispositifs de coupe.

Parfois, ces outils sont même ornés de substrats sphériques et d'éléments de coupe durs sur le bord du substrat pour atteindre l'objectif fixé952. Teer Coating Ltd, Royaume-Uni, a décrit un de ces revêtements à base de graphite pour les outils de coupe et de formage953, qui combinent un faible frottement avec une grande dureté, une capacité de charge élevée et une usure exceptionnellement faible. Ces revêtements agissent comme des lubrifiants solides qui protègent à la fois la surface revêtue et toute surface opposée non revêtue. Ces revêtements trouvent des applications dans l'amélioration des performances générales des outils de coupe et de formage, et permettent également l'usinage à grande vitesse. Les revêtements à base de graphite ont des propriétés d'usure exceptionnelles dans l'eau et l'huile, comme l'ont révélé des tests d'usure dans des conditions très diverses. Ces lubrifiants peuvent également être utilisés dans les articulations artificielles de la hanche, et leur avantage dans de nombreux autres composants mécaniques a été amplement démontré. Des outils de coupe durs (par exemple, des carbures) ont également été fixés à la broche rotative par des composés d'assemblage spéciaux à base de graphite, qui offrent une résistance suffisante à la température de coupe pour les encastrer dans les outils de coupe954. Ces pâtes de graphite fournissent une force d'adhérence de l'ordre de 105 kg/cm2 même à la température élevée généralement rencontrée par ces outils de coupe en cours de fonctionnement.

CHAPITRE - V

PERSPECTIVES D'AVENIR ET TENDANCES ACTUELLES DE LA RECHERCHE

5.1 Intérêts actuels de la recherche et perspectives d'avenir :

Les chapitres précédents décrivent les processus et produits industriels établis dans le domaine des graphites industriels. Ces produits sont principalement basés sur les propriétés physiques, chimiques et électriques brutes *du* graphite. La tendance actuelle de la recherche a toutefois pris une longueur d'avance sur la nanotechnologie pour synthétiser d'autres matériaux exotiques qui promettent de transformer notre existence en élevant le niveau de vie dans un avenir proche. Par exemple, dans un passé récent, des scientifiques de l'université de Californie à Berkley (États-Unis) et du Lawrence Berkley National Laboratory (États-Unis) ont mis au point un transistor constitué d'un seul fullerène de soixante atomes de carbone - rebondissant entre deux électrons. Mais à l'avenir, l'application la plus intéressante du fullerène réside peut-être dans le développement de microcomposants pour les ordinateurs quantiques encore naissants. Dans le futur, il sera également possible d'utiliser ces fullerènes pour construire des ascenseurs reliant le sol à l'espace. Les scientifiques de l'Argonne National Laboratory (USA) ont récemment utilisé les fullerènes pour fabriquer des films de diamant fins et lisses, adaptés au revêtement de pièces de machines. Ce procédé a été mis au point pour produire de minces films de diamant à partir de fullerènes, ce qui pourrait permettre à l'avenir de construire des engrenages et des moteurs de la taille d'une poussière grâce à la technologie des micromatériaux. Dans le domaine des applications médicales, les fullerènes se sont révélés prometteurs pour le développement de médicaments contre le sida dans un avenir proche. Par exemple, des chercheurs de l'université de Californie (États-Unis) ont récemment découvert qu'un fullerène modifié s'insérait dans l'espace cylindrique de l'enzyme protéase du VIH qui décompose les protéines et réduit la capacité de production du virus. De même, un groupe de chercheurs médicaux travaillant dans le même domaine a exprimé l'opinion que les fullerènes pourraient un jour apporter la réponse ultime au développement d'un remède efficace contre la maladie de Lou Gehrig, qui ne se prête pas à un traitement médical conventionnel. Il est possible que la qualité d'absorption des électrons du fullerène soit la clé du ralentissement et même, dans certains cas, de l'inversion du mécanisme à l'origine de la maladie dans les organismes vivants. À l'avenir, les nano-ordinateurs pourraient s'interfacer directement avec notre cerveau, ce qui augmenterait considérablement notre intelligence et ouvrirait même de nouvelles perspectives pour les systèmes d'administration de médicaments.

Dans un autre domaine connexe, les docteurs Schleyer et Kai Exner de l'université de Géorgie (États-Unis) ont présenté un nouveau type de molécules de carbone960 qui sont à la fois planaires et hexa-coordonnées dans le même environnement carboné. Comme nous le savons tous, le carbone se lie normalement avec quatre autres atomes ou groupes pour produire une structure tétraédrique tridimensionnelle qui a de faibles besoins en énergie et est donc très stable. La grande majorité des 14 millions de molécules de carbone connues se caractérise par une structure tétraédrique du carbone. En 1970, une méthode de calcul prédisait que les quatre atomes autour du carbone pouvaient également se trouver dans un plan. À l'époque, ces molécules n'étaient qu'une curiosité théorique ; mais récemment, un certain nombre de molécules planes ont été produites en laboratoire. Il a été démontré qu'il est possible de produire des molécules planes hexa-coordonnées avec du carbone au centre d'un cycle à six atomes de carbone (par exemple, des composés de bore-carbone). Les composés connus de l'homme ont des arrangements hexacoordonnés, mais ils sont généralement impliqués dans une structure tridimensionnelle. La production de ces composés exotiques à partir du graphite occupera les esprits des technologues du carbone dans les années à venir.

Lors de la production de fullerène par arc plasma de graphite, on a observé que ce n'était pas un mais quatre types de composés différents qui étaient générés dans le processus. Un de ces composés est soluble dans le toluène et connu sous le nom de fullerène soluble dans le toluène, le deuxième groupe est le noir de fullerène insoluble dans le toluène, le troisième groupe est constitué de microfilaments, et le quatrième est un dépôt cathodique contenant des NANOTUBES DE CARBONE. Ces nanotubes de carbone976 plusieurs de diamètre et ayant une nanostructure pratiquement unidimensionnelle, sont de grandes macromolécules semblables à une feuille de graphite enroulée en cylindre et recouverte d'un demi-foulvère à chaque extrémité, possèdent des propriétés électriques et mécaniques remarquables. Plus tard, il a été observé qu'il existe en fait deux types de ces nanostructures : un nanotube de carbone à paroi simple (SWNT) avec un seul cylindre d'une couche atomique et un nanotube de carbone à parois multiples (MWNT) avec des cylindres à l'intérieur d'autres cylindres. En conséquence, il existe différents types de SWNT et chaque type peut être décrit par un vecteur chiral (n,m) - où n & m sont des entiers. Un vecteur particulier (n,m) représente un diamètre particulier du tube et une direction particulière d'enroulement à partir d'une feuille de graphite978. Les SWNT peuvent être regroupés en trois catégories -

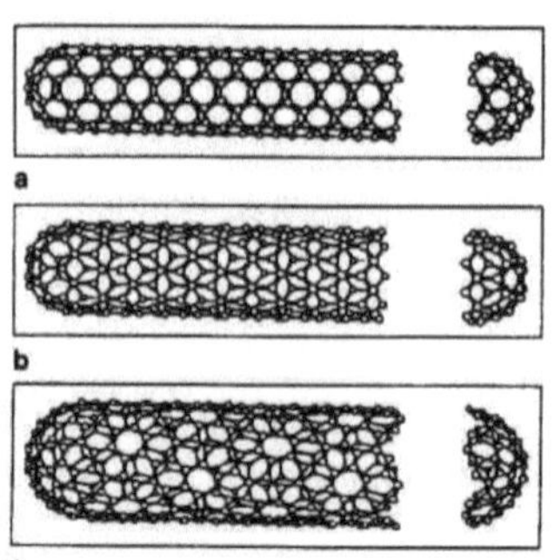

Figure 13 : Modèles schématiques pour (a)fauteuil,(b) zigzag, et (c)nanotubes de carbone chiraux à paroi simple.

arm-chair (n,n), zig-zag (n,0), and the chiral (all other vectors except above two). Carbon nanotubes possess unique electronic properties - with about l/3rd of the tube being metallic,
the rest 2/3rd is semiconducting, depending on the fiber diameter and chiral angle between l'axe du nanotube et la direction en zigzag [979-982des] . These unique electronic properties of nanotubes
offer building-blocks for future generation nanoelectronic gadgets mentioned above. Although
the in-plane C-C bond in graphite is extremely strong, graphite is not utilized to make structural
components because of the weak bonds among sheets. When these sheets are rolled up into a fiber form, a carbon-nanotube results. Thus it is possible to exploit the enormous strength associated with sheets of graphite in this fiber geometry. Although elastic properties
TNT ont été largement contestés par des chercheurs récents[983]sont retirés, in general SWNTs have
better stiffness than steel & can not be easily broken. For example, if pressure is applied to its tips, the carbon nanotube will bend without plastic deformation inside. When the force is , le nanotube retrouvera son état d'origine[984de] . However, still lots of work is
needed to quantify these effects as carbon nanotubes are too small to manipulate. Yet much
ses propriétés mécaniques n'ont pas été réglées par rapport à sa valeur numérique exacte[997haut] . Young's Modulus (Y) of conventional materials varies from a few GPa to as high as 600
GPa for the hardest material such as diamond and silicon-carbide; while that for carbon nanotubes are still higher because in-plane C-C bond in graphite is one of the strongest chemical bond known in nature (elastic constant of graphite along the basal plane can be as
comme 1,06 TPa[998]). Jusqu'à présent, ces valeurs signalées pour les TNTS vont jusqu'à 1,26 TPA[999152]

dispositif électronique filaire. Le nanotube est dopé de type n pour la moitié de sa longueur et de type p pour l'autre moitié. La porte électrostatique peut régler le système sur la jonction p-n, ce qui lui fait présenter des caractéristiques de redressement ou une conduction différentielle négative. Une nanostructure dimensionnelle (c'est-à-dire des nanofils ou des nanotubules) du type de celles qui seraient utiles au développement de l'électronique à base de molécules, peut alors être dérivée de ces nouvelles formes de carbone. En outre, la synthèse d'une structure de nanotube de carbone en forme de Y, en particulier, pourrait être utile en nanoélectronique pour fournir un contact métal-semiconducteur-métal. Cette structure spéciale en nanoélectronique pourrait être fabriquée parce que, selon leur diamètre, les nanotubes de carbone peuvent agir comme semi-conducteurs ou comme métal (ce qui a déjà permis de fabriquer des diodes et des transistors miniatures comme mentionné ci-dessus). Comme les nanotubes de carbone peuvent être manipulés par force atomique ou par microscopie à balayage à effet tunnel, ces nanotubes de carbone (jonction en T) offrent la possibilité de développer des dispositifs nanoélectroniques. La mesure de la conductance à effet tunnel de ces microdiodes, indique que les nanotubes eux-mêmes contiennent des jonctions intramoléculaires résultant de leur action de diode. La connexion de ces micronanotubes de différents diamètres a récemment été réalisée à l'aide d'un appareil spécial illustré ci-dessous à la figure n° 14 [975].

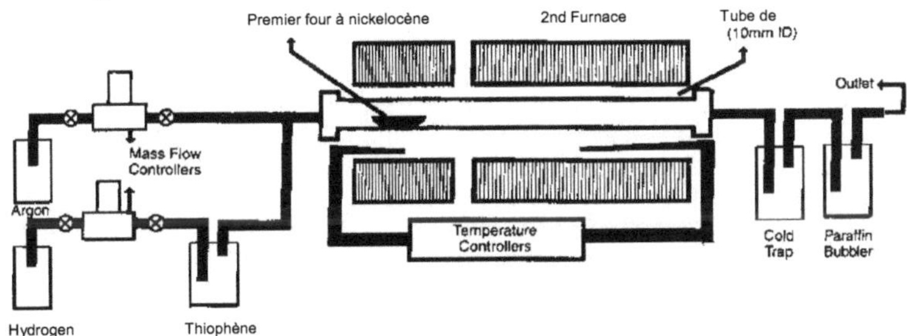

Figure -14 Appareil pour connecter des micro-nano

Cet appareil permet la synthèse de nanotubes de carbone à jonction Y simplement en chauffant de grosses molécules de carbone en présence d'un catalyseur approprié et en pyrolysant le nickelocène et le thiophène à environ 1000 °C, ce qui donne un rendement d'environ 70 %. L'image au microscope électronique montre le produit sous forme de MWNTs avec un diamètre extérieur d'environ 40 nm et un angle d'environ [900] entre ses bras supérieurs. Un autre domaine potentiel envisagé pour l'application des nanotubes de carbone serait les écrans à émission de champ à base de nanotubes de carbone qui sont nettement plus brillants que les écrans à tube cathodique (CRT) ou à pointe Spindt. L'un des défis actuels pour les industries de l'affichage est de développer des écrans à base de triodes où les pixels individuels peuvent être traités séparément avec des caractéristiques d'émission et de luminosité similaires à ce qui a été démontré jusqu'à présent. Il ne fait donc guère de doute que les nanotubes de carbone constitueront un élément important de la nouvelle génération de dispositifs électroniques, photoniques et optoélectroniques. Une autre application possible des nanotubes de carbone, en particulier des TNT, est leur utilisation comme dispositif de stockage de carburant propre tel que l'hydrogène dans les piles à combustible.

Des travaux fondamentaux sur le mécanisme de déchiffrage pour la formation de nanotubes de carbone à partir du procédé d'arc au plasma de graphite[961-965, 972] sont également poursuivis afin d'améliorer le processus de fabrication des nanotubes de carbone. À cet égard, il a été constaté que le réseau de carbone (graphite) est d'abord décomposé en carbonate individuel ou en espèces équivalentes, et que les produits finaux sont ensuite formés par resynthèse. Pour les solides moléculaires, tels que le charbon, le processus s'est toutefois avéré différent. Ces solides diffèrent du graphite en ce qu'ils contiennent de faibles liaisons aliphatiques benzyliques ou alkyléther qui se brisent avant les liaisons aromatiques, laissant simplement des structures aryles dans l'arc plasma[966]. Certains, mais pas nécessairement tous les carbones de ces structures restent en contact et certaines des plus petites unités d'hydrocarbures polycycliques, comme le naphtalène, peuvent être incorporées directement dans le réseau de fullerène. En effet, pour le naphtalène, le fullerène peut être préparé directement par pyrolyse et un arc n'est pas nécessaire pour produire la température élevée nécessaire à l'atomisation. Comme, en général, le charbon contient beaucoup plus d'hydrogène que le graphite, pendant l'arc, on pense que les atomes d'hydrogène libérés plafonnent les fractions de charbon actif mentionnées ci-dessus, ce qui entraîne une diminution de la production de nanotubes.

Cependant, dans la deuxième étape de production de nanotubes à partir de solides moléculaires par arc électrique, le mécanisme n'est pas encore totalement compris. Lors de la formation de nanotubes à partir de graphite, on pense que des ions de carbone uniques ou des produits de recombinaison de ceux-ci sont amenés à la surface de l'électrode. Une telle voie pourrait également être utilisée pour les solides moléculaires, mais le processus n'a pas encore été étudié. Un bon outil pour étudier le mécanisme ci-dessus serait d'ajouter divers composants moléculaires à l'anode et de voir comment ils affectent la composition du produit. En effet, s'ils ne sont pas atomisés, ils seront incorporés dans le produit en tant qu'entités moléculaires. Dans ce cas, le dépôt fullerène-noir et cathodique du produit contenant des nanotubes peut être analysé par un certain nombre de techniques, notamment le TEM, le DTA, la spectroscopie infrarouge à émission à température variable et à température ambiante et la microscopie Raman. Une telle étude a récemment été rapportée par Wilson et al[967], qui indique que la formation de nanotubes de carbone, comme la formation de fullerène, peut se faire par différents mécanismes selon le substrat réactif. Ainsi, si les unités de carbone simples peuvent être nécessaires pour la synthèse des nanotubes à partir du graphite, elles ne semblent pas être universelles pour d'autres mélanges de réactifs. En ce qui concerne la température de dépôt sur la plate-forme, aucun consensus n'a encore été atteint. En outre, alors que l'hypothèse précédente concernant le mécanisme de croissance des nanotubes de carbone consistait à ajouter des atomes aux extrémités fermées des nanotubes à simple paroi, la théorie actuelle postule que l'extrémité des tubes reste ouverte bien qu'elle soit en principe moins stable sur le plan thermodynamique. Ainsi, l'ajout d'unités de naphtalène nécessite que l'extrémité soit ouverte. Pour les nanotubes à parois multiples, on pense que la stabilisation du tube ouvert se fait par des carbones chimisorbés entre les couches adjacentes qui maintiennent le tube ouvert. Le carbone généré au cours du processus pourrait remplir ce rôle ici, mais comme l'ont indiqué les auteurs ci-dessus, le naphtalène semble avoir un rôle spécial puisqu'il n'affecte pas de manière significative le nombre de parois des nanotubes. En outre, il a également été observé que les nanotubes formés à partir du charbon peuvent différer de ceux du graphite en raison de la présence de petits cycles aromatiques dans la structure du charbon. Dans le cas du charbon, d'autres facteurs, comme la présence de soufre, peuvent également jouer un certain rôle dans la formation des nanotubes. Cependant, il a été démontré que le rendement en fullerène[966], bien que variant avec la nature du charbon, le rendement de certains charbons broyés peut très bien être comparé à celui du graphite dans des conditions expérimentales identiques.

D'autre part, la croissance de tubes de carbone alignés sur des grilles de nickel, des bobines de tungstène, des feuilles de graphite, des tissus de carbone, etc. par CVD à filament chaud assisté par plasma a été signalée récemment[968]. Dans ce processus, le diamètre et la longueur des nanotubes de carbone ont été contrôlés par l'épaisseur de la couche catalytique et le temps de croissance, respectivement. Une nouvelle méthode d'ouverture des pointes et de purification de ces nanotubes alignés sur le substrat a été décrite récemment par Lee et al969. Le processus d'auto-orientation et d'orientation spontanée des TNTS sur du graphite pyrolytique hautement orienté a également été démontré avec succès récemment par d'autres chercheurs970. Des TNT propres ainsi formés ont été découpés par ultrasons dans un mélange d'acide sulfurique et d'acide nitrique, puis lavés à l'eau désionisée. La purification des TNTO (c'est-à-dire l'élimination des impuretés telles que les particules de graphite et le carbone amorphe) a également été signalée récemment971 [par] ablation au laser de l'élément cible brut des TNTO.

Le génie moléculaire du carbone s'est également étendu récemment à d'autres directions pour synthétiser des produits en graphite aux propriétés jusqu'alors inconnues. Par exemple, des couches de graphite ont été comprimées avec du nitrure de bore à basse température pour produire des héliamants de type BCN aux propriétés exotiques. Une compression similaire à basse température de composés de graphite intercalés a généré des matériaux semblables au diamant avec des distances d'empilement variables, ce qui a donné naissance à de nouvelles propriétés électromécaniques.

Ainsi, de nouvelles techniques et de nouvelles connaissances au niveau moléculaire continuent de produire des produits en graphite aux propriétés étonnantes et des matériaux toujours nouveaux pour un large éventail d'applications. Cette croissance des connaissances sur le graphite industriel semble ne jamais se terminer et les nouveaux produits qui apparaissent chaque jour sont susceptibles de changer notre vie quotidienne de manière prononcée dans les années à venir.

CHAPITR E - VI

LES ASPECTS COMMERCIAUX DES GRAPHITES INDUSTRIELS

6.1 SPÉCIFICATION DU GRAPHITE BRUT POUR LA FABRICATION DE GRAPHITE INDUSTRIEL :

Le graphite brut obtenu à partir des mines contient généralement certains minéraux associés qui donnent lieu à une teneur en cendres plus importante que celle requise pour la fabrication de graphites industriels. En outre, pour la fabrication de divers produits à base de graphite industriel, une spécification bien définie est maintenant disponible et figure dans le tableau n° 25 ci-dessous.

Le tableau n° 26 montre d'autres exigences de qualité spécifiques du graphite brut (variété floconneuse et microcristalline) pour la fabrication de divers produits commerciaux en graphite.

Tableau n° : 25

Exigence générale de propriété du graphite brut pour la fabrication de produits commerciaux.

Produits en vrac	1,3-1,95 gm/cc
Porosité	0.7-5.3%
Module d'élasticité	8-15 GPa
Résistance à la compression	20-200 MPa
Résistance à la flexion	6,9-100 MPa
Coefficient de dilatation thermique	$(1.2\text{-}8.2)\times10\text{-}6\ ^{oC}$
Conductivité thermique	25-470 W/m.K
Capacité thermique spécifique	710-830 J/kg.K
Résistivité électrique	$(5\text{-}30)\times10\text{-}$

Tableau n° : 26

a)   **Spécification du graphite brut pour divers produits industriels**

L'INDUSTRIE DES CREUSETS (BIS-IS : 11321, 1985) :

Average carbon content	80-90%
Average flake size	0,15 mm
Fixed carbon (dry basis)	85% (en poids)
Ash (dry basis)	13,5%(en poids)
Volatile matter(dry basis)	1,5%(en poids)
Moisture	1,0%(en poids)
Fe_2O_31(max)	,2%(en poids)
TiO_20(max)	,5% (en poids)
CaO(max)	0,02%(en poids)
$(SiO_2 + Al_2O_3$Balance	

RÉVÊTEMENTS DE FONDERIE (BIS/IS : 1305,1984) :

Graphite microcristallin 40-70%

Fixed carbon	80 - 95 %
Fusion point of ash	1400-1550oC
Flaky graphite size	-40 to +60 mesh(0.15-0.71 ц)

Teneur moyenne en carbone 88%.

Taille des particules de graphite Carbone fixe (base sèche) Carbone non graphitique Cendres (base sèche) Matières volatiles (base sèche) Humidité Distribution de la taille des particules	53-75 microns 67-85%(en poids) 0,5-2,5 %(en poids) 12-30 %(en poids) 3 1% 100% moins de 150 microns 75% moins de 75 microns

POUR LES INDUSTRIES RÉFRACTORIELLES :

Fixed carbon	80 - 95 %
Fusion point of ash	1400-1550oC
Flaky graphite size	-40 to +60 mesh(0.15-0.71 ц)

Teneur moyenne en carbone 88%.

e) GRAPHITE POUR PEINTURE   **INDUSTRIES (BIS/IS : 62, 1950) :**

Ash	pas plus de 40
Pouvoir et tonicité	pas inférieur à l'échantillon approuvé, avec 5 % de
Absorption du pétrole	
Matières volatiles	l'échantillon approuvé pas plus
Matière soluble dans	pas plus de 1

d) FLAKY GRAPHITE FOR LUBRICANTS (BIS/IS : 495,1967) :

Teneur en carbone	98-99%
Cendres (max. % en poids)	5%
Carbone non graphitique	3%
Transmettre le chauffage (max. % en	.25%
Matières solubles dans l'eau (max. % en	1.25%
Soluble dans l'éther de pétrole (max. %	0.5%
Taille (100% de passage)	700
pas plus de 50 % passant par	125

Colour   correspondance étroite avec l'échantillon approuvé
Généralement floconneux mais si amorphe 50-55% de carbone
Silica (enhances   20-25%
distribution des particules)

La taille microcristalline est importante pour la dernière catégorie (peinture), car la couleur et le pouvoir couvrant du pigment sont considérablement affectés par la taille. Il n'est peut-être pas inutile de mentionner brièvement la méthode appliquée pour fabriquer du graphite de taille supérieure à la fine taille dans le commerce. Les gros blocs de ghraphite naturel, tels qu'ils sont extraits des mines, sont d'abord broyés par des concasseurs (comme les concasseurs Blake Jaw, les concasseurs Dodge Jaw, les concasseurs giratoires ou les concasseurs à cône, chacun ayant son propre mérite). La taille intermédiaire ainsi formée est ensuite broyée par des broyeurs tels que les broyeurs à chenilles, les broyeurs à marteaux, les broyeurs à pin, les broyeurs à chenilles, les broyeurs à cylindres, etc. Enfin, le produit est transformé en poudre fine à l'aide d'un broyeur à cylindres, d'un broyeur à billes, d'un broyeur Raymond, d'un broyeur à énergie fluidisée, d'un broyeur à agitation, etc.

Au-dessus de l'action de broyage, les matières minérales sont libérées dans les vignes de graphite et, dans l'étape suivante, elles sont séparées par des cribles et des classificateurs. Les équipements de criblage industriel utilisés à cette fin comprennent des grilles, des cribles fixes, des cribles vibrants, des cribles oscillants, des cribles à mouvement alternatif, des trommels (crible cylindrique rotatif), etc. Les classificateurs à fonctionnement continu utilisés comprennent les hydroclones, les classificateurs à râteau, les classificateurs à spirale, etc. Les classificateurs sont plus efficaces pour les particules fines que les tamis. Les cyclones sont plus utilisés à cet égard que les classificateurs mécaniques. En effet, dans les cyclones, l'utilisation de la force centrifuge améliore le taux de décantation, réduit les coûts d'investissement et d'exploitation et permet d'alimenter directement le broyeur en particules surdimensionnées. De plus, les petites particules restantes empêchent l'oxydation de l'alimentation en vrac.

L'efficacité de la séparation du graphite de ses minéraux natifs est encore améliorée par l'adoption de la séparation par flottation. Dans ce cas, le système implique essentiellement l'interaction relative entre trois phases - un solide et deux fluides. Le choix de deux fluides permet d'améliorer la séparation en mouillant sélectivement la phase solide (ici le graphite). Une mousse supplémentaire (bulles de gaz) générée dans le milieu liquide sépare les particules en fonction de leur hydrophobicité. La flottation par mousse est donc une opération unitaire qui permet de séparer les matières hydrophobes des matières hydrophiles à l'aide de bulles d'air. Le matériau hydrophobe se fixe à la surface des bulles d'air et est continuellement transporté vers le haut de la cellule, tandis que les matières minérales restent au fond de la cellule. Différents modèles de cellules de flottation sont disponibles dans le commerce, notamment les cellules Outokompu, HG, Davera, Denever DR, Wemco Fagargen, Galigher, Leeds, Bateman, Jameson, Hallimond, etc. Actuellement, les colonnes de flottation continue sont davantage utilisées pour une meilleure productivité et une meilleure séparation. Parfois, les graphites sont prétraités en alcali puis en acide afin d'y dissoudre la silice et le fer.

6.2 TENDANCE DES PRIX :

La matière première de base de tous les produits industriels en graphite est le graphite naturel et cette matière première seule dicte dans une large mesure le prix final du produit fini. Il est intéressant de noter que les pays qui produisent la plus grande quantité de graphite brut, ainsi que les meilleures qualités (par exemple Ceylan, Madagascar, etc.), ne produisent pas nécessairement la plus grande quantité de produits industriels en graphite ; ce sont plutôt les pays qui manquent de gisements naturels de graphite (comme le Japon) qui produisent les produits en graphite de plus grande valeur. Ainsi, le coût au débarquement du graphite dans les pays producteurs de produits en graphite, qui comprend le transport à longue distance et la politique commerciale locale, détermine dans une large mesure le prix du graphite. Le prix du graphite lui-même au lieu d'origine varie également beaucoup en fonction de la qualité. Le tableau 27 ci-dessous montre l'évolution du prix des différentes qualités de graphite en 1987-1988, tandis que le tableau 28 montre les variations de prix des différentes qualités de graphite en fonction du lieu d'origine.

Table-27
Prix LME (octobre 1987) du graphite naturel par tonneCIF,UK-port970. Table-27

Graphite grade	Coût par tonne
Crystalline lump (carbon 92-99%)	$ 550 - 1100
Grands flocons cristallins (carbone 85-90%)	630 - 1000
Flocons cristallins moyens (carbone 85-90%)	i $ 490 - 860 $
Petits flocons cristallins (carbone 80-95%)	300 - 800
Poudre cristalline fine (-200 mesh) :	
Carbone 80 à 85	$ 250 - 275
Carbone 90-92	$ 410 - 480
Carbone 95-97	$ 550 - 750
Carbone 97-99	$ 750 - 1000
Poudre amorphe (carbone 80-85%)	$ 175 - 350

Tableau-28
N.Y (CE) Prix du graphite naturel avec divers pays d'origine (octobre 1987) [971]

Variété en flocons et cristalline Prix (FOB Source)/tonne	
Madagascar	$ 320 -1000
Germany	$ 450 - 500
Sri-Lanka	$ 60 - 1700
China	$ 300- 1500
Variété amorphe, non floconneuse et cryptocrystalline :	
(carbone80-85%)	
Mexican (bulk)	$ 90 - 125
Korean (bags)	$ 90 - 120
Indien (taux de change actuel : 47 roupies = 1 dollar) :	
Crystalline	Rs 7574
Amorphous	Rs 6314
Micronized	Rs 5656

6.3 DE LA DEMANDE :

La demande de graphite dans un pays donné dépend essentiellement de deux facteurs : premièrement, de la disponibilité de ses propres ressources et, deuxièmement, du type de produit qu'il fabrique à plus grande échelle. Par exemple, alors que les briques de creuset et les briques réfractaires pour les industries métallurgiques, consomment la plus grande quantité de graphite, l'industrie des électrodes, des crayons ou des fonderies en consomme beaucoup moins. C'est ce que montre une étude de cas sur le cisaillement en Inde, dont la consommation de graphite par diverses industries en 1992-1993 et 1997-1998, sur une période de cinq ans, est indiquée dans le tableau 29 et le tableau Au cours de cette période de cinq ans, la croissance de la production indienne de graphite R.O.M. a été d'environ 18 % par an. Comme l'indiquent les tableaux, la consommation de graphite par les industries des briques réfractaires et des creusets dépasse celle de toutes les autres industries (par exemple, les fonderies, les électrodes, les batteries, les crayons, le

189

papier et le caoutchouc).

Table 29

Consommation de graphite par diverses industries en Inde (1992-1993)[972]

Industries	Consommation (ton/an)
Refractory bricks (graphite bricks)	7000
Crucible industry	3400
Foundry (for refractory wash to moulds & cores) 1000 Electrodes (coating and welding rod)	600
Battery and dry cell (for core & carbon rod) 445 Pencil industry	300
Paper industry (as anode for caustic soda-chlorine plant) 60 Rubber industry (as inert filler)	25
Paint industry (as pigment)	70
Chemical industry (anode in electrolytic bath)16 Sucre et industries textiles (fonderie/aménagement de chaudières) 6	

Tableau 30 Consommation de graphite par diverses industries en Inde (1997-1998)[973]

Industrie	Consommation (tonnes/an)
Briques réfractaires	5100
L'industrie des creusets	3400
Fonderie	1000
Électrodes	600
L'industrie du crayon	300
Batteries et piles sèches	300
Autres (acier, produits d'amiante, peinture, pesticides, caoutchouc 400, sucre, textile, étain et produits pharmaceutiques)	
TOTAL	**11 100 tonnes/an**

L'examen des chiffres des exportations par pays indique que, tandis que le Koweït exporte la plus grande quantité de creusets en graphite (245 tonnes par an), suivi du Ghana 238 tonnes, du Kenya 180 tonnes, des Émirats arabes unis 157 tonnes, de l'Ouganda 119 tonnes et du Sri Lanka 109 tonnes. Les plus gros importateurs de creusets en graphite sont l'Italie (32 tonnes par an), la France et le Royaume-Uni (31 tonnes), l'Allemagne (22 tonnes) et l'Autriche (19 tonnes en 1997-1998973).

Les exportations de graphite artificiel par les différents pays sont indiquées dans le tableau 3 1 [973] ci-dessous.

Tableau 31

Exportation de graphite artificiel (par pays) [973]

Pays	Exportation (tonne / an)
Iran	
ÉTATS-UNIS	1050
Allemagne	402
ROYAUME-UNI	229
Australie	206
Russie	200
Canada	122
France	98
Émirats arabes unis	75
Pérou	63
Chine	53
Autres pays	40
TOTAL	57
	2595 tonnes

Demand for raw graphite world-wide is increasing at a rate of approximately 5% annually, while demand for high performance high-value industrial graphites like graphite fibers, molded graphite bodies, graphite composites are increasing at a much higher rate. Since industrial graphites are considered high temperature product, & cost of energy throughout the world increasing with time, cost of high-performance industrial graphites will continue to rise in near future. Also with dwindling supply of better quality graphites (with less discoveries of 161 nouvelles mines), le coût des produits en graphite industriel fabriqués à partir de ces mines continuera certainement à augmenter à un rythme plus rapide que celui prévu actuellement.

CHAPTER - VII
RÉFÉRENCES

1. *Possibilités d'exportation de minéraux - Fédération des industries minérales indiennes, New Delhi-19, Inde ; cinquième édition (1988).*

2. *U.S.B.M Mineral Commodity Summaries (1993).*

3. *World Mineral Statistics : 1981-1985 ; Indian Bureau of Mines, Nagpur, Inde (1985).*

4. *Venkatswaralu H ; Société indienne de chimie, Indus Education 7, 9-10 (1944).*

5. *Annuaire des minéraux indiens, ministère des Mines, Nagpur, Inde (1995).*

6. *The Wealth of India (Raw Materials), Volume IV, CSIR Information & Publication Directorate, New Delhi, Inde (1995).*

7. *Récupération de graphite lamellaire de haute pureté à partir de poussières d'aciérie - Kadoto M, Inatani T et Oguchi M. Jpn Kokkai Tokkyo Koho JP 63,151,609(88,151,609) (Cl. C01B31/04), 24 juin 1988.*

8. *Bénéficiation du graphite lamellaire de faible teneur de Mavinahalli, Mysore (Inde)Durga S, et Nayak U.B. J Mines Metals & Fuels 33(5), 228-233 (1985).*

9. *Influence du broyage à billes sur la structure du graphite - Yang H.S, Wu G.T, Zhang X.B, Chen X.H, Lu X. N, et Wang M ; Wuli Xuebao (Chine) 49(3)522-526 (2000) .*

10. *Biscae J et Warren B.E. J Appl Phys 13, 364-371 (1942).*

11. *Encyclopédie de la technologie chimique (Volo 4) - Kirk & Othmer, John Wiley & Sons (Wiley Interscience), (1978).*

12. *Electronic property of graphite and its crystal compounds in the direction of c-axis - Ubbelhode A.R. Fifth Carbon Conf Proc, pp 1-7 (1961).*

13. *Nature de la conductivité électrique dans divers matériaux carbonés utilisés en électrométallurgie - Gal'pern V.Vand Anelok L.I. Metall Koksokhim (URSS) 90, 106-108 (1986).*

14. *Enquête sur le piégeage de l'électron libre dans le carbone - Ingram DJE et Austin DBG. Industrial Carbon and Graphite, Conf Soc Chem Indus (Londres) 19-27 (1958).*

15. *Morphology of flaky, ductile, and compacted graphite - Murthy VSR, Kishore and Seshan S. J Met 38(12), 24-28 (1986).*

16. *Development of thin spheroidal graphite in cast iron - Horie Hand Koma.sa T Chutanzo to Netsushori 486, 1-10 (1988).*

17. *The analysis of electrical conductivity in graphite powders during compaction - Deprez Nand Mechachlan D.S. J Phys DI Appl Phys 21(1), 101-107 (1988).*

18. *Ion implanted graphite carbon - Kenny M.J, Pollock J. T.A, and Wielunski L.S. Nucl Instrum Methods Phys Res (Sec. B) B39(1-4), 704-707 (1989).*

19. *Coefficient de friction fourni par divers lubrifiants - Smith E.A. Inst Petrol (Londres) 42(395), 301-347 (1956).*

20. *Modification de la surface du carbone lors des essais de glissement et de friction/usure de divers films de carbone contre l'acier (XC-48) - Zaidi H, Frene J, Senouci A, Schmi H.M, et Paulmier D. Surf Coat Technol 123(2-3), 185-191 (2000).*

21. *Corrélation entre le comportement tribologique du graphite et ses propriétés mécaniques en fonction de la distance interplanaire - Zaidi H, Robert F, Paulmier D, et Nory H. Appl Surf Sc (Part A) 70-71, 103-108 (1993).*

22. *Propriétés du carbone sp3 produit à partir d'hydrocarbures sous haute pression 1Voronov O.A et*

Rahmanina A.V ; Carbone-90, Proc Intl Conf on Carbon (Paris), 16-20 juillet (1990).

23. Observation de spectres paramétriques de rayons X d'ordre supérieur dans des mosaïques de graphite et des monocristaux de silicium - Fiorito R.B, Rule D.W, Maruyama X.K, Dinova K.L, Evertson S.J, Osborne M.J, Snyder D, Rietdyk H.K, Pieslrup M.A et Ho A.H. Physical Review Lett 71(5), 704-707 (199).

24. Electronic structure of a stepped graphite surface - Kobayashi K. Review B : Condensed Matter 48(3), 1757-1760 (1993).

25. Émission acoustique à partir de graphite polycristallin sous charge de compression - Ioka I, Yoda S et Kanishi T. Carbon 28(4), 489-495 (1990).

26. Ganguli N et Krishnan K.S. Proc Royal Soc 177(A), 168-173 (1941).

27. Krishnan K. S et Ganguli N. Z Krist Al00, 530-536 (1939).

28. Blayden H.E. Gas World 140, 9-14 (1954).

29. La susceptibilité magnétique du carbone et du graphite mésomorphes - Adamson, A.F, et Blayden
H. E. Industrial Carbon and Graphite, Society of Chemical, Industry (Londres), pp 28-36 (1958).

30. Thermal degradation of cellulose - Tang M.M and Bacon R. Carbon 2, 211-214 (1964).

31. Propriétés magnétiques d'un matériau en graphite mixte contenant à la fois des formes hexagonales et rhomboédriques - Chehab S, Guerin K, Amiell J et Flandrois S. Eur Phys J (B) 13(2), 235-243 (2000).

32. Low temperature magnetisation of two-dimensional He adsorbed on high density preplated graphite - Ikagami H, Masutoni R, Obarak K, and Ishimoto, H. Physica (B) 284-288, 222-3223(2000).

33. Structure d'un film He bidimensionnel adsorbé sur une surface de graphite - Patel, H, Casey A, Nyeki J, Cowan B et Saunders J. Physica B. 284-288, 522-526 (2000).

34. Propriétés magnétiques du nano-graphite à basse température - Wakabyashi K, Fujita M, Ajiki H, et Sigrist M. Physica B. 280 (1-4), 388-389 (2000).

35. Diagramme de phase du carbone à haute température et pression, fusion du graphite et propriétés physiques du carbone liquide - Togaya M. Kotai Butsuri, (Japon) 33(12), 987-995 (1998).

36. Diagramme de phase du carbone à haute pression et température - Grunbach M.P, et Martin R.M. Physical Review B (Condense Matter) 54(22), 15730- 15741 (1996).

37. The molten state of graphite, an experimental study - Musella M, Ronetri C, Brykin M, and Sheindlin M. J Appl Phys 84(5), 2530-2537 (1998).

38. Walker P.L, Rusinke F, Rakszawski J.F et Liggett L.M. Proc Third Carbon Conf (N. Y), pp 643-658 (1959).

39. Brook J.D et Taylor G.H ; Chemistry and Physics of Carbon (Vol.4) Ed by Walker P.L, pp 243-286 ; Marcel-Dekker, N.Y. USA (1968).

40. Effet du traitement thermique de l'anthracite sur les propriétés de la composition et des produits à base de brai - Tretyakova E.P, Zhiangulova F.G, Balikyn V.P, Gorbanov L.V, Shaposhnikova V.A, et Stripchenko G.B. Khim Tverd Top (Moscou) 6, 121-127 (1988).

41. Effet du graphite et de la charge de noir de carbone sur la dégradation thermique du polymère de méthylphénylsiloxane - Arutyunova L.I, Gul V.E, Zavin B.G, Zhadnov A, Aseeva R.M, Lomakin S.M, et Zaikov G.E. Vysokomol Soedin (URSS) Sec. A 30(9), 1841-1847 (1988).

42. Graphitisation d'un matériau carboné pour la fabrication de poudre fine de graphite - Yamada Y, Imamura T, Honda H, Fuji M, et Minohata M. Jpn Kokkai,Tokkyo Koho JP 63,139,011 (88, 139,011) (Cl. C01B31/04), 10 juin 1988.

43. Fabrication de paillettes de graphite hautement orientées en utilisant un composé intercalé - Tomita A, Kyotani T et Snobe N. ibid. 01,141,813(89,141,813)(Cl. CO1B31 04), 2 juin 1989.

44. Fabrication de poudre de graphite lamellaire finement broyée - Tokahashi K, Tarajima I, ota M, et Kajama K. ibid 01,148,704 (89,148,704)(Cl C01B31/04), 12 juin 1989

45. Guentart O.J, et Cvikevich S. Proc Fifth Carbon Conf (N.Y), Vol. I, pp 473-484 (1962).

46. Moore A.W, Ubbelohde A.R, et Young D.A. Proc Royal Soc (Londres) A280, pp 153-169 (1964).

47. Chemistry and Physics of Carbon - Moore A.W and Taylor D.X (Ed by Walker P.L and Thrower PA) Vol. II, 69-187 (1973). Marcel-Dekker, N.Y, États-Unis.

48. Chemistry and Physics of Carbon (Ed by Walker P.L) - Bokres J.C, Vol.V, 1-118 (1969). Marcel-Dekker, N.Y (États-Unis).

49. Hoffman W.P. ; thèse de doctorat, Université d'État de Pennsylvanie, États-Unis (1979).

50. A kinetic study of the deposition on of pyrolytic carbon film - Murphy D.B, Palmer H.B, and Kinney C.R. Industrial Carbon and Graphite, Proc Soc Chem Indus Conf (London) pp 77-85 (1956).

51. Pyrolytic carbon - Kinney C.R , Nunn L and Walker P.L.Industrial Engineering Chem 49, 880-888 (1957).

52. Preperation and properties of high temperature pyrolytic carbon - Brown ARG, Watt W. Proc Soc Chem Indus Conf (Londres), pp 86-100 (1958).

53. Revêtement en graphite pyrolytique résistant à la corrosion pour les métaux utiles pour l'épitaxie par faisceau moléculaire
- Ogiwara M. Jpn Kokkai Tokkyo Koho JP 03,272,587, (91,272,587)(Cl. H05B3/12), 4 décembre 1991.

54. Étude de la texture d'un graphite pyrolytique de qualité commerciale par adsorption physique des gaz - BenaresMunoz M.A, MartinLlovente J.M, et FloresGonzalez L.V, Carbon 26(5), 681-685 (1988).

55. Fabrication directe de concentré de graphite à haute teneur en carbone par broyage et flottation améliorés
- Yan T KuangcBan Zonghe Liyong (Chine) 4, 16-18 (1990).

56. Non-ionic polyethylene oxide frother in graphite floatation - Pugh R.J. Minerae Engineering 13(2), 151-162 (2000).

57. Stabilité de la propriété lubrifiante du graphite par orientation des cristallites en présence de vapeur d'eau - Zaidi H, Neri H, et Paulmier D. Appl Surface Sc (Part A) 70(1), 180-185 (1993).

58. Krypton adsorption at graphite - Menancourt. :J de Physique 1, 3-5 (1993).

59. Adsorption of dextrin onto graphite - Subramaniam S et Laskowski J.S. Langmuir 9, 5-8 (1993).

60. Étude de la réflectance électronique de l'hémine adsorbée sur la surface de graphite d'une électrode pyrolytique - Sagara T, Takaji S, et Niki K. J Electroanal Chem 349, 1-2 (1993).

61. The significance of d 002 studies in graphitization - Bragg R.H. Carbone- 90,Proc Intl Conf on Carbon Paris), 16-20 juillet (1990).

62. Low Temperature Carbonization of North-Eastern Coals of India & utilization of the liquid byproducts. Technoeconomic Feasibility Study - B. Mazumder. Report submitted to North-Conseil oriental de Shillong, Inde (1991).

63. Dependence of structure and properties of carbon mixtures on their composition -Fialkov A.S. Industrial Carbon & Graphite, Proc Conf Soc Chem Indus (London),pp 101 (1958).

64. Le rétrécissement des cokes à haute température - Pratt G.C. ibid 145-151 (1958).

65. Mélanges d'huile de goudron d'éthylène en suspension pour la production de coke en aiguille - Tucker K.W, McCown F.E et Joo L.A. Extended Abstr. 16e conférence biennale sur le carbone (1983).

66. Coke à l'aiguille provenant de crus indiens - Singh H. Proc Conf 'Pitch, Pitch Coke based Products', atelier indo-japonais, Indian Carbon Soc (NPL, New Delhi, Inde) novembre (1989).

67. Coke d'aiguille d'électrode à partir de brai de goudron de houille - Romey T. Sprechsaal 117(4), 347-350 (1984).

68. *Poix utile pour la fabrication de coke à l'aiguille - Fujimoto K, Sato M et MatsuiY. Jpn Kokkai Tokkyo Koho JP 62,39,690(87,39,690)(Cl. Cl10C3/08), 20 février 1987.*

69. *Fabrication de coke en aiguille - Sunago H, Higuchi M et Tomioka N. ibid. 62, 74 989(87,74,989)(Cl. C10B57/04), 6 avril 1987.*

70. *Fabrication de coke en aiguille - Sunago H, Higuchi M, et Tomioka N.ibid. 62, 78,104(87,78,104)(Cl. C01B31/02), 10 avril 1987.*

71. *Fabrication de coke en aiguilles à base de goudron de houille - Hayashi 0, Okazaki N, Nagino H, Kawakami H, Seto N, et Ikeda J. ibid. 62.104.895(87.104.895),(Cl0B57/04), 15 mai 1987.*

72. *Fabrication de coke d'aiguille - Keji M. B57/04), ibid. 62,91,588(87,91,588) (Cl. Cl 0B57/04), 27 avril 1987.*

73. *Production de coke d'aiguille par carbonisation du brai de goudron de houille - MedekJ et Weishauptova. CS tchèque 247 847 (Cl. Cl0B55/00), 15 décembre 1987.*

74. *Méthode de production de coke en aiguilles à base de charbon - Dai H, et Zhang J.Chine CN 86.100.675 (Cl. C10B35/00), 25 février 1987.*

75. *Méthode de fabrication de coke en aiguilles de haute qualité - Sachse J, Nette W, Onderka E, Bindernegel K, Helbig R, Homann D, Fichstaedt H, Wallach D et Bach G. Ger Offen DE 3.721.245 (Cl. Cl0B55/00), 4 février 1988.*

76. *Acicular needle coke from coal tar pitch - Dumitrescu C, Vlasie N, and Orosz R. Cercet Metal 27, 65-74 (1986).*

77. *Coke d'aiguille pour la production de graphite - Mizuno S et Furukawa T.JpnKokkai Tokkyo Koho JP 63,225,691(88,225,691)(Cl. Cl0C3/02), 20 septembre 1988.*

78. *Coke d'aiguille pour la production d'électrodes de graphite - Katahira S, Kaji M, Yamashita M et Miyaka K. ibid. 63 270 991(88 270 791)(Cl. C10C3/06), 8 novembre 1988.*

79. *Mécanisme de gonflement et rôle des inhibiteurs de gonflement dans la graphitisation des électrodes préparées à partir de coke d'aiguille - Fujimoto K, Ida N, Isao M, Yoshio Tand Marsh H. Carbon 27(6), 909-917 (1989).*

80. *Comportement de gonflement lors de la graphitisation du coke en aiguilles à base de goudron de houille imprégné de FeS04 et H3B03 - Kawano Y, Fukuda T, Kawarada T, Mochida Iet Korai Y. Carbon 38(5), 759-765 (2000).*

81. *Inhibition du soufflage de soufre dans les matériaux carbonés par imprégnation avec du brai" - Born D, Preiss H, Winkler E. Chem Tech 35(4), 202-203 (1983).*

81. *Inhibition du gonflement du soufre dans les matériaux carbonés par imprégnation avec de la poix - Né D, Preiss H, Winkler E. Chem Tech (leipzig, République démocratique allemande) 35(4), 202-203 (1983).*

82. *Abaisser le soufre résiduel dans le graphite expansé - Nippon Pillar Packing Co Ltd, Japon. Jpn Kokkai Tokkyo Koho JP 60,118,618(85,118,618)(Cl- C01B31/04) 24 juin 1985.*

83. *Heintz E. Proc of the 5th Intl. Conf on Carbon Graphite (London), Proc pp 575 (1978).*

84. *Letizia I, High Temperature & High Pressure 9, 291 (1977).*

85. *Whittaker M.P. et Grindstaff L.I. Carbon 7, 615-621 (1969).*

86. *Exfoliation du graphite par le bisulfate - Olsen L.C, Seeman S.E et Scott H.W. Carbon 8, 85 88 (1970).*

87. *Letizia I. Abstr de la 10e conférence biennale sur le carbone, juillet (1971).*

88. *Findeisen B & Thomasius M. Allemagne (Est) DD 150, 739 (1981).*

89. *Dowell M.B, Conférence biennale sur le carbone. Extended Abstract Vol.12, 31-32 (1975).*

90. *McKey S.F J Appl Phys 35. 1992-1995 (1964).*

91. *Thiele H, Anog AllgemChemie 207, 340 345 (1932).*

92. *Exfoliation du graphite intercalé - Anderson S.H et Chung D.D.L. 22(3), 253-263 (1984).*

93. *Puffing of electrode stock as influenced by sulfur content and heating rate - Tucker K. W, Loch L.D, Stecker G and Joo L.A. 13th Biennial Conf on Carbon, Extended Abstract, pp 73 74 (1979).*

94.   Puffing as a phenomenon of impregnated pitch sulfur content - Tucker K.W & Joo L.A. 14th Biennial Conf on Carbon, Extended Abstract, pp 73-74 (1979).

95.   Puffing differences in coal tar and petroleum based needle cokes - Morris E.G, Tucker K.W and Joo L.A. 16th Biennial Cont on Carbon, Extended Abstract pp 595-596 (1983).

96.   Anderson S.H & Chung D.D.L. Carbon 22, 253-256 1984).

97.   Idem Synth Mater 8, 343-346 (1983).

98.   Inagaki M, Muramatsu K. Maeda Y et Mackowa K.Synth Met. 8, 335-338 (1983).

99.   Hirschvogel A, Zimermann H. Eur Pat Appl EP 87, 489 (1983).

100.   Chung D.D.L ang Wong L. W. Carbon 24, 639-643 (1986).

101.   Gonflage du stock d'électrodes sous l'influence de la teneur en soufre et de la vitesse de chauffage - Tucker K. W, Loch L.D, Stecker G et Joo L.A. 13th Biennial Conf on Carbon, Extended Abstr. 191-194 (1977).

102.   Furadin G, Mareche J. F et Herold A. Brevet français n° 91-12663(1991).

103.   Abaisser le soufre résiduel dans le graphite expansé - Nippon Pillar Packing Co Ltd, Japon. Jpn Kokkai Tokkyo Koho JP 60.118.618 (85.118.618) (Cl.C01B31/04) 24 juin 1985.

104.   Structural transformation during preperation of fine forms of exfoliated graphite - Semenstov YI, Pyatkovskii M.L and Chernysh I.G. Powder Metall ; Metal Ceram 37(9-10), 545-551 (1999).

105.   Exfilation de la fibre de graphite dérivée du benzène - JimenzGonzalez H, Speck J.S, Roth G, Dresselhaus M.S et Endo M. Carbon 24(5), 627-633 (1986).

106.   Electrochemical redox capacity of thermally exfoliated graphite in sulfuric acid - Fackowiak E, Kaiser W, Krohan H and Beck F Mol Cryst Liquid Crys Sc and Tech (sec. A) 244, 221-224 (1994).

107.   Échelles de couverture précises pour le film ^{3He} adsorbé sur du graphite exfolié Carvalho L, Repp R.E, Godfrin H, anrt Lerner E. Physica B. 284-288, 218-219 (2000).

108.   Structure et propriétés du graphite thermiquement expansé modifié par les métaux - Matsui L, Lysov V, Kharkov E, et Vovechenko L. Metalurgija (Zagreb) 39(1), 1519 (2000).

109.   Influence de la température, du type et de la concentration de l'intercalaire sur les caractéristiques du graphite exfolié - Matzui L, Vove'chenko L, Ovsienko I, et Kharkov E. Metallofiz Noeishle Teknol 21(11), 83-86 (2000)

110.   Function of concentrated sulfuric acid in the preperation of expandable graphite - Li M, Li J, anrt Hu H.Y. Hebei Shifan Daxue Xuebao, Ziran Kexueban 23(2), 238-240 (1999).

111.   Structure et formation du graphite vermiculaire - Deng X.J. Zhu RY, et Liu Q.F Transac Amer Foundrymen's Soc. 94, 927-934 (1986).

112.   Mécanisme de formation du graphite vermiculaire - Serita Y 56(2), 44-50 (1986). Kinzoku (Japon)

113.   Review Exfoliation of graphite - Chung D.D.L. J Mater Sc 22, 4190-4198 (1987).

114.   Olsen L.C, Seeman S,E et Scott H.W. Carbon 8, 85-90 (1970).

115.   Fabricant de graphite expansé - Kobayashi K, Yamada Y, Hagiwara S. Jpn Kokkai Tokkyo Koho JP 63 139 081 (88 139 081)(Cl. C04B38/00). 10 juin 1988.

116.   Fabrication de graphite expansé - Piasecka H.A, KossobudzkeH, GonsiorJ, et Sczuba Z. Pol PL 128 947 (Cl COI B31/04). 28 juin 1985.

117.   Préparation du produit en graphite expansé - Matsuo K, Maekawa K, & Sugihara T ibid 62,100,406(87,100,406)(Cl.C01B31/04). 9 mai 1987.

118.   Fabrication de graphite expansé - Velechovsky V et Hajsman V. Czech CS. 255 979(Cl. C01B31/04), 11 oct. 1988.

119.   Fabrication de graphite expansé - Kawayoshi Y. Jpn Kokkai Tokkyo Koho JP 63 252 978 (88 252 978)(Cl. C04B38/00). 20 octobre 1988.

120.   Conversion oxydative directe du graphite en graphite exfolié - Lyubchik S.B, Kucherenko I.   A, et Yaroshenko A.D. Mol Cryst Liq Cryst Sc & Tech (Sec. A) 244, 107-113

(1994).

121. *Exfoliated graphite at room temperature and its structural amnealing - Inagaki M and Nakashima M. Carbon 32(7), 1253-1257 (1994).*

122. *Méthode de fabrication du graphite expansé thermiquement - Kovalenko B, Boris M, Koszlov S, Ivanovich S, Siderenko V.G, Tulsky V.F et Vsoshin V.A. PCT Intl Appl WO 00 18;683(Cl. C01B31/04). 6 avril 2000.*

123. *Nouvelle technologie pour la préparation de graphite expansible à faible teneur en soufre - Wang S.M, Zhon Q, et Qiao Y.J. Yingyong Huaxue 17(1), 93-95 (2000).*

124. *Fabrication de graphite thermodurcissable - Miyamoto N, Iwanato K. Kawamura S et Oka M. Jpn Kokkai Tokkyo Koho JP 2000 44 219 (Cl. C01B31/04). 15 février 2000.*

125. *Fabrication de graphite thermiquement expansible - Miyamoto N, Iwamoto K. et Oka M. ibid 2000 44,218(Cl. COI B31/04). 15 février 2000.*

126. *Préparation de graphite expansible à faible teneur en soufre par un mélange oxydant d'acide sulfurique et de permanganate de potassium - Wang S, Qiao Y, et Zhau Q. Harbin Ligong Daxue Xuaebao 4(5),24-27 (1999).*

127. *Preperation of low sulfur exapnded graphite - Wu W, Xu Z and WU Q.Feijin Shuknag 5,8-9 (1999).*

128. *Étude sur la préparation du graphite expansible - Liu J et Song K. Gongneng Cailiao 29(6), 659-661 (1998).*

129. *Méthode de production de la forme lamellaire expansée du graphite et du produit résultant - Zaleski P.L, Derwin D.J et Girkant R.J. PCT Intl Appl WO 99 46,436 (Cl. DOI 19 /12) . 16 septembre 1999.*

130. *A process for the preperation of carbon refractories suitable for blastfurnace application - Mazumder B. Patent Applied for CSIR Patent Office, New Delhi November 2000.*

131. *Some metallurgical application of carbon and graphite - Ross G. E and Brown D.W. Industrial Carbon & Graphite, Proc Soc Chem Indus (Londres), pp 618-624(1958).*

132. *La résine maléimide pour les produits de haute performance - Sangita A et al, Seminar & Workshop on Carbon Fibers & their Applcn. Proc pp 13, 15-17 déc (1988), NPL, New Delhi (Inde).*

133. *Stabilité thermique des résines dérivées du bismaléimide - Chaudhury V et al, ibid. pp 15, 15-17 décembre (1988).*

134. *Matrices de résine pour composites avancés - Monteiro H.A (Hindusthan Ciba- Geigy Ltd, Plastic & Additive Division, Inde). ibid pp 11, 15-17 déc. 1986.*

135. *Résine de matrice à haut rendement de carbonisation - Kandpal L.D et Saraf M.N.ibid pp 23, 15 -17 décembre 1986.*

136. *Composition intumescente contenant du graphite expansible et méthode de préparation - Ford B.M, Hutchings D.A, Foucht M.E, Querishi S.P, Garvey C.E, Krassowski D.W. PCT Intl Appl WO 99 35,196(Cl.C09D5/18). 15 juillet 1999.*

137. *Hydrocarbon resins - Vredenberg W, Foley K.F & Scarletti A.N.   Encyclopédie   des polymères*
Sc & Engg. Ed by Kroschwitz J.I, 7, 758-782, Wiley, N.Y, USA (1987).

138. *Propriétés rhéologiques du brai - Rand B. Fuel 66(r), 1491- 1503(1987).*

139. *A review on significance of polycyclic aromatic chemistry for pitch science - Zander M & Collin G. Fuel 72, 9-18 (1993).*

140. *Pyrolyse du charbon - Combustible I.C. Lewic 66(11), 15271531/(1987).*

141. *Determination of high molecular weight PAH in coal pitch by GC/MS - Ramanowski T, Funeke W Grossman I, Koeing J and Balfanz E. Anal Chem 55(7), 1030-1033 (1983).*

142. *Évaluation des poix de liant pour la production d'électrodes en graphite - Tahon B, Sadjot H, et*
Saint-Romain J.L. Carbone-90, Proc Intl Conf on Carbon (Paris), 16-20 juillet 1990.

143. *Études sur la cokéfaction des goudrons de houille - Mochalov V.V et Gaisarov M.G. Koks Khim 11, 23-27 (1986).*

144.   *Amélioration et contrôle de la qualité du brai de liant - Halano H et Suginobe H. Fuel 68(12), 1503-1506 (1989).*

145.   *Utilization of Spent Pot Liner, a waste material of aluminum smlter plant - Mazumder B and Aish B, Intl Conf Emerging Trends in Mineral Processing & Extractive Metallurgy (ICME), Allied Publishers, New Delhi (2005), pp 424-430.*

146.   *Fondements de la fabrication et de l'utilisation des pastilles d'électrode et du coke d'électrode - Collin G, Stompel Land Xander M. Conférence plénière, IXème Conférence polonaise sur le graphite (Zakopane, Pologne) 25-28 septembre 1988.*

147.   *Recherche sur les matériaux de haute qualité à base de brai - Jastrzebski J et Stompel Z. Fuel(11), 1532-1535 (1987).*

148.   *Résistivité électrique du brai pendant le traitement thermique - Sharp J.A. Fuel 66,1487-1490 (1987).*

149.   *Bituminous materials (asphalt, tars and pitches) - Ed by Hoiberg A.J. Robert : E Kreiger Publishing Co, Huntington, N.Y, USA (1979).*

150.   *Composition du terrain - Zander M. Fuel 66(11), 1536-1539 (1987) ; ibid. pp. 1459-1466.*

151.   *Suspension de l'asphalte - Vergazova G.D, Safronov V.M, Syunyaev Z.I, Nadira N.K et Fasman A.B. Brevet URSS SUI 182,387(Cl.G01N31/02). 30 septembre 1985.*

152.   *Reformage du brai de pétrole - Hasegawa K & Takahashi S.Jpn Kokkai Tokkyo Koho JP 62,32,177(87,32,177)(Cl.C10C3/00). 12 février 1987.*

153.   *Fabrication de coke d'électrode hautement anisotrope - Scupel J, Gross M et Herfurth D. Ger(East) DD 239,218 (C1.C10B57/08). 17 septembre 1986.*

154.   *Rheological behaviour of pitch used in processing of carbon-carbon composites -Seth R.L, Dutta K.K, and Verma C.L Seminar & Workshop on Carbon Fibers & their Applications, NPL, New-.Delhi, India, Proc pp 18, 15-17 Dee 1986.*

155.   *Développement des pas de préformage pour les composites carbone-carbone - Agarwal R.K, Bhatia G, Bahl O.P, et Manocha L.M. ibid pp 17, 15-17 décembre 1986.*

156.   *Stabilité thermique des poix d'imprégnation utilisés dans les traitements thermiques - Seth R.L, Dutta K, Lal C et Gupta D. ibid pp 19, 15-17 décembre 1986.*

157.   *Études sur l'effet des matériaux insolubles du brai sur la carbonisation et la formation, ainsi que sur les propriétés du coke résultant - Lapina N.A & Ostrovstu V.S. Konstr Mater Osn Ugleroda (URSS) 17, 31-36 (1983).*

158.   *Kinetics of thermal transformation of pitch in a non-isothermal process - Chistyakov A.N, Demisenko V.I & Itskov M.L. Khim Tverd Topl (Moscow) 6, 133-138 (1985).*

159.   *Résistivité électrique du brai pendant le traitement thermique - Sharp J.A. Fuel 66(11), 1487-1490 (1987).*

160.   *Relation entre la structure chimique et la formation d'AQ secondaire dans les brai de liant des électrodes - Twigg A.N. Fuel 66(11), 1540-1543 (1987).*

161.   *Interrelation entre la viscosité et la conductivité des poix - Jaeger N, Wagner M.H, et Wilhelm G. Fuel 66(11), 1554-1555 (1987).*

162.   *Physicochemical characterizajion of pitchs by differential scanning calorimetry - Lahaye J, Ehrburger P Saint RJL and Coudere P Fuel 66(11), 14671471 (1987).*

163.   *The spectroscopic determination of coal tar pitch volatiles - Harrison E.K and Thomas B.S. Ann Occupational Hygiene 31(3), 357-361 (1987).*

164.   *Une relation pour l'évaluation de la valeur cokéfiante des brai de goudron de houille obtenue à partir de leurs caractéristiques physiques - Bhatia G, Agarwal K.K et Bahl O.P. J Mater Sc 22(11), 3847-3850 (1987).*

165.   *Caractéristiques rhéologiques des goudrons de houille - Fitzer E, Kompalik D & Yudate K. Fuel 66(11), 1504-1511 (1987).*

166.   *Propriétés des fractions alpha et alphales des goudrons et des poix - Tesalovskaya T. M. Karpin GM, Andreikov E.I, Kuznetsova S.N, Reshatko A.N, et Larin V.K. Koks Khim (URSS) 10, 32-36 (1987).*

167.   *Influence of primary QI & particulate matter on pitch carbonization - IKuo K, Marsh H and Broughton D. Fuel 66(11), 1544-1551 (1987).*

168. *Propriétés physico-chimiques de la poix mésophase soluble et insoluble dans la quinoléine - Alezuma M, Okuzawa K, Esumi K, Meguro K et Honda H. Carbon 25(4), 517-522 (1987).*

169. *Mesure ESR in-situ de la formation de mésophases pendant le traitement thermique et le processus de refroidissement des poix - Osamu I et Tomoki K. Carbon 27(6), 869- 875 (1989).*

170. *Études TEM sur le goudron brut et ses fractions insolubles - Lafadi K, Bonnami S, et Oberlin A. Carbon 28(1), 57-63 (1990).*

171. *TEM studies of coal tars, influence of distillation process at high temperature- Lafadi K, Bonnani S, and Oberlin A. Carbon 28(5), 631-640 (1990).*

172. *Characterization of pitchs by X-ray scattering and DSC - Preiss H, Szulzewsky K and Kolsch P. Fuel 72(9), 1301-1303 (1993).*

173. *Application de la microsoopsie à balayage à effet tunnel pour l'analyse des matériaux carbonés - Donnet*

J.   B. Analusis 22(8), 20-23 (1994),

174. *Caractérisation des tonalités par méthode ultrasonique - Tanaka A, Matsumoto H, Yamaguchi C, et Tokumitsu K. Carbon 32(6), 1137-1141 (1994).*

175. *Analyse comparative des tonalités par extrographie et technique d'analyse thermique - Bermeyo J, Granda M, Menendez R et Tascon J.M. Carbon 32(5), 1001-1010 (1994).*

176. *Microstructure du brai de goudron de houille hydrogéné - Fitzgerald J.D, Taylor B. H et Pennock*

G.   M. Carbon 32(7), 1389-1395 (1994).

177. *Utilisation de goudron de cokerie léger pour sa qualité naturelle comme matière première d'électrode - Dlugosz A, Zmuda W.A, et Wolsczak J. Koks Smoka Gaz 34(7-8), 166 - 169 (1989).*

178. *Le rôle des composants de faible poids moléculaire dans la pyrolyse du brai Bermejo J, Menedez R, Figuiras A, et Grande M. Fuel 74(12), 1792- 1799 (1995).*

179. *Rheological properties of carbonization of coal tar pitch - Li X.K, and Li O.T. Fuel 75(1), 3-7 (1996).*

180. *Molten storage & carbonization characteristics of premium grade coal tar pitch - Turner N.R. Fuel 66(11), 1481-1486 (1987).*

181. *Progrès récents dans la caractérisation du terrain - Zander M. Fuel 66 (11), 1459 - 1466 (1987).*

182. *Wettability of carbon-graphite cloth by pitches - Singh B.P, Gupta S.S, and Gopal V. S. Seminar & Workshop on Carbon Fibers & their Applications (NPL, New Delhi, Inde), Proc pp 21, 15 17 décembre 1986.*

183. *The wetting of solids by melten metals & its relation to the preperation of metal-graphite-matrix composites - Delamnay F Froyen L and Deruyttere A. J Mater Sc 22(1), 1-16 (1987).*

184. *Adsorption de la fraction de brai de goudron de houille à la surface des charges carbonées - Goldberg GY, Androsenko L.F, et Markina M.S. Khim Tverd Topl (Moscou) 5, 85 -88 (1989).*

185. *Wettability of graphite by zinc melt at high pressure - Shulzenko A.A, Ignateva I Yu, Osipov A.S, and Smirnova T.I. Sverkhtverd Mater (Russia) 2, 33-36 (1999).*

186. *Wettability of graphite by multicomponent Ni-Ti and Ni-V based melts - Loginov O.B, and Materialoved K. Adgez Rasplavov Paika Mater (USSR) 25, 67-69 (1991).*

187. *Effet des paramètres technologiques sur la quantité de précipité généré lors du stockage et du transport du brai - Mishin LF, Patrushev A.N, and Perovski V.S. Koks Khim (URSS) 5, 36-38 (1983).*

188. *Settling and semi-coke formation during liquid pitch storage - Larsen B and Soerlie M. Light Metal (Warrendale, PA, USA) pp 533-539 (1987).*

189. *Étude sur la vitesse de sédimentation des particules solides dans le goudron de houille - Korolev Yu G, Kazmina I.S et Fomin N.L. Mandeleeva (URSS) 139, 136-141 (1985).*

190. *Fabrication de brai de goudron de houille - Kawatetsu Chemical Industries Ltd, Japon. Jpn Kokkai Tokkyo Koho JP57, 209, 989(82, 209, 989) (Cl.Cl0C3/00), 23 déc. 1982.*

191.   *Fabrication de brai de goudron de houille - Nittetsu Chemical Industries Ltd, Japon.ibid 58,01,783(83,01,783)(Cl.C1OC3/00). 7 janvier 1983.*

192.   *Fraction de brai hautement réactif et son utilisation - Palm J, Glaser H, Collin G, Marrett H, and Zander M. Ger Offen DE 3,142,826(C1.C1003/02). 11 mai 1983.*

193.   *Coal tar pitch as a colloidal system - Androsovn E.V, Krysin V.P, Chernyak P.F. Khim Tverd Topl (USSR) 2, 48-51 (1983).*

194.   *Mesophase formation in coal liquid solvent fractions - Weinberg V.A and Yen T.F Carbon 21(1), 39-45 (1983).*

195.   *Conversion physique de molécules en mésophase latente en molécules orientées Nazem F, Didehenko H, et Fink D. Eur Pat Appl EP105 479 (CL. COM3/ 14). 18 avril 1984.*

196.   *Fraction de brai hautement réactif et son utilisation - Huetgerswerke A.G. Ger Offen DE 3,238,508 (Cl.Ol0C3/08). 19 avril 1984.*

197.   *Filtration du brai de goudron de houille - Eckert A, Marrett H, et Stadelhofer J.W. Erdol Kohle, Erdgas, Petrochem 38(11), 510-514 (1985).*

198.   *Pitch anisotrope élevé - Dickakian G.B. U.S Patent US 4,551,225(Cl. 208- 43 ; C1.C1OC3/ 00). 5 novembre 1985.*

199.   *Poix mésophase et produits de carbone fabriqués à partir de celle-ci - Matsumoto M, Fuyama M, Tomioka T, Sunago H et Higuchi M. Eur Pat Appl EP 157,615 (C1.C1OC1/00). 9 octobre 1985.*

200.   *Formation du pas de mésophase sous pression - Inagaki H, Goto K, Sakai M, Tenso 126, 111-113 (1986).*

218.   *Brai pour électrode en graphite à haute résistance - Sato M, Matsui Y, Yamada M,et Fujimoto K. ibid 63,227,694 (88,227,694)(C1.C1 OC3/04), 21 septembre 1988.*

219.   *Brai de goudron de houille pour la production d'électrodes de graphite - Sato M, Matsui Y, et Fujimoto K. ibid 63,227,693(88,227,693)(C1 .C1 OC3/02), 21 septembre 1988.*

2 20 *Processus de fabrication pour le brai en mésophase à haute teneur en résine bêta - Maeda T, Aida Y. ibid 63,230,790(88,230,790)(C1.C1 OC3/02), 27 septembre 1988.*

221.   *Filtration de la poix visqueuse sous pression constante - Arai Y, Saka W, Yashima S. Kagaku Kogaku Ronbunshu 15(1), 60-67 (1989).*

222.   *Méthode de purification du brai de houille par coagulation - Polaczeki J, Zak T, Lisicki Z, Manka H, Adamczyk E, et Weigh Z. Pologne PL 136-740 (01.01001/20), 30 mai 1987.*

223.   *Brai de goudron de houille pour la production d'électrodes de graphite - Matsui Y, Sato M, Yamada M et Fujimoto*
    K. Jpn Kokkai Tokkyo Koho JP 63 256 689 (88 256 689) (01.01003/02) , 24 octobre 1988.

224.   *Formation de la mésophase carbonée à partir du brai de goudron de houille - Kim J.Y, Ryu S.K, et Rhea B.S. Hwahak Konghak 26(5), 486-493 (1988).*

2 25 *Fabrication de brai de houille modifié - Demidova A.I, Peshkov A.F, Bershtein, R.S et Vishnyakov MV URSS SU 1 502 597(C1.C1 OC1/16), 23 août 1989.*

226.   *Traitement de goudron hautement pyrolysé pour la production de brai d'électrode - Karpin G.M, Tesalovskaya T.M, Vashivstev V.G, Zabolitini A.I, Anikin G.I, Gravoskii A.E, et Shiskin Y.I. Koks Khim(URSS) 8, 25-28 (1989).*

227.   *Fabrication de brai pour liant pour produits en carbone à haute résistance - Iwahashi T.Jpn Kokkai Tokkyo Koho JP 02,60,991 (90,60,991)(C1.C1 OC1/16), 1er mars 1990.*

228.   *Fabrication de brai à faible teneur en cendres - Shimojo K, Otake K, Hashomoto K et Aono To. ibid 02,06,593(90,06,593)(C1.C1 OC3/02), 10 janvier 1990.*

229.   *Chimie du goudron de houille : développements récents en matière de technologie et de recherche - Collin G et Zander M.*
    Erdoel, Erdgas, Kohle 102(11), 517-524 (1986).

230.   *A process for making colloidal graphite from spent liner of aluminium smelting plant - Mazumder B. Filed to CSIR Patent Office (New Delhi, India), Oct 2000.*

231.   *Un procédé de fabrication de briques carbonées à partir de revêtements de cuves usés d'une usine de fusion d'alumium, adapté aux industries métallurgiques - Mazumder B. ibid*

(2001).

232.   *Certains aspects de la production de graphite à partir de poix de pétrole - Fedotov M.V et Kasperskii VG. Tsvetn Met (URSS) 3, 47-50 (1983).*

233.   *Matériel de préparation des produits à base de carbone - Itoi M, Ohta M, Sugioka T, Yoshihara K et Nishitani H. Ger Offen DE 3.509.861(01.008L95/00), 3 octobre 1985.*

234.   *Matériaux en carbone - Fukuda N et Nagesawa K. Eur Pat Appl EP 157.560 (Cl. C04B35/52), 9 octobre 1985.*

235.   *Properties of carbon-graphite materials based on modified pitch - Chuparova L.D, Nazina G.A, Suslina V.I, and Konstantinova D.S. Tsvetn Met(Moscow,USSR) 11, 47-49 (1986).*

236.   *Amélioration de la fonction mésophase du brai de pétrole par l'ajout d'hydrocarbures polyaromatiques - Lim Y.S et Lee B.I. J Mater Sc. 28(14), 3741-3748 (1993).*

237.   *Effet de l'addition de noir de carbone sur la carbonisation du brai en mésophase Kanno K, Yoon K.E, Fernandez J, Mochida I, et Fortin F. Carbon 32(5), 801-807 (1994).*

238.   *Fabrication de graphite isotrope à haute densité et haute résistance - Ishikawa T, Kotado A, Aizawa*

      J , et Akagami J. Jpn Kokkai Tokkyo Koho JP 61,295,216 (86, 295,216)(C1.C1 OB31/04), 26 décembre 1986.

239.   *Fabrication de matériaux en carbone isotrope à haute densité - Fujimoto K, Mukai K, et Shinohara*

      K . ibid. 62,72,508(87,72,508)(C1 .C1 OB31/02), 3 avril 1987.

240.   *Fabrication de coke de brai pour les matières carbonées isotropes - Fujimoto K, Mukai K, et Shonohara K. ibid 62, 70, 216 (87,70,216) (C1.C1OB31/02), 31 mars 1987.*

241.   *Fabrication de corps formés en graphite - Shibatani H, Takahashi K, et Kameda T. ibid 61,251,505(86,251,505)(Cl.C01B31/04), 8 novembre 1986.*

242.   *Graphitisation des matériaux en carbone cuits - Sagawa K et Hiroi H.ibid 62, 91,411(87,91,411)(Cl.C01B31/04), 25 avril 1987.*

243.   *Effet du diamètre sur l'augmentation de l'orientation préférentielle du filament de brai en mésophase sur la graphitisation - Jenkins J.C, et Jenkins G.M. Fuel 66(11), 1519-1521 (1987).*

244.   *Modification de la composition élémentaire et de la structure moléculaire de la composition du brai de coke pendant son broyage - Kuteinikov A.F, Mashkovich L.A, Egorova V.A, Bedretdinova L.B, et Stepanova A.N. Koks Khim(URSS) 5, 21-24 (1987).*

245.   *Essai de poix fabriquées à partir de goudron pyrolysé à basse température - Beilina N. Y, Kozueva E.N, Lapina N.A, et Ostrovskii V.S. Tvetn Met(Moscou,URSS) 2, 49 51 (1987).*

246.   *Effet des composants de départ sur les propriétés du graphite - Surkov S.A. Trofimova E.G, et Shipkov N.N. Khim Tverd Topl(Moscou) 5, 133-135 (1987).*

247.   *Méthode de graphitisation des articles en carbone - Freiman E.A, Skudin L.G, Ignatov N.P, Alekseev A.V, et Balabonov I.V. URSS SU 1 308 557(Cl.C01B31/04) 7 mai 1987.*

248.   *Method for optimizing mesophase formation in graphite & coke precursors - Weinberg V.L, Sadeghi M.A, and Yen T.F. U.S US 4,773,985(Cl. 208-39 ; C1OC1/00), 27 septembre 1988.*

249.   *Matériaux en carbone à haute densité et haute résistance - Nagayama K, Fukuda N et NagasawaT. JpnKokkaiTokkyo Koho JP 63,139,051(88,139,051) (Cl.CO4B35/52), 10 juin 1988.*

250.   *Articles en graphite et leur fabrication - Yamada Y, Imamura T, Honda H, Fuji M, et Minohata M. Eur Pat Appl EP340, 3.57 (Cl.C01B31/04), 8 novembre 1989.*

251.   *Corps en graphite et sa fabrication - Yasuhiro Y, Takeshi I, Hidemasa H,Masaki F, and Masamori M. U.S Patent 48,37,3071. Juin 1990.*

252.   *Appareil pour la fabrication du graphite - Suzuki K et Sanwa K.Jpn Kokkai Tokkyo Koho JP 2000 1.59,.51.5(Cl.CO1B31/04). 13 juin 2000.*

253.   *Électrodes au carbone - Schliebever C et Wernicke H.J. Ger Offen DE3, 238 812 (Cl.C2.5B11/ 12), 22 mars 1984.*

254.	*Collage du graphite sur du carbone vitreux - Anikin L.T, Kravetskii G.A, Zaikina A.P, et Gryukan V.S. Tsvetn Met(URSS) 8, 55-52 (1982) 52-55 (1982)52-55(1982)*

255.	*Plastic on plastic, tribological properties of thermoplastic composites - Theberg J.E, Wolvertoh M.P Polymer Mat Sc 50, 312-321 (1984).*

256.	*Modification de la propriété adhésive de la poix sous l'action de composés organiques - Lapina N.A, Starichenko N.S, Beilina N.Y, et Oshovskii V.S. Tverd Topl (URSS) 5, 116-121 (1988).*

257.	*Formation de sphérules en mésophase dans des terrains à faible teneur en goudron de houille et développement du carbone monolithique qui en résulte - Bhatia G, Aggarwal R.K, Punjabi N, et Bahl O.P. J Meter Sc. 29(18), 47.57-4763 (1994).*

258.	*Mesophase graphitizable carbon - Marsh H and Diez M.A. Liquid Crystal & Mesomorphic Polymer (Series : Partially Ordered Systems) pp 231-257 (1994).*

259.	*Étude sur la graphitisation du composant insoluble dans la quinoléine, dérivé du brai de goudron de houille - Kolowea J, Powlowski K, Lebiedziejewskl M, et Kardaez K. Koks Smoka Gaz 33(1), 7-11 (1988).*

260.	*Liant à base de brai à cristaux liquides - Shi Y et Shi D. Zbongguo Jianlanji (Chine) 9(2), 2.5-26 (2000).*

261.	*Interrelation entre la composition et les propriétés des goudrons de houille et les propriétés des anodes - Itskov M.L, Svoboda R.V, Denisenko V.I, Kolodin E.A, et Vedernokov G.F. Light material (Warrangale, PA,USA) 943-957 (1984).*

262.	*Interrelation entre la composition et les propriétés du brai de goudron de houille et des cokes résultants utilisés dans la fabrication des électrodes - Denisenko V.I, Chistyakov A.N, Chalik S.M, Itskov M.L, Forlov V, et Chistyakova TV. Tsveta Met (URSS) 5, 56-58 (1984).*

263.	*Contrôle des poix volatiles dans la production d'électrodes vertes - Robare T.J et Wei M.W. Light Mater (Warrangale, PA, USA) 1952-1959 (1984).*

264.	*Composite graphite-polymère exfolié orienté réalisé in-situ par exfoliation - Wong I.W, et Chung D.D. Intl SAMPE Tech Conf Proc, pp 114-123 (1986).*

265.	*Electrochemical exfoliation of graphite in trifluoroacetic-acid medium Bouvelle E, Douglade J and Metrot A. Molecular Crystal & Liquid Cryst Sc & Tech (Sec.A) 244, 227-232 (1994).*

266.	*Production de graphite thermodurcissable par traitement thermique de poudre de graphite oxydée dans un brûleur à gaz - Isaev O.Y, Russ R.V, Smirnov D.V, Lepikhin V.P, et Zakhrov I.V. Russ RU 2 118 942 (Cl.C01B31/04), 20 septembre 1988. Izobreteniya 26, 197-200 (1998).*

267.	*Produits de carbone pyrolytique - Aiba Y el Hiral K. Jpn Kokkai Tokkyo Koho JP 61,222,914(86,222,914)(Cl.CO1B31/04), 3 octobre 1986.*

268.	*Manufacture of pitch precursors for carbon fiber - Yumitate K, Osugi Y, Miyoshi	F, et Kamishita K. ibid 62, 79, 290 (87, 79, 290) (Cl.C10C3/04), 11 avril 1987.*

269.	*Pitch based activated carbon fiber manufacture - Inamori T, Kajioka K, K Kamigaki H, et Nakahigadhi Y. ibid 62, 289, 618 (87, 289, 618) (Cl.DOF9/ 14), 16 déc. 1987.*

270.	*Article sur le graphite haute densité - Akagami J, Aizawa. J, et Kotado A.ibid 62,187,168(87,187,168)(Cl.C04B35/54), 15 août 1987.*

271.	*Fabrication de produit en carbone-graphite à faible CTE - Kakegawa H. ibid 01,294,507(89,294,507)(Cl.CO1B31/02) 28 novembre 1989..*

272.	*Carbon and graphite - Lafayatis P.G (PGL Associate, Bay Village, OH, USA), Process Indus Corros (Ed by Moniz B.J, Pollock W.I, Warren IJ ; NACE, Houston, Texas, USA) pp 703-709 (1986).*

273.	*Premier entrepreneur indien pour la préparation de composites en carbone - Séminaire et atelier Baychl P.K. Proc sur la fibre de carbone et ses applications, NPL, New E Delhi, Inde, pp 34-36, 15-17*
	Décembre 1986.

274.	*Critiques : Phénomène de la graphitisation catalytique - Oya A & Marsh H.J Mater Sc. 17,*

309 322 (1982).

275.   Oxydation avec le réactif de Simon et HN03/H2SO4 de carbone graphitique turbostatique préparé catalytiquement par des particules de nickel - Oya A, Ida Y, Takabatake M, Otani S, Marsh H. ibid. 16, 1809-1814 (1981).

276.   Graphitation catalytique du carbone par divers métaux - Oya A et Otani S. Carbon 17(2), 131 137 (1979).

277.   Catalyse de la graphitisation - Marsh H et Warburton A.P J Applied Chem 20, 133-142 (1976).

278.   Preuve de l'effet catalytique du soufre sur la graphitisation entre 1400°C et 2000 °C - Fitzer E et Weisenburger S. Carbon 14, 195-198 (1976).

279.   Changements structurels du tourteau de pétrole au cours de l'évolution du soufre - Brandtzaeg S.R et Oye
       H. A. Light Metals (115 Annual Meeting, New Orleans, Louisiana, USA) Proc. pp 593-603, 2 6 mars (1986).

280.   Graphitization of thin carbon film - Goma J & Oberlin M. Thin Solid Films 65, 221-222 (1980).

281.   Pourquoi le composé d'intercalation du graphite - Legrand A.P, Facchini L, Kaiser P et Tuel A. Ann Chim Fr. 13, 1-50 (1988).

282.   Superconductivity in alkali GIC system - Hannay N.B, Geballe T, Matthias B. T, Andress K, Schmidt P McNair D. Phys Rev Lett 14, 255 (1965).

283.   J. Chern Soc, Perkin Transactions 1, 1729-1733 (1986) ; et Synthèse 12, 1071-1075 (1987).

284.   Proc Franco-American Conf on Intexcalation Compounds of graphite - Vogel F.L. Mater Sc & Engg, pp 31 (1977).

285.   EXAFS et la structure de la bordure proche des CPG - Bonini D, Bouat J, Kaiser P, Fretig C et Beguin F J Phys C 8(12), 869 (1986).

286.   Electrochemical energy storage in GICs - Yazami Rand Tonzain P.Solid State Ionics 9(10), 489 (1983).

287.   Lithium intercalé GIC - Yazami Rand Tonzain PJ Power Sources 9, 365 (1983).

288.   Graphite - fluorure et oxyde GIC - Braeur K et Moyes K.R.U.S. Patent 3,514,337 (1970).

289.   Terai Tand Takahashi J. Nucl Sc Technol 18,643-647 (1981) J Synth Mater 7, 49-51 (1983), et Carbon 22, 91-94 (1984).

290.   Structure et conductivité du graphite SbCl5 intercalé - Tian J, Sang S, Gue G, Zhang H, Zhang B, et Luo W. Quinghua Daxue Xuebao (Chine) 23(4), 1 -4 (1983).

291.   Intercalation de chlorure-fluorure mixte d'antimoine dans le graphite - Dater W.R, Zaleski H et Ummat P.K. Mater Res 3(4), 705-709 (1988).

292.   Mass spectroscopy of SbCl5 intercalated graphite - Datars W.R, Zaleski H, and Ummat P.K. Phys Rev. B : Condense Matter 38(8), 5737-5739 (1988).

293.   Mesure de la résistivité à l'aide d'une feuille de graphite intercalaire AsF5 et de paillettes compactes - Pentenrieder R et Boehm H.P ; Carbon 22(2), 177-179 (1984).

294.   Heat transport in intercalated graphite - Issi J. P Proc Mater Res Soc Symp 20, 147-1.56 (1983).

295.   Long range ordering in graphite intercalated compounds - Zabrodskii Y.R, Katrunov K.A, and Koshkin V.M. Fiz Tverd Tela (USSR) 25(3), 908-910 (1983).

296.   Structure électronique des composés intercalés de graphite de stade supérieur - Ohno T et Kamimpure
       I. I. Physica B&C (Amsterdam) 117-118(2), 611- 613 (1983).

297.   Une méthode pour l'étude de la structure des bandes dans le composé d'intercalation du graphite - Ling Ye. Zhang Kaiming Bandaoti Zuebao (Chine) 4(2), 117-123 (1983).

298.   Contactless measurement of basal plane resistivity of SbCl5 and FeCl3 intercalated graphite at high pressure - Sundqvist B, Lunberg B. J Phys Chem 17(.5), 133-138 (1984).

299.   Phase transition in graphite intercalated compounds - Clarke R. Proc MaterRec Soc Symp

(Phase Transformed Solids) 21, 623-632 (1984).

300. *Inhibition de la réaction et de la pression de seuil dans le système FeCl3- graphite - Metz W et Schoppen G. Carbon 26(5), 635-639 (1988).*

301. *Propriétés structurelles, électriques et optiques des films de poly(p-phénylène-vénylène) graphitisés intercalés de FeCl3 hautement conducteurs préparés par la méthode de la solution - Ueno H, Nogami K, et Yoshino K. J Phys C : Solid State Phys. 21(25), 4503-4510 (1988).*

302. *Thermal expansion characteristics of GICs and phase transition with thermal expansion of HNO3 intercalated graphite - Daioh H and Mizutani Y Nippon Kaishi 5, 678-684 (1984).*

303. *Investigation calorimétrique et potentiométrique des composés accepteurs intercalés dans le graphite - Avadeev V.V. La M, Nikolskaya I.V, et Ionov S.G. Mol Crystal Liq Cryst Sc & Tech (Sec.A) 244, 115-120 (1994).*

304. *Phénomène critique dans des composés intercalés quasi bidimensionnels de graphite sous un champ d'ultra-haute fréquence - Ziatdinov A.M, Mischenko N.M, Uminskii A.A, Nazarenko T.Y. Pis'ma Zh Eksp Teor Phyz (URSS) 44(6), 280-282 (1986) .*

305. *Vibrational spectra of HNO3 intercalated graphite by neutron inelastic spectroscopy - Rosenman I, Simon C, Battalon F, Fuzellier H, and Lauter H.J. Synth Mater 23(1-4), 339 344 (1988).*

306. *Thermodynamics in evaluating thermal stability of GICs - Kharkov E.I, Lysov V.I, Fedorov VE, and Matsui L.Y. Metallofiz Neishie Technol 21(12), 68071 (1999).*

307. *Modélisation de la structure électronique des GIC avec des complexes Li du système polybenzène [Li2C8H6, (C6H6)3Li2 et C6HJ2U - Ermilov A.Y, Feidzon A.Y, Pupyshev V.I, et Stepanov N.F J Structural Chem 37(3),392-397 (1996).*

308. *Composés d'intercalation. Comparaison des applications électrochimiques possibles - Fanvarque*
  J.   F NATO ASI Ser B, 172 pages (1987).

309. *Intercalation compounds : challenges & perspective for neutron-scattering - White J. W, Wielpolski P, Jackson I.P and Trouw F Mat Sc Forum (Neutron Scattering) 27-28, 1-16 (1988).*

310. *Composés d'intercalation ternaire graphite/métaux alcalins/métal lourd : structure de synthèse et supraconductivité - Legrange P. J Mater Res 2(6), 8)9-845(1987).*

311. *Electrochemical intercalation of Li into graphite electrode - Satoh A, Takami N, and Ohsaki T. Solid State Ionics (Diffusion & Reactions) 80(3-4), 291- 298 (1995).*

312. *Études et propriétés du Lithium-GIC provenant de sources de graphite naturel et synthétique - Shi H, Barker J, Saidi M.Y, et Kokshang R. J Electrochem Soc 143 (11), 3466-3472 (1996).*

313. *LiBC : un hétérographe complètement intercalé - Woerle H, Nesper R, Hair G, Schwartz H, et Schnering H.G. Zeitschrift fur Anorganssche und Allgemeine Chemie 621, 1153-1159 (1995).*

314. *Diffusion motion in stage 1&2 Li-GIC : results of NMR and neutron scattering - Schirmer A and Heitjans P Zeitschrift fur Naturforschung (Teil A) 50B, 643-652 (1995).*

315. *Sigma-state contribution to the boron intercalated graphite - Wentzcovitch R.M, Cohen M.L, Louie S.G, and Tomanek D. Solid State Commun 67(5), 515-518 (1988).*

316. *Inplane intercalate dynamics in alkali metal/graphite intercalation compounds - Kamitakahara W.A and Zabel H. Phys Rev B : Condense Matter 32(12), 7817-7825 (1985) .*

317. *Transition des étapes dans les GIC - McWhan D.B, Axe J.D, Kim H.J, Mertury H, Koch T, et Fischer J.E. Pression physique de l'état solide : Recent Advances in Anvil Devices Ed by Minomura S. 161 166 (1985).*

318. *Comportement critique de la fusion et de la structure à haute température dans l'étape 1 du composé d'intercalation Rubidium-graphite - Metoki N & Suematsu H. Phys Rev B:Matière condensée 38(8),*

5310-5325 (1988).

319. *Magnétorésistance et effet Hall des composés d'intercalation ternaire de NaH-graphite - Enoki T, Matsutsuji K, et Suzuki K. J Alloys & Compds 231(1-2), 735-739 (1995).*

320. *Physiosorption de l'hydrogène par le potassium-CIG préparé à partir de microbilles de mésocarbone - Akuazawa N, Sakamoto T Fujimoto H, Kasuu T et Takahashi Y. Synth Metal 73(1), 41-44 (1995).*

321. *Intercalation de K+ à la surface du graphite - Bernard J.C, Hock K.H et Palmer R.E. Surface Sc (Part A) 287, 178-182 (1993).*

322. *KC4 : un nouveau composé d'intercalation du graphite - Harold C, Elgadi H, Mareche J.F et Lagrange P. Mol Cryst Liq Cryst Sc & Tech (Sec. A) 244, 41-46 (1994).*

323. *Host effect on the formation of Na-THF-intercalated graphite - Inagaki M and Tanaike O. Synth Metal 73, 77-81 (1995).*

324. *Tuneable sandwich thickness in K/NH4-GICs - Hark.S.K, York B.R, and Solin S. A. Solid State Commun 50(7), 595-599 (1984).*

325. *Mesure de la résistivité à l'aide d'une feuille de graphite à base d'AsF5 et de paillettes compactes - Pentenrieder R et Boehm H.P. Carbon 22(2), 177-179 (1984).*

326. *Étude des propriétés bidimensionnelles des gaz d'électrons dans les composés d'intercalation du graphite accepteur - Joss W, Van Ruitenbeck J.M, Vagner I, Rachdi H, et Roth S. Jpn J Appld Phys (Part I) 26(3), Suppl Proc Intl Conf Low Temp Phys 18 (Part I), pp 633-634 (1987).*

327. *Comparaison des propriétés tribologiques des cokes fluorés et du graphite - Fusaro R.L, NASA Technical Memo NASA-TM-100170, E3735, NAS A-TM 1.15:100170, 32 pages (1987).*

328. *Étude de la structure des intercalaires de graphite-fluorure - Yudanov N.F, Chernyavskii L.L, Lisoivan V.I, et Yakoviev 1.1. Zhstukt Khim(URSS) 29(3), 78-83 (1988).*

329. *Graphite fluoride - Watnabe N. J Fluorine Chern 33(1-4), 335-336 (1986).*

330. *Electron transfer at the Carbon/graphite fluoride/KF-nHF interface - Devilliers D, Groult H, and Chunla M. Carbone-90, Intl Conf on Carbon Proc,Paris, 16-20 July (1990).*

331. *Aspects of intercalation of fluorine and metal fluoride into graphite - Tressand A. Mol Cryst Liq Cryst Sc Tech (Sec.A) 244, 13-28 (1994).*

332. *Spectres vibratoires de KOx sur graphite - Chakarov D. V, Sjovall P, et Kasemo B. J Appl Phys 5, 278-282 (1993).*

333. *Diffusion Raman de composés d'intercalation de graphite-fluor de stade 2 - Ohana I, Palchan I, Yacoby Y, Devidov D, et Selig H. Solid State Commun. 56(6), 505-508 (1985).*

334. *Caractéristiques de décharge du graphite-fluor préparé par un composé d'intercalation de graphite dans une pile au lithium non-aqueuse - Nakajima T, Moriya K, Hagiwara R et Watnabe N. Electrochim Acta 30(11), 1541-1549 (1985).*

335. *Désordre et interaction intermoléculaire dans les composés intercalés - Panich A.M, Danilenko A.M, Nazarov A.S, Gabuda S.P, et Yakovlev I. I. Zh Strukt Khim (URSS) 29(2), 55-61 (1988).*

336. *Étude par rayons X synchrotron à haute résolution de la phase faiblement incommensurable du graphite intercalé de brome à haut stade - Mochrie SGJ, Kortan A.R, Birgenan R.J. et Hoen P.M. Z Phys B (Condense Matt) 62(1), 79- 95 (1985).*

337. *Shubnikov-de-Haas effect in a field induced two-dimensional hole gas - Meskoob M, Markiewich R.S and Maheswaran B. Solid State Commun 67(8), 773-778 (1988).*

338. *Measurement of thermal stress in bromine intercalated graphite compounds - Chung D.D.L, and Wong L.W. Intl J Thermophysics 9(2), 279-282 (1988).*

339. *Spectres Raman du composé d'intercalation brome-graphite à haute pression - Matsuzaki S, Kyoda T Ando T, et Sano M. Solid State Commun 67(5), 505-507(1988).*

340. *Propriétés magnétiques à basse température (étapes 1 et 2) des composés de graphite intercalés de MnCl2 - KiJlishima Y, Furukawa A, Nagano H, Chow P, Weisier D, Zabel H et Suzuki M. Synth Mat 12(1-2), 455-459 (1985).*

341. *Thermal stability of metal chloride intercalated graphite compounds - Neumerzhitskii V.T, Balykin V.P, Levechenko N.V, Raspopov M.G, and Novikov Y.K. Khim Tverd Topl (Moscow) 6, 116-121 (1987).*

342. *Microstructure du CuCl2-GIC par TEM -Xiu Y. Wuji CailiaoXuebao (Chine) 15(1) 79-87 (2000).*

343. *Croisement dimensionnel et magnétorésistance angulaire dépendante des composés d'intercalation du graphite magnétique (MCl2-GIC où M = Cu ou Co) - Sato H, Anderson O.E, Enoki T, Suzuki I.S, et Suzuji M. J Phys Soc Japan 69(4), 1136-1144 (2OOO).*

344. *Analyse de la structure du chlorure de tantale et de la CIG par simulation moléculaire et technique de rayons X*
- Capkova P et Walter J. J Solid State Chem 149(1), 68-74 (2000).

345. *État électronique du HgCl-GIC de niveau 3 - Marchesan D, Chien T.R, Jiang G, Ummat P.K, et Dataras W. R. Physical Rev B (Condense Matter) 52(12), 9061-9065 (1995).*

346. *Angle resolved K-emission of carbon bands of donor and acceptor graphite intercalation compound - Eisberg R and Wiech G. J Phys Colloq C9 Vol.2, 1133-1136 (1987) .*

347. *Compressibilité de l'axe c et dilatation thermique du composé d'intercalation trichlorure d'or/graphite - Ishi T, Shiba.ya.ma Y, Enoki T, Bandow S, Shirotani I et Sugikara K. J Phys Soc Japan 64(12), 4748-4758 (1995).*

348. *TGA of gold(III)-bromide graphite intercalated compound - Stumpp E, Hummel H.J and Ehrhardt C. Synth Mat 23(1-4), 441-446 (1988).*

349. *Anomalous heat capacity and phase transition of graphite-ICl intercalation compound - Tashiro K, Saito M and Tsuzuku T Carbon 23(6), 681-686 (1985).*

350. *Nature of staging transformation in graphite intercalation compound - Bak P and Forgaes G. Phys Rev B(Condense Matter) 32(11), 7535-7537 (1985).*

351. *Bande d'énergie tridimensionnelle dans les GIC de type accepteur stage-1 - Dataras W.R, Marchesan D, Chien T.R, Ummat P.K, et Aoki H. Phys Rev B(Condense Matter) 52, 1520-1523 (1995).*

352. *Mesure de la conductivité électrique sur des composés ternaires à intercalation de graphite contenant des molécules organiques - Inagaki M et Muramatsu K. Tanso 126, 108 -110 (1986).*

353. *La résistivité idéale d'un composé d'intercalation de graphite accepteur Piraux L, Issi J.P, Salamanca R. L, et Dresselhaus M.S. Synth Met 16(1), 93-87 (1986) .*

354. *Caractère aromatique du composé d'intercalation du graphite - Aihara J et Tamaribuchi T. J Chem Soc (Faraday Transac) 90(23), 3513-3516 (1994).*

355. *évolution de la résistivité de l'axe c pendant l'intercalation du potassium dans le graphite-MarecheJ.F, McRae E et Elguendouz H. SoldState Comm 65(3),205-209(1988).*

356. *Elemental distribution in CrO3-graphite and CrO3-Br2-graphite - Preiss H. Carbon 27(4), 561-565 (1989).*

357. *New evidence of intercalation of graphite by Cr03 - Showronski J.M. Carbon 27(4), 537-548 (1989).*

358. *Conductivité supermétallique et effet Shubnikov-de-Haas dans un premier stade de graphite intercalé avec CuCl2 et ICl - Brandt N.B, Kulbachinskii V.A, Nikitana O.M, Avdeev V.V, Akim V.Y, Ionov S.G, et Semenenko K.N.Fiz Nizk Temp (Kiev, URSS) 13(11),1213-1215 (1987).*

359. *X-ray absorption spectroscopy of ICl intercalated graphite - Wortmann G, Krone W, Kindl G, and Schloegl R. Synth Mater 23(1-4), 139-145 (1988).*

360. *Electron transport in graphite-ICl intercalation compounds - Ohta Y, Kawamura K, and Tsuzuku T.J Phys Soc Japan 57(1), 196-204 (1988).*

361. *Étude des propriétés électriques et magnétiques des graphites intercalés - Zimmermann G.O. Université de Boston, MA(USA). Rapport n° AFOSR-TR-87-0418(1987).*

362. *Détermination de la structure locale du NiCl2 et du graphite intercalé de Ni par spectroscopie EXAFS*
- Shuvaev A.T, Khelmer B.Y, Kraizman V.L, Layubeznova T.A, Mirmilshtein A.S,

Kvacheva

L.D, Novikov Y.N, et Volpin M.E. Dokl AkadNauk. SSSR 297(6), 1433-1437 (1987).

363. Divers composés intercalés avec de l'acide fluorosulfurique et du graphite -Yadadin A, Palavit 0, Imbenotte M, Vast P et Legrand P Mater Sc Engg63(2), 141-146 (1984).

364. L'intercalation oxydative de fibres de carbone sélectionnées par le peroxyde de bis(fluorosulfuryle), S206F2 - Karunanithy Sand Abuke F Synth Met 16(1), 41-53 (1986).

365. GIC préparé en HF - Zhang X et Leruer M.M. Meter Res Soc Symp Proc 547 (solid State Chem Inorg Mat) 521-532 (1999).

366. PreParation of TiF2 intercalated graphite in fluorine atmosphere - Nakajima T, Nakane F, Kawaguchi M, and Watnabe N. Chem Lett 11, 1825-1828 (1986).

367 . Composé d'intercalation ternaire de graphite avec un fluorure de métal alcalin &fluor - Watnabe

N, Nakajima T, et Kawaguchi M. U.S Patent 451,57,09 (1987).

368. Fabrication de chlorure de métal/composé d'intercalation carbone-noir graphité - Endo M, Miyazaki Y, et Nishijama A. Jpn Kokkai Tokkyo Koho JP 61 286 210 (86, 286 210)(Cl CO1B31/00). 16 décembre 1986.

369. GIC contenant des halogénures métalliques et leur préparation par échange d'espèces intercalées - Fujimoto K, Sato M, etSugiura T EurPatApplEP246,037(Cl. CO1 B31/00h 19 novembre
1 987.

370. Méthode de préparation du fluorure de graphite ultrafin et caractérisation de celui-ci - Kita Yand Moroi S.Ger Offen DE 3,805,483(Cl C01B31/00), 8 sept. 1988.

371. Structure du fluor-GIC synthétisé dans du HF liquide anhydre gazeux avec du fluor gazeux - Amine K, Nakajima.T, and Motoyama M. Carbon 32(6), 1067- 1071(1994).

372. Synthèse et caractérisation structurale d'un composé d'intercalation du graphite avec des fluoroanions - Zhang S (Oregon State Univ, Corvallis, OR, USA). Diss Abstr Intl B 60(6), 2692 (1999).

373. Caractéristiques de décharge de l'oxyde de graphite fluoré - Nakajima T, Matsuo Y, et Morino Y. Dengki Kagaku 61(5), 594-599 (1993).

374. Fabrication de fluorure de carbone - Yakovlev p.V. URSS SU 1.435.533 (Cl.C01B31/ 00). 7 novembre 1988.

375. Synthèse du fluor-GIC par le fluor élémentaire et les fluorures métalliques à haut degré d'oxydation - Nakajima T, Matsuo Y, Zemla B et Jeshis A. Carbon 34(12), 1595-1598 (1996).

376. Synthèse, structure et caractérisation physique des composés d'intercalation du fluorure de chrome et du graphite - Amine K, Tressand A, Imoto H, Grannec J, Dance J.M, et Hanw C. J Solid State Chem 96(2), 200 (1992).

377. Intercalation de l'acide trifluoroacétique dans le graphite - Fuzellier H.Mol Cryst Liq Cryst Sc & Tech (Sec.A) 244, 185-190 (1994).

378. Fluoration du noir graphitisé avec ClF3 - Makotchenko V.G, Nazarov A.S, Yakivlev I.I. Inorg Mater 35(11), 1186-1167 (1999).

379. Hexa fluoroarséniates de graphite provenant de ses composés d'intercalation avec AsF5 (ASF5+F2), et O2AsF6, et la structure de C14AsF6 - Okino F et Bartlett N. J Chem Soc (Dalton Transac) 14, 2081-2090 (1993).

380. Fabrication de graphite à base de chlorure métallique intercalé - Inagaki M, Ohira M, et Masanori M. Jpn Kokkai Tokkyo Koho JP 62, I38, 315 (87, I38, 315) (Cl.C01B31/04) 22 juin 1987.

381. Formation d'un composé d'intercalation chlorure métallique/graphite dans les sels fondus - Wang Z.D et Inagaki M. Synth Mat 25(2), 181-187 (1988).

382. Intercalation de fluor avec du graphite dans un sel fondu et de l'acide fluorhydrique liquide anhydre - Nakajima T, Numba M et Kawabata Y. Denki Kegaku 61(7), 738-739 (1993).

383.   *Lanthanide metal intercalated graphite from molten chlorides - Hagiwara R, Ito M, and Ito Y. Carbon 34(12), 1591-1593 (1996).*

384.   *Fabrication de composés stratifiés de graphite avec des chlorures métalliques - Baranov S.N, Kochkanyam R.O, Denko Y.V, et Zaritovskii A.M. URSS SU1, 117, 980 (Cl.CO1B31/00), 7 novembre 1988.*

385.   *Composé d'intercalation du graphite contenant AgCl - Sugiura T, Iijima T, Takahashi S, et Maki F Jpn Kokkai Tokkyo Koho JP 63,295,409(88,295,409)(Cl.GO1B31/04) , 1er décembre 1 988.*

386.   *Composé d'intercalation du graphite avec CaCl2 - Sujiura T, Iijima T, Sato M & Fujimoto K. ibid 63, 295.410(88, 295, 410) (Cl.CO1 .B31/04), 1er décembre 1988.*

387.   *Procédé de préparation de composés de graphite intercalés avec FeCl3, CuCl2, AlCl3, CoCl2, NiCl2, CaCl2, BaCl2, AgCl, ZnCl2, MoCl2, TaCl2 et HfCl2 -Fujimoto K et Sujiura T Brevet américain 479 5591, juin 1989.*

388.   *Composé d'intercalation de graphite avec du chlorure de cuivre - Watnabe K, Murakami M, et Yosimura S. Jpn Kokkai Tokkyo Koho JP 02,26,820 (90,26,820) (Cl.C01B31/04) 29 janvier 1990.*

389.   *Préparation de la phase 2-4 ternaire AlCl-Fecl-GIC - Abe T, Mizutani Y, Asano M, et Harad T J Mater Res 10(5), 1196-1199 (1995).*

390.   *Méthode de traitement à l'arc électrique - Fridlyand M.G.PCT Intl Appl WO 87,00, 469(Cl. B23K9/ 16). 29 janvier 1987.*

391.   *Formation de nanofeuilles de platine entre des couches de graphite - Shirai M, Igeta K et Arai M. Chem Commun (Cambridge) 7, 623-624 (2000).*

392.   *Synthèse et caractérisation du graphite intercalé BiCl3 - Behrens P, Woebs V, Jopp K et Metz W. Carbon 26(5), 641-646 (1988).*

393.   *Début de la croissance cristalline du Bi sur le graphite : une étude au microscope à force atomique - Wang H, Jing*
J . et Henrickson P.N. J Vacuum Sc & Tech, Part 2, 4-11 (1993).

394.   *Production et caractérisation de la fibre de graphite intercalaire CdCl2 -Gooden C.E, Pham C, Nand S, and Gaier J.P. J Appl Phys 64(5), 2384-2388 (1988).*

395.   *Composé d'intercalation du graphite contenant du BaCl2 - Sugiura T, Iijima T, Sato M et Fujimoto*
K. Jpn Kokkai Tokkyo Koho JP 3 295 411 (88 295 411)(Cl.CO1B31/04) 1 bar déc. 1988.

396.   *Synthèse, structure et stabilité du composé d'intercalation Mocl3-graphite - Inagaki M, Mittal J, Vignal V, Watnabe G et Konno H. Intl J Inorg Mater 1(1), 39-45 (1999).*

397.   *Synthèse du composé d'intercalation du graphite NdCl3-Fecl3 - Hou Y & Wei Y Zhongquo Xitu Xuebdo (Chine) 17(4), 304-307 (1999).*

398.   *Synthèse du composé d'intercalation de graphite Ndcl3-Fecl3 - Hou Y, Wei Y, et Shi J. Gaojishu Tongxum (Chine) 9(10), 39-42 (1999).*

399.   *GIC avec l'iode comme principal intercalant - Hung C.C, et Kucera D. Carbon 32(8), 1441 1448 (1994).*

400.   *Effect of preperative conditions on the electrochemical properties of graphite-CrO3 intercalated compound - Showronski J.M. Electrochim Acta 33(7), 953-958 (1988).*

401.   *Electrochemical preperation of ternary graphite intercalation compound with sulfuric acid and selenic-acid ($_{H2SeO4}$) - Shioyama H and Fuji R. Carbon 27(6), 785-789 (1989).*

402.   *Fabrication d'un composé d'intercalation du graphite - Nishida T, Fujita A, Fuji Y et Yamada K. Jpn Kokkai Tokkyo Koho JP 63, 159, 212 (88, 152, 212) (Cl.COB31/04), 2 juillet 1988.*

403.   *Aspects technologiques de l'intercalation du graphite avec l'acide sulfurique Bondarenko S.G, Rykova*
L. A, Statyukha G.A, et Chernysh loG. Khim Tverd Topl (Moscou) 4, 141-143 (1988).

404. *Étude électrochimique du système graphite-acide nitrique - Avdeev V.V, Tverezovskaya O.A, Sorokina N.E, Nikolskaya I.V, et Finaenov A.I. Inorg Mater 36 (3), 214-218 (2000).*

405. *Synthèse de l'acide nitrique - composé d'intercalation du graphite - Avdeev V.V, Sorokina N.E, Tverezovskaya O.A, Martynov 1. Y et Sezemin A. V. Vestn Mosk Univ, Set 2 : Khim 40(6), 422-425 (1999).*

406. *Synthèse et transport électrique de GIC contenant HClO4- Petitjean D, Lelaurain M, Herold A, Furdin G, et McRae E. Solid State Commun 86(9), 535 - 540 (1993).*

407. *Intercalaires de graphite contenant des sels métalliques à transfert de charge - Su S.R. U.S US 4 608 192 (Cl.252-506 ; HO1B1/06), 26 août 1986.*

408. *Cointercalation du sodium et de ses halogénures avec le graphite - Herold A, Lelaurain H, Hareche J.F, and McRae E. Comptes Rendus de l'Academie des Science (Series II) 121, 61-67 (1995).*

409. *Electrochemical intercalation of lithium into graphite - Billand D, Henry A, and Willmann P. Mol Cryst Liq Cryst Sc & Tech (Sec.A) 244, 159-164 (1994).*

410. *Amélioration de la métastabilité de l'intercalation de lithium haute densité dans le graphite dopé au bore - Nalimova V.A, Bindra C & Fischer J.E. Solid State Commun 97(7),583585 (1996).*

411. *Espèces semblables à des molécules de haute densité formées sur les couches superficielles de C8K Miki K, Suematsu H, et Koma A. Synth Mater 12(1-2), 269-274(1985).*

412. *Synthèse des nouveaux Cs-O-GIC - Mordkivich V.Z, Baxendale M, Okhi Y, et Yoshimura S. J. Alloys & Compds 226(1-2), 1-2 (1995).*

413. *Interaction du benzène avec les GIC de l'amagam : Nouveaux GIC binaires intercalés - Iaaev Y V, Guerard G, Blumenfeld A.L, Ienenko K.D, et Novikov Y.N. Carbon 34(1), 97-99 (1996).*

414. *Direct synthesis of polyaniline intercalated graphite-oxide nanocomposite - Xiao P, Xiao M, Liu P, and Gong K. Carbon 38(4), 626-628 (2000).*

415. *On the intercalation of K2S into graphite:synthesis, structure, and relation with the structure of the free sulfide - Goutfer W.F, Herold C and Lagrange P Ann Chim 25(2), 101-118 (2000).*

416. *Synthèse et structure d'un composé ternaire d'intercalation du graphite-K-Te - Briard A. J, Herold C, Mareche J. F, et Lagrange P. Carbon 38 (3), 484-486 (2000).*

417. *Intercalation de l'alliage Na-K dans le graphite - Antoine L, Gachon J.C, et Guerard D. Mater Res Soc Symp Proc 548(Solid State Ionics), 49-56 (1999).*

418. *Préparation de graphite mélangé B4C par frittage sans pression et son comportement d'oxydation à l'air - Sogabe T, Matsuda T, Kuroda.K, Hirohata.Y, Hino.T et Yamashinea T Carbon 33(12), 1783-1788 (1995).*

419. *Delamination of graphite by electrochemical intercalation - Chen G, Wu D, Ye W, and Yan W. Xinxing Tan Cailiao (China) 14(4), 59-62 (1999).*

420. *Matériaux en carbone : structure, texture et intercalation - Inagaki M. SolidState Ionics (part II) 86(8), 833-839 (1996).*

421. *Les propriétés fonctionnelles des CPG - Inagaki M. Transo 133, 127-137 (1988).*

422. *Les composés d'intercalation du graphite : Leurs utilisations dans l'industrie et la chimie - Setton R. Synth Mater 23(1-4), 467-473, 511-524 (1988).*

423. *Composés d'intercalation du graphite comme matériau conducteur - Matsubara H. Kagaku Koyoto 41(5), 297-298 (1986).*

424. *Manufacturing process, properties and application of graphite fluoride $(C2F)_n$ - Aramaki M and Kita Y. New Material New Process 2, 498-501 (1983).*

425. *Application of graphite intercalation compounds - Inagaki M. J Mater Res 4(6), 1560-1568 (1989).*

426. *New directions in intercalation research - Dresselhaus M.S and Dresselhaus G. Mol Cryst*

Liq Cryst Sc & Tech (Sec.A) 244, 1-12 (1994).

427. *Composé d'intercalation de graphite avec Cucl2 - Watnabe K, Murakami M & Yoshimura S. Jpn Kokkai Tokkyo Koho JP 02,26,820 ; 29 janvier 1990.*

428. *Graphite anode reaction in KF-HF melt - Nakajima T, Ogawa T, and Watnabe N.J. Fluorine Chem 40(2-3), 407-417 (1988).*

429. *Revêtement d'une électrode en carbone utilisée comme anode dans la fabrication de l'aluminium - Reven F.V. U.S US 4 544 472 (Cl. 204-290 RJ C25/11/00).1er octobre 1985.*

430. *Fabrication d'une électrode en graphite avec revêtement protecteur - Elektrotermiya Scientific Industrial Co, Japon. Jpn Kokkai Tokkyo Koho JP62,132,788(87,132, 788)(Cl. CO4B41/87). 16 juin 1987.*

431. *Oxidation and removal of cyanide from solution by graphite suspension electrodes - Ochmann Rand Kastening B. Chem Ing Tech 61(10), 830-831 (1989).*

432. *Les déchets de cathodes en aluminium peuvent maintenant être utilisés avec profit comme graphites - B. Mineral and Metals Review, 27(8), 35-41 (2000).*

433. *Trempage d'un lingot d'aluminium - Hotsuta Hand Hotta H (Nippon Light Metal Co, Japon). Jpn Kokkai Tokkyo Koho JP 09,305, 354(92, 305, 354)(Cl.B22 D27/06), 28 oct.1992.*

434. *Fabrication de supports en alliage d'aluminium pour plaques lithographiques, par coulée continue utilisant le graphite comme agent de démoulage - Sawada H, Sakakai H, et Mitsuwa H. Fuji Photo Film, Japon. ibid 2000 158,099(Cl.B22D11/06), 13 juin 2000.*

435. *Utilisation d'une cathode en graphite pour la récupération du cuivre à partir d'une solution de sulfate Zherebilov A.F, Lukyanov V.O, Varentsov V.K. Tsvetn Met (URSS) 4, 31-33 (1983).*

436. *Graphite electrode for sulfurous acid as anodic depolariser in copper extraction - Subbaiah T, Singh P Hefter G, Mur D, and Das R.P J Appl. Electrochem 30(2), 181-186 (2000).*

437. *Development of surface modified graphite electrode for electrowinning alkali and alkaline earth metals - Babu SPK, Balaraju J.N, Aath V, and Sen U. Bull Electrochem 15(9-10), 329 332 (1999).*

438. *Fabrication d'une électrode en graphite - Fujimoto K, Yamada M, Nagino H et Yamashita M. Jpn Kokkai Tokkyo Koho JP 62, 59, 511 (87, 59, 511) (Cl.C01B31/04), 16 mars 1987.*

439. *Corps en carbone moulé à haute résistance et conductivité - Eguchi J et Nose T. ibid 62,65,916(87,65,916)(Cl.C01B31/02), 25 mars 1987.*

440. *Electrode en graphite à haute résistance à l'oxydation - Takaro Co Ltd, Japon. ibid 57, 196, 779 (82, 196, 779) (Cl.C04B41/06) 2 décembre 1982.*

441. *Retardateur d'oxydation pour électrode en graphite - Wilson W.Γ, (Cl.428-408, B32B9/00), 27 mars 1984. U.S. US 4.439.491*

442. *Nonconducting oxidation retardant coating composition for carbon & graphite- Lewallen S.F Lewis B.J, McIver J, Hoss R, and Pierce E.W. U.S. Patent 45, 30, 853 (1987).*

443. *Stabilité thermique de l'agent d'imprégnation contenant du bore Eor inhibant l'oxydation dans les électrographites - Vavilova A.T, Mantseva R.F, Vasilev Y.N, et Davydmvich B.I. Tsvetn Met (Moscou) 9, 62-64 (1989).*

444. *Silicon-carbide/boron containing coating for oxidation prevention in electrographite - Fergus J.W, and Worell W.L. Carbon 33(4), 537-543 (1995).*

445. *Imprégnation d'une électrode en graphite avec une solution de borure pour la fabrication d'une surface d'électrode composite céramique/carbone - Li G, Wu G, Du C, et Wu Z. Dong -bei Daxue Xuebao Ziran Kexueban (Chine) 20(2), 166-168 (1999).*

446. *A method for producing electrographite involving about .50.% reduction in electrical onergy - Utzat M. Report No. BMFT-FB-T-83-162, 93 pp (1983). Tiré de Sci Tech Aerospace Rep 22(7), Abstr No. N84-1627.5 (1984).*

447. *Méthode de graphitisation et four - Bernard J.C, Chabrier P, Tahon B, Tasoriere J.M, et Ortega D. PCT Intl Appl W084 01,368(Cl.C04B35/54), 12 avril 1984.*

448.   Amélioration de la graphitisation des électrodes - Fujimoto K, Yamada M, Nagino H et Yamashita
M. Jpn Kokkai Tokkyo Koho JP 62, 59, 511 (87, 59, 511) (Cl.C01B31/ 04), 16 mars 1987.

449.   Tétine d'électrode en graphite - Relmpell U, Wamser A, Stenzel 0, et Burgmann W. U.S. Patent 44,9.5,634 (1987).

450.   Consommation de graphite d'électrode en régime d'arc électrique - Devydovich B.I, Giliyarovskikh Y, Devtdovich G.A et Koltsova G.F. Tsvetn Met (Moscou) 11, 6971 (1989).

451.   Réduction de la consommation d'électrode de graphite dans les fours d'élaboration de l'acier à l'arc - Tomezyk L, Widera T et MatuM E. Wiad Hutn (Pologne) 42(5), 89-92 (1986).

452.   Modification du processus de graphitisation dans la fabrication des électrodes pour les fours à arc - Migacz A, Kolowca J et Witkowski S. Wiad Hutn 44 (1), 13-15 (1988).

453.   Consumption of graphite electrode in air and inert gas atmosphere - Splinter Sand Pickes C.A. High Temp Technol 4(4), 219-224 (1986).

454.   Méthode d'inhibition de l'oxydation de l'électrode de graphite utilisée dans le four électrique à arc pour l'élaboration de l'acier
- Onoyama K.A et Kusano K. dpn Kokkai Tokkyo Koho JP 2000 169,84.5 (Cl.C09K1.5/ 02), 20 juin 2000.

455.   Structural transformation of sulfur containing cokes and quality of graphi tized electrodes - Modukhovich B.Sh and Kim I. V. Syrev Mater Elektrod Prva M(USSR) 31-39 (1986).

456.   Technologie améliorée pour la fabrication d'électrodes en carbone - Plat on A, Dumbrava A, lutes P.N, et Simionescu L. Proc Ind Acad Sc (Chem Sc) 112(1), 99 - 126 (2000).

457.   Fabrication d'électrodes en graphite - Koltie J, Miyasaka J, et Kiyuchi M. Jpn Kokkai Tokkyo Koho JP 62, 241, 81, 5 (87, 241, 815) (Cl.C01B31/04), 22 octobre 1987.

458.   Mesure en laboratoire de la dilatation thermique et de la résistance électrique des électrodes en graphite
- Gloger P Hutn Listy (4) (6), 421-426 (1988).

459.   Électrodes pour piles à combustible - Hitachi Ltd.Jpn Kokkai Tokkyo Koho Jp 57, 210, 571 (82, 210, 571) 24 décembre 1982.

460.   Fabrication de graphite poreux en régime d'arc électrique - Joo LA Tucker K. Y et Shaner, J. R. U. S. US 4, 611, 396. 16 septembre 1986.

461.   Fabrication d'une plaque en graphite poreux - Miyamoto Y, Iwaki O et Terada S. Jpn Kokkai Tokkyo Koho JP 61-62, 63-64. 21 octobre 1986.

462.   Collecteur de courant dans les piles à combustible liquide et leur fabrication - Konuki T et Nomura Y ibid 01, 163, 971. 28 juin 1989. . .

463.   Caractéristiques de charge/décharge de l'électrode négative en graphite revêtue de SnO2 - Kant T.H, Cho B.W, Cho W.L, Ju J.B ana'tun K.S. Proc Electrochem Soc 99-25, 194-202 (2000).

464.   Fabrication d'un séparateur pour pile à combustible - Murakami S & Uemura T Jpn Kokkai Tokkyo Koho JP 60, 150, 559. 8 août 1985.

465.   Fabrication de pousses carbonées - Suzuki Y et Takahashi Y ibid 62,59,508. 16 mars 1987.

466.   Séparateurs pour piles à combustible - Kikuchi Y ibid 01, 311, 570. 15 décembre 1989.

467.   Seperators and their manufacture by molding expanded graphite with PF- resin for fuel-cellules - Tashiro R, Hasuda H et Tomonori F. ibid 2000 77, 081. 14 mars 2000.

468.   Graphite expansé comme séparateur de piles à combustible et leur fabrication -Tashiro R, Seki T, Hasuda H et Fujita A. ibid 2000 100, 453. 7 avril 2000.

469.   Séparateur de piles à combustible en graphite expansé et leur fabrication - Ueda T & Sujita R. ibid 2000 82, 475. 21 mars 2000.

470.   Séparateur de piles à combustible au graphite et leur procédé de fabrication - Yoshida T. ibid 2000 77, 079. 14 mars 2000.

471. *Plaque de séparation en graphite recouverte de métal pour les piles à combustible à polymère solide - Maeda S, Murakami M, et Koshishi K. tbid 11, 345, 618. 14 décembre 1999.*

472. *Air tight graphite seperatmr for fuel cell - Shimotori Sand Ohma A.ibid 2000 21, 422. 21 janvier 2000.*

473. *Séparateur en graphite pour pile à combustible à électrolyte polymère - Inada I & Sato W. Jpn Kokkai Tokkyo*

Koho JP 2000 40, 517. 8 février 2000.

474. *Graphite dans l'huile pour mastic d'étanchéité pour carburant - Nara H et Iyasu K. ibid 62, 43, 073. 25 février 1987.*

475. *Matériau d'étanchéité au carbone pour milieux corrosifs jusqu'à 670 OK - Sasak S, Datelinka F, Duraeka L, Hodal E, Hornacek G, Matejovie V et Michalicka J. Czech CS 236, 079. 1er décembre 1986.*

476. *Système d'étanchéité pour pile à combustible - Asamizu F. Jpn Kokkai Tokkyo Koho JP 01, 169, 877. 5 juillet 1989.*

477. *Catalyseur de pile à combustible en graphite et sa méthode électrochimique de fabrication Bindra P.S. et Light D.N. Eur Pat Appl EP 106, 197. 25 avril 1984.*

478. *Catalyseur contenant du graphite pour électrode de pile à combustible - Aoki T.ibid 62, 51, 166. 5 mars 1987.*

479. *Carbon-monoxide poisoning of Pt/graphite catalyst in polymer electrolyte fuel cells : conparison between Pt-supported graphite and Pt-intercalated graphite Tilquin J. Y, Cote R, Guay D, Dodelet J.P and Denes G. J Power Source 61(1-2), 193-200 (1996).*

480. *Electro-oxydation du méthanol sur un catalyseur Pt-Ru supporté par du graphite en solution dans l'acide phosphorique - Lu C.H, Lee C.W, Kim D.I, Jang D.H, Kim C.S, et Sin D.R. ibid 86(1-2), 478-481 (2000).*

481. *Electrocatalytic aspect of electrode prcesses in melten carbonate fuel cells - Suski L. Electr cat Pol Chem Soc (9th Symp Proc) pp 37-54 (1988).*

482. *Solid Lubricants & Self Lubricating SolDds - Clauss F.J. & London Academic Press, N.Y (1972).*

483. *Matériau cuivre-graphite - Beech R.N and Price S.T Industrial Carbon and Graphites Conf Soc Chem Indus (Londres), 24-26 septembre 1957.*

484. *Seth, R.L, National Physical Laboratory, New Delhi. Communication privée 1986.*

485. *Contact coulissant en carbone et/ou graphite - Sperling R et Schardt G. (Schunk Kohlenstofftechnik GmbH). Ger Offen DE 19, 754, 411 ; 17 juin 1999.*

486. *Formation et application de particules de graphite en paillettes électriquement conductrices - Kuga Y. Kamikaru Enjumiyaringu 45(2), 89-94 (2000).*

487. *Effet du frittage sur les propriétés du composite cuivre-graphite - deHolanda JNF et deAzevedo SC. Congr Anu Assoc Brass Metal Mater 53, 770-777 (1999).*

488. *Surface morphology and structure of carbon-carbon composite in high energy sliding contacts - Yen B.K and Ishihara T Wear 174(1-2), 111-117 (1994).*

489. *Tribological behaviour of graphite and graphite-copper couples in sliding electrical contacts : influence of contact electric field on the surface passivation - Hounkponon H, Nery H, Paulmier D, Bonchoncha A and Zaidi H. Applied Surface Sc (Part I) 70-1, 171-179 (1993).*

490. *Fabrication de balais en graphite contenant du cuivre ou des alliages de cuivre - Sato R. Jpn Kokkai Tokkyo Koho JP 04, 124, 235. 24 avril 1992.*

491. *Composés de graphite intercalé pour la fabrication de balais de moteurs électriques et autres contacts électriques - Vogel FL (Intercal Co Ltd, USA). Brevet américain 4, 70, 957, juin 1989.*

492. *Graphite à haut pouvoir lubrifiant et électroconducteur - Kikuchi Y. Jpn Kokkai Tokkyo Koho JP 63, 147, 810. 20 juin 1988.*

493. *Mélange pour la préparation de l'e1ectrographite à partir de noir de four - Tarina E et*

Tarina P. Tchèque CS 250, 751. 15 juillet 1988.

494. *Sous-structure de la surface de friction du cuivre et du matériau cuivre-graphite Dyachenko L.I, Paderno V.N, Baranov N.G, Britun V.F, Pilyankevich A.N & Federechenko I.M. Poroshk Metall (Kiev, URSS) 12, 66-71 (1987).*

495. *Matériaux en carbone dur - Fukuda N, Nagasawa T, Matsura K et Arimitsu S. Jpn Kokkai Tokkyo Koho JP 62, 158, 107. 14 juillet 1987.*

496. *Fabrication de corps carbonés pour les applications de glissement électrique - Iwahasi T, Sunami Y, Sakamoto M, Kitaura I, et Matsuyama K. ibid 62, 72, 564. 3 avril 1987.*

497. *Alliage de cuivre fritté pour contact glissant - Toyo Carbon Co, Japon.ibid 60, 751. 24 juin 1 985.*

498. *Laminated graphite fiber heater for drying chemicai fibers - Krylov V.S, Chernov S.V, Tokarev A. V Shulyaev Y.P, and Krylov S. V. Tyaz Masinostr 5, 33-35 (2000).*

499. *Chauffage en céramique - Kawata A, Hirata K, et Sato A. Jpn Kokkai Tokkyo Koho JP 2000 12, 192 (C1 H05B3/143) 14 janvier 2000.*

500. *Fabrication de peinture chauffante électrique - Guo X. Faming Jhuanli Shenquing Gongkai Shiomingshu CN1, 129, 721. 28 août 1996.*

501. *Graphite expansé pour la fabrication d'éléments chauffants plats - Sujita K & Ueda T. Jp Kokkai Tokkyo Koho JP 10, 245, 214. 14 septembre 1998.*

502. *Mitsui Toatsu Chemical Co ; Jpn Kokkai Tokkyo Koho JP 59, 81, 349 (1984).*

503. *Revêtement conducteur pelable pour l'électro-métallurgie - Sayer B, Robert F, Dunande F. Brevet français 2, 556, 359. 14 juin 1985.*

504. *Tôle d'acier avec revêtement conducteur d'électricité - Masuhara K, Yamayoshi K & Mori N. Jpn Jeokkai Tokkyo Koho JP 62, 87, 342. 21 avril 1987.*

505. *Composition de revêtement semi-conducteur, ignifuge et antistatique pour les moteurs électriques à haute tension*
      - Tudor E et Stanescu A.M. Rom RO 109, 854. 30 juin 1995.

506. *Appareil rotatif pour l'application d'un revêtement de graphite antistatique sur des tuyaux thermoplastiques - Fudhej K et Krawcyk J. Pol PL 175, 321. 31 décembre 1998.*

507. *Application d'un revêtement conducteur électrostatique et résistant à la corrosion pour les réservoirs de pétrole - Li X et Fushi Yu. Fanghu (Chine) 20(5), 243-244 (1999).*

508. *Matériau graphite conducteur - Adachi M, Fuji Rand Hori S. Jpn Kokkai Tokkyo Koho JP 61, 127, 612. 14 juin 1986.*

509. *Les plastiques comme conducteurs électriques - Heimgaertner H. Prax Naturwiss Chem (Allemagne) 37(6), 27-29 (1988).*

510. *Film composite polymère électriquement conducteur contenant du graphite et/ou du noir de carbone - Kasiwazaki S et Konishi S. Jpn Kokkai Tokkyo Koho JP 63, 308, 807. 16 décembre 1988.*

511. *Pâte carbonée expansible conductrice - Willey H.E, Clark W. R & King H.L. Eur Pat Appl EP 500, 061. 26 août 1992.*

512. *The electric and dielectric properties of coal tar epoxy coatings - Resetic A, Babic R, and Metikoshukovic M. Thin Solid Film 230, 2-5 (1993).*

513. *Composition d'un film transparent électriquement conducteur - Kadowaki T & Arata S. Jpn Kokkai Tokkyo Koho JP 2000 173, 347. 23 juin 2000.*

514. *Synthèse d'un polymère conducteur sur une matrice hôte solide, telle qu'un tube en graphite - Maia D.J, dePaoli M.A, Alves AOL, et Zarbin A. J. Quin Nova (Brésil) 23(2), 204-215 (2000).*

515. *Feuilles de graphite composite électriquement conducteur et leur fabrication Nanba Y et Mashiko T Jpn Kokkai Tokkyo Koho JP 2000 169, 126. 20 juin 2000.*

516. *Feuille décorative électriquement conductrice - Yoshikawa S, Kawaguchi Y, Amano H et Yoshikawa O. ibid 63, 112, 777. 17 mai 1988.*

517. *Propriétés des briques électriquement conductrices pour les fours à arc électrique à*

courant continu - Xiao G, Jiang M, Zhang M & Zhang K. China's Refractory 8(1), 14-17 (1999).

518.	Utilisation de ressources secondaires de graphite de carbone pour la fabrication de béton électriquement conducteur
	- Avtonomov I,V, Pugachev G.A, Ilyushenko A.S, et Gerasimenko V.G. Siv Fiz Tekh Zh (URSS) 3, 99-102 (1991).

519.	Fibres de graphite électroconductrices traitées à l'acide nitrique - Endo M, Hashimot S, Yamanashi
	H, et Takatori K. Jpn Kokkai Tokkyo Koho JP 63, 243, 371. 11 octobre 1988.

520.	Nappes de fibres de graphite électriquement conductrices - Komatsu Y et Nakamura K. ibid 61, 225, 360. 7 octobre 1986.

521.	E1ectroconductive adhesive composition - Kobyashi T. ibid 61, 152, 777. 11 juillet 1986.

522.	Feuille adhésive thermodurcissable électriquement conductrice - Uemura T, Murakami S, et Inoue H. ibid 63, 142, 085. 14 juin 1988.

523.	Fabrication d'huile lubrifiante conductrice sans poussière - Wang G. Faming Zhuanli Shenquing Gongkai Shiomingshu CN 1, 218, 102. 2 juin 1999.

524.	Dispositif à thermocouple à fibre de graphite et méthode de préparation - Redick H.E.U.S. US Patent 4, 650, 920. 17 mars 1987.

525.	Méthode et matériel pour le dispositif de conversion thermoélectrique et lumière-chaleur Higeshigaki Y, Yoshimoto Y, Suzuki T, Nakajima Sand Inoguchi T Eur Pat Appl EP 196, 011. 1er octobre
	1 986.

526.	Thermoelectric power and thermal conductivity of first stage graphite - acceptor intercalation compound - Piraux L, Kinany A, Issi J.P, Perignon A, Pernot P and Vangelisti R. Phys Rev B. Condense Matter 35(6), 4239-4332 (1988).

527.	Tube de protection pour appareil de mesure de la température utilisé pour les métaux fondus Hasebe I, Fushimi T, Ooya S, et Mochizuki I. Jpn Kokkai Tokkyo Koho JP 11, 248, 541. 17 septembre 1999.

528.	Terminaux de contact - Nihon Kokuen Kogyo K.K. ibid 57 197 771. 4 décembre 1982.

529.	Extrusion de fil composite en graphite pour contact d'interrupteur - Ruppin D & Thedja W. W. Wire World Intl. 27(10), 218-221 (1985).

530.	Pièce d'arc de contact - Gessinger G, Sebati R & Widl W.Eur Pat Appl EP 205, 897. 30 décembre 1986.

531.	Gaine de câble marquable au laser - Prisnitz U et Scheneider R. 012, 314. 23 Ger Offen DE 19 septembre 1999.

532.	X-ray diffraction pattern and electrical resistivlty of carbon rods used in dry batteries - Barul K.L, and Bhattacharya B. Ind J Technol 24(9), 610-612 (1986).

533.	Électrodes en carbone et graphite : propriétés, application, importance et perspectives dans la méthode thermique de récupération des métaux - Etzel KFW. Schriftenr GDMB 51, 69-84 (1988).

534.	Electrode en graphite pour la décharge électrique - Mitsubishi Electric Corpn, Japon. Jpn Kokkai Tokkyo Koho JP 57, 211, 427. 25 décembre 1982.

535.	Production d'une électrode en graphite poreux dont la structure a été modifiée par des sels métalliques à haut point de fusion - Smirnova N.V, Anoschenko I.P, et Zarechenkii E.T. SPSTL 1282, KHP-D82, 5PP (1982). Disponible SPSTL.

536.	Procédé de fabrication d'une plaque monolithique poreuse en graphite - Joolouis A, Tucker K.W, et
	Shaver	J.U.S.	Patent	478,	258
	6 juin 1989.

537.	Électrodes de carbone - Pentel Co Ltd, Japon. Jpn Kokkai Tokkyo Koho JP 59, 23, 472. 6 février 1984.

538. *Une électrode légère en nickel-graptlite - Ferrand W, Lee W.W, et Sutula R. A. J Power Sources 12(3-4), 249-265 (1984).*

539. *Batterie à électrolyte non aqueux - Moriwaki K et Furukawa S. Jpn Kokkai Tokkyo Koho JP 60, 182, 664. 18 septembre 1985.*

540. *Influence du prétraitement oxydatif des électrodes en graphite sur la catalyse des réactions redox Cr+3/Cr+2 et Fe+3/Fe+2 - Hollax E, Cheng D.S., Carbon 23 (6), 655-664 (1985).*

541. *Iron-chromium redox battery : a new technology for storage of electrical energy - Aldaz A, Climent M.A, Lopez S.M, and Graoes P Energia(Madrid) 11(5), 125-131, (1985).*

559. *Piles secondaires au lithium - Takeuchi S, Hohbo H, Kaneda J, et Muranaka Y. ibid 2000 173, 622. 23 juin 2000.*

560. *Anode pour batterie secondaire au lithium-ion - Takagi Y, Sato N et Hatano H. ibid 2000 173, 618. 23 juin 2000.*

561. *Optimisation du graphite naturel et du graphite métallique comme électrode négative pour les batteries rechargeables aux ions lithium - Zaghib K, Nadean G, Masse H, Guerfi A & Brochu F. Proc Electrochem Soc 99(25), 12-30 (2000).*

562. *Expandable graphite as active mass in anode of secondary lithium battery Takei K, Nishida T Ishi Y, Fujita A and Yamada K. Jpn Kokkai Tokkyo Koho JP 2000 53, 408. 22 février 2000.*

563. *Masse active d'une anode à base de carbone dans une batterie au lithium - Takamura T Kgyo Zairyo 48(4), 45-50 (2000).*

564. *Processus de densification des électrodes en graphite - Spoitu C, Stancin H, Vazzaru B, Ioneecu G, et Do brescu I. Rom RO 1 08, 445. 31 mai 1994.*

565. *Étude sur l'ajout de poudre de graphite ultra-pur comme matière active positive pour l'anode des batteries au plomb - Zhao B, Jiang H, Chan N. et Zhang H. Dianyan Jishu (Chine) 24(2), 87-89 (2000).*

566. *Carbone et graphite - Lafyatis P G (PGL-Associate, Bay Village, Ohio, USA). Process Indus Corros 703-709 (1986), Ed par Meniz B.J, Polleck W.I, et Warren I, NACE (Houston, Texas, USA).*

567. *Un moyen facile et pratique de souder du fil de cuivre sur du graphite - Capelato M.D. J Chem Edn 70(5), 431-432 (1993).*

568. *Wettability of graphite by multicomponent Ni-Ti and Ni-V based melts Loginov O.B, Materialoved K. Adgez Rasplavov Paika Mater (USSR) 25, 67-69 (1991).*

569. *Usinage par électroérosion ou par étincelage de laminés conducteurs d'électricité - Spur G et Appel S. Ann Soc Mech Engr 75(J), 55-61 (1996).*

570. *Réfractaires électroconducteurs - ASEA A.B.Jpn Kokkai Tokkyo Koho JP 62, 143, 862. 27 juin 1987.*

571. *Briques réfractaires à brai pour fours de sidérurgie - Hu S, Bai S, Wang Z et Xia T. Faming Zhuanli ShenquingGongkai Shuomingshu (Chine) CN 85, 100, 432, 1er octobre 1986.*

572. *Magnésie - composite de brai en mésophase pour les briques d'acier - Mochida I, Akashi H, Korai Y et Fujiurn R (Mitsubishi Gas Chemical Co, Japon). Carbone-90, Séminaire Proc Intl sur le carbone (Paris), 16-20 juillet 1990.*

573. *Fabrication de briques réfractaires - Iida K et Samejima A. Jpn Kokkai Tokkyo Koho JP 04.280.873. 6 octobre 1992.*

574. *Setton R. Synth Mater 23, 467-471 (1988) & ibid 23, 511-515 (1988).*

575. *Lalancette J.M et Roussel R. Can J Chem 54, 3541-3550 (1976). US Patent 3, 847, 963, 12 novembre 1974.*

576. *Pflunger P Kunzi H. V, et Guntherodt H.J. Appl Phys Lett 35, 771-773(1974).*

577. *Résistance à l'écaillage de la brique en graphite MgO à faible teneur en carbone - Tsuboi S, Yamashita I, Nonobe K & Takahashi H. Taika 51(12), 638-643 (1999). Yoshino K et Ueno H. Transo 136, 29-33 (1989).*

578. *Influence of chemical reaction in MgO-graphite refractories (Part I) - Bandin C, Alvarez C &*

Hoor R.L. J Am Ceram Soc 82 (12), 3529-3538 (1999).

579. *Tampering characteristics of tar/pitch bonded sintered magnesite - Das S.K, Ghosh A, Biswas J.R. CGCRI Bulletin (Calcutta, India) 3 (4), 83-87 (1986).*

580. *Brique de magnésie-graphite pour liaison réfractaire - Goto K, Nakamura H, Maegawa A & Ohsaki H (Harima Ceramic Co). Jpn Kokkai Tokkyo Kho JP 2000 01, 363. 7 janvier 2000.*

581. *ibid 2000 01,364 (Cl C04B35/4), 7 janvier 2000.*

582. *Influence of chemical reaction in MgO-graphite refractory (Part- II) - Bandin C & Moor R.L, J Am Ceram Soc 82 (12), 3539-3548 (1999).*

583. *Graphlte-MgO-Al203, castable pour les poches de coulée d'aciérie - Zhou Nand Rigand M. Electr Furn Conf Proc (57e), 131-142 (1999).*

584. *Développement de graphite-alumine coulable pour le revêtement des auges de hauts fourneaux Kosaka S, Muroie N, Isomura K, Takagi M, et Kumagai M. Rozai Giho 29, 2-5 (1998).*

585. *Résistance à l'oxydation de la poudre de graphite recouverte d'alumine - Kawabata K, Yoshimatsu H, Fujiwara K, Mihashi H, Hiragushi K, Osaka A, et Miura Y. J Ceram Soc 107, 832-837 (1999).*

586. *Graphite traité en surface et leurs réfractaires monolithiques contenant du carbone - Ukai M, Mitsubishi H, Hiragushi K & Mizota Y Jp Kokkai Tokkyo Koho JP 11, 310, 474. 9 novembre 1 999.*

587. *Composite de carbure de silicium/graphite fritté à haute densité et résistance Okuno A & Watnabe S (NGK Spark Plug Co). ibid 62, 65, 973. 25 mars 1987.*

588. *Poche métallurgique ayant un four à creuset intérieur en graphite - Okada T, Shirakawa K et Asusa A. ibid 11, 320, 079. 24 novembre 1999.*

589. *Traitement à haute température de produits en carbone et en graphite dans un four à induction - Foest Wand Guenther H (VEa Elektrokohle Lichtenberg, Allemagne de l'Est) DD 43 086 ; 18 février 1 987.*

590. *Blocs de carbone pour le revêtement de la sole du haut fourneau - Fmjiwara S, Nakamura H et Takusagawa Y Faming Zhuanli Shenquing Gongkai Shuomingshu CN 63, 139, 058, 10 juin 1986.*

591. *Transformation & : essais de composites à haute performance thermo-mécanique liés au carbone*
- Dian F.J, Koch F.J, Luhleich H, Mungam C & Nickel H Carbone-9O, Intl Conf Carbon (Paris), 16-20 juillet 1990.

592. *Nouveau matériau à base de graphite et de charbon pour le revêtement des parois latérales des hauts fourneaux - Skoezkowskii K et Swie.kot D. Hutnik 53(9), 239-243 (1986).*

593. *Corrosion resistance of graphite-alumina, graphite-alumina-zirconia, and graphite-zirconia refractories towards molten steel - Yu 0, Lizuka S, Asano K & Ohtsuka K. Taikabatsu 52(3), 157 (2000).*

594. *Propriétés du ZrB2 contenant des réfractaires en graphite à haute température - Kawahara K. ibid 52(3), 152 (2000).*

595. *Recherche et application de briques microporeuses brûlées à haute teneur en alumine-graphite dans un haut fourneau*
- Zhan X, et Song M. China's Refractory 8(1), 34-36 (1999).

596. *Brique de carbone à haute teneur en alumine contenant du graphite pour le convecteur de fusion du minerai de fer - Hamai K, Iasano K, Ishi A, Nakao A, Sakamoto K, et Hirata H. Jpn Kokkai Tokkyo Koho JP 02, 153, 010 ; 12 juin 1990.*

597. *Réfractaire à haute teneur en alumine-graphite résistant à l'oxydation et à l'érosion des fours de traitement de la fonte brute en fusion - Cole A, Kawamura Y, Ichikawa K, Fujiwara T, Nishima H, et Tamiguchi S (Singawa Refractories, Japon). ibid 03, 126, 660 ; 29 mai*

1991.

598.   Effet de la distribution de la taille des particules sur les propriétés du réfractaire alumine-zircone graphite - Yu S, Wang M, et Hon M. J Ceram Soc Japan 107, 601-605 (1999) .

599.   Mélange de coulée à base de graphite pour la préparation du revêtement des fours de réduction du minerai Zolnai S et Laszlo H. Teljes HU 36, 146 ; 28 août 1985.

600.   Composition de l'éperon de graphite - Banerji S (Magneco Metrel Inc). Eur Pat Appl EP 429, 168 ; 29 mai 1991.

601.   Composition d'armes à feu pour les industries sidérurgiques - Banerji S. ibid EP 429, 169 ; 29 mai 1991.

602.   Nouveaux réfractaires liés au carbone pour la coulée continue de l'acier - Davier A.R McGarry CN,

Wehrenberg TM, et Shaw GB. Iron and Steelmakers 14(1), 44-50 (1987).

603.   Réfractaires contenant du graphite - Kaneko T, Takita I, et Shikano H. U. S. Patent 45, 39, 301 (1987).

604.   Composition réfractaire - BorisoK V. G, Prokhorova I.Y, Petrov N.K, & Semenova O.N. URSS SU 1, 278, 339 ; 23 décembre 1986.

605.   Réfractaires pour le revêtement des réacteurs de réaction dans les industries chimiques et pétrochimiques - Usatikov IoF, Galchenko T.G, Karaulov A.G, Degtyareva E.V, et Tarnopolskaya R.A. Ogneupory (URSS) 10, 38-47 (1985).

605.   Application de la fibre de carbone dans l'industrie chimique - Gaglani F.K (Carbon Corpn, Bombay, Inde). Proc Sem & Workshop on Carbon Fiber & Their Applcn, NPL-New Delhi ; 15-17 décembre 1986.

606.   Mélange réfractaire pour pilonnage - Pirogov YA, Savelev VN, Panova LV, Belogrudov AG, et al. URSS SU 1, 291, 576 ; 23 février 1987.

607.   Adhésif de résistance aux acides pour les aritcles en graphite - Icsif N, Timpoe D, Nicolescu M. A, Crobu P, Chilat A, Iones cu, Bera R et Bera D. Rome RO 86, 793. 30 avril 1985

608.   Un procédé de préparation d'un nouveau composé anti-piping utile pour le moulage de métaux en fusion - Mazumder B. CSIR (New Delhi) Patent Office 123/DEL/93.

609.   Réfractaires en zircone et graphite utiles pour les buses de coulée continue - Ogata K et Iizuka S. Jpn Kokkai Tokkyo Koho JP 11, 147, 761 ; 2 juin 1999.

610.   Réfractaires alumine-zircone-graphite - Ogata K et Iizuka S. ibid 11.246.266 ; 14 septembre 1999.

611.   Réfractaires à base d'alumine, de silice et de graphite contenant de la silice fondue aux propriétés anticorrosives - Ogata. K et Iizuka S. ibid 11, 246, 265 ; 14 septembre 1999.

612.   Buse de coulée continue - Ogata K et Iizuka S. ibid 2000 94, 099 ; 4 avril 2000.

613.   Développement d'un anneau de protection en graphite ZrB2 pour les busettes de coulée continue immergées - Kazi N, Shikano H et Tanaka I. Taikabatsu 44(7), 387-391 (1992).

614.   Matériau réfractaire renforcé par des fibres de graphite pour la fabrication d'une buse de coulée - Kawasaki Steel Corporation, Japon. Jpn Kokkai Tokkyo Koho JP 59, 35, 69. 25 fév. 1984.

615.   Fabrication de moules en cristalloïde carbonisé à partir de graphite - Ji. P Faming Zhuanli Shenquing Gongkai Shuomingshu CN 1, 126, 184 ; 10 juillet 1996.

616.   Fabrication de plaques réfractaires destinées aux industries métallurgiques - Inca A. Rom RO 111, 929 ; 31 mars 1997.

617.   Graphite résistant à l'usure pour le refroidissement des moules dans les unités de coulée continue - Baranov V.I et Marukovich E.I. Liteinoe Proizvod (Russfa) 9, 33-35 (1999).

618.   Production de petites cavités dans des pièces de fonderie - VAW Alucast GmbH. Ger Offen DE 19.832.718 ; 27 janvier 2000.

619.   Moules en graphite présentant une bonne résistance aux chocs thermiques et leur fabrication - Ashita K et Hirohata T Jpn Kokkai Tokkyo Koho JP 11, 90, 579 ; 6 avril 1999.

620. *Coulée semi-continue de laiton avec inserts de moule en graphite - Brushnitsyn S. V, Mysik R.K, et Titova A.G. Izv Vyssh Ucheba Zaved, Tsvetn Metall (URSS) 3, 20-21 (1998).*

621. *Moule en graphite pour la coulée du titane et de ses alliages - Shi X et Zheng Z. Zhuzao (Chine) 3, 37 39 (1998).*

622. *Préparation du revêtement du moule pour la coulée des métaux - Zhou Q. Faming ZhuanliShenquing Gongkai Shuomingshu CN 1, 196, 282 ; 21 octo bar 1998.*

623. *Agent de démoulage pour le procédé de coulée sous pression des métaux - Sugasawa T, Hirokawa Y et Ogawa T (STT Co Ltd, Japon). Jpn Kokkai Tokkyo Koho JP 2000 08, 064 ; 11 janv. 2000.*

624. *Procédé de fabrication d'un revêtement de moule avec un revêtement de pot usagé à partir d'un matériau graphitique d'aluminium récupéré. Mazumder B. en cours de dépôt de brevet auprès du CSIR de New Delhi.*

625. *Un procédé de fabrication de la mine de crayon avec le revêtement de pot usagé de l'industrie de l'aluminium - MAZUMDER B. ibid.*

626. *Coulisses réfractaires pour métal en fusion - Isomura K, Kumagaya M, Hirose S, Shigeyuki H, Shinohara K, Ida S et Kumeta T Jpn Kokkai Tokkyo Koho JP 2000 17, 313 ; 18 janvier 2 000.*

627. *Matériau pour porte de coulée continue de fer et d'acier et sa fabrication - Sun C, Wang J, Liang K, Sun L, Yi J et Zhang X. Faming Zhuanli Shenquing Gongkai Shuomingshu cN 1, 156, 709 ; 13 août 1997.*

628. *Carotte de tête en graphite à longue durée de vie dans le dispositif de coulée à basse pression Kato Y (Akechi Ceramics Ltd, Japon). Jpn Kokkai Tokkyo Koho JP 04, 178, 257 ; 25 juin 1992.*

629. *Préparation d'une enveloppe d'isolation thermique pour une poche de coulée en acier - Guo X. Faming Zhuanli Shenquing Gongkai Shuomingshu CN 1, 163, 172 ; 29 octobre 1997.*

630. *Friction and wear characteristics of aluminium-copper-graphite composite made by partial liquid phase casting - Lim S.C, Gupta M and Ng W.B. Process Fabr Adv Mater VI, Proc Symp 1, 637-647 (1998).*

631. *Squeeze casting in filtration of graphite-alumina preform and its fabrication - Coupard D, Goni J and Sylvain J.F. J Mater Sc 34(21), 5307-5313 (1999).*

632. *Immobilisation des fines de graphite produites au Westinghouse Savannah River Technology Centre (USA) - Rudisill TS, Marra JC, et Peeler DK. Proc Mater Res Soc Symp, Nuclear Waste Management XXII, 231-238 (1999).*

633. *Metal bonded graphite - Humenik M, Hall D.W, et Van Alsten R.L. ASM Metal Congr, Philadelphie, PA(USA) ; octobre 1960.*

634. *Fusion d'un alliage Si-Ca dans un creuset spécial en graphite - Liu C. Célèbre Zhuanli Shenquing Gongkai Shuomingshu cN 1, 227, 270 ; 1er septembre 1999.*

635. *Fabrication d'articles en céramique à partir de mélanges de graphite, de carbure de silicium et de résine de résorcine - Polyak B.I, Osipchik V.S, Naumenko V.A, Kononov V.A, IvanovA.V, Yureva T.A, et Molotova R.I. Russ RU 2, 116, 280 ; 27 juillet 1998.*

636. *Hitachi Chemical Co, Japon.Jpn Kokkai Tokkyo Kotto JP 58, 58, 278. (1983) 637. Creuset en graphite avec du carbone décomposé par la chaleur - Aliba Y, Hirai K et Aizawa J. ibid 61, 256, 909 ; 14 novembre 1986.*

638. *Peinture pour réfractaires en graphite pour empêcher l'oxydation - Kondo Y et Nagano M. Akechi Ceramics Ltd, Japon. ibid 11, 335, 181 ; 7 décembre 1999.*

639. *Revêtement d'oxyde de siloxane-zirconoxane pour articles en graphite - Nakatani Y et Nakamura Y. ibid 04, 202, 375 ; 23 juillet 1992.*

640. *Revêtement d'alumine-titane pulvérisable par plasma sous vide pour réduire l'oxydation des produits en graphite - Veracalle D.J, Harman H, Bancke G.A, et Riggs W.L. Surface Coating Technology 54 55 (1-3), 19-24 (1992).*

641. *Résistance à l'oxydation d'un creuset en graphite lié à l'argile - Chen J, Liu W et Zhang H.*

Feijin-Shukuang (Chine) 5, 10-11 (1999).

642. *Articles en carbone, graphite ou céramique à faible dilatation thermique, à revêtement de nitrure de bore-silicium pyrolytique à faible teneur en silicium libre - Moore A.W. U.S. US 5, 972, 511 ; 26 octobre 1999.*

643. *Culture de cristaux d'halogénures alcalins dans des creusets en graphite recouverts intérieurement de carbone vitreux - Hammond D.A, Buzniak J.J, Grencewich K.A, et Vukcevich M.R. U.S.US 5, 911, 824 ; 15 juin 1999.*

644. *Creuset en graphite avec couche interne en nitrure de silicium pour éviter le mouillage par le silicium fondu dans la fabrication de silicium de haute pureté - Lange H, Krumbe W et Gatzcweiller H. PCT Intl Appl wo 98, 35, 075 ; 13 août 1998.*

645. *Creuset en graphite renforcé de fibres de carbone pour la croissance de cristaux de silicium - Tanaka Y et Iide S. Jpn Kokkai Tokkyo Koho JP 10, 218, 697 ; 18 août 1998.*

646. *Creuset en graphite pour le procédé Czochralaski et sa fabrication - Kono M et Kato M. ibid 04, 139, 085 ; 13 mai 1992.*

647. *Tube plongeur en céramique-graphite fritté - Nishimura H, Hidaka A, Tatsumi N, Nishihara Y, Nakaba N, et Origuchi S. ibid 99, 345, 69 ; 7 décembre 1999.*

648. *Composition plastique contenant du graphite exfolié pour les conduits, tubes et gaines - Ashling G.E, Coulter R.G PCT Intl Appl WO 99, 60, 074 ; 25 novembre 1999.*

649. *Porte-échantillons pour la spectroscopie d'absorption atomique sans flamme - Schmidt P, Busche C, Kenscher G et Guenter S. Ger Offen DE 3, 234, 770 ; 22 mars 1984.*

650. *Précurseurs de la fibre de brai - Seth R.L, Dutta K.K, et Maheswari R.K. Proc Sem & Workshop on Carbon Fiber & Their Applcn (NPL, New Delhi, Inde), pp 4, 15-17 décembre 1986.*

651. *Moustaches en carbure de silicium - Tokai Carbon Co Ltd, Japon.Jpn Kokkai Tokkyo Koho JP 57, 209, 813 ; 23 décembre 1982.*

652. *Corrosion behaviour of sintered aluminium alloy (graphite particle composite) - Saxena M, Jha A.K, and Upadhyaya G.S. J Mater Sc 28(15), 4053-4058 (199).*

653. *Analysis of strength and fracture behaviour of unidirectional and angle-ply graphite-aluminium composite - Nardone V.C and Strife J.R. J Mater Sc 22(2), 592-600 (1987).*

654. *Caractéristiques d'usure d'un alliage aluminium-silicium dispersé dans du graphite préparé par le procédé combiné de frittage et d'extrusion à chaud - Yuasa E, Marooka T et Hayama F, Nippon Kinzoku Gakkai 52(2), 163-170 (1988).*

655. *Tribological properties of centrifugally cast copper alloy/graphite composite - Kim J.K, Kestursatya M and Rohatgi P.K. Metal Mater Trans (A) 31(4), 1283-1293 (2000).*

656. *Le graphite améliore les performances du nid d'abeille, réduit le poids - Derra S et Stambler I. Res Dev 30(7), 54-55 (1988).*

657. *Carton moulé en graphite lié à la résine - Francis J.A et al dans Newer Carbon Products Indian Scenario - Ed by Bahl O.P, N.PL, New-Delhi, India (1986).*

658. *Feuilles de graphite thermo-isolantes - Matsuo K et Kondo T.Jpn Kokkai Tokkyo Koho JP 63, 139, 010, 10 juin 1988.*

659. *Pièces composites graphite-métal - Matsumoto T, Fukazawa M et Fukuhara Y. ibid 62, 57, 762 ; 13 mars 1987.*

660. *Composite carbone/céramique autolubrifiant et résistant à l'oxydation - Song J, Liu L, Quian Sand Hu J. Faming Zhuanli Shenquing Gongkai Shuomingshu CN 1, 156, 132 ; 6 août 1997.*

661. *Best practice of producing ceramic(graphite)-metal bond, an industrial case study - Hanson W.B, and Fermie J.A. Adv Sci Technol (Italy) Part-C (15), 1097-1108 (1999).*

662. *Joining carbon-carbon composite by graphite formation - Dadras P, Mehrotra G.M. J Am Chem Soc 77(6), 1419-1424 (1994).*

663. *Technique d'assemblage d'un composite carbone/métal - Nakanose M et Ishimoto S. (Nishan Motor Co, Japon). Jpn Kokkai Tokkyo Koho JP 62, 36, 076 ; 17 février 1987.*

664. *Formation d'une surface métallique autolubrifiante par la méthode de dépôt composite - Yamaguchi F et Koura N. Hyomen 37(7), 429-430 (1999).*

665. *Seismic analysis, behaviour and retrofit of non-ductile reinforced concrete frames for buildings with viscoelastic dampers - Diss Abstr Intl B 60(1), 285 (1999)*

666. *Compositions de ciment contenant du graphite et des dispersants pour ciment - Ogawa S. Jpn Kokkai Tokkyo Koho JP 2000 72, 510 ; 7 mars 2000.*

667. *Fabrication de tuiles en terre cuite - Kato Y et Hironaka Y (Akachi Veramic Ltd, Japon). ibid 11, 199, 307 ; 27 juillet 1999.*

668. *Arbre d'alimentation en papier contenant du graphite avec une bonne linéarité et une bonne propriété de surface - Shikaiso M, Hasegawa. T Oki Y Fukuoka A, et Kawauchi I (Suncor Inc, Japon) ibid 2000 96, 186 ; 4 avril 2000.*

669. *Vessie de vulcanisation d'un pneu vulcanisé avec une résine phénolique bromée contenant un lubrifiant à base de PTFE et/ou de graphite - Palitsas G.P et Sandstorm P.H. U.S. US 6, 013, 218 ; 11 janvier 2000.*

670. *Conducteur moulé - Kobyashi Y et Suzuki I (Hitachi Ltd, Japon). Jpn Kokkai Tokkyo Koho JP 60, 133, 604 ; 16 juillet 1985.*

671. *Joint d'étanchéité souple en graphite - Li X. Runhua Yu Mifeng 4, 38-46 (1985).*

672. *Articles en carbone perforé pour échangeurs de chaleur - Akagami J et Kamara Y. Jpn Kokkai Tokkyo Koho JP 63, 264, 304 ; 1er novembre 1988.*

673. *Radiateur thermique plat à composition électroconductrice - Nakayama K & Nakanishi T. ibid 11, 158, 373 ; 15 juin 1999.*

674. *Utilisation de déchets contenant du graphite provenant de la fabrication d'électrodes comme agent de transfert de chaleur supplémentaire dans le processus de conversion - Nazyuta L. Y, Uchitel L.M, Zrazhevski A.D et Kharkulakh V.S. Cher Metallurgya (URSS) 6, 51-53 (1991).*

675. *Conductivité thermique du complexe graphite-sel de métal dans la pompe à chaleur chimique Han J.H, Lee K.H et Kim H. J Thermophys Heat Transfer 13(4), 481-488 (1999.).*

676. *Non-uniform properties of expanded graphite composites and metal-chloride for chemical heat pump - Choi S, Park S, and Kim S. Hwahak Konghak 36(5), 634-640 (1998).*

677. *Procédé d'intercalation de MnCl2 dans la fibre de graphite et leur application dans les pompes à chaleur - Dellero T, Sarmeo D et Touzain P. Mol Cryst Liq Cryst Sci & Tech. Sec-A 310, 303-308 (1998) .*

678. *Composition du stockage de la chaleur - Yano N et Kimura F (Kubota Ltd, Japon). Jpn Kokkai Tokkyo Koho JP 63.273.605 ; 10 novembre (1988).*

679. *ibid 63, 273, 684 ; 10 novembre (1988).*

680. *Fabrication et test d'un récepteur bimodal en graphite pour l'alimentation et la propulsion solaires - Westerman K.O et Miles B.J. Proc Intersoc Energy Conv Engy Conf 33rd, 310 (1998).*

681. *Appareil et méthode de production de feuilles à partir de graphite expansé - Avdeev A. V, Ionov S.G, KozlovA.V. Russ RU 2, 111, 190 ; 20 mai 1998.*

682. *Graphite souple - Dowell M.B et Howard R.A. Carbon 24, 311-318 (1986).*

683. *Graphite gaskets - T & N Material Research Ltd, Japan.Jpn Kokkai Tokkyo Koho JP 57, 168, 978 (1982).*

684. *Vapour deposited metal-graphite ring - Nippon Pillar Packing Co. ibid 58, 124, 863 (1983).*

685. *Electrically conductive polyolefin sheets - Miyagawa H and Alimoto S (Meidenda Manufacturing Co, Japon).ibid 60, 184, 534 ; 20 septembre(1985).*

686. *Fines feuilles de graphite - Saito S et Toita K (Hitachi Chemical Co, Japon). ibid 60, 155, 517 ; 15 août (1985).*

687. *Fabrication de matériau en graphite élastique - Yamada Y, Fuji M et Shimomura S. Eur Pat Appl EP 360, 606 ; 28 mars 1990.*

688.	*Fabrication de feuilles flexibles en graphite expansé - Hasuda H, Fuji Y, Fujita A et Nishida T ibid 01, 317, 168 ; 21 décembre (1989).*

689.	*Emballages en graphite expansé et leur méthode de fabrication à partir de fibres composites - Zhu D (Usine de matériaux d'étanchéité de Cixi, Chine). Célèbre Zhuanli Shenquing Gongkai Shuomingshu CN 1, 034, 214 ; 26 juillet (1989).*

690.	*Feuille de graphite expansé pour le conditionnement des glandes - Ueda T et Sugita K (Nippon Pillar Packing Co). Jpn Kokkai Tokkyo Koho JP 10, 231, 110 ; 2 septembre (1998).*

691.	*Fabrication de feuilles de graphite souples résistant à la corrosion et à l'oxydation et de feuilles souples pour presse à rouleaux - Mercuri R.A, Blain D.P et McGlamery J.T PCT Intl Appl WO 98,45,223 ; 15 octobre (1998).*

692.	*Feuille flexible de graphite composite et méthode de préparation - Mercuri R.A. U.S. US 6, 017, 633 ; 25 janvier (2000).*

693.	*Feuilles composites flexibles en graphite et leur fabrication - Mercuri R.A, Capp J.P et Gough J. J. PCT Intl Appl WO 98, 45, 224 ; 15 octobre (1998).*

694.	*Composite d'étanchéité en graphite souple formable - Mercuri R.A, Warddrip M.L, & Weber T.W. ibid 88, 850 ; 2 juin (1998).*

695.	*Procédé de production en continu de feuilles de graphite souples - Yao L, Fu J, Niu Z, Wang C, Qiu L. Faming Zhuanli Shenquing Shuomingshu CN 1, 122, 768 ; 22 mai (1996).*

696.	*Effet du processus de laminage sur les propriétés mécaniques du graphite souple - Gu J, Liu H, Zhang F Cao W, Du Y et Shu W Tansu Jishu 1,1-6 (1998).*

697.	*Effet de la structure des pores sur les propriétés mécaniques de la feuille de graphite souple - Gu J.L, Long Y, Gao Y, Kang F & Shu W Xinxing Tan Cailiao 14(4), 22- 27 (1999).*

698.	*Feuille de graphite expansé posée à l'état humide - Kasuyama H (Toyo Tanso Co Ltd, Japon). Jpn Kokkai Tokkyo Koho JP 04, 240, 295 ; 27 août (1992).*

699.	*Feuille composite de graphite comme joint - Watnabe S, Yoshimoto S, Kurashina Y, Takahira M et Nakashima K. ibid 11, 351, 400 ; 24 décembre (1999).*

700.	*Sceaux en graphite expansé/fibre de carbone - Shirata H, Aizawa J et Ishikawa T. ibid 02, 73, 881 ;*
	13 mars (1990).

701.	*Joints en graphite moulé - T & N Materials Res Ltd, Japon. ibid 57, 168, 978 ; 18 octobre (1982).*

702.	*Corps d'étanchéité en graphite intercalé - Vogel L et Lincoln F (Intercel Ltd). Eur Pat Appl EP 216, 184 ; 1er avril (1987).*

703.	*Joint en graphite contenant des groupes acides - Nakamura K et Komatsu Y (Asahi Chemical Industries Ltd, Japon). Jpn Kokkai Tokkyo Koho JP 63, 280, 788 ; 17 novembre (1988).*

704.	*Feuille composite isolante pour la fabrication de joints - Mercuri R.A. U.S. US 4, 911, 972 ; 27 mars (1990).*

705.	*Joints en graphite inorganique résistant à la chaleur - Onuma H.Jpn Kokkai Tokkyo JP 02, 88, 688 ; 28 mars (1990).*

706.	*Fabrication d'un joint en graphite présentant une meilleure résistance à l'huile et une relaxation des contraintes - Hasuda H et Nishida T ibid 1, 257, 115 ; 13 octobre (1989).*

707.	*Joint composite flexible en graphite résistant à l'oxydation et à la corrosion Mercuri R.A, Blain D.P et McGlamery J.T. U.S US 5, 981, 072 ; 9 novembre(1999)*

708.	*Joint en graphite résistant à l'oxydation - Isshiki T Jpn Kokkai Tokkyo Koho JP 11, 199, 858 ; 27 juillet (1999).*

709.	*Études sur la structure et les paramètres technologiques du joint spiralé en graphite - Chen Q, Shao Z, Lu X et Zhu H. Runhua Yu Mifang (Chine) 2, 42-44 (1998).*

710.	*Méthode de production du papier graphite souple - Yao L et Zhang J. Faming Zhuanli Shenquing Gongkai Shuomingshu CN 1, 122, 787 ; 22 mai (1996).*

711. *Feuille de graphite flexible résistant à la déformation de la surface - James L.L, Janet M. S et Michael D.L (Polycarbon Inc, USA). Brevet américain 475, 2518 ; juin (1988).*

712. *Développement du graphite élastique - Yamata Y.Kyukoshi Nyasu 22(3), 2-4 (1988).*

713. *Méthode de production de bandes en graphite souple - Krylov VS, Chernov S.V, , Krylov S.V, Baranov L.I, Klassen Y, et Sivak B.A. Russ RU 2, 114, 802 ; 10 juillet, (1996).*

714. *Progrès dans le domaine des matériaux en graphite souple et expansé - Ran J, Shen i, Yang Z et Yuan Y. Feijin Shukuang (Chine) 5, 5-7 (1999).*

715. *Caractéristiques d'usure d'un alliage aluminium-silicium extrudé en poudre contenant des particules de graphite dispersées - Yuasa E, Morooka T et Hayama F Nippon Kinzoku Gakkaishi 50(12), 1032-1040 (1986).*

716. *Lubrification et résistance à l'usure du graphite recouvert d'antimoine par immersion - Deng Z. Runhua Yu Mifeng (Chine) 5, 39-42 (1989).*

717. *Plasma. Revêtement par pulvérisation sur une surface métallique contenant du graphite pour améliorer la dureté et la résistance à l'usure - Su D. Faming Zhuanli Shenquing Gongkai Shuomingshu CN*
I, 229.147 ; 22 septembre (1999).

718. *Effet de la réaction interfaciale sur les propriétés d'usure et de friction d'un composite à matrice d'aluminium renforcé par des particules de graphite et de carbure de silicium Lu D, Gu M, Shi Z, Wu Z et Jin Y. Xiyou Jinshu Cai1ao Yu Gongcheng (Chine) 29(1), 35-38 (2000).*

719. *Growth of silicon-carbide protective coating layer on graphite using single molecular precursor by thermal MOCVD - Park S.J, Han J.G, and Boo J. H. Annu Tech Conf Proc (Soc Vac Coaters) 42nd, 368-372 (1999).*

720. *Pièces coulissantes - Ebara Manufacturing Co, Japon. Jpn Kokkai Tokkyo Koho JP 59, 340, 20 ; 24 février (1984).*

721. *Palier à matrice graphite/métal et son procédé de fabrication - Amatean M et Karasek K.R. U.S Patent 45,08,158, (1987).*

722. *Palier en alliage de fer fritté contenant du graphite libre précipité ayant une haute résistance à l'usure - Yang C.B, Haneta K, Sukurada T, et Kahare T. Jpn Kokkai Tokkyo Koho JP*
II, 335.798 ; 7 décembre (1999).

723. *Évaluation de deux polyimides et d'une conception améliorée de rétention de la doublure pour les bagues autolubrifiantes - Silney H.E (NASA Lewis Center, USA). Lubr Enggr 41 (10), 592-598 (1985).*

724. *Revêtement lubrifiant solide ot pièces coulissantes - Yoshikawa M, Kanayama Hand Maruyama T. Jpn Kokkai Tokkyo Koho JP 2000 136 397 ; 16 mai (2000).*

725. *Sceaux à base de graphite expansé et leur fabrication - Tashiro R, Hasuda H, Seki T et Fujita. J . ibid 2000 38, 569 ; 8 février (2000).*

726. *Lubrifiant solide et solides autolubrifiants - Clauss F.J.Academic Press, N.Y, USA (1972).*

727. *Graphite colloïdal - Mitsui Toatsu Chemical Co, Japon. Jpn Kokkai Tokkyo Koho JP 59,81,349 (1984).*

728. *Atkinson A.W. U.K. Patent Applcn GB2,128,629 (1984).*

729. *Dispersants à base de graphite (Acherson Colloid Co, Port Huron, Michigan, USA), Lubrifiants solides et solides autolubrifiants - Clauss F.J, Academic Press, New York, USA (1972).*

730. *Fibre de graphite fluoré - Komatsu Y et Nakamura K (Ashahi Chemical Co, Japon). Jpn Kokkai Tokkyo Koho JP 61.225.324 ; 7 octobre (1986).*

731. *Graisse de lubrification pour l'installation des conduites de puits de pétrole - Yamamoto H et Mase T ibid 62.225.594 ; 3 octobre (1987).*

732. *Propriétés de l'huile lubrifiante graphitée - Cecal A, Stan D, Luca C. Gaigiinchi R et Chironoga V. Rom RO 108, 550 ; 30 juin (1994).*

733. *Préparation et application d'un lubrifiant à base d'eau-graphite à haute température - Wang Z. Runhuayou 12(5), 49-51 (1997).*

734. *Couches réfléchissant la chaleur pour les blocs de construction creux - Steinhoff E, Fuerst D et Blatter E. Ger Offen DE 19 851 504 ; 11 mai (2000).*

735. *Matériau de revêtement ignifuge pour les cadres de bâtiments - Okada K et Miura H (Sekisui Chemical Co, Japon). Jpn Kokkai Tokkyo Koho JP 2000 127, 297 ; 9 mai (2000).*

736. *Stratifiés ignifuges comprenant un revêtement à base de céramique, une feuille ignifuge extensible et une plaque métallique - Yamamoto K et Numata. N. ibid 11, 270, 018 ; 5 octobre (1999).*

737. *Fabrication en continu de moulages en caoutchouc ignifugés - Inamori T, Sugatani T et Yamamoto*

   K. ibid 11, 216, 765 ; 10 août (1999).

738. *Gaines résistantes au feu pour le revêtement de tuyaux métalliques traversant les murs - Tono M, Yamaguchi B et Numata N. ibid 2000 55, 293 ; 22 février 2000.*

739. *Feuille adhésive à base de caoutchouc butyle résistant au feu - Numata N, Yamaguchi B, Muraoka H et Okada K. ibid 2000 38, 785 ; 8 février (2000).*

740. *Composition ABS-résine ou polycarbonate / graphite pour structures mécaniques ignifuges - Miura H et Okada K. ibid 2000 63, 619 ; 29 février (2000).*

741. *Feuille multicouche résistante au feu pour les matériaux de construction - Muraoka H, Yamaguchi B et Okada K. ibid 2000 06, 289, 11 janvier (2000).*

742. *Feuilles d'isolation thermique résistantes au feu - Miura H, Amano H, Yamaguchi B,et Okada K. ibid 2000 01, 927 ; 7 janvier (2000).*

743. *Feuille multicouche résistante au feu - ibid 11, 333, 989 ; 7 décembre (1999).*

744. *Fabrication d'une composition de résine résistante au feu contenant du graphite expansible à la chaleur - Amano H et Yamamoto K. ibid 2000 43, 035 ; 15 février 2000.*

745. *Résistance au feu et à l'abrasion ainsi que polymère de nylon MC antistatique et leur fabrication - Bai Y. Célèbre Zhuanli Shenquing Gongkai Shuomingshu (Chine) CN1, 134, 431 ; 30 octobre (1996).*

746. *Particules de polymère de styrène ignifugées en graphite expansible : leur production et leurs utilisations - Gluck G, Dietzen F.S, Hahn K et Ehrmann G. PCT Intl. Appl WO 00 34, 342 ; 15 juin (2000).*

747. *Fabrication d'articles expansibles, moulés et ignifuges à partir d'une composition intumescente - Schneider F Eur Pat Appl EP 990, 692 ; 5 avril (2000).*

748. *Feuille intumescente multicouche comme support pour les dispositifs antipollution et ignifuge - Langer H.L, Shanocki S.M, et Howorth G.F. USUS 6, 051, 193 ; 18 avril (2000).*

749. *Composition résistante au feu pour câbles électriques - Takahata Nand Kato Y. ibid 63, 132, 968 ; 4 juin (1988).*

750. *Méthode de production de mousse plastique ignifugée - Fleury A. Belgique BE 1, 010, 810 ; 2 février*

   (1999) .

751. *Fabrication d'un sceau résistant au feu - Ward D.A. 14 octobre 1992. Eur Pat Appl EP 508, 751 ; 14 octobre (1992).*

752. *Composition ignifuge à base de latex, thermiquement expansible - Horacek H et Wudy H. PCT Intl Appl WO 89, 09, 808 ; 19 octobre (1989).*

753. *Film ignifuge contenant du graphite expansé - Von B.W et Schaepel D. Ger Offen DE 3, 822, 088 ; 11 janvier (1999).*

754. *Papier décoratif ignifuge et sa fabrication - Nippon Kesei Co, Japon. Jpn Kokkai Tokkyo Koho JP 02, 19, 598 ; 23 janvier (1990).*

755. *Composition de caoutchouc résistant au feu et thermiquement isolante et feuille en résultant - Numata H, Yamaguchi B, Minura M, Okada K et Tono M. ibid 2000 34, 365 ; 2*

fév (2000).

756.   Papier ignifuge - Nippon Kesei Co, Japon. ibid 02, 19, 597 ; 23 janvier (1990).

757.   Sol ignifuge contenant une couche de graphite thermiquement expansible - Tono M, Yamaguchi B et Numata M. ibid 2000 54, 528 ; 22 février (2000).

758.   Toit ignifuge contenant une couche de graphite thermiquement expansible - ibid 2000 54, 527 ; 22 février
         (2000) .

759.   Extincteur - Cesa S.A. UK Patent 1, 588, 876 (1981).

760.   Câble électrique résistant au feu - Furukawa Electric Co. Japon. Jpn Kokkai Tokkyo Koho JP 58, 17, 284 (1983).

761.   Fabrication de feuilles de graphite pour la conduction thermique - Tsuchiya S, Oki Y et Taomoto A.
         ibid 2000 178, 016 ; 27 juin (2000).

762.   Composition de résine époxy ignifuge pour le revêtement des matériaux de construction - Miura H, Okada K et Tono M. ibid 2000 143, 941 ; 26 mai (2000).

763.   Garrett W.L, Sharma J, Pinto J et Presk H. Report ARL CD-TR-81008, AD E-400 617, National Technical Information Service, USA (1981).

764.   Matériaux de friction - Teijin Ltd & Akebano Brake Kogyo K.K, Japon. Jpn Kokkai Tokkyo Koho JP 57, 205, 4731 ; 16 décembre (1982).

765.   Matériel de friction - ibid 57, 200, 478 ; 8 décembre (1982).

766.   Matériel de friction - ibid 57, 192, 481 ; 26 novembre (1982).

767.   Matériel de friction - ibid 58, 01, 7731 ; 7 janvier (1983).

768.   Matériau de friction - Matsushita Electric Works Ltd, Japon. ibid 58, 11, 580 ; 22 janvier (1983).

769.   Disques de frein à base d'alliage de cuivre résistant aux fissures. - Kamioka N. ibid 62, 70, 534 ; 1er avril (1987).

770.   Tambour de frein automobile compact en fonte vermiculaire - Ren S, Liu Y, Peng D et Li J. Harbin Kaxue Jishu Daxue Xuebao 13(3), 43-48 (1989).

771.   Plaquettes de frein à disque en matériau thermiquement isolant - Nakagawa M. Jpn Kokkai Tokkyo Koho JP 27, 912 ; 25 janvier (2000).

772.   Garniture de tambour de frein pour véhicules lourds à base d'amiante et de résine PF - Eftinoiu M.Rom RO 94, 487 ; 30 juin (1988).

773.   Matériaux de friction à base de polylmide aromatique - Liu X & Li T. Faming Zhuanli Shenquing Gongkai Shuomingshu (Chine) CN 1, 221, 004 ; 30 juin (1999)

774.   Semelle de ski en plastique incorporant du graphite pour une meilleure glisse - Geissbuhler U (IMS Kunstoft AG, Suisse). Eur Pat Appl EP 960, 905 ; 1er décembre (1999).

775.   Développement et essai de pistons en carbone - Heuer J, Greiner P et Wolf R. Carbone-90, Proc Intl Conf on Carbon (Paris), 16-20 juillet (1990).

776.   Combinaison de chemise de cylindre et de segments de piston pour moteurs à haut rendement - Imai T. Jpn Kokkai Tokkyo Koho JP 2000 170, 594 ; 20 juin (2000).

777.   Pièce coulissante en alliage graphite-aluminium pour utilisation comme chemise de cylindre Azetsu K & Kato S. ibid 11, 335, 762 ; 7 décembre (1999).

778.   Analyse expérimentale des propriétés tribologiques des particules de graphite revêtues de nickel chimique dans des composites à matrice d'aluminium sous l'effet d'un mouvement de va-et-vient - Chu A.Y et Lin J.F Wear 239(1), 126-142 (2000).

779.   Application d'un matériau durcissable par frittage pour des applications automobiles avancées telles que les engrenages, les cames et les pignons - Baran M.C et Prucher T. Soc Automobile Engg (Spec Publ) SP-1535, 135-141 (2000).

780.   Ressort à disque conique ayant un film lubrifiant en graphite/MoS2 sur sa surface et méthode de formation du film - Nakamoto T Jpn Kokkai Tokkyo Koho JP 11, 315, 868 ; 16

nov. (1999).

781. *Pièce en fonte pour moteur à combustion interne d'automobile contenant du graphite - Umabuchi Y, Yasuda Y, Itakura K, et Kano M. ibid 11, 201, 136 ; 27 juillet (1999).*

782. *Graphite à haute résistance pour l'application de pistons en carbone - Schmidt J, Moergenthaler K.D, Brehler K.P et Arndt J.Carbon 36(7-8), 1079-1084 (1998).*

783. *Formation d'un film de revêtement de laminage pour automobiles - Okuma K. Jpn Kokkai Tokkyo Koho JP 157, 921 ; 13 juin (2000).*

784. *Application des composites renforcés de fibres à la fabrication de modèles à l'échelle aérodynamique - Joshi A et Someshekhar B.R. Sem & Workshop on Carbon Fiber & Their Applcn, NPL- New Delhi, Inde, 16-20 juillet (1986).*

785. *Développement d'une surface de contrôle aérodynamique en CFRP - Thakar P.J. ibid Proc pp 28, 15-17 déc (1986).*

786. *Composite avancé dans les avions et les hélicoptères - Nagraj V.T. ibid. pp 39, 15-17 décembre (1986).*

787. *Physical and mechanical properties of conductive composites - Buckley L.J, Sheffer I and Trabocco R.E. National SAMPE Exib (Proc) 29th, 1127- 1140 (1984).*

788. *Mechanical properties of carbon epoxy composites - Chandra R, Viswanathan K. S and Jaysurya M. Seminar & Workshop on Carbon fiber & their Applcn, NPL-New Delhi (Inde), 15-17 décembre (1986).*

789. *Développement et fabrication d'un boîtier de moteur en graphite-époxy pour une application de missile de lancement aérien*
   - Christensen N, Wolcott B. Proc Natl SAMPE Symp Exib 29e, 1335 - 1348 (1984).

790. *Méta réfractaire - composite de graphite comme matériau de gorge pour les moteurs-fusées à propergol solide - Thou Y, Wang Y, et Lei T. Guti Huojian Jishu (Chine) 21(2), 56-61 (1998).*

791. *Application de la technologie des fibres de carbone aux composants structurels des vaisseaux spatiaux - Patki A. V, Nair PS et Singh J. Proc Seminar & Workshop on Carbon Fiber & their Applcn, NPL-New Delhi, Inde, 15-17 décembre (1986).*

792. *Caractérisation des composites carbone-époxy pour les applications spatiales - Koshy T C, Ray Sand Suresh A.V. ibid 15-17 décembre (1986).*

793. *Evaluation of chromic acid anodized aluminium foil coated graphite composite tube for space station truss structure - Dursch H.W and Slemp W.S. Intl SAMPE Symp Exib 33, 1342-13.54 (1988).*

794. *Revêtement de protection pour les tubes composites utilisés pour la fabrication de la structure en treillis de la station spatiale - Dursch H.Wand Henrick C.I. SAMPE Q 19(1), 14-18 (1987).*

795. *Graphite amélioré pour les réacteurs nucléaires - Hutcheon J.M. Advances in Materials (Proc Symp of Inst of Chem Engr, Manchester, UK,1964). Pergamon Press, Publ. (1966).*

796. *Application du graphite dans les réacteurs de fusion du tokamak - Langley R.A et Eatherly W.P. Recherche parrainée par l'Office of Fusion Energy, USDOE, contrat n° W-7405 Eng-76 avec Union Carbide Corpn,USA ; Oak Ridge Natl Lab, TN, USA.*

797. *Effet de l'irradiation neutronique sur la microstructure et les propriétés mécaniques du composite carbone-carbone - Hamada K, Sato S, et Kolyama A. J Nucl Mater (Part B) 215, 1228-1233 (1994).*

798. *Propriétés mécaniques d'un composite carbone-carbone irradié par neutrons pour la fabrication de composants de revêtement par plasma - Eto M, Ishiyama S, Fukya. K et Bana S. ibid 215, 1223-1227 (1994).*

799. *Étude de la résistance à l'oxydation du premier matériau de revêtement de paroi à base de carbone dans un réacteur à fusion*
   - Moormann R, Hinssen K, Krussenherg A.K, Stauch B et Wu Ch. ibid 215, 1178-1182 (1994).

800. *Thermal conductivity change in graphite and carbon/carbon fiber material induced by low*

neutron damages - Wu Ch, Bonal J. P, and Thiele B. ibid 215, 1168-1173 (1994).

801. *Development of one dimensional carbon composite for plasma facing components - Bowers D.A, Davis J.W, Dinwiddie R.B. ibid 215, 1163-1167 (1994).*

802. *Corrélation entre la microstructure et les propriétés mécaniques avec l'irradiation neutronique dans les composites carbone-carbone - Hamada K, Sato S, et Kolyama A. Rapport (série A) de l'université de Tohoku (Res Inst), Japon ; Phys, Chem, & Metallurgy 40(1), 211-216 (1994).*

803. *Recherche de matériaux en carbone à faible érosion pour les réacteurs à fusion - Roth J, Garcia R.C, Behrisch R et Eckstein W. J Nucl Mater (Part A) 191-194, 45-49 (1992).*

804. *Assemblage de tuiles de blindage à base de graphite avec dissipateur thermique pour la première paroi du dispositif de fusion nucléaire - Hatano T, Takatsu H, Suzuki A, Akila M, Osemuchi K, Fuse T et Shibui M. Jpn Kokkai Tokkyo Koho JP 2000 75, 073 ; 14 mars 2000.*

805. *Effet de la composition des rayonnements sur les dommages causés au graphite par les rayonnements - Nikolaenko V.A, Karpukhin V.I, Kuznetsov V.N. Atomic Energy 87(1), 480-484 (2000).*

806. *Le graphite, le matériau nucléaire le plus fascinant - Lectire du prix Kelly B.T. Charles E Pettinos, 15e conférence biennale américaine sur le carbone, Université de Pennsylvanie, Philadelphie, États-Unis ; 25 juin (1981).*

807. *L'application de la théorie des taux chimiques aux dommages causés par l'irradiation* rapide des neutrons dans le graphite - Kelly
   B.   T. Carbon 14, 239-245 (1976).

808. *UKAEA Northern Division Studies of the radiolytic oxidation of graphite in carbon-dioxide - Kelly B.T, Johnson PAV, Schofield P, Brocklehurst J.E & Birch M. Carbon 21(4), 441-449 (1983).*

809. *The theory of irradiation damage in graphite - Kelly B.T. Carbon 15, 117- 127 (1977).*

810. *The effect of radiolytic oxidation in graphite moderator brick strength in advanced gas cooled reactors - Kelly B.T. Nuclear Energy 23(3), 265-272 (1984).*

811. *The radiolytic corrosion of advanced gas cooled reactor graphite - Kelly B.T. ibid 16(1), 73 96 (1985).*

812. *A way from regular graphite to silicon-carbide whiskers through glassy and fibrous carbon - Yamada S. Seminar & Workshop on Carbon Fiber & Their Application, NPL (New Delhi, Inde) ; 15-17 décembre (1986).*

813. *Tensile strength of reactor graphite - Virgilev Y.S and Makarchenko V G. Probl Prochn (Moscow, USSR) 9, 48-50 (1988).*

814. *Durée de vie du graphite dans la maçonnerie des réacteurs nucléaires - Virgilev Y S.Inorg Mater 30(11), 1279 1303 (1994).*

815. *Caractéristiques des briques de graphite d'un réacteur nucléaire - Belinskaya N. T, Virgilev Y.S, Gundovov V. V, Dolgov V. V, Kalyagina I.P, Komissarov V, et Stuzhnev Y Per Spekt Mater 3, 48-56 (1998).*

816. *Graphite as building block for high temperature gas cooled reactors - Virgilev Y S, Kalyagina I.P, and Grebbenik V.N. J Adv Mater 5(1), 39-47 (2000).*

817. *Graphite filled mixed-oxide fuel design for fully loaded PWR cores - Jo C.K, Cho N.Z, and Khim Y.H. Ann Nucl Energy 27(9), 819-829 (2000).*

818. *Coefficient d'expansion thermique du graphite nucléaire avec augmentation de l'oxydation thermique - Hacker P.J, Neighbor G.B et McEnaney B. J Phys D : Appl Phys 33(8), 991-998 (2000).*

819. *Thermal expansion behaviour of AGR-moderator graphite - Hacher P, Neighbor G, and McEnaney B. Nucl Engg 40(6), 229-230 and 232-235 (1999).*

820. *Effet de l'irradiation neutronique sur les matériaux à base de carbone à 3500C et 8000C - Bonal J.P et Wu C.H. J Nucl Mater 277(2-3), 351-359 (2000).*

821.   *Incinération de déchets radioactifs de graphite - Karita Y, Inoue S, Obate M et Hiraki A. Jpn Kokkai Tokkyo Koho JP 2000 121, 795 ; 28 avril (2000).*

822.   *Traitement thermochimique des déchets de graphite des réacteurs nucléaires : analyse thermodynamique*
        - Ojovan M.I, Karlina O.K, Klimov V.L et Pavlova G.Y. Proc Intl Conf on Incineration & Thermal Treat Technol 115-120 (1999).

823.   *Incinération de déchets radioactifs de boues de graphite dans un four à plasma à arc transféré - Cerqueira N, Megy S, Vamdensteendam C, Baronnet J.M et Girold C. ibid 141-147 (1999).*

824.   *Étude par diffraction des rayons X du graphite radioactif dans les conduites de la centrale nucléaire thermique - Brusilovskii B.A et Dryga A.I. Fiz Met Metalloved (URSS) 86(5), 142-148 (1998).*

825.   *Analyse du graphite thermocolore du réacteur nucléaire de Kartini par la méthode de pénétration du mercure*
        - Taftazam A, Aminjoyo S. Maj Baton (Indonésie) 17(1), 3-20 (1984).

826.   *Caractérisation des radionucléides émetteurs bêta dans le graphite de la cheminée du modérateur et du réacteur de recherche co1oumn thermique - Verzilov Y.M, Bushuev A. V, Zubarov V.N, Kachaenovsky A.E, Proshin I.M, Petrova E.V et Aleeva T. Intl Conf Proc Radioactive Waste Management & Environment 7th (Moscou) 194-2000 (1999).*

827.   *Teneur en actinides des graphites provenant des réacteurs de production de plutonium déclassés du groupe sibérien des entreprises chimiques - Bushuev A.V et al. ibid 179-189 (1999).*

828.   *Transport et sorption de CS en graphite dans les réacteurs nucléaires - Barhels H, Decken V et Imistakis N. Nucl Engg Des 137(2), 221-227 (1992).*

829.   *Anode pour la génération électrochimique de la liqueur de polysulfure Behm M. Inst Chem Engr Symp Ser 145 (Electrochem Engg) 219-228 (1999).*

830.   *Électrosynthèse du peroxyde d'hydrogène à partir de l'oxygène sur une électrode de graphite en milieu alcalin - Kornienko V.L, Kolyagin G.A et Saltykov Y.V. Zh Prikhl Khim (Russie) 72(3), 353-361 (1999).*

831.   *Électrosynthèse du peroxyde d'hydrogène par réduction partielle de l'oxygène en milieu alcalin : étude voltamétrique avec du matériel carboné non modifié - Ilea P, Dorneanu S et Nicoara A. Rev Roum Chim (Italie) 44(6), 555-561 (2000).*

832.   *Coordination du Fe+3 par un complexe d'alizarine adsorbé sur des électrodes de graphite pour produire un électrocatalyseur pour la réduction de l'oxygène en peroxyde d'hydrogène Zhang J.J et Anson F C. J de Electro Chem 353(1-2), 265-280 (1993).*

833.   *Observation en ligne par spectroscopie de masse de la réduction et de l'oxydation du NO2 sur une électrode CuO supportée par du graphite en solution aqueuse - Sunohara S. Nishimura K, Ohnishi R, Enyo M, Ueno M, Yoshokozawa K et Takasu Y. J Electroanal Chem 353 (1-2), 297-301 (1993).*

834.   *Effectiveness conversion of (CO+H2) to acetylene using a graphite based catalyst - Jones W, Schlogl R and Thomas J.M. J Chem Soc Chem Commun 7, 464-466 (1984).*

835.   *La décomposition de l'amalgame de sodium par un catalyseur au graphite - Przyluski J, Darkowskii A, Pasternak T Pologne PL 141, 972 ; 10 mai (1988).*

836.   *Catalyseur à couches de graphite pour la synthèse de l'ammoniac à basse température - Kalucki K, Morwski A et Waldemar A. Pr Nauk Politech Szezecin (polonais) 354, 23-35 (1987).*

837.   *Composé lamellaire de graphite avec du potassium métallique comme catalyseur pour la réaction d'échange D-H dans les hydrocarbures - Ilatovskya M.A, Rummel Z, Isaev Y. V, Yunusov S. M, Lenenko N. D, German M et Varun M. Izv Akad Nauk SSSR Ser Khim 8, 1935-1936 (1991).*

838.   *Pas de désactivation catalytique dans la production d'hydrogène par décomposition de l'éthane à l'aide d'un catalyseur au graphite - Murata K, Ito H, Hayakawa T, Suzuki K et Hamakawa S. Chem Commun (Cambridge) 7573-7574 (1999).*

839.   *Fabrication de GIC poreux - Takahama, Hirao S, Yokoyama M, Kishimoto T & Yokogawa H. Jpn Kokkai Tokkyo Koho JP 01, 115, 880 ; 9 mai (1969).*

840.   *Catalyseur fer-graphite pour l'hydrogénation du CO - Vamice M.A, Walker P.L, Jung N.H.J, Moreme*
        C.   C, et Mahajan O.P. Proc VII th Intl Congress on Catalyst (Amsterdam), Elsevier Scientific, 460-474 (1980).

841.   *Poix en mésophase et microbilles de mésocarbone - Honda H. Molec Cryst & Liq Cryst 94(1-2), 97-108 (1983).*

842.   *Fabrication de microbilles de mésocarbone - Tomorto S, Miyasaka J et Jimichi H. Jpn Kokkai Tokkyo Koho JP 61, 222, 913 ; 3 octobre (1986).*

843.   *Fabrication de perles en poix creuses - Hasegawa K. ibid 62, 158, 787 ; 14 juillet 1987.*

844.   *Fabrication de graphites sphériques utilisant des composés de bore comme catalyseur Yamada Y et Kobyashi K. ibid 62, 246, 813 ; 28 octobre (1987).*

845.   *Fabrication de microbilles de carbone en mésophase - Goto K et Tanaki E. ibid 01, 65, 190 ; 10 mars (1989).*

846.   *Fabrication de produits en carbone de haute densité à partir de microsphères de mésocarbone - Fukuda N, Honma M, Takahashi S, Nagasawa T et Matsumoto T. ibid 01, 290, 559 ; 22 novembre (1989).*

847.   *Adsorption de protéines globulaires et d'ADN thermodénaturé par du graphite dispersé à surface modifiée - Konoplya M et Khomenko K. Carbone- 90, Proc Intl Conf on Carbon (Paris) ; 16 20 juillet (1990).*

848.   *Krote H. W, Nature 329, 529-531 (1987).*

849.   *Kratschmer W, Fostiropoulous K et Huffman D,R. Chem Phys Lett 170, 167-170 (1990).*

850.   *Découverte d'une forme étrange de carbone - Ghosh A. The Sunday Statesman Miscellany, 12 janvier (1992).*

851.   *Snally R et al, J Phys Chem 94, 8634-8636 (1990).*

852.   *Organofullerènesl électroactif à base de C60 -Martin N, Sanchez L,Illescas B & Perez I. Chemical Review 98(7),2527-2547, Nov (1998).*

853.   *Hebard A.F et al, Nature 350, 600-601 (1991).*

854.   *Comportement à haute température du fullerène-noir produit à partir d'une électrode en graphite - Ugarte*
        D.   Carbon 32(7), 1245-1248 (1994).

855.   *Séparation des fullerènes C60 et C70 en grammes par cristallisation fractionnée - Zhou X, Gu Z, Wu Y, Sun Y, Jin Z, Xiong Y, Sun B, Fu H et Wang J. Carbon 32(5), 935-937 (1994).*

856.   *Le fractionnement des isotopes dans la synthèse des fullerènes - Thomas K.M, Lewis J. M, Bottrell S.H, Dean S.P, et Foulkes J. Carbon 32(5), 991-1000 (1994).*

857.   *Méthode préférentielle de décharge en arc pour la production de fullerènes supérieurs - Kimura T, Sugai T, Shinohara H, Goto T, Tohji K et Matsuoka I. Chem Phys Let. 246(6), 571- 576 (1995).*

858.   *Installation de synthèse de fullerène en décharge d'arc - Okutrub A. V, Shevtsov Y V, Nasonova*
        L.   I, Sinyakov D.E, Novoseltsev O.A, Trubin S.V, Krovechenko V.S et Mazalov L.N. Instrument and Experimental Technique 38(1), 131- 133 (1995).

859.   *Production de fullerène dans l'atmosphère des gaz He, Ne, Ar, Kr et Xe - Pechelarov G, Koprinarov N ,et Konstantinova M. Bulgarian J of Phys 21(1-2), 73-79 (1994).*

860.   *Dynamique des gaz et modèle cinétique de la formation d'amas de fullerènes à partir d'un arc de graphite - Nerushev*
        O.A et Shenkhimin G.I. Tech Phys Lett 21(7), 514-516 (1995).

861.   *Appareil et procédé de fabrication de fullerène par plasma radiofréquence utilisant du graphite - Kang H, Lee K, Jo Y, Ho K, So H, Hwang U et Kim Y. Rep Korea KR 9, 501, 658 ; 28 février (1995).*

862. *Synthèse des fullerènes par ondes de choc à partir du graphite - Dolgushin D.S, Amishichkin V.F et Petrov E.A. Goreniya Vzryva (Russie) 35(4), 98-99 (1999).*

863. *Shock wave synthesis of diamond from C60-C100 fullerenes - Epanchinstev O.G, Korneev A.É, Dityatev A.A, Nesterenko V.F, Simonov V.A, and Lukyanov Y.L Combustion Explosion & Shock-wave 31(2), 241-246 (1995).*

864. *Production de fullerène et de nanotubes de carbone par l'énergie solaire - Gullard T, Alvarez L et Anglaret*
   E. J Phys IV, Proc Solar PACES Intl Conf, 399- 404 (1999).

865. *Nouvelle chimie du carbone élémentaire/graphite : fullerènes et nanotubes Mickelson E. T. Rice Univ, Houston, Tx(USA). Diss Abstr Intl B 60(5), 2127 (1999).*

866. *Fullerene clusters in solution - Bexmelnitsyn V.N, Eletskii A.V, Okun M.V and Stepanov E.V Izv Akad Nauk Ser Fiz 60(9), 18-23 (1996).*

867. *Separation of fullerene on ion-exchange induced stationary phases in microcoloumn liquid chromatography - Takenchi T, Chu J & Miwa T. Analusis 24(7), 271 - 274 (1996).*

868. *Enthalpies de dissolution de C60 et C20 dans l'o-xylène, le toluène et le disulfure de carbone à des températures de 293,15 à 313,15 OK - Yin J, Wang B.H, Zhang Y.M, et Zh~u X.H. J Chem Thermodynamics 28(10), 1145-1151 (1996).*

869. *Anions fullerènes C60 en solution aqueuse (étude EPR) - Stasko, A, Brezova V, Rapta P, Asmus K.D, et Guldi D.M. Chem Phys Lett 262(3-4), 233- 240 (1996).*

870. *Utilisation de dioxyde de cérium comme matériau d'emballage pour la séparation chromatographique de C60 et C70*
   fullerène - Akana Y. Talanta 42 (12), 1943-1946 (1995).

871. *Séparation des fullerènes par chromatographie liquide - Jinno K et Saito Y. Advances in chromatography 36, 65-125 (1996).*

872. *Fullerenes : synthesis, seperation, characterization, reaction chemistry and application (a review) - Singh H and Srivastava M. Energy Sources 17(6), 615-640 (1995).*

873. *Temperature effect on the seperation of fullerenes by HPLC - Ohta H, Saito Y, Jinno K, Nagashima H and Itoh K. Chromatographia 39(7-8), 453-459 (1994).*

874. *Carbone automobile à haute teneur en couleur - Rushing E.D, Ronald G.D et Virgil M. U.S.Patent 475, 1069 ; juin (1988).*

875. *Formation d'un film de revêtement laminé pour automobiles - Okuma K. Jpn Kokkai Tokkyo Koho JP 2000 157, 921 ; 13 juin (2000).*

876. *Peinture anticorrosive pour les alliages d'acier - Ota Sand Usami M. ibid 63, 125, 581 ; 28 mai (1988).*

877. *Une peinture à base de graphite absorbant l'énergie solaire thermique pour un panneau solaire thermique à eau chaude - Mazumder B. Déposé pour brevet au CSIR Patent Office, New Delhi, Jan (2001) .*

878. *Glissement et roulement des nanotubes de carbone à l'échelle atomique - Buldum A et Lu J.P. Phys Rev Lett 83 (24), 5050-5053 (1999).*

879. *Composites capables de stocker l'hydrogène et préparés par broyage mécanique du magnésium et du graphite - Imamura H, Takesue Y, Tabata S, Shigetomi N et Sakata Y. Chem Commun (Cambridge) 22, 2277-2278 (1999).*

880. *Le nanotube de graphite comme support de stockage de l'hydrogène en phase solide à haute capacité - Ahn C. C, Ye Y Ramnakumar B. V, Witham C, Bournan R. C et Fultz B. Ann Battery Conf. Appl Adv 14, 67-71 (1999).*

881. *Le point cathodique en graphite produit des nanotubes de carbone dans une décharge d'arc - Takikawa H, Kusano 0 et Sakakaibara T J Phys : Appl Phys 32(18), 2433-2437 (1999).*

882. *Étude de la formation de nanotubes et de filaments de graphite à parois multiples à partir de produits carbonisés d'alcools polyvinyliques par graphitisation catalytique à 600-800 °C en atmosphère d'azote - Krivoruchko O.P, Maksimova N.I, Zaikovskii V.I, et Salenov A.N.*

Carbon 38(7), 1075 1082 (2000).

883. *Stockage d'hydrogène avec un nanotube de graphite et procédé de fabrication d'un nanotube de graphite - Oki Y, Tsuchiya Sand Taomoto A. Jpn Kokkai Tokkyo Koho JP 11, 116, 219 ; 27 avril (1999).*

884. *Nano-capillary filling of graphitic nanotubes - Ugate D, Stockli T, Bonnard J.M, Chatelain A and Detteer W.A. Electronmlbcroscope 1998, Proc Intl Congr 14th 3, 81-84 (1998).*

885. *Intercalation dans un nanotube - Mordkovich V.Z, Bexendale M, Yoshimura S et Chang R.P.H. Carbon 34 (10), 1301-1303 (1996).*

886. *Radial deformation of carbon nambtubes by Vander Waals forces - Ruoff R. S, Tersoff J, Lorents D.C, Subramoney S and Chan B. Nature 364(6437), 514-516 (1993).*

887. *Matériau graphite convenant au revêtement de carbure de silicium - Aizawa J, Kotado A et Ishiikawa T. Jpn Kokkai Tokkyo Koho JP 62, 158, 106 ; 14 juillet (1987).*

888. *Fabrication d'un condensateur à double couche à partir de feuilles d'électrodes en graphite - Setani S, Matsuki S, Shingawa T et Mizokuchi T ibid 2000 106, 332 ; 11 avril (2000).*

8 89 *Fabrication électrochimique de condensateurs - Mansur A.N et Melendres C.A. U.S. US 6, 001, 237 ; 14 décembre (1999).*

890. *Condensateurs à double couche - Kasahara R. Jpn Kokkai Tokkyo Koho JP 11.340, 093 ; 10 décembre (1999).*

891. *Condensateur à électrolyte solide résistant à la chaleur - Fujimoto K. ibid 11, 204, 377 ; 30 juillet (1999).*

892. *Electromechanical fatigue behaviour of graphite laminate embedded with piezoelectric actuator - Mall Sand Hsu T.L. Proc SPIE Intl Soc Opt Engg (Part II), 3660-3668 (1999).*

893. *Étude de la piézorésistivité du composite semi-conducteur polyéthylène/graphite haute densité - Song Y, Zhang Q et Yi X. Fuhe Cailao Xuebao (Chine) 16(2), 46-51 (1999).*

894. *Réduction des céramiques piézoélectriques PZN-PZT avec du graphite à haute température - Wei X.Y, Chen D.R, et Li G.R. Wuji Cailiao Xuebao (Chine) 14(4), 692 -698 (1999).*

895. *Creuset en graphite pour la méthode Czochralski et sa fabrication - Kano M et Kato M. Jpn Kokkai Tokkyo Koho JP 04, 139, 085 ; 13 mai 1992.*

896. *Tubes de graphite pour le traitement thermique des semi-conducteurs - Okada M et Ukita S. (Toyo Tanso Co, Japon). ibid 11, 154, 671 ; 8 juin (1999).*

897. *Appareil pour la croissance de monocristaux de lithium-borate utilisant un feutre de graphite comme matériau tampon - Ueno H, Yamashika I et Mitsuwa K. ibid 1O, 259, 098. 29 septembre (1998).*

898. *Émetteurs d'électrons en graphite à bombardement ionique à fil - Amey D.I, Bouchard R. S et Shah S. 1. PCT Intl Appl WO 99, 31, 702 ; 24 juin 1999.*

899. *Ion bombarded graphite electron emitters - ibid PCT Intl Appl WO 99, 31, 702 ; 24 juin (1999).*

900. *Dispositifs d'émission d'électrons utilisant des nanotubes de graphite - Uemura S et Nagasako T Jpn Kokkai Tokkyo Koho JP 11, 260, 244 ; 24 septembre (1999).*

901. *Source/dispositif d'émission d'électrons/affichage d'images et méthode de production - Kurokawa H, Shirator T, Deguchi M & Kitabatake M. PCT Intl Appl WO 99, 66, 523 ; 23 décembre (1999).*

902. *Low loss dielectrics - Jonscher A.K. J Mater Sc 34 (13), 3070-3082 (1999).*

903. *Appareil pour le dépôt de silicium à partir d'une masse fondue - Hitachi Ltd. Jpn Kokkai Tokkyo Koho JP 59, 25, 973 ; 10 février (1984).*

904. *La culture de monocristaux de silicium dans un appareil spécial - Kojima M. ibid 11, 171, 685 ; 29 juin (1999).*

905. *Introduction à la physique des plasmas et à la fusion contrôlée - Chen FF Plenum Press, New York (1990).*

906. *La conception des tuiles centrales en graphite de protection colorée pour le réacteur*

tokamak TCV - Pitts
R.A, Levan R et Moret J.M. Nucl Fusion 39(10), 1433-1449 (1999).

907.   Neutron irradiation resistance of polygranular graphite in thermonuclear fusion reactor - Bonal J.P, Kryger B and Coulon M. Carbone-90, Intl Conf on Carbon (Paris) ; 16-20 July (1990).

908.   Graphite de haute qualité pour l'optique des rayonnements - Murakami S, Nishiki N, Nakamura K, Tajima I, Watnabe K, et Yoshimura S. ibid 16-20 juillet(1990).

909.   Écran anti-radiations - Kakui H (Ishikawajima Harima Heavy Industries Ltd, Japon) Jpn Kokkai Tokkyo Koho JP 2000 171, 587 ; 23 juin (2000).

910.   Coton colloïdal hautement efficace absorbant les micro-ondes - Quin H, Yang B, Yin D, Yu J, Wang F, Cai L et Liu Y. Célèbre Zhuanli Shenquing Gongkai Shuomingshu CN 1, 216, 790 ; 19 mai (1999).

911.   Blindage des radiofréquences à basse température par du graphite exfolié - Roll M, Evans M.D, Anderson P.M, et Sullivan N.S. Cryogenics 34(11), 957-958 (1994).

912.   Mousse plastique synthétique pour absorbeurs d'ondes radio à large bande - Kitagawa K, Murasaki T, Hirano M, et Mokato T Jpn Kokkai Tokkyo Koho JP 11, 354, 974 ; 24 décembre (1999).

913.   Plastique électroconducteur Composition de moulage - Toshiba Chemical Products Ltd, Japon. ibid 59, 22, 710 ; 6 février 1984.

914.   Boucliers contre les interférences électromagnétiques par des fibres de carbone - Kajioka H, Higaki Kj Shimizu T et Yoshimi tsu Y. Hiroshima Kenrl tsu Seibu Kogyo Glji tau Senta Hokoku 29, 66-68 (1986).

915.   Matériau à base de graphite pour bouclier électromagnétique - Shiotani J. Jpn Kokkai Tokkyo Koho JP 01, 134, 999 ; 26 mai 1989.

916.   Light weight highly conductive composite for electromagnetic interference shielding - Harris G. Lennhoff J. Nassif J, Vineiguerra M, Rose P, -Jaworski D and Gaier J. Intl SAMPE Tech Conf 31, 122-129 (1999).

917.   Composition de polymère thermoplastique électriquement conducteur avec une bonne protection électromagnétique - Wakamura K. Kami tani K et Nagi Y. Jpn Kokkai Tokkyo Koho JP 2000 95, 947 ; 4 avril 2000.

918.   Dispositif d'affichage à lumière émissive - Berger P Burroughes J. Jermy H. Carter J. C, et Heeks
S . K. PCT Intl Appl WO 00, 35, 028 ; 15 juin 2000.

919.   Affichage des émissions de champ de grande surface à l'aide de nanotubes de graphite - Uemura S, Nagasako T et Yotani A. Jpn Kokkai Tokkyo Koho JP 11, 297, 245 ; 29 oct. 1999.

920.   Fabrication de dispositifs d'affichage fluorescent - Uemura S. ibid 11, 162, 335 ; 18 juin 1999.

921.   Dispositif d'affichage fluorescent et sa fabrication - Ise Electronic Corpn. Japon. ibid 11, 135, 042 ; 21 mai 1999.

922.   Dispositif électroluminescent organique contenant du graphite - Miyauchi K. Tsuronka S et Takahashi
T . ibid 2000 68, 048 ; 3 mars 2000.

923.   Photoelectric devices for electrochemical photocells and optical detectors - Iwashita T. Hamada H. Izumi S and Onishi Y. ibid 11, 209, 116 ; 3 août 1999.

924.   Photochemistry of graphitel photoelectrochemical oxidation of surface confined hydroquinones at highly oriented pyrolytic graphite basal plane electrode - Modestov A.D. Gun J.O, and Lev O. Langmuir 16(10), 4678-4687 (2000).

925.   Photoelectrochemical intercalation reactions and their possible applications - Betz G. NATO ASI Ser. Ser E 101 (Solid State Batteries), 493-497 (1985).

926.   Lampe au xénon pulsée avec capjlllary pyrographite - Volkova G.A, Levina O.V. et Pukhov A.M. Elektron Tekhn Ser IV 3, 10-12 (1990).

927. *Diaphragme pour réducteur de transducteur électroacoustique - Mizone S. Abe T, Aduchi M & Kizawa T U.S. Patent 4753, 969 ; 28 janvier 1988.*

928. *Tissu thermoplastique non tissé pour l'isolation acoustique - Thorn U. Sinambart G. R. Riediger V et Jochim G. Gar Offen DE 19, 708, 188 ; 3 septembre 1998.*

929. *Performances et durabilité des bandes vidéo en métal contenant du fluorure de graphite - Miya S, Ninuma. T, Kawata A et Suzuki S. IEEE Trans Magn 21(5), 1518-1520 (1985).*

930. *Composition pour la préparation du tube cathodique de la télévision couleur à matrice noire - Kim K. Faming Zhuanl1 Shenquing Gongkai Shuomingshu CN 1, 210, 877 ; 17 mars 1999.*

931. *Sorption et récupération des huiles lourdes par l'utilisation de graphite exfolié (Partie I) : Capacité maximale de sorption - Toyoda M, Moriya K. Aizawa J, Kanno H et Inagaki M. Desalination 128 (3), 205-211 (2000).*

932. *Sorption et récupération du pétrole lourd par le graphite exfolié (Partie II) : Récupération du pétrole lourd et recyclage du graphite exfolié -. Inagaki M, Konno H, Toyoda M, Moriya K et Kihara*
T . ibid 128(3), 213-218 (2000).

933. *Sorption and recovery of heavy oils by exfoliated graphite (Part III) : Trial for practical applications - Inagaki M, Shibata K, Setou S, Toyoda M & Aziwa J. ibid 128(3), 219-222 (2000).*

934. *Production de sorbant à base de graphite - Kovalenko B.H, Kozlov S.I, Siderenko V.G, Tulsky V.F et Ushoshin V.A. PCT Intl Appl WO 00, 24, 508 ; 4 mai 2000.*

935. *Mousse de particules de polystyrène expansible à cellules ouvertes absorbant l'huile et contenant des substances solides - Glueck G, Hahn K, Dietzen F.J et Ehrmann G. Gar Offen DE 19, 852, 683 ; 18 mai 2000.*

936. *Heavy oil sorption using exfoliated graphite. a new application of exfolia1JE graphite to fi5ht heavy oil pollution - Toyoda M and "Inagaki M. Carbon 38(2), 199-210 (2000).*

937. *Recovery of heavy 011 from sorbed exfoliated graphite - Toyoda H, Mariya K and Inagaki M. Nippon Kogaku Kaishi 3, 217-220 (2000).*

938. *Traitement par sorption et récupération de l'o~l lourd en utilisant du graphite expansé Toyota. M et Inagaki*
M . Kemikarp Enjiniyaringu 44(8), 650661 (19999).

939. *Sorption de l'eau et de la solution aqueuse par des polymères remplis de graphite dispersé et expansé à la chaleur - Dedov A. V et Mimiedova. Plast Massy (URSS) 9, 3536 (1999).*

940. *Fabrication d'un élément de filtre à air - Oikawa Y, Okamoto K et Shibakawa T. Jpn Kokkai Tokkyo Koho JP 62, 191, 040 ; 21 août 1987.*

941. *Cuisson de matériaux en carbone dans un four tunnel - Showa Denko K.K. ibid 60, 29, 642 ; 11 juillet 1985.*

942. *Système de fusion des cendres par plasma avec électrode en graphite - Mitsubishi Heavy Industries Ltd, Japon. Sangyoto Kankyo 28(11), 43-46 (1999).*

943. *Biomedical application of carbon composites - Ajit Kumar B & Ramani A.V. Sem & Workshop on Carbon Fiber & Their Applcn, NPL-New Delhi, India ; 15-17 Dec 1986.*

944. *Mine de crayon - Pilot Precision Co, Japon. Jpn Kokkai Tokkyo Koho JP 57, 50, 829 ; 29 octobre 1982.*

945. *Fabrication de la mine de crayon - Shimoyama S. ibid 61, 252, 278 ; 10 nov. 1986.*

946. *Mine de crayon contenant du graphite - Simoyama S et Okaba;ashi H. ibid 03, 139, 578 ; 13 juin 1991.*

947. *Fabrication de la mine de crayon - Miyahara Y. ibid 04, 252, 281 ; 8 sept. 1982.*

948. *Mine de crayon de couleur calcinée à écriture lisse et à haute résistance mécanique et leur fabrication - Kanba N, Echida T et Fujiwara Y. ibid 11, 286, 643 ; 19 octobre 1999.*

949. *Feuilles de graphite thermo-isolantes - Matsuo K, Maekawa K et Kondo T. ibid 63, 139, 010 ; 10 juin 1988.*

950.	*Graphite, the material and some uses in glass industry - Ro1inson R.E. Glass Techno1 30(5), 153-156 (1989).*

951.	*Acier au graphite avec une bonne cuttabi1ité - Anami G,Shikaiso M, Hasegawa T, Matsushima Y et Iki Y. Jpn Kokkai Tokkyo Koho JP 2000 119, 801 ; 25 avril 2000*

952.	*Dispositif de découpe du graphite - Ishizaka S, Tanaka Sand Kono S. ibid 11, 70, 522 ; 16 mars 1999.*

953.	*Couches lubrifiantes dures à base de graphite pour la découpe et le formage des teo1s - Fox V, Jones A, Renevier*
	N . M, et Teer D.G. Surface Coating .Techn10gy 125(1-3), 347-353 (2000).

954.	*Composés pour l'assemblage de pièces en carbone - Koa Oil Co, Japon. Koho JP 60, 131, 872 ; 13 juillet 1985.*

955.	*Industrial Minerals, Londres (R.-U.), 1988.*

956.	*Engineering and Mining Journal, N.Y (U.S.A) ; 1988.*

957.	*Directory of Mineral Consumers in India (Vol-2) ; Ministère des mines, Bureau indien des mines, Nagpur (Inde), mars 1996.*

958.	*Indian Mineral Yearbook (1998 et 1999), gouvernement de l'Inde, ministère des Mines et des minéraux, ministère des Mines ; décembre 1999.*

959.	*Structure, propriétés et application des fullerènes - Ma R et Qiu D. Kuangye Gongcheng (Chine) 20(4), 4-6 (2000).*

960.	*Chimie et industrie ; 18 décembre 2000, p. 803.*

961.	*Synthèse comparative de flammes et de fours de nanotubes de carbone à paroi simple Vander R.L et Ticich T.M. Chem Phys Lett 336 (1-2), 24-32 (2001).*

962.	*Molecular arrangement in C60 and C70 films on graphite and their nano tribologica1 behaviour - Okita S and Miura K. Nano Lett 1(2), 101-103 (2001)*

963.	*Purification des nanotubes de carbone à parois multiples par broyage humide, traitement hydrothermique et oxydation - Sato Y, Ogawa T, Matomiya K, Jayadevan B, Tohji K, Kasuya A et Nishina Y. Proc Electrochem Soc, Fullerenes Vol. 10, pp 272-281 (2000).*

964.	*Carbon nanotube production by arc discharge - Saito Y Surfactant Sc Ser 92, 573-590 (2000).*

965.	*Carbon nanotube reaction in acidic aluminium-oxide film - Kyotani T and Tomita K. Surfactant SC Ser 92, 552-572 (2000).*

966.	*Effectiveness preperation of C60 and C70 - Jainfeng D. J Gansu Univ Technol E-4(1), 119-122 (2000).*

967.	*Fullerene black and cathod deposits derived from plasma arcing of graphite with naphthalene - Wilson M.A, Moy A, Rose H, Kanangara G S K, Young B R, McCulloch D G, and Cockayne D J H. Fuel 79, 47-56 (2000).*

968.	*Progrès dans la production de nanotubes de carbone - Ren Z F, Huang Z P, Wang D Z, 11 W Z, Wen J G, Yung S X, Tu Y et Chen J H. Intl SAMPE Tech Cong 32, 200- 204 (2000).*

969.	*Methods for opening tips of and purification of carbon nanotubes - Lee G and Jae E. Eur Pat Appl EP 1, 092, 680 ; 18 avril 2001.*

970.	*Auto-orientation de courts nanotubes de carbone à paroi simple déposés sur du graphite - Yanagi H, Sawada E, Manivannan A. et Nagahara L. Appl Phys Lett 78 (10), 1355-1357 (2001).*

971.	*Nanotube de carbone à paroi simple : un rendement élevé de tubes par ablation au laser d'un tube cible brut - Zhang M, Yudesaka M, et Ijima S. Chem Phys Lett 336 (3-4), 196-200 (2001).*

972.	*Nanotube de carbone et nano-fibres - Terrones M, Hayashi T, Nishimura K, Endo M, Terrones H, Heu W et Wen K. Tanso 195, 424-433 (2000).*

973.	*Theoretical search for new materials : low temperature compression of graphitic layered materials - Tsuneyuki S, Tateyama Y, Ogitsu T and Kusakabe T Phys Meets Mineral - Ed by Aoki H, Syono Y and Hemky J. Cambridge University Press, Cambridge, U.K ; pp 299-*

307 (2000).

974. *Chauffage au graphite ayant une longue durée de vie - Tojo J, Yamanaka A et Tai M. Jpn Kokkai Tokkyo Koho JP 2001, 31, 473 ; 6 février 2001.*

975. *Satishkumar B C, Thomas P.J, Govindraj A S et Rao C N R. Appl, Phys. Lett 77, 2530 2532 (2000).*

976. *Nanotubes de carbone - Iijima S. Nature 354, 56-60 (1991).*

977. *Site web personnel, www.eng.biffalo.edu/-dshaw/ee550/yang/report.*

978. *Site des nanotubes - Tomenek D : www.pa.msu.edu/emp/csc/nanotube.html*

979. *Hamada N, Savada Sand Oshuyama A. Phys Rev Lett 68, 1579-1583 (1992).*

980. *Wang Let al. Phys Rev B 46, 7175-7178 (1992).*

981. *Saito R et al. ibid 46, 1804-1812 (1992).*

982. *Lu J.P. Phys Rev Lett 74, 1123-1126 (1995).*

983. *Yakobson B, Brabec C.T & Bernhole J. Phys Rev Lett 76, 2411-2415 (1996).*

984. *Dai H et al. Nature 384. 147-151 (1996).*

985. *Energetics, Structure, Mechanical & Vibrational Properties of Single Walled Carbon Nanotubes - Gao G, Cagin T& Goddard W.A. Site : www.wag.caltech.edu/foresight/foresight- 2.html*

986. *Mechanical properties of nnnotubes : the Young's Modulus - Hernandez E & Rubio A(1999). Lieu I www.fam.cie.uva.es/-arubio/psi-k/node5.html*

987. *Nanotube de carbone - Treacy MMJ,Ebbesen T.W& Gibson J.M.Nature 381, 678-681 (1996).*

988. *Krishnan et al. Phys Rev B 58, 14013-14015 (1998).*

989. *Wong E.W, Sheehan P.E et Lieber C.M. Science 277, 1971-1974 (1997).*

990. *Yu M.F et al. Phys Rev Lett 84. 5552-5555 (2000).*

991. *ibid Science 287, 637-638 (2000).*

992. *Muster J et al. J Vac Sc Tech 16, 2796-2800 (1998).*

993. *Sa1vert J.P et a 1. Phys Rev Lett 82. 944-945 (1999).*

994. *Iijima S. et al. J Chem Phys 104, 2089-2092 (1996).*

995. *Falvo M.R et a1. Nature 389, 582-584 (1997).*

996. *Hertel T, Martel R et Avouris P J Phys Chem B 102. 910-912 (1998).*

997. *Science & Application of Nanotubes- Farro A et al (Ed by Tomanek D & Enbody R.J. Kluber Academic/Plenum Publishers, N.Y, USA (2000) pp 297*

998. *Science des fullerènes et des nanotubes de carbone - Dresselhaus M.S, Dresselhaus G, & Eklund P.C. Academic Press Inc, Sandiego. CA. USA (1996).*

999. *Mechanical properties of nanostructured materials - Lu Y & Liaw P.K. J of Metals 53 (3), 31 35 (2001).*

Comme le montre le tableau ci-dessus, de nombreuses propriétés du graphite varient dans deux directions de son plan de base (en raison de sa nature anisotrope) ; le plan de base est la surface à plus faible énergie, tandis que la surface prismatique (c'est-à-dire perpendiculaire au plan de base) supporte une énergie de surface raisonnablement élevée. Ainsi, l'étendue et le taux d'interaction de tout autre atome ou molécule avec les atomes de carbone du réseau de graphite, dépendra de la traction ou du pourcentage de la surface totale qui fournit la surface prismatique ou les sites actifs. Ces sites actifs situés au bord du plan basal et les défauts survenant dans le plan basal présentent une chaleur d'adsorption physique plus élevée et une capacité à chimisorber des espèces chimiques de manière dissociative et non dissociative.

Alors que la densité réelle du graphite, comme indiqué ci-dessus, est de 2,266 gm/cc, les objets fabriqués à partir de graphite ont généralement des densités comprises entre 1 et 1,8 gm/cc. Pour de nombreuses raisons (comme la prévention de la corrosion due à la diffusion de substances corrosives à travers les pores des corps en graphite à haute température, une densité proche du maximum théorique est la plus souhaitable, mais en pratique il est difficile d'atteindre des densités supérieures à 1,8 gm/cc. Les corps industriels en graphite présentent également la propriété inhabituelle et précieuse d'augmenter leur résistance mécanique avec l'augmentation de la température. Le graphite pos_cristallin est un matériau faiblement cassant. Sa résistance à la traction est généralement inférieure à 1 tonne/pouce. Bien que sa densité soit faible (moins de 2 g/cc.), il n'a qu'un rapport résistance/poids modeste à température ambiante par rapport à d'autres matériaux d'ingénierie. Cependant, sa résistance augmente avec l'augmentation de la température et atteint environ le double de la valeur à température ambiante entre 2000 et 2500 C. À ces températures, son rapport résistance/poids est le plus élevé parmi les matériaux qui sont actuellement fabriqués en quantité importante dans le monde. Du point de vue de la dureté, le graphite présente une dureté de 1
2 sur l'échelle de Moh, et il se sublime à 3500°C.

Bien que le graphite soit très réfractaire à la chaleur et aux produits chimiques ordinaires, il peut être oxydé en acides carboxyliques par l'acide sulfurique, l'acide nitrique, le permanganate de potassium alcalin et le bichromate de potassium (acide) ainsi que par l'acide perchlorique. La réaction est généralement exothermique et les acides carboxyliques produits sont l'acide mellitique, l'acide pentacarboxylique de benzène, l'acide pyromellitique, l'acide trimellitique, etc. La variété de graphite en paillettes possède une résistivité extrêmement faible à la conductivité électrique. La résistivité diminue avec l'augmentation de la taille des paillettes. C'est en raison de cette propriété, ainsi que de l'inertie chimique, que le graphite lamellaire est largement utilisé dans la fabrication d'électrodes en carbone.

Alors que les variations des propriétés du graphite sont explicables du point de vue de sa structure anisotrope, les propriétés électroniques présentent des particularités et posent des problèmes qui ne sont pas encore totalement résolus : l'. This uncertainity has raisen because of the fact that Vanattraction $_{1}$. 2der-waal-London . This uncertainity has raisen because of the fact that Vanentre les couches d'anneaux hexagonaux de carbone si proches, et le mécanisme d'attraction et l'ampleur de la force d'attraction, encore mal compris, que ce soit d'un point de vue . This uncertainity has raisen because of the fact that Vanexpérimental ou théorique. De même, on n'a pas calculé dans quelle mesure les forces répulsives entre les réseaux d'hexagones de carbone dépendent de leur empilement

Ces électrographites denses moulés sont également utilisés dans les matrices de coulée continue, les moules de pressage à chaud, les montages et les montages de semi-conducteurs et les éléments chauffants. Le graphite en pile de grade A, appelé en abrégé PGA, disponible dans le commerce au Royaume-Uni, est utilisé pour des applications nucléaires. Les propriétés de ces graphites sont également sensibles à l'oxydation/corrosion radiolytique par les espèces radiolytiques impliquées et créées par les radiations806. Dans la plage de température 300-700 °C, le graphite pyrolytique, à une dose supérieure à 1022 neutron/cm2up causes it to expand after having contracted by about 3% linear and 9% by volume. The advanced gas cooled reactors, unlike most other reactors, are designed to load and unload fuel on power. In order to increase the burnde ^{235}U dans le combustible, il est nécessaire d'améliorer la résistance aux chocs, l'oxydation radiolytique et les modifications dimensionnelles des graphites spéciaux ci-dessus qui agissent comme des manchons d'isolation thermique sur les éléments de combustible. Le faible poids atomique du carbone et la structure relativement ouverte du réseau cristallin du graphite, les rendent vulnérables au processus de déplacement atomique dans lequel de petits groupes d'atomes sont éjectés presque au hasard807. De plus, les gaz refroidis (refroidis au CO_2) réagissent avec le graphite à des températures inférieures à celles auxquelles la réaction thermique est significative. Cette réaction se produit dans les pores ouverts du graphite808 dans lequel la réaction produit des espèces actives qui diffusent vers le pore et éliminent l'atome de carbone. Cette réaction est connue sous le nom d'oxydation radiolytique809. Dans ces réacteurs, le réfrigérant et le graphite du modérateur sont maintenus à une température inférieure à 650°C où l'oxydation du graphite par le CO_2 activé thermiquement est significative. Pourcentage de perte de poids dans le graphite modérateur AGR pour une dose d'irradiation de 10 à 40 MWH/kg (à 41 bar et 673 °K)

Printed by Books on Demand GmbH, Norderstedt / Germany